高 等 学 校 教 材

环境科学与工程专业实验教程

李书平　陈蕾　申婷婷　主编

化学工业出版社

·北京·

内 容 简 介

《环境科学与工程专业实验教程》共十六章，涵盖环境微生物学、环境工程原理、仪器分析、环境监测、环境化学、环境毒理学、物理性污染控制工程、土壤污染修复、水污染控制工程、大气污染控制工程、固体废物处理与处置、基础生态学、普通生物学实验以及综合实验、开放创新实验等环境专业必修的实验内容，以专业为主线设计章节内容，以专业特色课程为导向设计专业实验，以专业技能培养为目标设计综合实验和开放创新实验，将环境类专业实验的基础性、专业性、系统性、适用性和创新性进行了有机结合。

本书可用作环境工程专业、环境科学专业、环境生态工程等专业本科生教材，也可供相关专业科研人员参考。

图书在版编目（CIP）数据

环境科学与工程专业实验教程/李书平，陈蕾，申婷婷主编．—北京：化学工业出版社，2023.11
ISBN 978-7-122-44660-2

Ⅰ.①环⋯ Ⅱ.①李⋯ ②陈⋯ ③申⋯ Ⅲ.①环境科学-实验-高等学校-教材②环境工程-实验-高等学校-教材 Ⅳ.①X-33

中国国家版本馆 CIP 数据核字（2023）第 236964 号

责任编辑：李 琰　宋林青　　　　文字编辑：葛文文
责任校对：赵懿桐　　　　　　　　装帧设计：韩 飞

出版发行：化学工业出版社
　　　　（北京市东城区青年湖南街 13 号　邮政编码 100011）
印　　装：三河市双峰印刷装订有限公司
787mm×1092mm　1/16　印张 25　字数 624 千字
2025 年 1 月北京第 1 版第 1 次印刷

购书咨询：010-64518888　　　　售后服务：010-64518899
网　　址：http://www.cip.com.cn
凡购买本书，如有缺损质量问题，本社销售中心负责调换。

定　　价：78.00 元　　　　　　　　　版权所有　违者必究

《环境科学与工程专业实验教程》
编写人员名单

主　编　李书平　陈　蕾　申婷婷

编写人员（以姓氏笔画为序）

马惠芳	王宝琳	申婷婷	史玲珑
朱传勇	孙　静	李　炟	李　玲
李书平	李肖玲	谷亚威	宋明明
宋晓哲	张　旋	张记市	张俊杰
陈　侠	陈　蕾	姜春明	葛秀丽
董维芳	蒋文强	薛　嵘	

前 言

环境科学与工程专业实验教学是环境类专业本科教学的重要教学环节之一，是培养学生专业实践能力和创新能力的重要手段。本实验教材作为环境类专业课程的配套教材，可以加深学生对专业课程基本概念和基本原理的理解；培养学生从事专业实验的实验技能，培养学生设计实验、组织实验和操作实验的能力；培养学生发现问题、分析问题和解决问题的能力，从而进一步培养和提高学生的实验素养和创新能力。

本实验教材是基于我校环境科学与工程专业课程教学内容和实验教学要求，由专业任课教师及实验教学中心的老师，在学习和参考国家有关标准规范、正式出版的优秀专业教材和参考书的基础上编写的。本教材所选实验内容均在齐鲁工业大学（山东省科学院）本科教学中开设，涵盖环境微生物学、环境工程原理、仪器分析、环境监测、环境化学、环境毒理学、物理性污染控制工程、土壤污染修复、水污染控制工程、大气污染控制工程、固体废物处理与处置、基础生态学、普通生物学实验以及综合实验和开放创新实验等环境专业必修的实验内容。本教材在内容上力求具有实用性、完整性、正确性和科学性。

本教材由李书平、陈蕾和申婷婷主编。其中第一章由李书平、陈蕾编写；第二章由宋明明和李书平编写；第三章由张记市、陈蕾和谷亚威编写；第四章由马惠芳、蒋文强、宋明明和宋晓哲编写；第五章由李肖玲、李书平、陈蕾和马惠芳编写；第六章由孙静和申婷婷编写；第七章由李玲、王宝琳和姜春明编写；第八章由张俊杰编写；第九章由姜春明和李玲编写；第十章由张旋、薛嵘和李炟编写；第十一章由董维芳、陈侠和朱传勇编写；第十二章由张记市编写；第十三章由葛秀丽编写；第十四章由陈蕾和宋明明编写；第十五章由张旋、董维芳、陈侠、张记市、李书平、李炟和史玲珑编写；第十六章由申婷婷、李玲、孙静、宋明明和王宝琳编写。

在此，对本教材中所参考和引用著作的编者表示衷心感谢！

由于编者水平有限，书中不妥之处在所难免，敬请读者批评指正。

编 者
2024 年 8 月

目录

第一章 绪论 1

第一节 实验教学的目的及任务 1
第二节 实验教学的要求 2
第三节 课程实验体系和教学模式 2
第四节 课程实验成绩的评定与教学评价 3
第五节 实验行为规范及实验安全 4
参考文献 5

第二章 环境微生物学实验 6

实验一 光学显微镜的操作、微生物个体形态观察及活性污泥生物相观察 6
  Ⅰ．光学显微镜的操作 6
  Ⅱ．微生物个体形态观察及活性污泥生物相观察 8
实验二 空气中微生物的检测 9
实验三 受污染土壤微生物的分离和测定 10
  Ⅰ．培养基的制备和灭菌 10
  Ⅱ．土壤微生物的纯种分离和培养 14
  Ⅲ．纯培养菌种的菌体、菌落形态观察和接种 17
  Ⅳ．微生物的染色及观察 18
实验四 水中细菌总数的测定 21
实验五 水中总大肠菌群的测定 24
实验六 水中粪大肠菌群的测定 28
参考文献 30

第三章 环境工程原理实验 31

实验一 雷诺实验 31
实验二 单相流动阻力测定实验 34
实验三 吸收实验 41
实验四 活性炭动态式吸附实验 47
实验五 反渗透膜分离实验 49
参考文献 52

第四章　仪器分析实验　　53

- 实验一　分光光度计的拆解及废水中铁含量的测定 …………… 53
- 实验二　pH 玻璃电极性能检查及电位滴定法测定锅炉用水的碱度 …………… 58
- 实验三　高效液相色谱仪的操作及磺胺嘧啶含量的测定 …………… 62
- 实验四　气相色谱法测定乙醇或乙腈含量 …………… 66
- 参考文献 …………… 70

第五章　环境监测实验　　71

- 实验一　水样色度的测定 …………… 71
- 实验二　水样浊度的测定 …………… 73
- 实验三　化学需氧量（COD）的测定 …………… 76
- 实验四　水中溶解氧的测定（碘量法） …………… 79
- 实验五　五日生化需氧量（BOD_5）的测定 …………… 81
- 实验六　生活废水中氨氮含量的测定 …………… 85
- 实验七　水中总磷和溶解性磷酸盐的测定 …………… 89
- 实验八　水中总氮的测定 …………… 91
- 实验九　室内空气中甲醛的测定 …………… 93
- 实验十　济南市空气质量指数（AQI）计算 …………… 96
- 实验十一　大气环境质量监测与臭氧时间变化规律 …………… 99
- 实验十二　原油污染土壤中总石油烃含量的测定 …………… 101
- 实验十三　植被对水土保持的重要性实验 …………… 102
- 参考文献 …………… 104

第六章　环境化学实验　　105

- 实验一　有机物正辛醇-水分配系数的测定 …………… 105
- 实验二　底泥对苯酚的吸附作用 …………… 106
- 实验三　土壤中铬的形态测定 …………… 110
- 实验四　芬顿（Fenton）氧化法处理染料废水 …………… 113
- 实验五　水体富营养化程度的评价 …………… 115
- 实验六　水体氮形态的测定 …………… 118
- 参考文献 …………… 124

第七章　环境毒理学实验　　126

- 实验一　有机磷农药对水生生物的影响 …………… 126
- 实验二　酶活性的体外抑制实验 …………… 129
- 实验三　重金属在水生生物体内的累积和分布 …………… 132
- 实验四　鱼类回避胁迫实验 …………… 134
- 实验五　重金属胁迫下植物叶片丙二醛（MDA）含量的测定 … 135
- 实验六　UV-B 对小球藻过氧化氢酶（CAT）活性的影响 ……… 137

实验七　重金属对鱼肝过氧化氢酶的影响 ················ 139
参考文献 ······················ 141

第八章　物理性污染控制工程实验　142

实验一　小型机器噪声的测量 ···················· 142
实验二　交通噪声的测量 ······················ 144
实验三　隔声降噪测量 ······················· 151
实验四　区域环境噪声监测 ····················· 152
参考文献 ······················ 154

第九章　土壤污染修复实验　155

实验一　污染土壤样品的采集、制备、保存 ·············· 155
实验二　土壤容重和含水量的测定 ·················· 159
实验三　土壤无机氮的测定 ····················· 161
实验四　土壤阳离子交换量的测定 ·················· 166
实验五　土壤 pH 的测定 ······················ 168
参考文献 ······················ 169

第十章　水污染控制工程实验　170

实验一　混凝实验 ························· 170
实验二　活性污泥性质及废水可生化性测定实验 ············ 173
实验三　气浮实验 ························· 178
实验四　颗粒自由沉降实验 ····················· 182
实验五　芬顿试剂氧化技术应用实验 ················· 185
实验六　臭氧氧化法处理废水实验 ·················· 188
实验七　过滤与反冲洗实验 ····················· 190
参考文献 ······················ 194

第十一章　大气污染控制工程实验　195

实验一　有机废气生物法净化实验 ·················· 195
实验二　板式静电除尘实验 ····················· 198
实验三　袋式除尘实验 ······················· 203
实验四　湿法烟气脱硫实验 ····················· 206
实验五　选择性催化还原烟气脱硝实验 ················ 210
参考文献 ······················ 212

第十二章　固体废物处理与处置实验　213

实验一　固体废物破碎与筛分实验 ·················· 213
实验二　生物基废物制备生物炭实验 ················· 215
实验三　污泥调理与脱水性能测定实验 ················ 217
实验四　污泥中挥发性脂肪酸测定实验 ················ 219

实验五　木质纤维素废物热值测定实验……………………………………… 221
实验六　生物炭吸附水溶性染料废水实验…………………………………… 224
实验七　生物基废物堆肥化实验……………………………………………… 227
参考文献………………………………………………………………………… 228

第十三章　基础生态学实验　230

实验一　生物对环境因子的耐受性实验……………………………………… 230
实验二　模拟去除取样法估计种群数量大小………………………………… 231
实验三　校园常见植物调查…………………………………………………… 233
实验四　森林群落最小取样面积实验………………………………………… 234
实验五　植物群落学野外调查技术实验……………………………………… 235
实验六　群落物种多样性分析………………………………………………… 238
实验七　不同植物群落土壤性质分析………………………………………… 240
实验八　生态瓶的设计和制作………………………………………………… 243
参考文献………………………………………………………………………… 246

第十四章　普通生物学实验　247

实验一　叶绿体和细胞原生质流动的观察实验……………………………… 247
实验二　叶绿体的制备及其对染料的还原作用……………………………… 249
实验三　淀粉磷酸化酶的测定………………………………………………… 251
实验四　水体中浮游生物的调查及特征藻类识别…………………………… 252
实验五　细胞中多糖和过氧化物酶的定位…………………………………… 254
参考文献………………………………………………………………………… 256

第十五章　综合实验　257

第一节　环境工程（科学）综合实验………………………………………… 257
实验一　市政污水深度处理及回用工艺设计及评价………………………… 263
　　　　Ⅰ.间歇式活性污泥法处理市政污水实验探讨………………… 263
　　　　Ⅱ.A^2/O法处理市政污水实验探讨……………………………… 267
　　　　Ⅲ.A/O法处理市政污水实验探讨………………………………… 269
　　　　Ⅳ.吸附生物氧化法处理市政污水实验探讨…………………… 272
　　　　Ⅴ.氧化沟法处理市政污水实验探讨…………………………… 274
　　　　Ⅵ.高浓有机废水综合处理实验探讨…………………………… 275
实验二　齐鲁工业大学校园及周边环境空气质量监测及
　　　　评价………………………………………………………………… 278
　　　　Ⅰ.环境空气颗粒物（PM_{10}和$PM_{2.5}$）的采集及
　　　　　测定……………………………………………………………… 278
　　　　Ⅱ.环境空气中氮氧化物的测定（盐酸萘乙二胺分光
　　　　　光度法）………………………………………………………… 281
　　　　Ⅲ.环境空气中二氧化硫的测定（甲醛吸收-副玫瑰
　　　　　苯胺分光光度法）……………………………………………… 285

实验三　生物基吸附材料的制备及应用研究 ·················· 289
　　　　Ⅰ.生物基吸附材料的制备与表面化学测定实验 ········ 289
　　　　Ⅱ.生物基吸附剂去除水中 Cr(Ⅵ) 实验 ················ 291
　　实验四　虚拟仿真实训实验 ································· 294
　　　　Ⅰ.造纸废水综合处理系统虚拟仿真实训 ·············· 294
　　　　Ⅱ.燃煤电厂大气污染物排放协同控制及迁移扩散 3D
　　　　　　虚拟仿真实训 ··································· 311
　　　　Ⅲ.垃圾焚烧处理厂虚拟仿真实训 ···················· 325
　第二节　环境生态工程综合实验 ······························· 345
　　实验一　超累积植物修复重金属污染土壤 ················· 345
　　实验二　稻壳活性炭制备及对染料废水的吸附 ············ 348
　　实验三　人工湿地及其耦合电化学水净化处理技术 ······· 351
　参考文献 ··· 353

第十六章　开放创新实验　355

　实验一　二氧化钛-石墨烯复合体系光催化性能的研究 ········· 355
　实验二　氮饥饿下微藻油脂积累的研究 ······················· 357
　实验三　济南市长清区大气挥发性有机物的污染特征分析
　　　　　实验 ·· 360
　实验四　大肠杆菌感受态细胞的制备及重组 DNA 分子转化
　　　　　宿主细胞 ··· 363
　实验五　微生物 DNA 的提取以及琼脂糖凝胶电泳 ··········· 365
　参考文献 ··· 367

附录　369

　附录1　环境质量标准及排放标准 ···························· 369
　　　　附录1-1　地表水环境质量标准（GB 3838—2002）··· 369
　　　　附录1-2　污水综合排放标准（GB 8978—1996）······ 370
　　　　附录1-3　环境空气质量标准（GB 3095—2012）······ 373
　　　　附录1-4　大气污染物综合排放标准（GB 16297—
　　　　　　　　1996）·· 374
　　　　附录1-5　声环境质量标准（GB 3096—2008）········ 379
　　　　附录1-6　工业企业厂界环境噪声排放标准
　　　　　　　　（GB 12348—2008） ·························· 380
　附录2　教学用染色液的配制 ································· 380
　附录3　教学常用染色方法 ···································· 382
　附录4　教学常用培养基的配制 ······························ 383
　附录5　教学常用基础化学知识 ······························ 385

第一章 绪 论

第一节 实验教学的目的及任务

环境科学与工程专业实验是环境学科课程的重要组成部分,是科研和工程技术人员解决环境工程中各种问题的重要手段,是环境学科的学生必须掌握的技能。环境科学与工程专业实验的内容大都是在基本理论指导下,用实验的方法发展和完善起来的。因此,在环境学科专业教学中,实验教学的质量直接影响着该专业学生的培养质量。重视培养学生的实验能力,对学生理解并学好基本理论,提高解决实际问题的能力以及对其科研能力的训练都是非常重要的。

本专业开设的实验有验证性实验、认知性实验、综合性实验、设计性实验和虚拟仿真实验。对于验证性和认知性实验,老师下发实验任务,学生团队合作,自主查阅标准检测方法,熟悉实验过程,完成实验预习后进行实验,并对实验数据进行分析和解释,可增强学生的学习兴趣,提高学生的动手能力、分析问题能力、团队合作能力以及沟通能力。对于综合性实验和设计性实验,指导教师引导学生针对预设的复杂问题进行分析,学生自行设计实验方案,解决实验过程中出现的问题,获得实验数据并对结果进行合理的分析解释。该类实验项目的开展能使学生掌握常见环境问题的解决思路,培养学生综合分析问题的能力和创新意识。对于该课程的学习与实践训练,要求达到以下教学目标。

1. 巩固和深化理论知识

在理论和实践的结合过程中验证、巩固和深入理解所学专业课程的理论知识、关键技术和工艺流程等。

2. 培养学生的实验研究能力

(1) 掌握实验的基本操作技能和基本分析测试技术等。

(2) 培养学生设计相关实验方案,采集实验数据,分析、判断和评价实验数据的能力。

(3) 掌握实验报告的撰写程序与方法,提高学生运用文字表达技术报告的能力。

3. 培养学生的科研素养

(1) 提高学生团结协作能力。

(2) 培养学生严肃认真、一丝不苟的学习态度,养成善于观察、善于思考的科学习惯。

(3) 培养学生的批判性思维能力，即在实验中能熟练运用各种思维方法，发现和提出问题，创造性地解决问题，运用实验结果验证已有的概念和理论等，不断增强自我学习能力与应用创新能力。

第二节　实验教学的要求

实验内容包括实验前的准备、实验过程、实验数据整理及实验报告的撰写等部分。

1. 实验准备

在实验准备阶段，要求学生做到以下几点。

① 认真阅读实验教材及理论教材中指出的实验所涉及的相关知识点，掌握实验原理和方法。
② 在教师指导下准备、熟悉实验用仪器及装置的性能、使用条件及方法。
③ 明确实验目的、步骤、内容和方法。
④ 准备好相关试剂及实验记录表格等。
⑤ 明确实验分工，做到责任明确、准确无误。

2. 实验过程

① 实验开始前，指导教师应检查实验准备情况，使学生进一步明确实验目的、内容及要求。
② 对特殊设备、仪器及其操作技术作详细讲解及示范。
③ 按实验步骤开始实验，观察实验现象，收集和记录实验数据。
④ 实验结束后，由指导教师审查记录，并按要求清洗玻璃器皿，整理仪器设备，整理实验现场。

3. 实验数据整理和实验报告撰写

① 实验数据分析主要包括实验误差分析、有效数据的取舍、实验数据整理等，并判断实验结果的好坏，找出不足之处，提出完善实验的措施。
② 实验报告是对实验的全面总结，要求结构清晰、语言简明、文字通顺、书写工整、图表完整、讨论分析有说服力、结果正确。
③ 实验报告应包含实验名称、实验目的、实验步骤、实验数据、实验结果和分析讨论等。在分析讨论中应运用所学知识对实验现象进行解释，对异常现象进行讨论，并提出改进思路和建议。
④ 实验报告由指导教师审阅并给出成绩。

第三节　课程实验体系和教学模式

实验教学体系一般包括课程、教学计划、教学大纲（教学内容）、教材、教学方法与手段、考核与评价等内容。实验教学体系是否科学完善，将影响学生培养的质量。虽然实验教学体系涉及多方面的内容，但教学内容是核心，教材的选取是关键，二者是其他内容的落脚点。实验教学内容不合理，会导致预期的教学目标无法实现。

本课程实验体系涵盖了环境科学与工程类学科实验的四个层次，包括基础型实验、专业型实验、综合设计型实验与开放创新型实验。参照环境工程国际工程教育专业认证标准，分别以专业基础课程为依托设计基础型实验，以专业特色课程为导向设计专业型实验，以专业技能培养为目标设计综合型实验和开放创新型实验，融入环境类专业发展的新技术、新理论与领域前沿。同时，以虚拟仿真实验进一步丰富课程内容，理论联系实际，将环境类专业实验的基础性、专业性、系统性、适用性和创新性进行了有机结合，旨在提高学生的学习能力、实践能力、创新能力与科研素养，强化环保责任担当。

为了培养学生的创新能力，可以由学生提出在实验教学内容以外的实验。开设创新型实验的学生应提出报告（包括实验目的、实验设备、实验内容、实验步骤以及实验结果等内容），经审查审批后方能进行，条件许可时应配备一位有经验的教师指导。指导教师应对学生提出的实验进行分析，核查有关实验内容和要求，以证明实验的可行性，确定学生是否具备完成实验的能力，报实验室批准后进行实验的准备及实施，指导教师对实验结果进行检查和审核。

环境科学与工程学科包括环境科学、环境工程和环境生态工程三个专业，其中环境科学专业开设 43 个实验项目，环境工程专业开设 42 个实验项目，环境生态工程专业开设 45 个实验项目。三个专业共开出 6 个综合实验项目、3 个虚拟仿真实训实验项目和 6 个开放创新实验类项目。实验项目均包括实验目的、实验原理、仪器和材料、实验内容（步骤）、实验数据记录与处理、思考题和参考文献等。

第四节　课程实验成绩的评定与教学评价

教学评价是依据教学目标对教学过程及结果进行价值判断并为教学决策服务的活动，是对教学活动现实的或潜在的价值做出判断的过程。实验考核的目的是客观、准确地评价学生，促进学生养成更主动、更积极的学习态度，通过各层次的实验教学过程提高学生的应用能力和创新能力。

（1）考核方式

实验课建立严格的考核制度，最终的成绩评价体系由实验预习考核（实验方案设计）、实验过程考核和实验报告评分考核结合构成。其中，实验方案设计的分值占比为 20%～30%，考查学生是否能通过查找、阅读文献提出完成实验目的、要求的完整实验方案；实验过程考核分值占比为 20%，主要考查学生对实验仪器使用的规范性，实验操作步骤的规范性、熟练程度、动手积极性以及实验过程中遇到问题利用文献解决的能力；实验报告分值占比为 50%～60%，主要考查每组实验结果的正确性及可靠性，对实验结果的分析及讨论，对实验数据采集、整理、分析、归纳及图表绘制能力。

(2) 评分依据和标准

① 实验预习（实验方案设计）成绩根据学生实验前预习情况和预习报告内容的正确性和完整性打分，有错误内容每项酌情扣1~5分。实验预习报告（方案设计）内容要基本包括：实验目的、实验原理、实验设备及材料、实验方法（步骤）、实验数据记录、注意事项、思考题和参考文献等。

② 实验过程成绩根据学生实验考勤情况及实验过程中学生的实验操作正确性、实验记录和实验态度等实验表现情况给出（老师要对学生实验中的情况做好记录，作为评分依据）。实验报告成绩根据实验报告内容的正确性和完整性打分，有错误内容每项酌情扣1~5分。

③ 实验报告成绩按实验报告的书面认真程度、内容的完整性及正确性和实验结果的正确性给出，有错误内容每项酌情扣1~5分。实验报告的书写结构及格式按照发表论文的要求，内容要基本包括：摘要、实验目的、实验原理、实验设备及材料、实验方法（步骤）、实验记录与数据整理、实验结果与分析、实验心得和参考文献等。

由于实验过程的重要性和实验形式的多样性，须采用多种考核方法来考核学生的实验过程和实验质量。专业创新实验的考核方法主要有：①实验过程的平时实验成绩；②实验报告的审阅评审成绩；③实验讨论与答辩成绩；④各种比赛、论文撰写及发表的成绩。

第五节 实验行为规范及实验安全

实验是一项严格、科学的工作，进行实验的人员必须持以严肃的态度。以严谨、细致和规范的操作进行实验，对实验中的安全因素必须充分了解、评估和重视，不可马虎、随意，保持好实验场所的秩序和卫生，认真践行"节能、环保、低碳、绿色、高效"的理念。

1. 实验纪律

① 实验室的各项规章制度包括安全制度、操作制度、危险品的使用制度等。学生在进入实验室前，应全面学习各项制度；进入实验室后必须严格遵守。

② 不迟到不早退，保持实验室清洁，按要求使用水、电、气、药品、试剂等，按要求操作实验设备和仪器。

③ 称取化学药品要确保药匙干净，药匙用完后要及时洗净，避免药品相互污染，实验药品用完后及时盖好瓶盖，及时清理好天平和实验台上洒落的化学药品。

④ 选用合适体积的玻璃容器，使用前确保清洗干净，试剂瓶的标签内容要准确，标签要贴规整，试剂用试剂瓶存放，不能存放在容量瓶等容器中。实验完成后要将玻璃器皿清洗干净放入实验台橱柜内。

⑤ 实验结束后清洗和整理好使用的仪器、设备，关闭电、水、气、门窗等。

⑥ 认真做好实验记录。

2. 实验安全

① 进行实验的人员必须熟悉实验室的安全设施，如灭火器、消防沙、消防毯、洗眼器、紧急喷淋、安全防护用品、急救箱和紧急疏散通道等。

② 进行实验的人员必须充分了解本次实验中的安全因素和环节，如设备用电、高热设

备、高压设备、高速运转设备、可能产生机械损伤的设备、长时间运行的设备等的操作使用；危险化学试剂类使用，如强酸、强碱、强氧化、有毒、易燃、易爆、易挥发、刺激性化学品的产生及使用等；实验过程中具有安全伤害性的实验操作，如划伤、甩玻璃仪器等；注意防止人员碰撞、滑倒、打闹等。

③ 进行实验的人员必须正确掌握相关仪器设备的操作方法和注意事项。

④ 实验过程中，实验人员要充分重视仪器设备的用电、长时间运行的仪器设备的定时查看、高温高压设备及压力容器的使用等安全事项；小心使用强酸、强碱、有毒、易挥发等危险性化学药品；谨慎进行有危险性的实验操作过程。

⑤ 每班成立实验安全检查小组，每天19：00前结束当天实验，每天实验结束后由安全检查小组对实验室的仪器设备、化学药品、水、电、气、空调、门窗等进行检查并关闭，填写实验检查记录本，并向任课老师进行反馈；实验指导老师对实验安全事项进行督查、检查、巡查，确保实验安全。

⑥ 实验期间要重点检查高温高压设备、长时间运行的仪器设备的使用，危险化学品、高压气体的使用，粉尘、危险性实验操作等方面的安全问题。

3. 实验室卫生

① 学生每天实验完成后，将用过的仪器、实验器皿清洗干净，放回指定位置，将实验台面清理干净。

② 各班安排好值日表，值日生每天做好实验室的物品整理和卫生清扫，保持实验室的整洁、有序。

4. 环境保护问题

① 试剂配制。精确计算试剂使用量，在满足需要的前提下，采取少量多次的方式配制试剂，避免过多剩余量，造成浪费和环境污染。

② 危废收集。实验过程中和实验完成后产生的含铬、汞等重金属和有毒物质的液体分类收集，装入指定的废液桶内。

③ 固体废物。减少固体实验废物的产生，将固体实验废物及时放入指定垃圾桶内。

参考文献

[1] 蒲生彦, 王朋. 环境科学与工程类专业课程实验综合指导教程 [M]. 北京：中国环境出版社, 2021.
[2] 全燮. 环境科学与工程实验教程 [M]. 大连：大连理工大学出版社, 2007.
[3] 钟文辉. 环境科学与工程实验教程 [M]. 北京：高等教育出版社, 2013.
[4] 张莉, 余训民, 祝启坤. 环境工程实验指导教程——基础型、综合设计型、创新型 [M]. 北京：化学工业出版社, 2011.

第二章　环境微生物学实验

实验一　光学显微镜的操作、微生物个体形态观察及活性污泥生物相观察

Ⅰ．光学显微镜的操作

一、实验目的

1. 掌握光学显微镜的结构、原理，学会显微镜的操作及保养方法。
2. 观察细菌、放线菌和蓝细菌等微生物的个体形态，学习生物图的绘制。

二、实验原理

光学显微镜的结构见图 2-1。光学显微镜分机械装置和光学系统两部分。

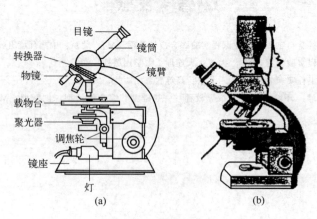

图 2-1　显微镜的结构

1. 机械装置

（1）镜筒：镜筒上端装目镜，下端接转换器。镜筒有单筒和双筒两种。单筒有直立式

（长 160mm）和后倾斜式（倾斜 45°）。双筒全是倾斜式的，其中一个筒有屈光度调节装置，以备两眼视力不同者调节使用。两筒之间可调距离，以适应两眼宽度不同者调节使用。

（2）转换器：转换器装在镜筒的下方，其上有 3 个孔，有的有 4 个或 5 个孔。不同规格的物镜分别安装在各孔上。

（3）载物台：载物台为方形（多数）和圆形的平台，中央有一孔，孔的两侧各装一个夹片，载物台上还有移动器（其上有刻度标尺），可纵向和横向移动，移动器的作用是夹住和移动标本。

（4）镜臂：镜臂支撑镜筒、载物台、聚光器和调节器。镜臂有固定式和活动式（可改变倾斜度）两种。

（5）镜座：镜座为马蹄形，支撑整台显微镜，其上有反光镜。

（6）调节器：调节器包括大、小螺旋调节器（调焦距）各一个。可调节物镜和所需观察的物体之间的距离。调节器有装在镜臂上方或下方两种，装在镜臂上方的通过升降镜臂来调焦距，装在镜臂下方的是通过升降载物台来调焦距，新式显微镜多半装在镜臂的下方。

2. 光学系统及其光学原理

显微镜的总放大倍数为物镜放大倍数和目镜放大倍数的乘积。聚光器安装在载物台的下面，反光镜反射出来的光线通过聚光器被聚集成光锥照射到标本上，可增强照明度，提高物镜的分辨率。聚光器可上、下调节，中间装有光圈可调节光亮度，在看高倍镜和油镜时需调节聚光器，合理调节聚光器的高度和光圈的大小，可得到适当的光照和清晰的图像。

三、仪器和材料

1. 光学显微镜。
2. 擦镜纸、吸水纸。

四、实验内容

（一）光学显微镜的操作

1. 低倍镜的操作

（1）置显微镜于固定的桌上。窗外不宜有影响视线之物。

（2）旋动转换器，将低倍镜移到镜筒正下方，和镜筒对直。

（3）转动反光镜向着光源处，同时用眼对准目镜（选用适当放大倍数的目镜）仔细观察，使视野亮度均匀。

（4）将标本片放在载物台上，使观察目的物置于圆孔的正中央。

（5）将粗调节器向下旋转（或载物台向上旋转），眼睛注视物镜，以防物镜和载玻片相碰，当物镜的尖端距载玻片约 0.5cm 处时停止旋转。

（6）左眼向目镜里观察，将粗调节器向上旋转，如果看到目的物但不十分清楚，可用细调节器调节，至目的物清晰为止。

（7）如果粗调节器旋得太快，使超过焦点，必须从第（5）步重调，不应正视目镜情况下调粗调节器，以防没把握的旋转使物镜与载玻片相碰撞坏。

（8）观察时两眼同时睁开（双眼不感疲劳）。单筒显微镜应用左眼观察，以便于绘图。

2. 高倍镜的操作

（1）使用高倍镜前，先用低倍镜观察，发现目的物后将它移至视野正中处。

（2）旋动转换器换高倍镜，如果高倍镜触及载玻片立即停止旋动，说明原来低倍镜就没有调准焦距，目的物并没有找到，要用低倍镜重调，如果调对了，换高倍镜时基本可以看到目的物，若有点模糊，用细调节器调节清晰。

（3）油镜观察完毕，用擦镜纸将镜头上的油揩净，另用擦镜纸蘸少许二甲苯揩拭镜头，再用擦镜纸揩干。

（二）目测微尺、物测微尺及其使用方法

1. 目测微尺

目测微尺是一圆形玻片，其中央刻有 5mm 长的、等分为 50 格（或 100 格）的标尺，每格的长度随使用目镜和物镜的放大倍数及镜筒长度而定。使用前用物测微尺标定，用时放在目镜内。

2. 物测微尺

物测微尺是一厚玻片，中央有一圆形盖玻片，中央刻有 1mm 长的标尺，等分为 100 格，每格为 10μm，用以标定目测微尺在不同放大倍数下每格的实际长度。目测微尺和物测微尺见图 2-2。

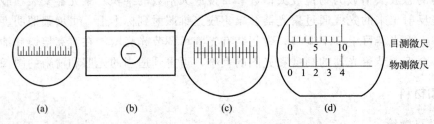

图 2-2 目测微尺和物测微尺

(a) 目测微尺；(b) 物测微尺；(c) 物测微尺的中心部放大；(d) 物测微尺标定目测微尺时两者重叠情景

3. 目测微尺的标定

将目测微尺装在目镜的隔板上，使刻度朝下；把物测微尺放在载物台上，使刻度朝上。用低倍镜找到物测微尺的刻度，移动物测微尺和目测微尺使两者的第一条线重合，顺着刻度找出另一条重合线。例如图 2-2 (d) 中目测微尺上 5 格对准物测微尺上的 2 格，物测微尺的 1 格为 10μm，2 格的长度为 20μm，所以目测微尺上 1 小格的长度为 4μm，再分别求出高倍镜和油镜下目测微尺每格的长度。

4. 菌体大小的测量

将物测微尺取下，换上标本片，选择适当的物镜测量目的物的大小，分别找出菌体的长和宽占目测微尺的格数，再按目测微尺 1 格的长度算出菌体的长度和宽度。

Ⅱ. 微生物个体形态观察及活性污泥生物相观察

一、实验目的

1. 进一步熟悉和掌握显微镜的操作方法。
2. 观察几种真核微生物的个体形态和活性污泥生物相，掌握生物图的绘制方法。
3. 学习用压滴法制作标本片。

二、仪器和材料

（1）显微镜、擦镜纸、吸水纸、香柏油或液体石蜡、二甲苯。

（2）示范片：大肠杆菌（杆状）、小球菌（球状）、硫酸盐还原菌（弧状）、浮游球衣菌（丝状）、酵母菌、霉菌。

（3）藻类培养液及活性污泥混合液（内有原生动物和微型后生动物）。

三、实验内容

（1）严格按显微镜的操作方法，依低倍镜、高倍镜及油镜的次序逐个观察杆状、球状、弧状及丝状的细菌示范片，以及酵母菌和霉菌的示范片，用铅笔分别绘制其形态图。

（2）用压滴法制作藻类、原生动物和微型后生动物的标本片。制作方法为：取一片干净的载玻片放在实验台上，用一支滴管吸取试管中藻类培养液于载玻片的中央，用干净的盖玻片覆盖在液滴上（注意不要有气泡）即成标本片。用低倍镜和高倍镜观察。

（3）用压滴法观察活性污泥中的原生动物和微型后生动物，制作法与（2）相同。

（4）绘制细菌、藻类、原生动物和微型后生动物的形态图。

四、思考题

1. 使用油镜为什么要先用低倍镜和高倍镜检查？
2. 你观察到几种微生物？将它们的形态绘制成图。

实验二　空气中微生物的检测

一、实验目的

1. 通过实验了解一定环境空气中微生物的分布状况。
2. 学习并掌握检定和计数空气微生物的基本方法。

二、仪器和材料

1. 盛有 200mL 无菌水的高脚三角瓶（500mL）5 个、盛有 10L 水的塑料放水桶（15L）5 个。

2. 肉膏蛋白胨琼脂培养基、查氏琼脂培养基、高泽氏琼脂培养基、无菌平吸管等。

三、实验内容

1. 过滤法

过滤法测定空气微生物的实验装置见图 2-3。按图 2-3 安装空气采样器。测定空气微生物的五点采样法见图 2-4，按图

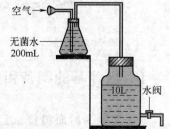

图 2-3　过滤法测定空气微生物

2-4 将 5 套空气采样器分放在 5 个点上。

图 2-4 测定空气微生物的五点采样法

打开蒸馏瓶的水阀，使水缓慢流出，这时外界的空气被吸入，经喇叭口进入 200mL 无菌水的三角瓶中，至 10L 水流完后，则 10L 体积空气中的微生物吸收在 200mL 水中。

将 5 个三角瓶的过滤液充分摇匀，从中各吸 1mL 过滤液于无菌培养皿（平行做 3 个皿），然后加入已融化而冷至 45℃ 的肉膏蛋白胨琼脂培养基，凝固后置 37℃ 培养。培养 24h 后，按平板上长的菌落数计算出每升空气中细菌的数目。先按下式分别求出每套采样器的细菌数，再求 5 套采样器细菌数的平均：

$$\text{细菌数}[\text{菌数}/\text{L}(\text{空气})] = \frac{1\text{mL 水中培养所得菌数} \times 200}{10} \tag{2-1}$$

2. 落菌法

（1）将肉膏蛋白胨琼脂培养基、查氏琼脂培养基、高泽氏琼脂培养基融化后，三种培养基各倒 15 个平板，冷凝。

（2）在一定面积的房间内，按图 2-4 的五点所示，每种培养基每个点放三个平板，一个平板是空白对照，另外两个平板打开盖子后分别放置 30min 和 60min，而后盖上盖子。肉膏蛋白胨琼脂培养基培养细菌，置于 37℃ 恒温箱培养 24h。查氏琼脂培养基、高泽氏琼脂培养基分别培养霉菌和放线菌，置于 28℃ 恒温箱中培养 24~48h。

四、数据记录

培养结束，观察各种微生物的菌落形态、颜色，计它们的菌落数。将空气中微生物种类和数量记录在表 2-1 中。

表 2-1 空气微生物的测定结果

环境		菌落数		
		细菌	霉菌	放线菌
室内	30min			
	60min			

根据结果，计算每升空气中微生物的数目。

实验三　受污染土壤微生物的分离和测定

Ⅰ. 培养基的制备和灭菌

本次实验为后面实验Ⅱ土壤微生物的纯种分离和培养做准备，实验内容主要包括玻璃器皿的洗涤、包装，培养基的制备及灭菌技术等。

一、实验目的

1. 熟悉玻璃器皿的洗涤和灭菌前的准备工作。
2. 掌握培养基和无菌水的制备方法。
3. 掌握高压蒸汽灭菌技术。

二、仪器和材料

1. 培养皿（直径 90mm）10 套、试管（15mm×150mm）5 支、试管（18mm×180mm）5 支、移液管（10mL）1 支、移液管（1mL）2 支、锥形瓶（250mL）2 个、烧杯（300mL）1 个、玻璃珠 30 粒。
2. 纱布、棉花、牛皮纸（或报纸）。
3. 精密 pH 试纸（6.4～8.4）、10%HCl、10%NaOH。
4. 牛肉膏、蛋白胨、氯化钠、琼脂或市售营养琼脂培养基、蒸馏水。
5. 高压蒸汽灭菌锅、烘箱、煤气灯或酒精灯。

三、实验内容

（一）玻璃器皿的洗涤和包装

1. 洗涤

玻璃器皿在使用前必须洗涤干净。培养皿、试管、锥形瓶等可用洗衣粉、去污粉等洗刷并用自来水冲净。移液管先用洗液浸泡，再用水冲洗干净。洗刷干净的玻璃器皿自然晾干或放入烘箱中烘干，备用。

2. 包装

（1）移液管的吸端用细铁丝将少许棉花塞入构成 1～1.5cm 长的棉塞（以防细菌吸入口中，并避免将细菌吹入管内）。棉塞要塞得松紧适宜，吸时既能通气，又不使棉花滑入管内。将塞好棉花的移液管的尖端，放在 4～5cm 宽的长纸条的一端，移液管与纸条约成 30°夹角，折叠包装纸包住移液管的尖端［图 2-5（a）］，用左手将移液管压紧，在桌面上向前搓转，纸条螺旋式地包在移液管外面，余下纸头折叠打结。按实验需要，可单支包装或多支包装，待灭菌。

（2）用棉塞将试管管口和锥形瓶瓶口塞住。按试管口或锥形瓶口大小估计用棉量，将棉花铺成中心厚周围逐渐变薄的圆形，对折后卷成卷，一手握粗端，将细端塞入试管或锥形瓶的口内，棉塞不宜过松或过紧，用手提棉塞，以管、瓶不掉下为准。棉塞四周应紧贴管壁或瓶壁，不能有褶皱，以防空气微生物沿棉塞褶皱侵入。棉塞插入 2/3，其余留在管口（或瓶

 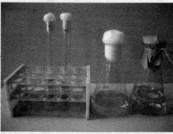 

(a) 移液管　　　　　　　　(b) 试管、锥形瓶　　　　　　　　(c) 培养皿

图 2-5　玻璃器皿封装示意

口）外，便于拔塞。试管、锥形瓶塞棉塞后，用牛皮纸包上并用细绳或橡皮筋捆扎好［图2-5（b）］放在铁丝或铜丝篓内待灭菌。

（3）培养皿由一底一盖组成一套，用牛皮纸或报纸将10套培养皿（皿底朝里，皿盖朝外，5套、5套相对）包好，见图2-5（c）。

（二）培养基的制备

培养基是微生物的繁殖基地，通常根据微生物繁殖所需要的各种营养物配制而成。其中含水分、碳化合物、氮化合物、无机盐等，这些营养物可提供微生物碳源、能源、氮源等，组成细胞及调节代谢活动。按培养目的不同，或根据培养不同种类微生物可配成各种培养基。通常培养细菌是用肉膏蛋白胨培养基，培养放线菌常用淀粉培养基，用豆芽汁培养霉菌，用麦芽汁培养酵母菌。

培养微生物除了满足它们各自营养物要求外，还要给予适宜的pH、渗透压和温度等。

根据研究目的不同，可配制成固体、半固体和液体的培养基。固体培养基的成分与液体相同，仅在液体基中加入凝固剂使呈固态。通常加入15～30g/L琼脂的为固体培养基；加入3～5g/L琼脂的为半固体培养基。有的细菌还需用明胶或硅胶。本实验用固体培养基和液体培养基。培养基的制备过程如下。

1. 配制溶液

取一定容量的烧杯盛入定量无菌水，按培养基配方逐一称取各种成分，依次加入水中溶解。蛋白胨、肉膏等可加热促进溶解。待全部溶解后，加水补足因加热蒸发的水量。注意：在制备固体培养基加热融化琼脂时要不断搅拌，避免琼脂糊底烧焦。

2. 调节pH

用精密pH试纸测培养基的pH，按要求用质量浓度为100g/L的NaOH或体积分数为10%的HCl调整至所需的pH。

3. 过滤

用纱布、滤纸或棉花过滤均可。如果培养基杂质很少或实验要求不高，可不过滤。

4. 分装

培养基的分装示意图见图2-6。按图2-6所示，将培养基分装于试管中或锥形瓶中（注意防止培养基黏在管口或瓶口，避免浸湿棉塞引起杂菌污染），装入试管的培养基量视试管的大小及需要而定，一般制斜面培养基时，每支试管装的量为试管高度的1/4～1/3。

5. 斜面培养基的制作

将已灭菌的装有琼脂培养基的试管取出，趁热斜置在木棒（或橡皮管）上，使试管内的培养基斜面长度为试管长的1/3～1/2，待培养基凝固后即成斜面（图2-7）。

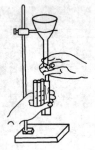

图2-6 培养基的分装示意图

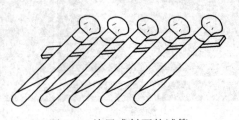

图2-7 放置成斜面的试管

（三）实验用培养基的制备

肉膏蛋白胨琼脂培养基，供测定细菌总数用及细菌纯种分离培养用。

1. 培养基配方

牛肉膏 0.75g，蛋白胨 1.5g，氯化钠 0.75g，琼脂 3g，蒸馏水 150mL。

2. 操作

（1）取一个 300mL 的烧杯，装 150mL 蒸馏水。

（2）在药物天平上依次称取配方中各成分，放入水中溶解，待琼脂完全融化后停止加热，补足蒸发损失的水量。用 10%NaOH 调整 pH 至 7.6，本实验省略过滤。将培养基分装到 5 支试管中，其余的全部倒入 250mL 的锥形瓶中，分别塞上棉塞，包扎好待灭菌。

（四）无菌稀释水的制备

（1）取一个 250mL 的锥形瓶装 90mL（或 99mL）蒸馏水，放 30 颗玻璃珠（用于打碎活性污泥、菌块或土壤颗粒）于锥形瓶内，塞棉塞、包扎，待灭菌。

（2）另取 5 支 18mm×180mm 的试管，分别装 9mL 蒸馏水，塞棉塞、包扎，待灭菌。

（五）灭菌

灭菌是用物理、化学因素杀死全部微生物的营养细胞和它们的芽孢（或孢子）。消毒和灭菌有些不同，它是用物理、化学因素杀死致病性微生物或杀死全部微生物的营养细胞及一部分芽孢。

1. 灭菌方法

灭菌方法很多，有过滤除菌法，化学药品消毒和灭菌法，利用酚、含汞药物及甲醛等使细菌蛋白质凝固变性以达灭菌目的，还有利用物理因素，例如高温、紫外线和超声波等灭菌的。加热灭菌是最主要的，加热灭菌法有两种：干热灭菌和高压蒸汽灭菌。高压蒸汽灭菌比干热灭菌优越，因为湿热的穿透力和热传导都比干热的强，湿热时微生物吸收高温水分，菌体蛋白很易凝固变性，所以湿热灭菌效果好。湿热灭菌的温度一般是在 121℃，灭菌 15～30min；干热灭菌的温度则是 160℃，灭菌 2h 才能达到湿热灭菌 121℃ 同样的效果。

（1）干热灭菌法：培养皿、称液管及其他玻璃器皿可用干热灭菌法灭菌。先将已包装好的上述物品放入恒温箱中，将温度调至 160℃ 后维持 2h，把恒温箱的调节旋钮调回零处。待温度降到 50℃ 左右，才可将物品取出。

请注意：灭菌时温度不得超过 170℃，以免包装纸烧焦。灭菌好的器皿应保存好，切勿弄破包装纸，否则会染菌。

（2）高压蒸汽灭菌法：该法使用高压灭菌锅（图 2-8），微生物实验所需的一切器皿、器具、培养基（不耐高温者除外）等都可用此法灭菌。

高压蒸汽灭菌锅是能耐一定压力的密闭金属锅，有立式和卧式两种。灭菌锅上附有压力表、排气阀、安全阀、加水口、排水口等。卧式灭菌锅还附有温度计，有的还有蒸汽入口。灭菌锅的加热源有电、煤气和蒸汽三种。

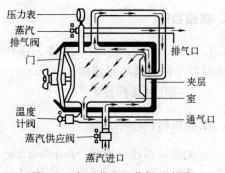

图 2-8　高压蒸汽灭菌锅示意图

2. 灭菌的操作过程

（1）加水：立式锅是直接加水到锅内底部隔板以下1/3处。有加水口者由加水口加至止水线处。

（2）装锅：把需灭菌的器物放入锅内（请注意：器物不要装得太满，否则灭菌不彻底），关严锅盖（对角式均匀拧紧螺旋），打开排气阀。

（3）点火：用电源的则启动开关，热源为蒸汽的则慢慢打开蒸汽进口，避免蒸汽猛冲入锅内。

（4）关闭排气阀：待锅内水沸腾后，蒸汽将锅内冷空气驱净，当温度计指针指向100℃时，证明锅内已充满蒸汽，则关排气阀。如果没有温度计，则当排气阀排出蒸汽相当猛烈且微带蓝色时，关闭排气阀。

（5）升压、升温：关闭排气阀以后，锅内成为密闭系统，蒸汽不断增多，压力计和温度计的指针偏转，当压力达到0.103MPa（温度为121℃），灭菌开始，这时调整火力大小使压力维持在0.103MPa（121℃，15～20min）。除含糖培养基用0.072MPa（115℃，15～20min），一般都用0.103MPa压力。

（6）中断热源：达到灭菌时间要求后停止加热，任其自然降压，当指针回到0时，打开排气阀（请注意，排气阀不能过早打开，否则培养基因压力突降，温度没下降而使培养基翻腾冲到棉塞处，既损失培养基又沾污了棉塞）。

（7）取出器物：揭开锅盖，取出器物，排掉锅内剩余水。

（8）保存备用：待培养基冷却后置于37℃恒温箱内培养24h，若无菌生长则放入冰箱或阴凉处保存备用。

湿热灭菌除加压的以外，还有在常压下灭菌的，这叫间歇灭菌。此法用于一些会受高温破坏的培养基的灭菌。它是在连续的3天内，每天蒸煮一次，100℃煮30～60min后冷却，置于37℃培养24h，次日再蒸煮一次，重复前一天工作，第三天蒸煮后基本无菌了，为确保无菌仍要置于37℃培养24h，确定无菌方可使用。

四、思考题

1. 培养基根据什么原理配制而成？肉膏蛋白胨琼脂培养基中不同成分各起什么作用？
2. 为什么湿热比干热灭菌优越？

Ⅱ. 土壤微生物的纯种分离和培养

一、实验目的

1. 掌握从环境（土壤、水体、活性污泥、垃圾、堆肥等）中分离培养细菌的方法，从而掌握若干种细菌纯养技能。
2. 掌握几种接种技术。

二、仪器和材料

1. 无菌培养皿（直径90mm）10套、无菌移液管1mL 2支、无菌移液管10mL 1支。
2. 营养琼脂培养基1瓶、活性污泥或土壤或湖水1瓶、无菌稀释水90mL 1瓶、无菌稀释水 9mL 5 管。

3. 接种杯、酒精灯或煤气灯、恒温箱。

三、实验内容

（一）几种接种技术操作

由于实验的目的、所研究的微生物种类、所用的培养基及容器不同，因此，接种方法也有多种，现简介如下。

1. 接种用具

常用的接种用具有接种环、接种针、接种钩、玻璃刮刀、铲、移液管、滴管等。接种环和接种针等总长约 25cm，环、针、钩的长为 4.5cm，可用铂丝、电炉丝或镍丝制成。上述材料以铂丝最为理想，其优点是：在火焰上的烧红得快，离开火焰后冷得快，不易氧化且无毒。但其价格昂贵，一般用电炉丝和镍丝。接种环的柄为金属的，其后端套上绝热材料套。柄也可用玻璃棒制作。

2. 接种环境

微生物的分离、培养、接种等操作需要在紫外灯灭菌的无菌操作室、无菌操作箱或生物超净台等环境下进行。教学实验由于人多，无菌室小，无法一次容纳所有实验者，所以在一般实验室内进行时要特别注意无菌操作。也可多组分批进行。

3. 接种技术

（1）斜面接种技术

图 2-9 是将长在斜面培养基（或平板培养基）上的微生物接到另一支斜面培养基上的方法。

① 接种前将桌面擦净，将所需的物品整齐有序地放在桌上。

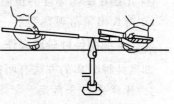

图 2-9 斜面接种示意图

② 将试管贴上标签，注明菌名、接种日期、接种人、组别等。

③ 点燃煤气灯（或酒精灯）。

④ 将一支斜面菌种和一支待接的斜面培养基放在左手上，拇指压住两支试管，中指位于两支试管之间，斜面向上，管口齐平。

⑤ 右手先将棉塞拧松动，以便接种时拔出。右手拿接种环，在火焰上将环烧红以灭菌。

⑥ 在火焰旁，用右手小拇指、无名指和手掌夹住棉塞将它拔出。试管口在火焰上微烧一周，将管口上可能沾染的少量菌或带菌尘埃烧掉。将烧过的接种环伸入菌种管内，先触及没长菌的培养基使环冷却。然后轻轻挑取少许菌种，将接种环抽出管外后迅速伸入另一试管底部，在斜面上由底部向上划曲线。抽出接种环，将试管塞上棉塞并插在试管架上，最后再次烧红接种环，则接种完毕。

（2）液体培养基中的菌种被接入液体培养基

接种用具是无菌移液管和无菌滴管。移液管和滴管是玻璃制的，不能在火焰上烧，以免碰到水时玻璃破裂，需预先灭菌。用无菌移液管自菌种管中吸取一定量的菌液接到另一管液体培养基中，将试管塞好即可。

（3）液体接种法

这是由斜面培养基接种到液体培养基中的方法。用接种环挑取一环培养基上的菌种送入液体培养基中，使环在液体表面与管壁接触轻轻研磨，将环上的菌种全部洗入液体培养基中，取出接种环塞上棉塞。将试管轻轻撞击手掌使菌体在液体培养基中均匀分布。最后将接种环烧红灭菌。

（4）穿刺接种法

这是将斜面菌种接种到半固体深层培养基的方法。

① 如前斜面接种操作，用接种针（必须很挺直）挑取少量菌种。

② 将带菌种的接种针刺入固体或半固体深层培养基中直到接近管底，然后沿穿刺线缓慢地抽出（图 2-10），塞上棉塞，烧红接种针，则接种完毕。

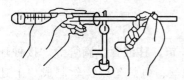

图 2-10　穿刺接种示意图

（5）稀释平板涂布法

稀释平板涂布法与稀释平板法、平板划线法的作用一样，都是把聚集在一起的群体分散成能在培养基上长成单个菌落的分离方法。此法接种量不宜太多，只能在 0.5mL 以下，培养时起初不能倒置，先正摆一段时间等水分蒸发后倒置。此法步骤如下：

① 稀释样品。方法与稀释平板法中的稀释方法和步骤一样。

② 倒平板。将融化并冷至 50℃ 左右的培养基倒入无菌培养皿中，冷凝后即成平板。

③ 用无菌移液管吸取一定量的经适当稀释的样品液于平板上，换上无菌玻璃刮刀在平板上旋转涂布均匀。

④ 正摆在所需温度的恒温箱内培养，如果培养时间较长，次日把培养皿倒置继续培养。

⑤ 待长出菌落观察结果。

（二）细菌纯种分离操作

细菌纯种分离的方法有两种：稀释平板法和平板划线法。

1. 稀释平板分离法

（1）取样

用无菌锥形瓶到现场取一定量的活性污泥或土壤或湖水，迅速带回实验室。

（2）稀释水样

样品稀释过程见图 2-11。将 1 瓶 90mL 和 5 管 9mL 的无菌水排好，按 10^{-1}、10^{-2}、10^{-3}、10^{-4}、10^{-5} 及 10^{-6} 依次编号。在无菌操作条件下，用 10mL 无菌移液管吸取 10mL 水样（或其他样品 10g）置于第 1 瓶 90mL 无菌水（内含玻璃珠）中，将移液管吹洗三次，用手摇 10min 将颗粒状样品打散，即为 10^{-1} 浓度的菌液。用 1mL 无菌移液管吸取 1mL 10^{-1} 浓度的菌液于 1 管 9mL 无菌水中，将移液管吹洗 3 次，摇匀即为 10^{-2} 浓度菌液。同样方法，依次稀释到 10^{-6}。

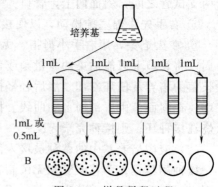

图 2-11　样品稀释过程

（3）平板的制作

取 10 套无菌培养皿编号：10^{-4}、10^{-5}、10^{-6} 各 3 个，另 1 个为空气对照。取 1 支 1mL 无菌移液管从浓度小的 10^{-6} 菌液开始，以 10^{-6}、10^{-5}、10^{-4} 为序分别吸取 0.5mL 菌液于相应编号的培养皿内（注：每次吸取前，用移液管在菌液中吹泡使菌液充分混匀）加热融化培养基，当培养基冷至 45℃ 左右时，右手拿装有培养基的锥形瓶，左手拿培养皿，以中指、无名指和小拇指托住皿底，大拇指和食指夹住皿盖，靠近火焰，将皿盖掀开，倒入培养基后将培养皿平放在桌上，顺时针和逆时针来回转动培养皿，使培养基和菌液充分混匀，冷凝后即成平板，倒置于 30℃培养箱中培养 24～48h，然后观察结果。（注：若在无菌室内操作，倒平板按图 2-12。）

取"对照"的无菌培养皿，倒平板待凝固后，打开皿盖 10min 后盖上皿盖，倒置于 30℃培养箱中培养 24～48h，然后观察结果。

2. 平板划线分离法

（1）平板的制作

将融化并冷却至约 50℃的肉膏蛋白胨琼脂培养基倒入无菌培养皿内，使凝固成平板，此操作见图 2-12。

（2）操作

用接种环（图 2-13）挑取一环活性污泥（或土壤悬液等），左手拿培养皿，中指、无名指和小拇指托住皿底，大拇指和食指夹住皿盖，将培养皿稍倾斜，左手大拇指和食指将皿盖掀半开，右手将接种环伸入培养皿内，在平板上轻轻划线（切勿划破培养基）。平板划线的分离方法见图 2-14，可取其中任意一种。划线完毕盖好皿盖，倒置，30℃下培养 24～48h 后观察结果。

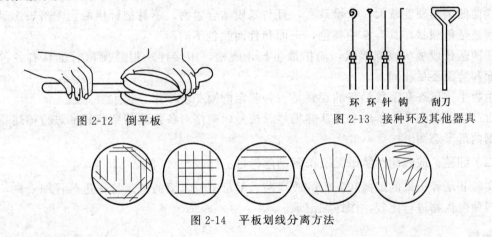

图 2-12 倒平板　　　　图 2-13 接种环及其他器具

图 2-14 平板划线分离方法

四、思考题

1. 分离活性污泥为什么要稀释？
2. 用一根无菌移液管接种几种浓度的水样时，应从哪个浓度开始？为什么？

Ⅲ. 纯培养菌种的菌体、菌落形态观察和接种

一、实验目的

观察实验Ⅱ分离出来的几种细菌的个体形态及与其相应的菌落形态特征。通过观察和比较细菌、放线菌、酵母菌及霉菌的菌落特征，掌握初步鉴别上述微生物的技能。

二、仪器和材料

1. 显微镜、载玻片、接种环、酒精灯（或煤气灯）。

2. 实验Ⅱ培养出来的各种细菌，实验室配给的放线菌、酵母菌及霉菌等的菌落。

三、实验内容

（一）细菌菌体、菌落形态观察

1. 接种斜面培养基

在无菌操作条件下，用接种环分别挑取平板上长出的各种细菌，并将它们分别接种于各管斜面培养基上，塞好棉塞，放在试管架上置于30℃恒温箱中培养36h后观察。

2. 菌落形态特征的观察

由于微生物个体表面结构、分裂方式、运动能力、生理特性及产生色素的能力等各不相同，因而个体及它们的群体在固体培养基上生长状况也不一样，按照微生物在固体培养基上形成的菌落特征，可粗略辨别是何种类型的微生物。应注意观察菌落的形状、大小、表面结构、边缘结构、菌丛高度、颜色、透明度、气味、黏滞性、质地软硬情况、表面光滑与粗糙情况等。

通常，细菌菌落多为光滑型、湿润、质地软、表面结构及边缘结构特征很多，具有各种颜色。但也有干燥、粗糙的，甚至呈现霉状但不起绒毛。

酵母菌菌落呈现圆形，大小接近细菌，表面光滑、质地软、颜色多为白色或红色。

放线菌的菌落硬度较大，干燥致密，且与基质结合紧密，不易被针挑取。菌落表面呈现粉状或褶皱呈龟裂状，具有各种颜色，正面和背面颜色不同。

霉菌菌落长成绒状或棉絮状，能扩散生长，疏松，用接种环很易挑取。也具有各种颜色，正面和背面不尽相同。

微生物个体形态和菌落形态的观察是菌种鉴定的第一步工作，很重要。

将自己培养的细菌菌落逐个辨认并编号，按号码顺序对各细菌的菌落特征进行描述、记录，绘制菌落形态图。

（二）细菌、放线菌、酵母菌及霉菌菌落特征的比较

对实验Ⅱ培养出来的细菌和配给的放线菌、酵母菌及霉菌的菌落特征进行仔细观察，并将上述四种微生物进行比较，作详细记录。

四、思考题

1. 你分离培养出几种细菌？其菌落形态和个体形态是怎样的？
2. 通过本次实验你认识几种微生物？根据菌落形态你能说出是哪一类微生物吗？
3. 你掌握了哪几种接种技术？

Ⅳ. 微生物的染色及观察

一、实验目的

学习微生物的染色原理、染色的基本操作技术，从而掌握微生物的一般染色法和革兰氏染色法。选择实验Ⅲ分离出的细菌进行革兰氏染色。

二、实验原理

微生物（尤其是细菌）的机体是无色透明的，在显微镜下，由于光源是自然的，微生物

体与其背景反差小，不易看清微生物的形态和结构，若增加其反差，微生物的形态就可看得清楚。通常是用染料将菌体染上颜色以增加反差，便于观察。

微生物细胞是由蛋白质、核酸等两性电解质及其他化合物组成，所以微生物细胞表现出两性电解质的性质。两性电解质兼有碱性基和酸性基，在酸性溶液中解离出碱性基呈碱性带正电。在碱性溶液中解离出酸性基呈现酸性带负电。经测定，细菌等电点在 pH＝2～5 之间，故细菌在中性（pH＝7）、碱性（pH＞7）或偏酸性（pH＝6～7）的溶液中等电点均低于上述溶液的 pH 值，所以细菌带负电荷，容易与带正电荷的碱性染料结合，故用碱性染料染色的多。碱性染料有亚甲基蓝、甲基紫、结晶紫、龙胆紫、碱性品红、中性红、孔雀绿和番红等。

微生物体内各结构与染料结合力不同，故可用各种染料分别染微生物的不同结构以便观察。

染色方法有简单染色法和复染色法之分。

1. 简单染色法

简单染色法又叫普通染色法，只用一种染料使细胞染上颜色，如果仅为了在显微镜下看清细菌的形态，用简单染色即可。

2. 复染色法

用两种或多种染料染细菌，目的是鉴别不同性质的细菌，所以又叫鉴别染色法。主要的复染色法有革兰氏染色法和抗酸性染色法。抗酸性染色法多在医学上采用。此处介绍革兰氏染色法。

革兰氏染色法是细菌学中很重要的一种鉴别染色法。它可将细菌区分为革兰氏阳性菌和革兰氏阴性菌两大类。它的染色步骤如下：先用草酸铵结晶紫染色，经碘-碘化钾（媒染剂）处理后用乙醇脱色，最后用番红液复染。如果能保持草酸铵结晶紫与碘的复合物而不被乙醇脱色，用番红液复染后仍呈紫色者叫革兰氏阳性菌。被乙醇脱色用番红液复染后呈红色者为革兰氏阴性菌。

三、仪器和材料

1. 显微镜、香柏油（或液体石蜡）、二甲苯、擦镜纸、吸水纸、接种杯、载玻片、酒精灯（或煤气灯）。

2. 石炭酸复红（品红）染液、草酸铵结晶紫染液、革兰氏碘液、95％乙醇、番红染液。

3. 实验Ⅲ分离的细菌。

四、实验内容

（一）细菌的简单染色

1. 涂片

取干净的载玻片于实验台上，在正面边角做个记号并滴一滴无菌蒸馏水于载玻片的中央，将接种环在火焰上烧红，待冷却后从斜面挑取少量菌种与载玻片上的水滴混匀后，在载玻片上涂布成一均匀的薄层，涂布面不宜过大。（注：活性污泥染色是用滴管取一滴活性污泥于载玻片上铺成一薄层即可）。

2. 干燥

最好在空气中自然晾干，为了加速干燥，可在微小火焰上方烘干。但不宜在高温下长时间烤干，否则急速失水会使菌体变形。

3. 固定

将已干燥的涂片正面向上，在微小的火焰上通过2~3次，加热使蛋白质凝固而固着在载玻片上。

4. 染色

在载玻片上滴加染色液（石炭酸复红、草酸铵结晶紫或亚甲基蓝任选一种），使染液铺盖涂有细菌的部位作用约1min。

5. 水洗

倾去染液，斜置载玻片，在自来水龙头下用小股水流冲洗，直到水呈现无色为止。

6. 吸干

将载玻片倾斜，用吸水纸吸去涂片边缘的水珠（注意勿将细菌擦掉）。

7. 镜检

用显微镜观察，并用铅笔绘出细菌形态图。

（二）细菌的革兰氏染色

（1）取实验Ⅲ分离的细菌，分别以无菌操作做涂片，其操作及做涂片的过程见图2-15。将涂片干燥、固定，方法均与简单染色相同。

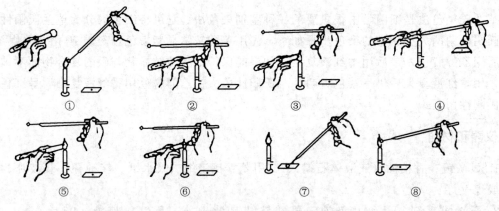

图 2-15　无菌操作及做涂片的过程

（2）用草酸铵结晶紫染液染1min，水洗。

（3）加革兰氏碘液媒染1min，水洗。

（4）斜置载玻片于一烧杯之上，滴加95%乙醇脱色，至流出的乙醇不出现紫色即可，随即水洗。（注：为了节约乙醇，可将乙醇滴在涂片上静置30~45s，水洗。）

（5）用番红液复染1min，水洗，染色结果见图2-16。

（6）用吸水纸吸掉水滴，待标本片干后置显微镜下，用低倍镜观察，发现目的物后用油镜观察，注意细菌细胞的颜色。绘出细菌的形态图并说明革兰氏染色的结果。

染色关键：必须严格掌握乙醇脱色程度，如果脱色过度，阳性菌被误染为阴性菌；若脱色不够时，阴性菌被误染为阳性菌。

| 草酸铵结晶初染 | 碘-碘化钾媒染 | 体积分数为 95%乙醇褪色 | 番红复染 (G^+紫色,G^-红色) |

图 2-16 革兰氏染色结果

G^+紫色,为革兰氏阳性菌；G^-红色,为革兰氏阴性菌

五、思考题

1. 微生物的染色原理是什么？

2. 用革兰氏染色法处理实验Ⅲ分离出的细菌后各得什么结果（包括颜色、细菌形态、为何种染色反应等）？

3. 革兰氏染色法中若只做（1）～（4）的步骤而不用番红染液复染，能否分辨出革兰氏染色结果？为什么？

4. 微生物经固定后是死的还是活的？

5. 革兰氏染色在微生物学中有何实践意义？

实验四　水中细菌总数的测定

一、实验目的

学习水样的采集方法和培养基的配制方法；掌握水中细菌总数的测定方法。

二、实验原理

细菌总数测定是测定水中需氧菌、兼性厌氧菌和厌氧菌密度的方法。因为细菌种类繁多，它们对营养和其他生长条件的要求差别很大，而且没有任何一种培养基能单独满足一个水样中所有细菌的生理要求。所以，细菌总数实际上是指 1mL 水样在营养琼脂培养基中，于 37℃培养 24h 后，所生长的细菌菌落的总数。

细菌总数可以反映水体被有机物污染的程度。一般未被污染的水体细菌数量很少，如果细菌数增多，表示水体可能受到有机污染，细菌总数越多，说明污染越重。因此细菌总数是检验饮用水、水源水和地表水等污染程度的标志。

三、仪器和材料

1. 仪器

（1）高压蒸汽灭菌器。

(2) 恒温培养箱、冰箱。
(3) 放大镜或菌落计数器。
(4) 酒精灯、灭菌的带塞玻璃瓶、灭菌三角瓶、灭菌平皿、培养皿、吸管、试管等。

2. 材料

(1) 灭菌水。

(2) 牛肉膏蛋白胨琼脂培养基：蛋白胨 10g、琼脂 15～20g、牛肉膏 3g、蒸馏水 1000mL、氯化钠 5g，将其混合溶解，而后调节 pH 值为 7.4～7.6，过滤除去沉淀，分装于玻璃容器中，经 121℃ 高压蒸汽灭菌 15min，贮存于暗处备用。

四、实验内容

1. 水样的采集和保存

① 不要选用漏水的水龙头，采水前先将水龙头打开至最大，放水 3～5min；然后将水龙头关闭，用酒精灯火焰灼烧约 3min 灭菌，或用 70% 酒精溶液消毒水龙头及采样瓶口；再打开水龙头至最大，放水 1min，以充分除去水管子中的滞留杂质，然后控制水流速，用灭菌三角烧瓶小心接取水样，以待分析。

② 池水、河水或湖水应采取距水面 10～15cm 处的深层水样。具体操作为：握住瓶子的下部直接将已灭菌的带塞采样瓶插入水中，拔掉玻璃塞，瓶口朝水流方向，使水样灌入瓶内，然后盖上瓶塞，将采样瓶从水中取出。如果没有水流，可握住瓶子水平向前推，直到充满水样为止。采好水样后，迅速盖上瓶盖并包上包装纸。最好立即检验，否则需放入冰箱中保存。

③ 采好的水样应迅速带回实验室，进行细菌学检验，一般从取样到检验不宜超过 2h，否则应在 10℃ 以下的冷藏设备中保存水样，但不得超过 6h。

2. 水样的稀释

(1) 选择稀释度

稀释度选择要适宜，一般希望在平皿上的菌落总数为 30～300。如果认为直接水样的标准平皿计数高于此范围，则需将水样适当稀释后，再进行平皿计数。大多数饮用水水样，未经稀释直接接种 1mL，所得的菌落总数适于计数。

(2) 水样的稀释方法

① 将水样用力振摇 20～25 次，使可能存在的细菌凝团成为分散状。

② 按图 2-17 所示的方法进行稀释，依次得到 1:10、1:100 的稀释液。要想得到其他稀释倍数的稀释液，可以此类推。

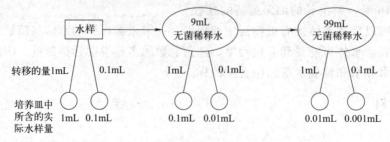

图 2-17 稀释方法

3. 操作方法

① 以无菌操作方法，用1mL灭菌吸管吸取充分混合均匀的水样或2～3个适宜浓度的稀释水样1mL，注入灭菌平皿中，倾注约15mL已融化并冷却至45℃左右的培养基中，并立即旋摇平皿，使水样与培养基充分混合。每个水样应倾注两个平皿，每次检验时，另用一个平皿，只倾入培养基作为对照。

② 待琼脂冷却凝固后，翻转平皿，使底面向上，置于37℃恒温箱内培养24h。

五、注意事项

1. 已灭菌和封包好的采样瓶，无论在何种条件下采样时，均要小心开启包装纸和瓶盖，避免瓶盖及瓶子颈部受到杂菌污染。

2. 倾注培养基时注意培养基要完全融化，否则如果有块状培养基的存在，会影响菌落的生长，使计数的结果不能准确反映水体中的细菌总数。

3. 培养后，需立即进行平皿菌落计数。如果计数必须暂缓进行，则平皿需存放入5～10℃冰箱内，但不得超过24h（这种方法不能成为常规的操作方法）。

平皿菌落计数时，必要时可用菌落计数器或放大镜检查，以防遗漏。在记下各平皿的菌落数后，应求出同稀释度的平均菌落数。在求同稀释度的平均数时，若其中一个平皿有较大片状菌落生长时，则不宜采用，应以无片状菌落生长的平皿的菌落数作为该稀释度的菌落数。若片状菌落不到平皿的一半，而其余一半中菌落分布又很均匀，则可将此半皿计数后乘2以代表全皿菌落数，然后再求该稀释度的平均菌落数。

六、数据记录

细菌总数是以每个平皿菌落的总数或平均数（如同一稀释度两个重复平皿的平均数）乘以稀释倍数而得来的。各种不同情况的计算方法如下。

① 首先选择平均菌落数在30～300之间者进行计算，若只有一个稀释度的平均菌落数符合此范围时，则将该菌落数乘以稀释倍数报告之。

② 若有两个稀释度，其生长的菌落数均在30～300之间，则视二者之比值来决定，若其比值小于2应报告两者的平均数。若大于2则报告其中稀释度较小的菌落总数。若等于2亦报告其中稀释度较小的菌落数。

③ 若所有稀释度的平均菌落数均大于300，则应按稀释度最高的平均菌落数乘以稀释倍数报告之。

④ 若所有稀释度的平均菌落数均小于30，则应按稀释度最低的平均菌落数乘以稀释倍数报告之。

⑤ 若所有稀释度的平均菌落数均不在30～300之间，则应以最接近30或300的平均菌落数乘以稀释倍数报告之。

⑥ 若所有稀释度的均无菌落生长，应注明水样的稀释度。

⑦ 菌落数在100以内时按实有数报告，大于100时，采用两位有效数字，用10的指数来表示。在报告菌落数为"无法计数"时，应注明水样的稀释度。

在表2-2中填写菌落总数及报告方式。

表 2-2　菌落总数及报告方式

例次	不同稀释度的平均菌落数			菌落总数/(个/mL)	报告方式/(个/mL)
	10^{-1}	10^{-2}	10^{-3}		
1	2310	158	12		
2	3562	296	53		
3	3108	148	65		
4	28	19	7		
5	无法计数	3105	538		
6	无法计数	310	5		

七、思考题

1. 什么叫细菌总数？测定其有何意义？
2. 什么情况下水样需要稀释？
3. 在接种过程中应该注意些什么？
4. 如何选择计数菌落？

实验五　水中总大肠菌群的测定

一、实验目的

学习水样的采集方法和培养基的配制方法；掌握多管发酵法测定水中总大肠菌群的技术。

二、实验原理

总大肠菌群是指那些能在37℃下48h内发酵乳糖、产酸产气的，需氧及兼性厌氧的革兰氏阴性无芽孢杆菌。主要包括埃希菌属、柠檬酸杆菌属、肠杆菌属、克雷伯菌属等菌属的细菌。

粪便中存在大量的大肠菌群细菌，在水体中存活的时间和对氯的抵抗力等与肠道致病菌相似。因此将总大肠菌群作为水体受粪便污染的指示菌是合适的。

总大肠菌群的检验方法中，多管发酵法适合于各种水样（包括底泥），多管发酵是根据大肠菌群细菌能发酵乳糖、产酸产气以及具备革兰氏染色阴性、无芽孢、呈杆状等有关特性，通过初发酵试验、平板分离和复发酵试验3个步骤进行检验，以求得水样中的总大肠菌群数。多管发酵法是以最可能数（most probable number，MPN）来表示实验结果的，实际上是估计水体中的大肠杆菌密度的方法，对于细菌含量的估计值，大部分取决于那些既显示阳性又显示阴性的稀释度。因此在实验设计上，水样检验所要求重复的数目，可根据所要求数据的准确度而定。

三、仪器和材料

1. 仪器

（1）高压蒸汽灭菌器。

(2) 恒温培养箱、冰箱。

(3) 生物显微镜。

(4) 酒精灯、接种环。

(5) 灭菌的锥形瓶、采样瓶、培养皿、吸管、试管、小倒管等。

2. 材料

(1) 乳糖蛋白胨培养液：将蛋白胨 10g、牛肉膏 3g、乳糖 5g 及氯化钠 5g 溶于蒸馏水中，调整 pH 值为 7.2～7.4，再加入 1mL 溴甲酚紫乙醇溶液（16g/L），充分混匀，分装于内含小倒管的试管中，115℃高压蒸汽灭菌 20min，贮存于冷暗处备用。

(2) 三倍浓缩乳糖蛋白胨培养液：按上述乳糖蛋白胨培养液的配制方法，除蒸馏水外，其他成分含量变为三倍。

(3) 伊红亚甲基蓝培养基（EMB 培养基）：蛋白胨 10g、乳糖 10g、磷酸氢二钾 2.0g、蒸馏水 1000mL、琼脂 20g、伊红水溶液（20g/L）20mL、亚甲基蓝水溶液（5g/L）13mL。

① 贮备培养基：先将琼脂加至 900mL 蒸馏水中，加热融化，然后加入磷酸氢二钾及蛋白胨，混匀使之溶解，再以蒸馏水补足至 1000mL，调整 pH 值为 7.2～7.4。趁热用脱脂棉或多层纱布过滤，再加入乳糖，混匀后定量分装于烧瓶内，置高压蒸汽灭菌器中，在 115℃ 灭菌 20min。于冷暗处贮存、备用。

② 平板培养基：将贮备培养基加热融化，以无菌操作，根据瓶内培养基的容量，用灭菌吸管按比例吸取一定量已灭菌的伊红水溶液及亚甲基蓝水溶液，加入已融化的贮备培养基内，并充分混匀（防止产生气泡）。当混合好的培养基冷却至 45℃，便立即适量倾入已灭菌的空平皿内，待其冷却凝固后，倒置于冰箱备用。

(4) 品红亚硫酸钠培养基：蛋白胨 10g、乳糖 10g、磷酸氢二钾 3.5g、蒸馏水 1000mL、琼脂 20～30g、无水亚硫酸钠 5g 左右、5％碱性品红乙醇溶液 20mL。

① 贮备培养基：见 EMB 培养基配制中贮备培养基的制备。

② 平板培养基：将上述贮备培养基加热融化，以无菌操作，根据瓶内培养基的容量，用灭菌吸管按 1∶50 的比例吸取一定量 5％碱性品红乙醇溶液置于灭菌空试管中，再按 1∶200 的比例称取所需的无水亚硫酸钠置于另一灭菌空试管内，加灭菌水少许使其溶解，再置于沸水浴中煮沸 10min 灭菌，用灭菌吸管吸取已灭菌的亚硫酸钠溶液，滴加于碱性品红乙醇溶液内至深红色褪成淡红色为止（不宜多加），将此混合液全部加入已融化的贮备培养基内，并充分混匀（防止产生气泡）。立即将此种培养基适量（约 15mL）倾入已灭菌的空平皿内，待其冷却凝固后，倒置冰箱内备用。

(5) 革兰氏染色剂

① 草酸铵结晶紫染色液：将 20mL 结晶紫乙醇饱和溶液（称取 4～8g 结晶紫溶于 100mL 95％乙醇中）和 80mL 1％草酸铵溶液混合、过滤。该溶液放置过久会产生沉淀，不能再用。

② 助染剂：将 1g 碘与 2g 碘化钾混合后，加入少许蒸馏水，充分振荡，待完全溶解后，用蒸馏水补充至 300mL。此溶液两周内有效。当溶液由棕黄色变为淡黄色时应弃去。为易于贮备，可将上述碘与碘化钾溶于 30mL 蒸馏水中，临用前再加水稀释。

③ 脱色剂：95％乙醇。

④ 复染剂：将 0.25g 沙黄加入 10mL 95％乙醇中，待完全溶解后，加 90mL 蒸馏水。

四、实验内容

（一）生活饮用水

1. 初发酵试验

在两个装有已灭菌的 50mL 三倍浓缩乳糖蛋白胨培养液的大试管或烧瓶中（内有倒管），以无菌操作各加入已充分混匀的水样 100mL。在 10 支装有已灭菌的 5mL 三倍浓缩乳糖蛋白胨培养液的试管中（内有倒管），以无菌操作加入充分混匀的水样 10mL，混匀后置于 37℃恒温箱内培养 24h。

2. 平板分离

上述各发酵管培养 24h 后，发酵试管颜色变黄为产酸，小玻璃倒管有气泡为产气。将产酸、产气及只产酸的发酵管分别接种于伊红亚甲基蓝培养基或品红亚硫酸钠培养基上，置于 37℃恒温箱内培养 24h，挑选符合下列特征的菌落。

① 伊红亚甲基蓝培养基：深紫黑色，具有金属光泽的菌落；紫黑色，不带或略带金属光泽的菌落；淡紫红色，中心色较深的菌落。

② 品红亚硫酸钠培养基：紫红色，具有金属光泽的菌落；深红色，不带或略带金属光泽的菌落；淡红色，中心色较深的菌落。

3. 革兰氏染色

取有上述特征的菌落进行革兰氏染色。

① 用已培养 18～24h 的培养物涂片，涂层要薄。

② 将涂片在火焰上加温固定，待冷却后滴加草酸铵结晶紫溶液，1min 后用水洗去。

③ 滴加助染剂，1min 后用水洗去。

④ 滴加脱色剂，摇动玻片，直至无紫色脱落为止（20～30s），用水洗去。

⑤ 滴加复染剂，1min 后用水洗去，晾干、镜检，呈紫色者为革兰氏阳性菌，呈红色者为革兰氏阴性菌。

4. 复发酵试验

上述涂片镜检的菌落如为革兰氏阴性无芽孢的杆菌，则挑选该菌落的另一部分接种于装有普通浓度乳糖蛋白胨培养液的试管中（内有倒管），每管可接种分离自同一初发酵管（瓶）的最典型菌落 1～3 个，然后置于 37℃恒温箱中培养 24h，有产酸、产气者（不论倒管内有气体多少皆以产气论），即证实有大肠菌群存在。根据证实有大肠菌群存在的阳性管（瓶）数查表 2-3，报告每升水样中的大肠菌群数。

表 2-3　1L 水样中的大肠菌群数

10mL 水量的阳性管数	100mL 水量的阳性瓶数		
	0	1	2
0	<3	4	11
1	3	8	18
2	7	13	27
3	11	18	38
4	14	24	52
5	18	30	70
6	22	36	92
7	27	43	120
8	31	51	161
9	36	60	230
10	40	69	>230

注：接种水样总量 300mL，其中 100mL 2 份，10mL 10 份。

（二）饮用水源水

① 于各装有 5mL 三倍浓缩乳糖蛋白胨培养液的 5 个试管中（内有倒管），分别加入 10mL 水样；于各装有 10mL 乳糖蛋白胨培养液的 5 个试管中（内有倒管），分别加入 1mL 水样；再于各装有 10mL 乳糖蛋白胨培养液的 5 个试管中（内有倒管），分别加入 1mL 1:10 稀释的水样。共计 15 管，3 个稀释度。将各管充分混匀，置于 37℃恒温箱内培养 24h。

② 平板分离和复发酵试验的检验步骤同生活饮用水检验方法。

③ 根据证实总大肠菌群存在的阳性管数，查表 2-4 即可求得每 100mL 水样中存在的总大肠菌群数。我国目前是以 1L 为报告单位，故 MPN 值再乘以 10，即为 1L 水样中的总大肠菌群数。

（三）地表水和废水

① 地表水中较清洁水的初发酵试验步骤同饮用水源水检验方法。对污染严重的地表水和废水，初发酵试验的接种水样应做 1:10、1:100、1:1000 或更高倍数的稀释，检验步骤同饮用水源水检验方法。

② 如果接种的水样量不是 10mL、1mL 和 0.1mL，而是其他三个浓度的水样量，可先查表 2-4 求得 10mL 水样量对应的 MPN 指数，再经下式换算成每 100mL 的 MPN 值。

表 2-4 最可能数（MPN）和 95% 可信限值

出现阳性份数			每 100mL 水样中细菌数的最可能数(MPN)	95% 可信限值		出现阳性份数			每 100mL 水样中细菌数的最可能数(MPN)	95% 可信限值	
10mL 管	1mL 管	0.1mL 管		下限	上限	10mL 管	1mL 管	0.1mL 管		下限	上限
0	0	0	<2			4	2	1	26	9	78
0	0	1	2	<0.5	7	4	3	0	27	9	80
0	1	0	2	<0.5	7	4	3	1	33	11	93
0	2	0	4	<0.5	11	4	4	0	34	12	93
1	0	0	2	<0.5	7	5	0	0	23	7	70
1	0	1	4	<0.5	11	5	0	1	34	11	89
1	1	0	4	<0.5	15	5	0	2	43	15	110
1	1	1	6	<0.5	15	5	1	0	33	11	93
1	2	0	6	<0.5	15	5	1	1	46	16	120
2	0	0	5	<0.5	13	5	1	2	63	21	150
2	0	1	7	1	17	5	2	0	49	17	130
2	1	0	7	1	17	5	2	1	70	23	170
2	1	1	9	2	21	5	2	2	94	28	220
2	2	0	9	2	21	5	3	0	79	25	190
2	3	0	12	3	28	5	3	1	110	31	250
3	0	0	8	1	19	5	3	2	140	37	310
3	0	1	11	2	25	5	3	3	180	44	500
3	1	0	11	2	25	5	4	0	130	35	300
3	1	1	14	4	34	5	4	1	170	43	490
3	2	0	14	4	34	5	4	2	220	57	700
3	2	1	17	5	46	5	4	3	280	90	850
3	3	0	17	5	46	5	4	4	350	120	1000
4	0	0	13	3	31	5	5	0	240	68	750
4	0	1	17	5	46	5	5	1	350	120	1000
4	1	0	17	5	46	5	5	2	540	180	1400
4	1	1	21	7	63	5	5	3	920	300	3200
4	1	2	26	9	78	5	5	4	1600	640	5800
4	2	0	22	7	67	5	5	5	≥2400		

注：接种 5 份 10mL 水样、5 份 1mL 水样、5 份 0.1mL 水样时，不同阳性及阴性情况下 100mL 水样中细菌数的最可能数和 95% 可信限值。

$$\text{MPN 值} = \text{MPN 指数} \times \frac{10(\text{mL})}{\text{接种量最大的一管}} \tag{2-2}$$

五、注意事项

1. 平板培养基的配制过程中,在将混合液加入已融化的贮备培养基内时,要保证充分混匀,并防止气泡的产生。
2. 革兰氏染色剂中的结晶紫染色液和助染剂均不能放置过久,使用时需注意。
3. 注意正确使用发酵倒管及严格控制革兰氏染色中的染色和脱色时间。

六、数据记录

根据实验内容中的相应办法,记录并计算每升水样中的大肠菌群数。

七、思考题

1. 为什么可将总大肠菌群作为水体受粪便污染的指示菌群?
2. 什么叫总大肠菌群?总大肠菌群有哪些特征?
3. 怎样正确判断发酵管内产酸还是产气?
4. 如何判定大肠菌群的存在?

实验六 水中粪大肠菌群的测定

一、实验目的

学习水样的采集方法及培养基的制备方法;了解粪大肠菌群的不同测定方法。

二、实验原理

粪大肠菌群是总大肠菌群的一部分,主要来自粪便,是在 44.5℃ 的温度下能生长并发酵乳糖产酸、产气的大肠菌群。用提高培养温度的方法,造成不利于来自自然环境的大肠菌群生长的条件,使培养出来的菌主要为来自粪便中的大肠菌群,从而更准确地反映出水质受粪便污染的情况。粪大肠菌群的测定可用多管发酵法或滤膜法。

三、仪器和材料

1. 仪器

同实验五水中总大肠菌群的测定。

2. 材料

(1) 单倍和三倍乳糖蛋白胨培养液(同实验五水中总大肠菌群的测定中该培养液的制备)。

(2) EC 肉汤(大肠杆菌肉汤)培养液所用试剂为:胰胨 20g、乳糖 5g、氯化钠 5g、胆盐三号 1.5g、磷酸氢二钾 4g、磷酸二氢钾 1.5g、蒸馏水 1000mL。

将上述组分加入蒸馏水中，加热溶解，然后分装于含有玻璃倒管的试管中。置高压蒸汽灭菌器中，于 115℃灭菌 20min。灭菌后 pH 应为 6.9。

（3）MFC 肉汤（滤膜类大肠杆菌肉汤）培养基所用试剂为：胰胨 10g、乳糖 12.5g、氯化钠 5g、胆盐三号 1.5g、蛋白胨 5g、酵母浸膏 3g、1%苯胺蓝水溶液 10mL、蒸馏水 1000mL、1%玫瑰色酸溶液（溶于 0.2mol/L 氢氧化钠溶液中）10mL。

将上述组分（除苯胺蓝和玫瑰色酸外）加入蒸馏水中，加热溶解，调节 pH 值为 7.4，分装于小烧瓶内，每瓶 100mL，于 115℃灭菌 20min。贮于冰箱中备用。

临用前，按上述配方比例，用灭菌吸管分别加入已煮沸灭菌的苯胺蓝溶液 1mL 及新配制的 1%玫瑰色酸溶液（溶于 0.2mol/L 氢氧化钠溶液中）1mL，混合均匀。

加热溶解前，加入 1.2%～1.5%琼脂可制成固体培养基。

四、实验内容

（一）多管发酵法

1. 水样接种量

将水样充分混匀，根据水样污染的程度确定水样接种量。每个样品至少用 3 个不同的水样量接种。同一接种水样量要有 5 管。

相对未受污染的水样接种量为 10mL、1mL 和 0.1mL。受污染水样接种量根据污染程度接种 1mL、0.1mL、0.01mL 或 0.1mL、0.01mL、0.001mL 等。

如接种体积为 10mL，则试管内应装有 3 倍浓度乳糖蛋白胨培养液 5mL；如接种量为 1mL，则可接种于普通浓度的 10mL 乳糖蛋白胨培养液。

2. 初发酵试验

将水样分别接种到盛有乳糖蛋白胨培养液的发酵管中。在 37℃±0.5℃的恒温箱中培养 24h±2h。发酵管产酸和产气表明试验阳性。如有的管内产气不明显，可轻拍试管，有小气泡升起的为阳性。

3. 复发酵试验

轻轻振荡初发酵试验阳性结果的发酵管，用 3mm 接种环或灭菌棒将培养物接种到 EC 培养液中。在 44.5℃±0.5℃的温度下培养 24h±2h（水浴箱的水面应高于试管中培养基液面）。接种后所有发酵管必须在 30min 内放进水浴中。培养后立即观察，发酵管产气则证实为粪大肠菌群阳性。

4. 计算及报告结果

根据不同接种量的发酵管所出现阳性结果的数目，从表 2-4 中查得相应的 MPN 指数，再按式（2-2）计算每升水中粪大肠菌群的 MPN 值。

（二）滤膜法

1. 水样量的选择和过滤

（1）水样量的选择　根据细菌受检验的特征和水样中预测的细菌密度确定水样量。如未知水样中粪大肠菌群的密度，则应先估计出适合在滤膜上计数所应用的体积，然后再取这个体积的 1/10 和 10 倍，分别过滤。理想的水样体积是一片滤膜上生长 20～60 个粪大肠菌群菌落，总菌落数不得超过 200 个。

(2) 水样的过滤

① 滤膜及滤器的灭菌：将滤膜放入烧杯中，加入蒸馏水，置于沸水浴中煮沸灭菌 3 次，每次 15min，前 2 次煮沸后需换水洗涤 2~3 次，以除去残留溶剂。也可用 121℃灭菌 10min，时间一到，迅速将蒸汽放出，这样可尽量减少滤膜上凝集的水分。

滤器、接液瓶和垫圈分别用纸包好，在使用前先经 121℃高压蒸汽灭菌 30min。滤器也可用点燃的酒精棉球火焰灭菌。

② 过滤：首先以无菌操作将滤器、缓冲瓶和真空泵依次连接好；用无菌镊子夹取灭菌滤膜边缘，将粗糙面向上，贴放于已灭菌的滤床上，稳妥地固定好滤器；将适量的水样注入滤器中，加盖，开动真空泵即可抽滤除菌。

2. 培养

使用 MFC 培养基，培养基中若不含琼脂，则使用已用 MFC 培养基饱和的无菌稀释垫。将过滤水样的滤膜置于琼脂或吸收垫表面。将培养皿紧密盖好，置于能准确控温于（45±0.5）℃的恒温培养箱中，培养 24h±2h。

3. 计算及报告结果

粪大肠菌群菌落在 MFC 培养基上呈蓝色或蓝绿色，其他非粪大肠菌群菌落呈灰色、淡黄色或无色。正常情况下，由于温度和玫瑰酸盐试剂的选择性作用，在 MFC 培养基上很少见到其他非粪大肠菌群菌落。必要时可将可疑菌落接种于 EC 培养液，44.5℃±0.5℃培养 24h±2h，如产气则证实为粪大肠菌群。

计数呈蓝色或蓝绿色的菌落，由式（2-3）计算出每升水样中的粪大肠菌群菌落数。

$$粪大肠菌群菌落数 = \frac{滤膜上生长的粪大肠菌群菌落数 \times 1000}{过滤水样量(mL)} \quad (2-3)$$

五、注意事项

1. 注意正确使用发酵倒管。
2. 正确区分粪大肠菌群和其他非粪大肠菌群。

六、数据记录

根据实验内容中的相应办法，记录并计算每升水样中的大肠菌群菌落数。

七、思考题

1. 比较多管发酵法和滤膜法测定粪大肠菌群的异同点。
2. 多管发酵法中，如何选出试验阳性的发酵管？若效果不明显，该如何处理？
3. 如果不能对粪大肠菌群进行滤膜实验，该如何处理？
4. 灭菌滤膜及滤器时，应注意什么？

参考文献

[1] 周群英，王士芬. 环境工程微生物学 [M]. 4 版. 北京：高等教育出版社，2015.
[2] 王国惠. 环境工程微生物学 [M]. 北京：科学出版社，2011.
[3] 袁林江. 环境工程微生物学 [M]. 北京：化学工业出版社，2012.

第三章 环境工程原理实验

实验一 雷诺实验

一、实验目的

1. 演示液体流动时的层流和湍流现象,区分两种不同流态的特征。
2. 观察流体在圆管内流动过程的速度分布,并测定出不同流动形态对应的雷诺数。

二、实验原理

液体在运动时,存在着两种根本不同的流动状态。当液体流速较小时,惯性力较小,黏滞力对质点起控制作用,使各流层的液体质点互不混杂,液流呈层流运动。当液体流速逐渐增大,质点惯性力也逐渐增大,黏滞力对质点的控制逐渐减弱,当流速达到一定程度时,各流层的液体形成涡体并能脱离原流层,液流质点即互相混杂,液流呈湍流运动。这种从层流到湍流的运动状态,反映了液流内部结构从量变到质变的一个变化过程。在湍流流动中存在随机变化的脉动量,在层流流动中则没有,如图 3-1 所示。

流体在圆管内的流动状态可根据雷诺数予以判断。本实验通过测定不同流动状态下的雷诺数值来验证该理论的正确性。

雷诺数:
$$Re_i = \frac{u_i d_i \rho_i}{\mu_i} \tag{3-1}$$

式中,d_i 为管径;u_i 为流体的流速,m/s;μ_i 为流体的黏度,Pa·s;ρ_i 流体的密度,kg/m^3。

判别流体流动状态的关键因素是临界速度。临界速度随流体的黏度、密度以及流道的尺寸不同而改变。流体从层流到湍流过渡时的速度称为上临界流速,从湍流到层流过渡时的速度为下临界流速。

圆管中定常流动的流态发生转化时对应的雷诺数称为临界雷诺数,对应于上、下临界速度的雷诺数,称为上临界雷诺数和下临界雷诺数。上临界雷诺数表示超过此雷诺数的流动必为湍流,它很不确定,跨越一个较大的取值范围,而且极不稳定,只要稍有干扰,流态即发生变化。上临界雷诺数常随实验环境、流动的起始状态不同而有所不同。因此，上临界雷诺数在工程技术中没有实用意义。有实际意义的是下临界雷诺数，它表示低于此雷诺数的流动必为层流，有确定的取值。通常以它作为判别流动状态的准则，即

$Re \leqslant 2320$ 时，层流

$Re > 2320$ 时，湍流

该值是圆形光滑管或近于光滑管的数值，工程实际中一般取 $Re = 2000$。

由于两种流态的流场结构和动力特性存在很大的区别，对它们加以判别并分别讨论是十分必要的。圆管中恒定流动的流态为层流时，沿程水头损失与平均流速成正比，而湍流时则与平均流速的 1.75~2.0 次方成正比，如图 3-2 所示。

通过对相同流量下圆管层流和湍流流动的断面流速分布作比较，可以看出层流流速分布呈旋转抛物面，而湍流流速分布则比较均匀，壁面流速梯度和切应力都比层流时大，如图 3-3 所示。

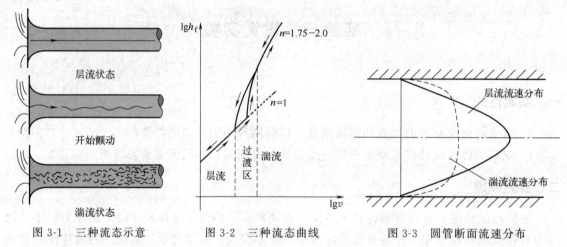

图 3-1 三种流态示意　　图 3-2 三种流态曲线　　图 3-3 圆管断面流速分布

三、实验装置

1. 实验设备流程示意图见图 3-4。

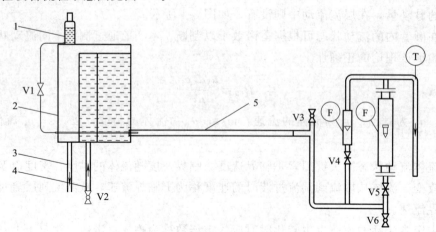

图 3-4 雷诺实验装置流程图

1—下口瓶；2—高位槽；3—溢流管；4—上水管；5—测试管；
F—转子流量计；T—温度计；V1, V2, V3, V4, V5, V6—阀门

2. 实验装置主要技术参数：实验管道有效长度 $L=1000\text{mm}$，外径 $D_o=30\text{mm}$，内径 $D_i=25\text{mm}$。

四、实验内容

1. 实验前准备工作

（1）向下口瓶中加入适量用水稀释过的浓度适中的红墨水，调节调节夹使红墨水充满进样管。

（2）观察细管位置是否处于管道中心线上，若不在适当调整针头使它处于观察管道中心线上。

（3）关闭水流量调节阀、排气阀，打开上水阀、排水阀，向高位水箱注水，使水充满水箱并产生溢流，保持一定溢流量。

（4）轻轻开启水流量调节阀，使水缓慢流过实验管道，并让红墨水充满细管道。

2. 雷诺实验演示

（1）在做好以上准备的基础上，调节进水阀，维持尽可能小的溢流量。

（2）缓慢有控制地打开红墨水流量的调节夹，红墨水流束即呈现不同流动状态，红墨水流束所表现出的就是当前水流量下实验管内水的流动状况（图3-5所示为层流流动状态）。读取流量计数值并计算出对应的雷诺数。

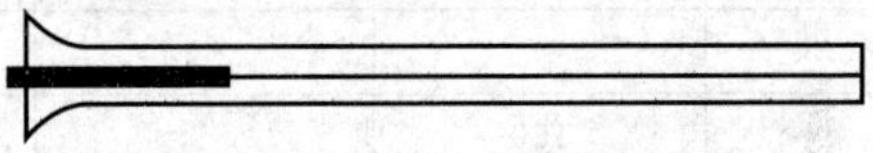

图 3-5 层流流动示意图

（3）进水和溢流造成的震动，有时会使实验管道中的红墨水流束偏离管内中心线或发生不同程度的左右摆动，此时可立即关闭进水阀 V3，稳定一段时间，即可看到实验管道中与管中心线重合的红色直线。

（4）加大进水阀开度，在维持尽可能小的溢流量情况下增大水的流量，根据实际情况适当调整红墨水流量，即可观测到实验管内水在各种流量下的流动状况。为部分消除进水和溢流所造成震动的影响，在层流和过渡流状况的每一种流量下均可采用（3）中介绍的方法，立即关闭进口阀3，然后观察管内水的流动状况（过渡流、湍流流动如图3-6所示）。读取流量计数值并计算对应的雷诺数。

3. 圆管内流体速度分布演示

（1）关闭上水阀、流量调节阀。

（2）将红墨水流量调节夹打开，使红墨水滴落在不流动的实验管路中。

（3）突然打开流量调节阀，在实验管路中可以清晰地看到红墨水线流动所形成的如图3-7所示的速度分布。

图 3-6 过渡流、湍流流动示意图　　图 3-7 流速分布示意图

4. 实验结束

（1）首先关闭红墨水流量调节夹，使红墨水停止流动。

（2）关闭上水阀，使自来水停止流入水槽。

(3) 待实验管道中红色消失时,关闭水流量调节阀。

(4) 如果日后较长时间不再使用该套装置,请将设备内各处存水放净。

五、注意事项

演示层流流动时,为了使层流状况较快形成并保持稳定,请注意以下两点:第一,水槽溢流量尽可能小,因为溢流过大,上水流量也大,上水和溢流两者造成的震动都比较大,会影响实验结果;第二,尽量不要人为地使实验架产生震动,为减小震动,保证实验效果,可对实验架底面进行固定。

六、数据记录

实验数据及实验现象记录于表 3-1 中。

表 3-1 实验数据及实验现象记录表

序号	流量/(L/h)	流速/(m/s)	温度/℃	雷诺数 Re	红墨水形态	流型
1	60					
2	70					
3	90					
4	100					
5	120					
6	140					
7	160					
8	200					

注:红墨水形态指稳定直线、稳定略弯曲、直线摆动、直线抖动、断续、完全散开等。

七、思考题

1. 层流、湍流两种水流流态的外观表现是怎样的?
2. 雷诺数的物理意义是什么?为什么雷诺数可以用来判别流态?
3. 临界雷诺数与哪些因素有关?为什么上临界雷诺数和下临界雷诺数不一样?
4. 流态判据为何采用无量纲参数,而不采用临界流速?
5. 破坏层流的主要物理原因是什么?

实验二 单相流动阻力测定实验

一、实验目的

1. 学习直管摩擦阻力 Δp_f、直管摩擦系数 λ 的测定方法。
2. 掌握直管摩擦系数 λ 与雷诺数 Re 和相对粗糙度之间的关系及其变化规律。

3. 掌握局部摩擦阻力 $\Delta p_f'$、局部阻力系数 ζ 的测定方法。
4. 学习压差的几种测量方法和提高其测量精确度的一些技巧。

二、实验原理

1. 直管摩擦系数 λ 与雷诺数 Re 的测定

流体在管道内流动时，由于流体的黏性作用和涡流的影响会产生阻力。流体在直管内流动阻力的大小与管长、管径、流体流速和管道摩擦系数有关，它们之间的关系满足式(3-2)：

$$h_f = \frac{\Delta p_f}{\rho} = \lambda \frac{l}{d} \times \frac{u^2}{2} \tag{3-2}$$

$$\lambda = \frac{2d}{\rho l} \times \frac{\Delta p_f}{u^2} \tag{3-3}$$

$$Re = \frac{du\rho}{\mu} \tag{3-4}$$

式中，d 为管径，m；Δp_f 为直管阻力引起的压降，Pa；l 为管长，m；ρ 为流体的密度，kg/m³；u 为流速，m/s；μ 为流体的黏度，Pa·s。

直管摩擦系数 λ 与雷诺数 Re 之间有一定的关系，这个关系一般用曲线来表示。在实验装置中，直管段管长 l 和管径 d 都已固定，若水温一定，则水的密度 ρ 和黏度 μ 也是定值。所以本实验实质上是测定直管段流体阻力引起的压降 Δp_f 与流速 u（流量 q_V）之间的关系。

根据实验数据和式(3-3)可计算出不同流速下的直管摩擦系数 λ，用式(3-4)计算对应的 Re，从而整理出直管摩擦系数和雷诺数的关系，绘出 λ 与 Re 的关系曲线。

2. 局部阻力系数 ζ 的测定

$$h_f' = \frac{\Delta p_f'}{\rho} = \zeta \frac{u^2}{2} \tag{3-5}$$

$$\zeta = \left(\frac{2}{\rho}\right) \frac{\Delta p_f'}{u^2} \tag{3-6}$$

式中，ζ 为局部阻力系数，无量纲；$\Delta p_f'$ 为局部阻力引起的压降，Pa；h_f' 为局部阻力引起的能量损失，J/kg。

局部阻力引起的压降 $\Delta p_f'$ 可用下面的方法测量：在一条各处直径相等的直管段上，安装待测局部阻力的阀门，在其上、下游开两对测压口 $a-a'$ 和 $b-b'$，见图3-8，使 $ab=bc$，$a'b'=b'c'$，则 $\Delta p_{f,ab}=\Delta p_{f,bc}$，$\Delta p_{f,a'b'}=\Delta p_{f,b'c'}$。

在 $a-a'$ 之间列伯努利方程式：

$$p_a - p_{a'} = 2\Delta p_{f,ab} + 2\Delta p_{f,a'b'} + \Delta p_f' \tag{3-7}$$

在 $b-b'$ 之间列伯努利方程式：

$$p_b - p_{b'} = \Delta p_{f,bc} + \Delta p_{f,b'c'} + \Delta p_f' \tag{3-8}$$
$$= \Delta p_{f,ab} + \Delta p_{f,a'b'} + \Delta p_f'$$

联立式(3-7)和式(3-8)，则：$\Delta p_f' = 2(p_b - p_{b'}) - (p_a - p_{a'})$

为了便于区分，称 $p_b - p_{b'}$ 为近点压差，$p_a - p_{a'}$ 为远点压差。其数值通过差压传感器来测量。

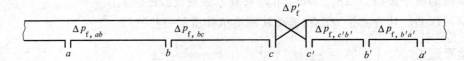

图 3-8 局部阻力测量取压口布置图

三、实验装置

1. 单相流动阻力测定实验装置流程示意图（图 3-9）
2. 单相流动阻力测定实验装置面板示意图（图 3-10）

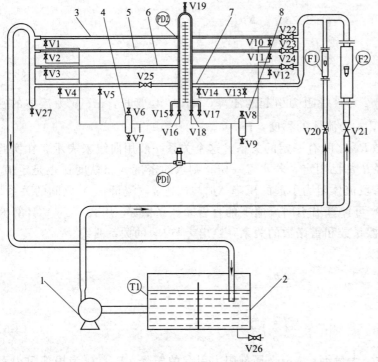

图 3-9 单相流动阻力实验流程示意图　　图 3-10 实验装置面板示意图

1—离心泵；2—水箱；3—光滑管测量管；4,8—缓冲罐；5—光滑管测量管；
6—粗糙管测量管；7—局部阻力测量管；V1～V19—测压管路阀门；
V20—流体阻力小流量调节阀；V21—流体阻力大流量调节阀；V22—光滑管阀；
V23—光滑管阀；V24—粗糙管阀；V25—局部阻力阀；V26—水箱放水阀；
V27—管路放水阀；F1—转子流量计（10～100L/h）；F2—转子流量计
（100～1000L/h）；T1—温度计；PD1—差压传感器；PD2—倒置 U 形管压差计

3. 实验设备主要技术参数（表 3-2）

表 3-2　实验设备主要技术参数

序号	名称	规格	材料
1	转子流量计	LZB-25,100～1000L/h VA10-15F,10～100L/h	玻璃
2	差压传感器	型号 LXWY,测量范围 0～200kPa	不锈钢

续表

序号	名称	规格	材料
3	离心泵	型号 WB70/055	不锈钢
4	光滑管 3	第一套管径 d 为 0.008m,管长 L 为 1.705m 第二套管径 d 为 0.008m,管长 L 为 1.71m	不锈钢
5	光滑管 5	第一套管径 d 为 0.010m,管长 L 为 1.703m 第二套管径 d 为 0.010m,管长 L 为 1.712m	不锈钢
6	粗糙管 6	第一套管径 d 为 0.010m,管长 L 为 1.703m 第二套管径 d 为 0.010m,管长 L 为 1.712m	不锈钢
7	局部阻力管 7	管径 22mm	不锈钢

四、实验内容

1. 开启实验

向水箱注水至三分之二（最好使用蒸馏水，以保持流体清洁）。实验前保证所有阀门和流量计都是关闭的。插上电源，控制面板红按钮亮说明仪器正常，按绿按钮启动设备。

2. 光滑管 3 阻力测定

（1）将光滑管路阀门 V1、V10、V22 全开，其他阀门关闭，在流量为零条件下，打开通向倒置 U 形管的进水阀 V16、V18，检查导压管内是否有气泡存在（再关上进水阀 V16、V18）。若倒置 U 形管内液柱高度差不为零，则表明导压管内存在气泡，需要进行赶气泡操作。导压系统如图 3-11 所示，操作方法如下：

按黄按钮启动泵，开启大流量调节阀 V21，调节流量到最大，打开倒置 U 形管压差计的进出水阀 V16、V18，使倒置 U 形管内液体充分流动，以赶出管路内的气泡；若观察气泡已赶净，分别打开阀门 V6、V8，赶净缓冲罐 4、8 里面的气泡，流出水后再关闭 V6、V8。将大流量调节阀 V21 关闭，倒置 U 形管进出水阀 V16、V18 关闭，慢慢旋开倒置 U 形管上部的放空阀 V19 后，分别缓慢打开排水阀 V15、V17，使液柱降至中点上下时马上关闭，管内形成气-水柱，此时管内液柱高度差不一定为零。然后关闭放空阀 V19，打开倒置 U 形管进出水阀 V16、V18，此时倒置 U 形管两液柱的高度差应为零（1~2mm 可以忽略），如相差较大则表明管路中仍有气泡存在，需要重复进行赶气泡操作。

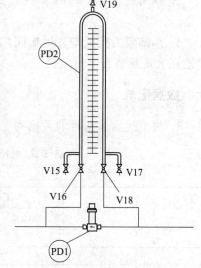

图 3-11 导压系统示意图

（2）该装置两个转子流量计并联连接，根据流量大小选择不同量程的流量计测量流量（流量 100L/h 以下时，用小流量流量计进行实验）。

（3）差压传感器与倒置 U 形管是并联连接，用于测量压差，小流量读取倒置 U 形管压差计 PD2 压差，大流量时读取差压传感器 PD1 压差。应在最大流量和最小流量之间进行实验操作，记录转子流量计 F1、F2 读数及 PD1 和 PD2 压差，一般测取 15~20 组数据。

注：在测大流量的压差时应关闭倒置 U 形管的进出水阀 V16、V18，防止水利用倒置 U 形管形成回路影响实验数据。

3. 光滑管 5 阻力测定

同光滑管 3 的测定。

4. 粗糙管 6 阻力测定

将粗糙管阀 V3、V12、V24 全开，关闭光滑管阀 V1、V10、V22，调节不同流量，记录转子流量计 F1、F2 读数及 PD1 和 PD2 压差，测取 15~20 组数据。

5. 局部阻力测定

只能在大流量情况下测定局部阻力。将倒置 U 形管进出水阀 V16、V18 和小流量计关闭。打开局部阻力管 7 阀门 V25，调节大流量计到一定流量，打开近端两阀门 V5、V14，记录差压传感器 PD1 读数；关闭近端阀门 V5、V14，打开远端两阀门 V4、V13，记录差压传感器 PD1 读数。一般测取 2~3 组数据。

6. 实验结束

待数据测量完毕，先关闭流量调节阀，使泵的流量为零，再关闭管上阀门，按黄按钮停泵，最后关闭总电源（红按钮）。

五、注意事项

1. 启动离心泵之前以及从光滑管阻力测量过渡到其他测量之前，都必须检查所有流量调节阀是否关闭。

2. 利用差压传感器测量大流量下 Δp 时，应切断空气-水倒置 U 形管压差计的阀门，否则将影响测量数值的准确性。

3. 在实验过程中每调节一个流量之后应待流量和直管压降的数据稳定以后方可记录数据。

4. 局部阻力管近端、远端阀门打开时不用拧到底，开一半（拧两圈）即可，局部阻力只能在大流量情况下测定。

六、数据记录

1. 将上述实验测得的数据列于表 3-3~表 3-6 中。

表 3-3　内径 8mm 光滑管直管阻力实验数据记录表

水温：_____℃　黏度：_____Pa·s　密度：_____kg/m³

序号	Q/(L/h)	压差 Δp		Δp/Pa	u/(m/s)	Re	λ
		kPa	mmH$_2$O				
1	1000						
2	900						
3	800						
4	700						
5	600						
6	500						
7	400						
8	300						
9	200						
10	100						
11	90						

续表

序号	Q/(L/h)	压差 Δp		Δp/Pa	u/(m/s)	Re	λ
		kPa	mmH₂O				
12	80						
13	70						
14	60						
15	50						
16	40						
17	30						
18	20						
19	10						

表 3-4 内径 10mm 光滑管直管阻力实验数据记录表

水温：_____℃　黏度：_____Pa·s　密度：_____kg/m³

序号	Q/(L/h)	压差 Δp		Δp/Pa	u/(m/s)	Re	λ
		kPa	mmH₂O				
1	1000						
2	900						
3	800						
4	700						
5	600						
6	500						
7	400						
8	300						
9	200						
10	100						
11	90						
12	80						
13	70						
14	60						
15	50						
16	40						
17	30						
18	20						
19	10						

表 3-5 内径 10mm 粗糙管直管阻力实验数据记录表

水温：_____℃　黏度：_____Pa·s　密度：_____kg/m³

序号	Q/(L/h)	压差 Δp		Δp/Pa	u/(m/s)	Re	λ
		kPa	mmH₂O				
1	1000						
2	900						
3	800						
4	700						
5	600						

续表

序号	Q/(L/h)	压差 Δp		Δp/Pa	u/(m/s)	Re	λ
		kPa	mmH₂O				
6	500						
7	400						
8	300						
9	200						
10	100						
11	90						
12	80						
13	70						
14	60						
15	50						
16	40						
17	30						
18	20						
19	10						

表 3-6 局部阻力实验数据记录表

水温：_____ ℃　黏度：_____ Pa·s　密度：_____ kg/m³

序号	Q/(L/h)	近端压差/kPa	远端压差/kPa	u/(m/s)	局部阻力压差/Pa	阻力系数 ζ
1	1000					
2	800					
3	600					

2. 结果分析。

(1) 根据光滑管实验结果，计算直管摩擦阻力 Δp_f、直管摩擦系数 λ。

(2) 根据粗糙管实验结果，在双对数坐标纸上标绘出 λ-Re 曲线，对照教材上有关曲线图，即可估算出该管的相对粗糙度和绝对粗糙度。

(3) 根据局部阻力实验结果，计算局部摩擦阻力 $\Delta p_f'$、局部阻力系数 ζ。

(4) 对实验结果进行分析讨论。

七、思考题

1. 在对装置做排气工作时，是否一定要关闭流程尾部的出口阀？为什么？

2. 如何检测管路中的空气已经被排除干净？

3. 以水做介质所测得的 λ-Re 关系能否适用于其他流体？如何应用？

4. 在倒置 U 形管压差计上装设"平衡阀"有何作用？在什么情况下它是开着的，在什么情况下它应该关闭？

5. 在不同设备上（包括不同管径），不同水温下测定的 λ~Re 数据能否关联在同一条曲线上？

6. 如果测压口、孔边缘有毛刺或安装不垂直，对静压的测量有何影响？

实验三 吸收实验

一、实验目的

1. 了解填料吸收塔的结构、性能和特点，练习并掌握填料塔操作方法；通过实验测定数据的处理分析，加深对填料塔流体力学性能基本理论的理解，加深对填料塔传质性能理论的理解。

2. 掌握填料吸收塔传质能力和传质效率的测定方法，练习对实验数据的处理分析。

二、实验原理

1. 气体通过填料层的压降

压降是塔设计中的重要参数，气体通过填料层压降的大小决定了塔的动力消耗。压降与气、液流量均有关，不同液体喷淋量下填料层的压降 Δp 与气速 u 的关系如图3-12所示。

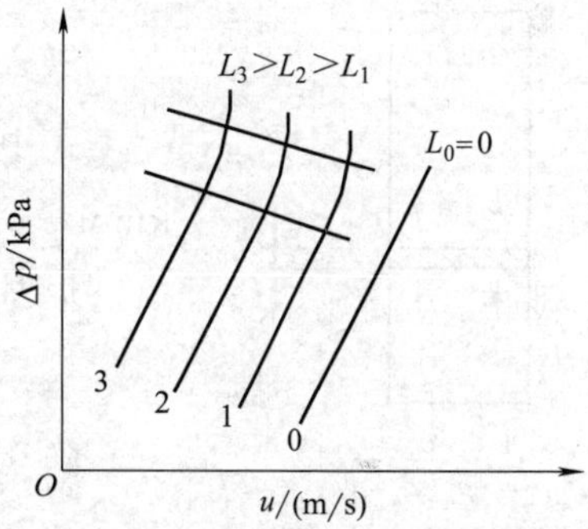

当液体喷淋量 $L_0 = 0$ 时，干填料的 Δp-u 的关系是直线，如图中的直线0。当有一定的喷淋量时，Δp-u 的关系变成折线，并存在两个转折点，下转折点称为"载点"，上转折点称为"泛点"。这两个转折点将 Δp-u 关系分为三个区段：恒持液量区、载液区及液泛区。

2. 传质性能测定

吸收系数是决定吸收过程速率的重要参数，实验测定可获取吸收系数。对于相同的物系及一定的设备（填料类型与尺寸），吸收系数随着操作条件及气液接触状况的不同而变化。

图3-12 填料层的 $\Delta p \sim u$ 关系曲线

双膜模型的浓度分布图见图3-13。根据双膜模型的基本假设，气侧和液侧的溶质 A 的传质速率方程可分别表示为

气膜 $\qquad G_A = k_G A(p_A - p_{Ai})$ \qquad (3-9)

液膜 $\qquad G_A = k_L A(c_{Ai} - c_A)$ \qquad (3-10)

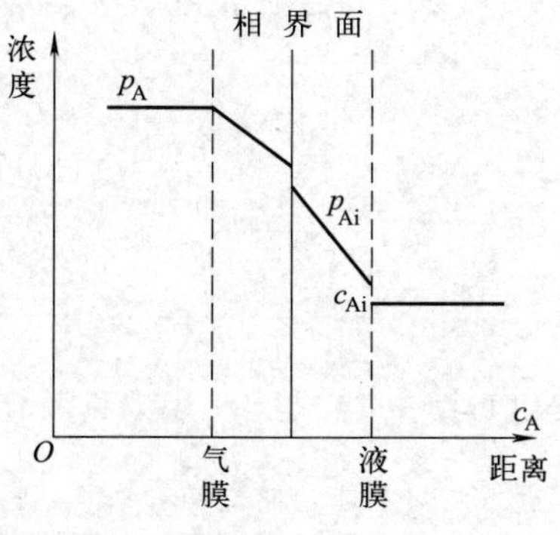

式中，G_A 为 A 组分的传质速率，kmol/s；A 为两相接触面积，m²；p_A 为气侧 A 组分的平均分压，Pa；p_{Ai} 为相界面上 A 组分的平均分压，Pa；c_A 为液侧 A 组分的平均浓度，kmol/m³；c_{Ai} 为相界面上 A 组分的浓度，kmol/m³；k_G 为以分压表达推动力的气相传质系数，kmol/(m²·s·Pa)；k_L 为以物质的量浓度表达推动力的液相传质系数，m/s。

图3-13 双膜模型的浓度分布图

以气相分压或以液相浓度表示传质过程推动力的相际

传质速率方程又可分别表示为:

$$G_A = K_G A(p_A - p_A^*) \tag{3-11}$$

$$G_A = K_L A(c_A^* - c_A) \tag{3-12}$$

式中，p_A^* 为液相中 A 组分的实际浓度所要求的气相平衡分压，Pa；c_A^* 为气相中 A 组分的实际分压所要求的液相平衡浓度，$kmol/m^3$；K_G 为以气相分压表示推动力的总传质系数或简称为气相传质总系数，$kmol/(m^2·s·Pa)$；K_L 为以气相分压表示推动力的总传质系数，或简称为液相传质总系数，m/s。

若气液相平衡关系遵循亨利定律，$c_A = H p_A^*$，则：

$$\frac{1}{K_G} = \frac{1}{k_G} + \frac{1}{H k_L} \tag{3-13}$$

$$\frac{1}{K_L} = \frac{H}{k_G} + \frac{1}{k_L} \tag{3-14}$$

当气膜阻力远大于液膜阻力时，相际传质过程受气膜传质速率控制，此时，$K_G = k_G$；反之，当液膜阻力远大于气膜阻力时，相际传质过程受液膜传质速率控制，此时 $K_L = k_L$。

图 3-14 为填料塔的物料衡算图。在逆流接触的填料层内，任意截取一微分段，并以此为衡算系统，则由吸收质 A 的物料衡算可得：

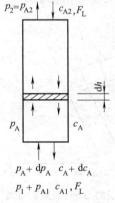

图 3-14 填料塔的
物料衡算图

$$dG_A = \frac{F_L}{\rho_L} dc_A \tag{3-15a}$$

式中，F_L 为液相摩尔流率，$kmol/s$；ρ_L 为液相物质的量密度，$kmol/m^3$。

根据传质速率基本方程式，可写出该微分段的传质速率微分方程：

$$dG_A = K_L(c_A^* - c_A) a S dh \tag{3-15b}$$

联立上两式可得：$dh = \dfrac{F_L}{K_L a S \rho_L} \times \dfrac{dc_A}{c_A^* - c_A} \tag{3-16}$

式中，a 为气液两相接触的比表面积，m^2/m^3；S 为填料塔的横截面积，m^2。

本实验采用水吸收二氧化碳与空气的混合物中的二氧化碳气体，且已知二氧化碳在常温常压下溶解度较小，因此，液相摩尔流率 F_L 和摩尔密度 ρ_L 的比值，亦即液相体积流率 V_{sL} 可视为定值，且设总传质系数 K_L 和两相接触比表面积 a，在整个填料层内为一定值，则将下列边值条件代入式（3-16）并积分，可得填料层高度的计算式（3-17）：

$h = 0, c_A = c_{A2}, h = h, c_A = c_{A1}$

$$h = \frac{V_{sL}}{K_L a S} \int_{c_{A2}}^{c_{A1}} \frac{dc_A}{c_A^* - c_A} \tag{3-17}$$

令 $H_L = \dfrac{V_{sL}}{K_L a S}$，且称 H_L 为液相传质单元高度（HTU）

令 $N_L = \displaystyle\int_{c_{A2}}^{c_{A1}} \frac{dc_A}{c_A^* - c_A}$，且称 N_L 为液相传质单元数（NTU）

则填料层高度为传质单元高度与传质单元数之乘积，即

$$h = H_L N_L \tag{3-18}$$

若气液平衡关系遵循亨利定律,即平衡曲线为直线,则可用解析法求得填料层高度的计算式,亦可采用下列平均推动力法计算填料层的高度或液相传质单元高度:

$$h = \frac{V_{sL}}{K_L aS} \times \frac{c_{A1} - c_{A2}}{\Delta c_{Am}} \tag{3-19}$$

$$N_L = \frac{h}{H_L} = \frac{h}{V_{sL}/K_L aS} \tag{3-20}$$

式中,Δc_{Am} 为液相平均推动力,即

$$\Delta c_{Am} = \frac{\Delta c_{A1} - \Delta c_{A2}}{\ln \frac{\Delta c_{A1}}{\Delta c_{A2}}} = \frac{(c_{A1}^* - c_{A1}) - (c_{A2}^* - c_{A2})}{\ln \frac{c_{A1}^* - c_{A1}}{c_{A2}^* - c_{A2}}} \tag{3-21}$$

式中,$c_{A1}^* = Hp_{A1} = Hy_1 p_0$;$c_{A2}^* = Hp_{A2} = Hy_2 p_0$;$p_0$ 为大气压。
二氧化碳的溶解度常数:

$$H = \frac{\rho_w}{M_w} \times \frac{1}{E} \tag{3-22}$$

式中,H 为二氧化碳溶解度常数,kmol/(m³·Pa);ρ_w 为水的密度,kg/m³;M_w 为水的摩尔质量,kg/kmol;E 为二氧化碳在水中的亨利系数,Pa。

因本实验采用的物系不仅遵循亨利定律,而且气膜阻力可以不计,在此情况下,整个传质过程阻力都集中于液膜,即属液膜控制过程,则液侧体积传质系数等于液相体积传质总系数,亦即

$$k_L a = K_L a = \frac{V_{sL}}{hS} \times \frac{c_{A1} - c_{A2}}{\Delta c_{Am}} \tag{3-23}$$

三、实验装置

1. 二氧化碳吸收与解吸实验装置流程示意图(图 3-15)

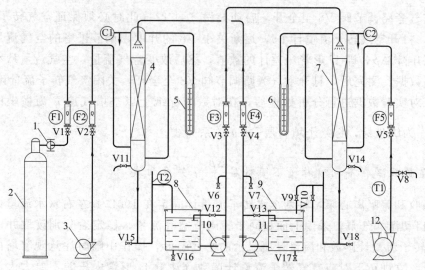

图 3-15 二氧化碳吸收与解吸实验装置流程示意图
1—减压阀;2—CO_2 钢瓶;3—空气压缩机;4—填料吸收塔;5,6—U 形管压差计;7—填料解吸塔;8,9—水箱;10,11—离心泵;12—漩涡气泵;F1—CO_2 转子流量计;F2,F5—空气转子流量计;F3,F4—水转子流量计;T1—空气温度传感器;T2—吸收液体温度传感器;V1~V18—阀门

2. 实验仪表面板图（图 3-16）

3. 实验装置主要技术参数

(1) 设备

填料塔：玻璃管内径 $D=0.050\text{m}$，塔高 1.20m，内装 $\Phi 10\text{mm}\times 10\text{mm}$ 瓷拉西环；填料层高度 $Z=0.95\text{m}$；风机：XGB-12 型，550W；二氧化碳钢瓶和二氧化碳气瓶减压阀 1 个（用户自备）。

(2) 测量仪表

CO_2 转子流量计型号 LZB-6，流量范围 $0.06\sim 0.6\text{m}^3/\text{h}$；

空气转子流量计：型号 LZB-10，流量范围 $0.25\sim 2.5\text{m}^3/\text{h}$；

水转子流量计：型号 LZB-10，流量范围 $16\sim 160\text{ L/h}$；

浓度测量仪表：吸收塔塔底液体浓度分析，定量化学分析仪器（用户自备）；

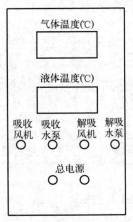

图 3-16　实验装置面板图

温度测量仪表：Pt100 电阻，用于测定测气相、液相温度。

四、实验内容

1. 实验前准备工作

首先将水箱 8 和水箱 9 灌满蒸馏水或去离子水，接通实验装置电源并按下总电源开关。

准备好 10mL 移液管、100mL 的三角瓶、酸式滴定管、洗耳球、0.1mol/L 左右的盐酸标准溶液、0.1mol/L 左右的 Ba(OH)$_2$ 标准溶液和酚酞等化学分析仪器和试剂备用。

吸收塔的润湿：启动吸收泵和解吸泵（控制按钮），让水在两塔及管路中循环，调节水转子流量计 F3、F4 到 80L/h，润湿 5min 后，关闭水流量计，关泵。

2. 测量解吸塔干填料层 $\dfrac{\Delta p}{Z}$-u 关系曲线

打开空气旁路调节阀 V8 至全开，启动漩涡气泵 12（此时必须保证空气转子流量计 F5 是关闭的）。打开空气转子流量计 F5，逐渐关小 V8 的开度，调节进塔的空气流量。稳定后读取填料层压降 Δp，即 U 形管压差计的数值，然后改变空气流量，空气流量从小到大共测定 6～10 组数据。测完后，打开空气旁路调节阀 V8 至全开，关闭空气转子流量计 F5，关漩涡气泵。在对实验数据进行分析处理后，在对数坐标纸上以空塔气速 u 为横坐标，单位高度的压降 $\dfrac{\Delta p}{Z}$ 为纵坐标，标绘干填料层 $\dfrac{\Delta p}{Z}$-u 关系曲线。

3. 测量解吸塔在不同喷淋量下填料层 $\dfrac{\Delta p}{Z}$-u 关系曲线

启动吸收和解吸离心泵，将两个水转子流量计固定在 100L/h 左右（水流量大小可依设备调整），启动漩涡气泵，采用上面相同步骤调节空气流量，稳定后分别读取并记录填料层压降 Δp、转子流量计读数和流量计所显示的空气温度，操作中随时注意观察塔内现象，一旦出现液泛，立即记下对应空气转子流量计读数（注意 U 形管内压差不要太大，否则将导致水喷出）。测完后，先关水转子流量计，再关泵，空气旁路调节阀 V8 打开，关闭空气转子流量计，关漩涡气泵。根据实验数据在对数坐标纸上标出液体喷淋量为 100L/h 时的 $\dfrac{\Delta p}{Z}$-u 关系曲线（见图 3-13），并在图上确定液泛气速，与观察到的液泛气速相比较看是否吻合。

4. 测定二氧化碳吸收传质系数

（1）启动吸收和解吸离心泵，打开两个水转子流量计，调节到 100L/h，待有水从吸收塔顶喷淋而下，从吸收塔底的 π 型管尾部流出后，启动空气压缩机，调节空气转子流量计 F2 到指定流量（例如 1m³/h），同时打开二氧化碳钢瓶调节减压阀，调节二氧化碳转子流量计 F1（例如 0.21m³/h），按二氧化碳与空气的比例为 10%～20% 计算出二氧化碳的空气流量。打开漩涡气泵，调节空气转子流量计 F5 流量与 F2 相同。

（2）吸收进行 15min 并操作达到稳定状态之后（吸收过程中水流量计读数可能会波动，可以调节至初始流量），测量塔底吸收液的温度，同时在塔底取吸收液和空白液样品并测定其中二氧化碳的含量。测完后，先关水转子流量计，再关离心泵，空气旁路调节阀 V8 开至最大，关空气压缩机和漩涡气泵，关 CO_2 钢瓶减压阀，关空气转子流量计。

（3）溶液二氧化碳含量测定。用移液管吸取 0.1mol/L 左右的 $Ba(OH)_2$ 标准溶液 10mL，放入三角瓶中，并从取样口处接收塔底溶液 10mL，用胶塞塞好振荡。向溶液中加入 2～3 滴 $Ba(OH)_2$ 标准溶液，摇匀，用 0.1mol/L 左右的盐酸标准溶液滴定到粉红色消失即为终点。

按式（3-24）计算得出溶液中二氧化碳浓度：

$$c_{CO_2} = \frac{2c_{Ba(OH)_2} V_{Ba(OH)_2} - c_{HCl} V_{HCl}}{2V_{溶液}} \quad (mol/L) \tag{3-24}$$

五、注意事项

1. 开启 CO_2 总阀门前，要先关闭减压阀，阀门开度不宜过大。

2. 实验中要注意保持吸收塔水转子流量计和解吸塔水转子流量计数值一致，并随时关注水箱中的液位。两个转子流量计要及时调节，以保证实验时操作条件不变。

3. 分析 CO_2 浓度操作时动作要迅速，以免 CO_2 从液体中溢出导致结果不准确。

六、数据记录

1. 填料塔（干填料）流体力学性能测定数据填入表 3-7 中。

表 3-7 填料塔流体力学性能测定数据（干填料）

序号	空气转子流量计读数/(m³/h)	填料层压降/mmH₂O[①]	单位高度填料层压降/(mmH₂O/m)	温度/℃	空塔气速/(m/s)
	($L=0$L/h，填料层高度 $Z=0.95$m，塔径 $D=0.050$m）				
1	0.5				
2	0.8				
3	1.1				
4	1.4				
5	1.7				
6	2.0				
7	2.3				
8	2.5				

① 1mmH₂O=9.80665Pa。

2. 填料塔（湿填料）流体力学性能测定数据填入表 3-8 中。

表 3-8　填料塔流体力学性能测定数据（湿填料）

湿填料时 $\Delta p/Z$-u 关系测定				
$L=100$L/h,填料层高度 $Z=0.95$m,塔径 $D=0.050$m				
序号	解吸塔　水流量： 空气转子流量计读数 /(m³/h)	填料层压降 /mmH$_2$O	单位高度填料层压降 /(mmH$_2$O/m)	温度/℃	操作现象①
1	0.25				
2	0.50				
3	0.70				
4	0.90				
5	1.10				
6	1.30				
7	1.50				
8	1.70				
9	1.80				
10	1.90				
11	2.00				

① 操作现象填正常、持液和液泛。

3. 填料吸收塔传质实验数据填入表 3-9 中。

表 3-9　填料吸收塔传质实验数据

填料吸收塔传质实验数据表	
被吸收的气体：纯 CO_2　吸收剂：水　塔内径：50mm	
塔类型	吸收塔
填料种类	瓷拉西环
填料层高/m	0.95
CO_2 转子流量计读数/(m³/h)	
CO_2 转子流量计处温度/℃	
空气转子流量计读数/(m³/h)	
水转子流量计读数/(L/h)	100
中和 CO_2 用 Ba(OH)$_2$ 的体积/mL	
样品的体积/mL	
滴定塔底吸收液用盐酸的体积/mL	
滴定空白液用盐酸的体积/mL	
塔底液相的温度/℃	

4. 结果分析与讨论

（1）根据填料塔流体力学性能测定数据，在对数坐标纸上以空塔气速 u 为横坐标，$\Delta p/Z$ 为纵坐标作图，标绘 $\Delta p/Z$-u 关系曲线。

（2）计算塔的传质能力（传质单元数和回收率）和传质效率（传质单元高度和体积吸收总系数），对结果进行分析讨论。

七、思考题

1. 本实验中,为什么塔底要液封?液封高度如何计算?
2. 为什么二氧化碳吸收过程属于液膜控制?
3. 当气体温度和液体温度不同时,应用什么温度计算亨利系数?
4. 分析吸收剂流量和吸收剂温度对吸收过程的影响。

实验四 活性炭动态式吸附实验

一、实验目的

1. 了解活性炭的吸附工艺及性能。
2. 掌握用实验方法(连续流法)确定活性炭吸附处理污水的设计参数。

二、实验原理

活性炭具有良好的吸附性能和稳定的化学性质,是目前国内外应用比较多的一种非极性吸附剂。与其他吸附剂相比,活性炭具有微孔发达、比表面积大的特点。通常比表面积可以达到 $500 \sim 1700 \ m^2/g$,这是其吸附能力强、吸附容量大的主要原因。用实验方法可以测得活性炭对物质的吸附能力,并将其引入实际水处理工程中。

吸附是一种物质附着在另一种物质表面的过程。当活性炭对水中所含杂质进行吸附时,水中的溶解性杂质在活性炭表面积聚而被吸附,同时也有一些被吸附物质,由于分子的运动而离开活性炭表面,重新进入水中,即发生解吸现象。当吸附和解吸处于动态平衡状态时,称为吸附平衡,这时活性炭和水之间的溶质浓度分配比例处于稳定状态。

三、实验装置

连续流活性炭吸附装置具体结构如图 3-17 所示。
活性炭有机玻璃管尺寸:$\Phi 40mm \times 500mm$;活性炭装填厚度:$250 \sim 450mm$。

四、实验内容

① 用藏红 T 染料配制一定浓度的废水 60L(约 10mg/L)。
② 配制藏红 T 标准贮备液(40mg/L),并按照 10mg/L、5mg/L、2mg/L、1mg/L 稀释,使用分光光度计测定 530nm 波长吸光度,并绘制标准曲线。
③ 取水样测定废水的 pH 值、温度和藏红 T 浓度。
④ 在各活性炭吸附柱中,装入适量活性炭(填充高度约 100mm)。
⑤ 熟悉活性炭吸附柱的实验流程、阀门的位置和开阀的次序。
⑥ 启动水泵,打开活性炭吸附柱进水阀门,同时打开活性炭柱的出水阀门。
⑦ 通过流量计控制进水流量(40L/h),运行稳定 90min,间隔适当时间,分别取 1 号

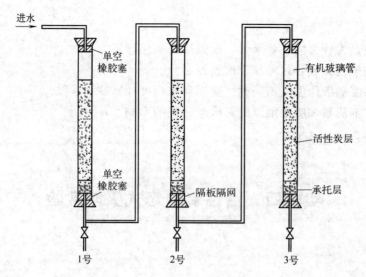

图 3-17 连续流活性炭吸附装置

和 2 号活性炭柱出水口水样 50mL，测定染料的浓度，记录数据并计算每个取样时间点的出水总量（流量计流量×时间）。

⑧ 停泵，关闭活性炭柱进、出水阀门。

五、注意事项

1. 连续流吸附实验时，如果第一个活性炭柱出水中藏红 T 浓度很小，则可增大进水流量或停止第二、第三个活性炭柱进水，只用一个活性炭柱。反之，如果第一个活性炭柱进、出水吸光度相差无几，则可减少进水量。

2. 进入吸附炭柱的水浑浊度高时，应进行过滤以去除杂质。

六、数据记录

1. 实验测定结果列于表 3-10～表 3-12 中。

表 3-10 活性炭吸附实验记录

实验日期_____年_____月_____日
进水藏红 T 浓度_____mg/L 水温_____℃
进水 pH 值_____

序号	取样时间 t/min	通水体积 Q/L	1 号柱出水藏红 T 浓度 /(mg/L)	2 号柱出水藏红 T 浓度 /(mg/L)	3 号柱出水藏红 T 浓度 /(mg/L)
1	5				
2	10				
3	15				
4	20				
5	30				
6	45				
7	60				

表 3-11　活性炭吸附实验藏红 T 去除率数据表

取样时间 t/min	5	10	15	20	30	45	60
出水藏红 T 去除率/%							

表 3-12　活性炭吸附实验通水体积与藏红 T 浓度数据表

通水体积 Q/L							
出水藏红 T 浓度/(mg/L)							

2. 绘制藏红 T 去除率-时间曲线并分析。
3. 绘制 c-V 穿透曲线（出水的藏红 T 浓度-通水体积关系曲线）并分析。

七、思考题

1. 实验结果受哪些因素影响较大，该如何控制？
2. 动态吸附柱实验有何作用？
3. 动态柱吸附与静态吸附有何区别？
4. 活性炭再生方法有哪些？
5. 活性炭在实际中有哪些应用？
6. 连续流的升流式和降流式运动方式各有什么缺点？

实验五　反渗透膜分离实验

一、实验目的

1. 理解反渗透膜分离原理。
2. 熟悉反渗透法制备超纯水的工艺流程。
3. 掌握反渗透膜分离的操作技能。

二、实验原理

反渗透（reverse osmosis，RO）技术是以压力差为动力的膜分离过滤技术，其孔径小至纳米级。在一定的压力下，H_2O 分子可以通过 RO 膜，而原水中的无机盐、重金属离子、有机物、胶体、细菌、病毒等杂质无法透过 RO 膜，从而使可以透过的纯水和无法透过的浓缩水严格区分开来。反渗透膜通常认为是表面致密的无孔膜，其工作原理见图 3-18。

通常，膜的性能是指膜的物化稳定性和膜的分离透过性。膜的物化稳定性的主要指标是：膜材料、膜允许使用的最高压力、温度范围、适用的 pH 范围，以及对有机溶剂等化学药品的抵抗性等。膜的分离透过性指在特定的溶液系统和操作条件下，脱盐率、产水流量和流量衰减指数。根据分离原理，温度、操作压力、给水水质、给水流量等因素将影响膜的分离性能。反渗透膜的分离透过性可以用下几个参数来描述。

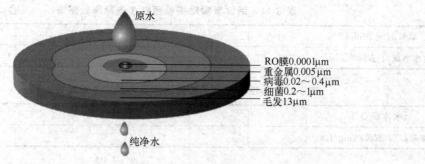

图 3-18 反渗膜工作原理图

(1) 溶质分离率（脱盐率）R

$$R = \left(1 - \frac{c_P}{c_F}\right) \times 100\% \tag{3-25}$$

式中，c_F 为主体溶液（进水）溶质浓度，mg/L；c_P 为透过液溶质浓度，mg/L。

(2) 溶剂透过速率（水通量）J_W

$$J_W = \frac{V}{S\theta} \tag{3-26}$$

式中，V 为透过液体积，L；S 为反渗透膜传质面积，m²；θ 为操作时间，h。

(3) 衰减系数 M（膜被压实后水通量衰减的指标）

$$M = \frac{J_W - J_1}{\theta} \tag{3-27}$$

式中，J_1 为操作 1h 后水的通量，L/(m²·h)；J_W 为操作时间为 θ 时水的通量，L/(m²·h)；θ 为操作时间，h。

(4) 水的回收率 Y

$$Y = \frac{Q_P}{Q_F} \times 100\% = \frac{Q_P}{Q_P + Q_M} \times 100\% \tag{3-28}$$

式中，Q_F 为进水流量，m³/h；Q_P 为净水（透过液）流量，m³/h；Q_M 为浓水（浓缩液）流量，m³/h。

(5) 浓缩倍数 C_F

$$C_F = \frac{Q_F}{Q_M} = \frac{1}{1-Y} \tag{3-29}$$

三、实验装置

反渗透装置主要由水箱、高压泵、错流膜池、控制部分和检测仪表组成。高压泵对原水加压，除水分子可透过 RO 膜外，水中的其他物质（矿物质、有机物、微生物等）几乎都被拒于膜外，无法透过 RO 膜而被高压浓水冲走。实验装置实物图与装置示意图分别见图 3-19 和图 3-20。

反渗透膜通常采用错流（cross-flow）方式过滤运行。错流过滤运行时，水流在膜表面产生两个分力，一个是垂直于膜面的法向力，使水分子透过膜面，另一种是平行于膜面的切向力，把膜面的截留物冲刷掉。错流过滤透过率下降时，只要设法降低膜面的法向力、提高膜面的切向力，就可以对膜进行有效清洗，使膜恢复原有性能。因此，错流过滤的滤膜表面

图 3-19 反渗透装置实物图

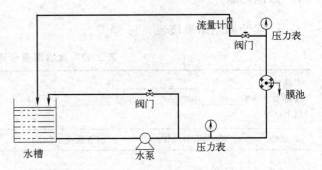
图 3-20 反渗透装置示意图

不易产生浓差极化现象和结垢问题，过滤透过率衰减较慢。错流过滤的运行方式比较灵活，既可以间歇运行，又可以实现连续运行。

泵的最高工作压力：0.8MPa。

四、实验内容

1. 实验前准备工作

向水箱中加入 NaCl 浓度为 500mg/L 的测试液，并用电导率仪测定纯水和配制溶液的电导率（若需要求取盐浓度的准确值，可利用盐浓度与电导率关系计算出盐含量）。按测试池测试膜面尺寸裁剪测试膜片，将膜面朝下放在测试池的密封圈上，盖上测试池压板（保证多孔板那一面在内测），按对角线顺序旋紧螺母。检查各阀门位置，打开高压膜性能测试池进、回水阀门。

2. 测试

开机前先检查各阀门的位置，确认安全，检查开关按钮位置，确认正确后开启电源，开启高压循环水泵，观察流量计是否排掉空气。试运行，先低压，后高压，检查压力表、流量表显示是否正常。通过溢流阀和回水阀配合调整到需要的测试压力和需要的测试流量（记录）。稳定 5min 后，用量杯接住从盖板上流出的净水（透过液），计时、计量（质量或体积都可以），并测定净水电导率。

改变操作条件（如给水压力、流量等）进行实验。

3. 停机

工作结束后，按顺序关闭高压循环水泵，关闭电源，然后将各阀门复位（开到最大）。

五、注意事项

1. 使用机器前，要先检查每一部分是否有损坏部件，确保所有手动旋钮正常无损。接电前要确认电源开关处在关闭状态。

2. 如环境温度低于 0℃，停机后应排空循环系统中的水防止结冰。

3. 通过溢流阀和回水阀配合调整到需要的测试压力和需要的测试流量。

4. 实验前为防止漏水，膜池是反向装的，实验时先反过来，使多孔板向内放置，实验结束后再反过来。

5. 维修保养前要先切断电源。

六、数据记录

1. 实验测定结果按表 3-13 填写。

表 3-13 反渗透膜分离实验记录

实验日期_____年_____月_____日
蒸馏水电导率_____μS/cm   水温_____℃
原水电导率_____μS/cm

序号	操作压力/MPa	浓缩液流量/(L/h)	透过液流量/(L/h)	透过液电导率/(μS/cm)
1				
2				
3				
4				
5				
6				

2. 计算水通量、脱盐率、回收率。
3. 分析操作条件的变化对反渗透结果的影响。

七、思考题

1. 结合反渗透脱盐与离子交换技术，说明本工艺的优点。
2. 为什么随着分离的进行，膜的通量越来越小？
3. 试验中如果操作压力过高或流量过大会有什么结果？
4. 操作压力增大后，将主要影响哪些参数？结果如何？

参考文献

[1] 唐琼, 成英. 环境科学与工程实验 [M]. 北京：化学工业出版社, 2015.
[2] 张金利, 郭翠梨, 胡瑞杰, 等. 化工原理实验 [M]. 2 版. 天津：天津大学出版社, 2016.
[3] 居沈贵, 夏毅, 武文良. 化工原理实验 [M]. 2 版. 北京：化学工业出版社, 2020.

第四章 仪器分析实验

实验一 分光光度计的拆解及废水中铁含量的测定

一、实验目的

1. 了解分光光度计及其主要部件。
2. 掌握邻二氮菲分光光度法测定铁的方法。
3. 熟练应用分光光度计。

二、实验原理

1. 反应原理

在可见光分光光度法测定中,通常是将待测物质与显色剂反应,使之生成有色物质,然后测量其吸光度,进而求得待测物质的含量。因此,显色反应的完全程度和吸光度的物理测量条件都影响测定结果的准确性。

显色反应的完全程度取决于介质的酸度、显色剂的用量、反应的温度和时间等因素。在建立分析方法时,需要通过实验确定最佳反应条件。为此,可改变其中一个因素(如显色剂的用量),暂时固定其他因素,显色后测量相应溶液的吸光度,通过吸光度-pH 曲线确定显色反应的适宜酸度范围。其他几个影响因素的适宜条件,也按此方法分别确定。

邻二氮菲(又称邻菲罗啉)是测定微量铁的较好试剂,在 pH=2~9 的条件下,二价铁离子与试剂生成极稳定的橙红色配合物。配合物的 $\lg K_{稳}=21.3$,摩尔吸光系数 $\varepsilon_{510}=11000 L/(mol \cdot cm)$。

在显色前,用盐酸羟胺把三价铁离子还原为二价铁离子。

$$4Fe^{3+} + 2NH_2OH \longrightarrow 4Fe^{2+} + N_2O + 4H^+ + H_2O$$

测定时,控制溶液 pH=3 较为适宜,酸度高时,反应进行较慢,酸度太低,则二价铁离子水解,影响显色。

用邻二氮菲测定时,有很多元素干扰,须预先进行掩蔽或分离,如钴、镍、铜、铅与试剂形成有色配合物,钨、铂、镉、汞与试剂生成沉淀,还有些金属离子如锡、铋则在邻二氮菲铁配合物形成的pH范围内发生水解，因此当这些离子共存时，应注意消除它们的干扰作用。

2. 分光光度计

可见分光光度计的生产厂家很多，国产的主要有721、722、723等型号的可见分光光度计，还有751、752、753、754、756等型号的紫外-可见分光光度计。

不论何种型号的分光光度计基本都是由五部分组成，即光源、单色器（包括产生平行光和把光引向检测器的光学系统）、试样室、检测器和显示装置，其光学系统原理见图4-1。

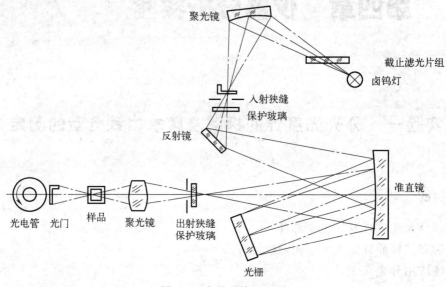

图 4-1 光学系统原理图

（1）光源

光源的条件包括：①能提供连续的辐射；②光强度足够大；③在整个光谱区内光谱强度不随波长有明显变化；④光谱范围宽；⑤使用寿命长，价格低。

用于可见光的光源是钨灯，现在最常用的是卤钨灯，即石英钨灯泡中充以卤素，以提高钨灯的寿命。适用波长范围是320～1100nm。由于能量输出的波动为电压波动的四次方倍，因此电源电压必须稳定。

（2）单色器

单色器是分光光度计的"心脏"部分，其作用是把来自光源的复合光分解为单色光并随意改变波长。其主要组成部件包括入射狭缝、准直镜（透射或凹面反射镜使入射光成平行光）、色散元件（即棱镜或光栅）、聚焦元件和出射狭缝等。

单色器中核心部分是色散元件，起到分光作用。单色器的性能直接影响入射光的单色性，从而也影响测定的灵敏度、选择性及校准曲线的线性关系等。单色器可以是棱镜或光栅。棱镜的色散原理是依据不同波长光通过棱镜时有不同的折射率而将不同波长的光分开。棱镜有玻璃和石英两种，玻璃棱镜用于350～3200nm的波长范围，即只能用于可见光区域内；石英棱镜适用的波长范围较宽，可从185～4000nm，即可用于紫外光、可见光、近红外光三个光域。光栅是利用光的衍射与干涉原理制成的。它可用于紫外光、可见光及近红外光域，而且在整个波长区具有良好的、几乎均匀一致的分辨能力。它具有色散波长范围宽、分辨本领高、成本低、便于保存和易于制备等优点。缺点是各级光谱会重叠而产生干扰。

入射狭缝、出射狭缝、透镜及准直镜等光学元件中狭缝在决定单色器性能上起重要作用。狭缝的大小直接影响单色光纯度，对单色光纯度来说，狭缝愈窄愈好，但过小的狭缝又会减弱光强度，因此狭缝不能无限制地小，狭缝的最小宽度取决于检测器能准确地进行测量的最小光能量。目前达到的最小宽度为 0.1nm。

722 型光栅分光光度计的光路系统见图 4-1。钨灯发出的连续辐射经滤光片选择聚光镜聚光后投向单色器进光狭缝，此狭缝正好处于聚光镜及单色器内准直镜的焦平面上，因此进入单色器的复合光通过平面反射镜反射及准直镜准直变成平行光射向色散元件光栅，光栅将入射的复合光通过衍射作用形成按照一定顺序均匀排列的连续单色光谱，此单色光谱重新回到准直镜上，由于仪器出光狭缝设置在准直镜的焦平面上，这样从光栅色散出来的光谱经准直镜后利用聚光原理成像在出光狭缝上，出光狭缝选出指定带宽的单色光通过聚光镜落在试样室待测试样中心，试样吸收后透射的光经光门射向检测器的光电管。

（3）试样室

试样室包括池架、比色皿以及各种可更换的附件。比色皿用于盛放分析试样，有光学玻璃和石英玻璃两种。普通光学玻璃会吸收紫外光，因此只能用于可见光，适用波长范围是400～2000nm。石英玻璃可透过紫外光、可见光和红外光，是最常使用的比色皿，使用波长范围是 180～3000nm。比色皿的光程可为 1～5cm。

（4）检测器

检测器是一种光电转换设备，即通过光电效应将照射到检测器上的光信号转变成电信号，通过微电流放大器放大后，由微安表显示出来，常用的检测器有光电管、光电倍增管和光电二极管等。对检测器的要求是在测定的光谱范围内具有高的灵敏度，对辐射能量的响应时间短，线性关系好，对不同波长的辐射响应均相同，且可靠，噪声低，稳定性好等。

光电管的结构是以一弯成半圆柱形的金属片为阴极，阴极的内表面涂有光敏层，在圆柱形的中心置一金属丝为阳极接受阴极释放出的电子。两电极密封于玻璃或石英管内并抽成真空。阴极上光敏材料不同，光谱的灵敏区也不同。可分为蓝敏和红敏两种光电管，前者是在镍电极表面上沉积锑和铯，可用波长范围为 210～625nm；后者是在阴极表面上沉积了银和氧化铯，可用波长范围为 625～1000nm。

光电倍增管是检测微弱光最常用的光电元件，其灵敏度比光电管高 200 多倍，光电子由阴极到阳极重复发射 9 次以上，每一个光电子最后可产生 10^6～10^7 个电子，因此总放大倍数可达 10^6～10^7 倍，光电倍增管的响应时间极短，能检测 10^{-9}～10^{-8}s 级的脉冲光，从而对精细结构有较好的分辨能力。

光电二极管的检测原理是硅二极管受紫外-近红外辐射照射时，其导电性增强的大小与光强度成正比。近年来使用光电二极管阵列，二极管数目可达 1024 个，大大提高了分辨率，而且稳定性好，使用寿命长，价格便宜。

（5）显示装置

其作用是放大信号并以适当方式指示或记录下来。目前显示装置多使用数字显示或自动记录装置等，有的还连有打印机。现代高性能分光光度计可以连接计算机，一方面可对分光光度计进行操作控制，另一方面可进行数据记录和处理。

三、仪器和试剂

1. 仪器

分光光度计和1cm比色皿。

2. 试剂

（1）HAc-NaAc 缓冲液：称取 136g 醋酸钠，加水使之溶解，在其中加入 120mL 冰醋酸，加水稀释至 500mL。

（2）盐酸：6mol/L。

（3）盐酸羟胺：100g/L（临时配制）。

（4）邻二氮菲（1.5g/L）：0.15g 邻二氮菲溶解在 100mL 1∶1 乙醇溶液中。

（5）铁标准溶液

① 100μg/mL 铁标准溶液：准确称取适量 $NH_4Fe(SO_4)_2 \cdot 12H_2O$ 于 200mL 烧杯中，用 20mL 6mol/L 盐酸溶解，移至 1L 容量瓶中，以水稀释至刻度，摇匀。

② 10μg/mL（即 0.01mg/mL）铁标准溶液：用移液管吸取 10mL 100μg/mL 铁标准溶液于 100mL 容量瓶中，加入 2mL 6mol/L 盐酸，用蒸馏水稀释至刻度，摇匀。

四、实验内容

1. 准备工作

打开仪器电源开关，预热。调节仪器。

2. 测量工作

以通过空白溶液的透射光强度为 I_0，通过待测液的透射光强度为 I，由仪器给出透射比 T，再由 T 值算出吸光度 A 值。

（1）测定条件的选择（实验①②③，由小组讨论商议后选做其中一个实验即可，各小组都需完成④）

① 吸收曲线的绘制

用吸量管准确吸取 100μg/mL 铁标准溶液 0.0mL 和 1.0mL，分别置于两个 50mL 比色管中，加入盐酸羟胺溶液 1mL，摇匀后加入邻二氮菲溶液 2mL 和 HAc-NaAc 缓冲液 5mL，以水稀释至 50mL 刻度，摇匀。放置 10min 后，在分光光度计上，用 1cm 比色皿，以试剂空白（即 0.0mL 铁标准溶液）为参比溶液，用不同的波长，在 440~560nm 之间，每隔 10nm 测定一次吸光度，在最大吸收波长附近多测定几点。然后以波长为横坐标，吸光度为纵坐标绘制出吸收曲线，从吸收曲线上确定进行铁测定实验的适宜波长（即最大吸收波长）。

② 邻二氮菲与铁的配合物的稳定性

用吸量管准确吸取 100μg/mL 铁标准溶液 0.0mL 和 1.0mL，分别置于两个 50mL 比色管中，加入盐酸羟胺溶液 1mL，摇匀后加入邻二氮菲溶液 2mL 和 HAc-NaAc 缓冲液 5mL，以水稀释至 50mL 刻度，摇匀。放置 10min 后，在分光光度计上，用 1cm 比色皿，以试剂空白（即 0.0mL 铁标准溶液）为参比溶液，在最大吸收波长 510nm 处，加入显色剂后立即测定一次吸光度，经 5min、10min、15min、30min、45min、60min、90min 后，各测一次吸光度。以时间（t）为横坐标，吸光度（A）为纵坐标，绘制 A-t 曲线，从曲线上判断配合物稳定的情况。

③ 显色剂浓度的影响

取 25mL 比色管 7 个，用吸量管准确吸取 100μg/mL 铁标准溶液 1.0mL 于各比色管中，加入盐酸羟胺溶液 1mL 摇匀，然后分别加入邻二氮菲溶液 0.3mL、0.6mL、1.0mL、1.5mL、2.0mL、3.0mL 和 4.0mL，再加入 HAc-NaAc 缓冲液 5mL，以水稀释至 25mL 刻度，摇匀。在分光光度计上，用适宜波长（510nm）、1cm 比色皿，以水为参比测定不同显色剂用量溶液的吸光度。然后以邻二氮菲试剂加入体积为横坐标，吸光度为纵坐标，绘制 A-V 曲线，从曲线上确定显色剂最佳加入量。

④ 讨论并确定铁含量测定条件

与周边小组讨论上面三个实验的结果，找出邻二氮菲分光光度法测定铁的测定条件。

（2）铁含量的测定

① 标准曲线的绘制

取 50mL 比色管 6 个，分别准确吸取 $10\mu g/mL$ 铁标准溶液 0.0mL、2.0mL、4.0mL、6.0mL、8.0mL 和 10.0mL 于各比色管中，各加盐酸羟胺溶液 1mL，摇匀，再各加邻二氮菲溶液 2mL 和 HAc-NaAc 缓冲液 5mL，以水稀释至刻度，摇匀。放置 10min 后，在分光光度计上用 1cm 比色皿，以试剂空白为参比溶液，在最大吸收波长（510nm）处以水为参比测定各溶液的吸光度，以含铁总量为横坐标，吸光度为纵坐标，绘制标准曲线。

② 试样的测定

吸取未知液 5mL，按上述标准曲线测定的相同条件和步骤测定其吸光度。根据未知液吸光度，在标准曲线上查出未知液相对应铁的量，然后计算试样中微量铁的含量，以每升未知液中含铁多少毫克表示（mg/L）。

五、注意事项

1. 仪器长时间不用时，在光源室和试样室内应放置数袋防潮的硅胶。
2. 仪器工作几个月或经搬动之后，要检查波长的准确性，以保证测定的可靠性。
3. 每次实验结束要检查试样室是否有溢出的溶液，有溢出溶液时及时擦净，以防止废液对试样室部件的腐蚀。
4. 比色皿使用注意事项为：

（1）比色皿要配对使用，因为相同规格的比色皿仍有或多或少的差异，致使光通过比色溶液时，吸收情况有所不同。可于毛玻璃面上做好记号，使其中一只专置参比溶液，另一只专置试液。同时还应注意比色皿放入比色皿槽架时有固定朝向。

（2）注意保护比色皿的透光面，拿取时手指应捏住其毛玻璃的两面，以免沾污或磨损透光面。

（3）如果试液是易挥发的有机溶剂，则应加盖后放入比色皿槽架上。

（4）倒入溶液前，应先用该溶液淋洗内壁三次，倒入量不可过多，以比色皿高度的 4/5 为宜，并以吸水性好的软纸吸干外壁的溶液，然后再放入比色皿槽架上。

（5）每次使用完毕后，应用去离子水仔细淋洗，并以吸水性好的软纸吸干外壁水珠，放回比色皿盒内。

（6）不能用强碱或强氧化剂浸洗比色皿，而应用稀盐酸或有机溶剂清洗，再用水洗涤，最后用去离子水淋洗三次。

六、数据记录

1. 记录分光光度计型号、比色皿厚度，将不同波长下测得的吸光度数据记录于表 4-1

中,将邻二氮菲与铁的配合物的稳定性吸收数据记录于表 4-2 中,并绘制吸收曲线和标准曲线。

表 4-1　不同波长吸光度数据

波长/nm	440	450	460	470	480	490	494	496	498	500
吸光度										
波长/nm	502	504	506	508	510	520	530	540	550	560
吸光度										

表 4-2　邻二氮菲与铁的配合物的稳定性吸收数据

时间/min	5	10	15	30	45	60	90
吸光度							

2. 将铁含量标准曲线数据记录于表 4-3 中,计算未知液中铁的含量,以每升未知液中含铁多少毫克表示(mg/L)。

表 4-3　铁含量标准曲线数据

铁标液体积/mL	0	2.0	4.0	6.0	8.0	10.0
铁浓度/(mg/mL)						
吸光度 A						

实验二　pH 玻璃电极性能检查及电位滴定法测定锅炉用水的碱度

一、实验目的

1. 了解 pH 玻璃电极。
2. 掌握电位滴定法测锅炉用水碱度的方法,熟练应用 pH 计。

二、实验原理

水的碱度是指水中所含能与强酸定量作用的物质总量。

水中的碱度来源较多,地表水的碱度基本上是碳酸盐、重碳酸盐及氢氧化物含量的函数,所以总碱度被当作这些成分浓度的总和。当水中含有硼酸盐、磷酸盐或硅酸盐等时,则总碱度也包含它们所起的作用。废水及其他复杂体系的水体中,还含有有机碱类、金属水解性盐类等均为碱度组成的部分。在这些情况下,碱度就成为一种水的综合性指标,代表能被强酸滴定物质的总和。

用酸碱滴定水中碱度是各种方法的基础。有两种常用的方法,即酸碱指示剂滴定法和电位滴定法。

电位滴定法根据电位滴定曲线在终点时的突跃,确定特定 pH 值下的碱度,它不受水样浊度、色度的影响,适用范围较广。

电位滴定法测定水样的碱度,用玻璃电极为指示电极,甘汞电极为参比电极,用酸标准溶液滴定,其终点通过 pH 计或电位滴定仪指示。

以 pH8.3 表示水样中氢氧化物被中和及碳酸盐转为重碳酸盐时的终点。以 pH4.4~4.5 表示水中重碳酸盐(包括原有重碳酸盐和由碳酸盐转成的重碳酸盐)被中和的终点。对于工业废水或含复杂组分的水,可以 pH3.7 指示总碱度的滴定终点。

电位滴定法可以绘制成滴定 pH 值对酸标准滴定液用量的滴定曲线,然后计算相应组分的含量或直接滴定到指定的终点。

三、仪器和试剂

1. 仪器

(1) pH 计、电位滴定仪或离子活度计,能读至 0.05pH,最好有自动温度补偿装置。
(2) 玻璃电极。
(3) 甘汞电极。
(4) 磁力搅拌器。
(5) 滴定管:50mL、25mL 及 10mL。
(6) 高型烧杯:100mL、200mL 及 250mL。

2. 试剂

(1) 无二氧化碳水:用于制备标准溶液及稀释用的蒸馏水或去离子水,临用前煮沸 15min,冷却至室温。pH 值应大于 6.0,电导率小于 $2\mu S/cm$。

(2) 碳酸钠标准溶液($1/2Na_2CO_3 = 0.0250mol/L$):称取 1.3249g(于 250℃烘干 4h)的基准试剂无水碳酸钠(Na_2CO_3),溶于少量无二氧化碳水中,移入 1000mL 容量瓶中,用水稀释至标线,摇匀,贮于聚乙烯瓶中,保存时间不要超过一周。

(3) 盐酸标准溶液(0.0250mol/L):用分度吸管吸取 2.1mL 浓盐酸($\rho=1.19mol/L$),并用蒸馏水稀释至 1000mL,此溶液浓度约为 0.0025mol/L。其准确浓度按下法标定:
用无分度吸管吸取 25.00mL 碳酸钠标准溶液于 200mL 高型烧杯中,加入 75mL 无二氧化碳水,将烧杯放在磁力搅拌器上,插入电极连续搅拌,用盐酸标准溶液滴定,当滴定至 pH 值为 4.4~4.5 时记录盐酸标准溶液用量,按下式计算其准确浓度:

$$c_{盐酸} = \frac{25.00\text{mL} \times 0.0250\text{mol/L}}{V(\text{mL})} \tag{4-1}$$

式中,$c_{盐酸}$ 为盐酸标准溶液浓度,mol/L;V 为盐酸标准溶液用量,mL。

四、实验内容

1. 分取 100mL 水样置于 200mL 高型烧杯中,用盐酸标准溶液滴定,滴定方法同盐酸标准溶液的标定。当滴定到 pH=8.3 时,到达第一个终点,记录盐酸标准溶液消耗量。

2. 继续用盐酸标准溶液滴定至 pH 值达 4.4~4.5 时,到达第二个终点,记录盐酸标准溶液用量。

五、注意事项

1. 对于低碱度的水样，可用 10mL 微量滴定管以提高测定精度。对于高碱度的水样，可改用 0.05mol/L 标准溶液，用量超过 25mL 时，可改用 0.1mol/L 盐酸标准溶液滴定。

2. 对于复杂水样，可制成盐酸标准溶液滴定用量对 pH 值的滴定曲线。有时可能在曲线上看不出明显的突跃点，这可能是由于盐类水解反应较慢，不易达到电极反应平衡。不同组分的反应速率各异，为此，应放慢滴定速度，采用较长的时间间隔，以便达到平衡时使突跃点明显可辨。

3. 方法的适用范围。电位滴定法可适用于饮用水、地表水、含盐水及生活污水和工业废水碱度的测定。

根据 15 个地表水水样的测定，在浓度范围 28～139mg/L 时（CaO），相对标准偏差为 0%～0.78%，加标回收率为 97.4%～100.3%。

4. 干扰及消除。脂肪酸盐、油状物质、悬浮固体或沉淀物能覆盖于玻璃电极表面致使响应迟缓。但由于这些物质可能参与酸碱反应，因此不能用过滤的方法除去。为消除其干扰，可采用减慢滴定剂加入速度或延长滴定间歇时间，并充分搅拌至反应达到平衡后再增加滴定剂的办法。搅拌应采用磁力搅拌器或机械法，不能通气搅拌。

5. 样品保存。锅炉水样（进水水样和出水水样）采集后应在 4℃保存，分析前不应打开瓶塞，不能过滤、稀释或浓缩。样品应于采集后的当天进行分析，特别是当样品中含有可水解盐类或含有可氧化态阳离子时，应及时分析。

六、数据记录

对于多数天然水样，碱性化合物在水中所产生的碱度，有五种情形。为了说明方便，令以 pH=8.3 时，滴定所消耗盐酸标准溶液的量为 P mL，以 pH 值达 4.4～4.5 所消耗的盐酸标准溶液用量为 M mL，则盐酸标准溶液总消耗量为 $T=M+P$。

第一种情形，$P=T$ 或 $M=0$ 时：

P 代表全部氢氧化物及碳酸盐的一半，由于 $M=0$，表示不含有碳酸盐，亦不含重碳酸盐。因此，$P=T=$氢氧化物的量。

第二种情形，$P>1/2T$ 时：

说明 $M>0$，有碳酸盐存在，且碳酸盐的量$=2M=2(T-P)$。而且由于 $P>M$，说明尚有氢氧化物存在，氢氧化物的量$=T-2(T-P)=2P-T$。

第三种情形，$P=1/2T$，即 $P=M$：

M 代表碳酸盐的一半，说明其中仅有碳酸盐。碳酸盐的量$=2P=2M=T$。

第四种情形，$P<1/2T$ 时：

此时，$M>P$，因此 M 除代表由碳酸盐生成的重碳酸盐外，尚有水中原有的重碳酸盐。碳酸盐的量$=2P$，重碳酸盐的量$=T-2P$。

第五种情形，$P=0$ 时：

此时，水中只有重碳酸盐存在。重碳酸盐的量$=T=M$。

以上五种情形的碱度，见表 4-4。

表 4-4 碱度的组成

滴定的结果	氢氧化物(OH^-)的量	碳酸盐(CO_3^{2-})的量	重碳酸盐(HCO_3^-)的量
$P=T$	P	0	0
$P>1/2T$	$2P-T$	$2(T-P)$	0
$P=1/2T$	0	$2P$	0
$P<1/2T$	0	$2P$	$T-2P$
$P=0$	0	0	T

按下述公式计算各种情况下总碱度和碳酸盐、重碳酸盐的含量。

(1) 总碱度（以 CaO 计，mg/L）

$$总碱度 = \frac{c(P+M) \times 28.04 \text{g/mol}}{V} \times 1000 \tag{4-2}$$

式中，c 为盐酸标准溶液浓度，mol/L；V 为所取待测水样的体积，mL；28.04 为氧化钙（1/2CaO）的摩尔质量，g/mol。

(2) 当 $P=T$ 时，$M=0$

碳酸盐（CO_3^{2-}）含量 = 0

重碳酸盐（HCO_3^-）含量 = 0

(3) 当 $P>1/2T$ 时

$$碳酸盐碱度（以 CaO 计，mg/L）= \frac{c(T-P) \times 28.04 \text{g/mol}}{V} \times 1000 \tag{4-3}$$

$$碳酸盐碱度（以 CaCO_3 计，mg/L）= \frac{c(T-P) \times 50.05 \text{g/mol}}{V} \times 1000 \tag{4-4}$$

$$碳酸盐碱度（1/2CO_3^{2-}，mol/L）= \frac{c(T-P)}{V} \times 1000 \tag{4-5}$$

重碳酸盐（HCO_3^-）含量 = 0

式中，50.05 为碳酸钙（1/2CaCO₃）摩尔质量，g/mol。

(4) 当 $P=1/2T$ 时，$P=M$

$$碳酸盐碱度（以 CaO 计，mg/L）= \frac{c \times P \times 28.04 \text{g/mol}}{V} \times 1000 \tag{4-6}$$

$$碳酸盐碱度（以 CaCO_3 计，mg/L）= \frac{c \times P \times 50.05 \text{g/mol}}{V} \times 1000 \tag{4-7}$$

$$碳酸盐碱度（1/2\ CO_3^{2-}，mol/L）= \frac{c \times P}{V} \times 1000 \tag{4-8}$$

重碳酸盐（HCO_3^-）含量 = 0

(5) 当 $P<1/2T$ 时

$$碳酸盐碱度（以 CaO 计，mg/L）= \frac{c \times P \times 28.04 \text{g/mol}}{V} \times 1000 \tag{4-9}$$

$$碳酸盐碱度（以 CaCO_3 计，mg/L）= \frac{c \times P \times 50.05 \text{g/mol}}{V} \times 1000 \tag{4-10}$$

$$碳酸盐碱度（1/2CO_3^{2-}，mol/L）= \frac{c \times P}{V} \times 1000 \tag{4-11}$$

重碳酸盐碱度（以 CaO 计，mg/L）$= \dfrac{c(T-2P) \times 28.04 \text{g/mol}}{V} \times 1000$ （4-12）

重碳酸盐碱度（以 $CaCO_3$ 计，mg/L）$= \dfrac{c(T-2P) \times 50.05 \text{g/mol}}{V} \times 1000$ （4-13）

重碳酸盐碱度（HCO_3^-，mol/L）$= \dfrac{c(T-2P)}{V} \times 1000$ （4-14）

（6）当 $P=0$ 时

碳酸盐含量（CO_3^{2-}）$=0$

重碳酸盐碱度（以 CaO 计，mg/L）$= \dfrac{c \times M \times 28.04 \text{g/mol}}{V} \times 1000$ （4-15）

重碳酸盐碱度（以 $CaCO_3$ 计，mg/L）$= \dfrac{c \times M \times 50.05 \text{g/mol}}{V} \times 1000$ （4-16）

重碳酸盐碱度（HCO_3^-，mol/L）$= \dfrac{c \times M}{V} \times 1000$ （4-17）

实验三　高效液相色谱仪的操作及磺胺嘧啶含量的测定

一、实验目的

1. 学习高效液相色谱仪（HPLC）的基本操作方法。
2. 了解高效液相色谱仪原理和条件设定方法。
3. 了解高效液相色谱法在日常分析中的应用。

二、实验原理

1. 检测原理

高效液相色谱法（high performance liquid chromatography，HPLC）是以液体为流动相，借助高压输液泵获得相对较高流速的液流以提高分离速度，并采用颗粒极细的高效固定相制成的色谱柱进行分离和分析的一种色谱方法。在高效液相色谱中，若采用非极性固定相，如十八烷基键合相、极性流动相，即构成反相色谱分离系统。反之，则称为正相色谱分离系统。反相色谱系统所使用的流动相成本较低，应用也更为广泛。

磺胺嘧啶是目前我国临床上常用的一种磺胺类抗感染药物，又称磺胺哒嗪、地亚净，磺胺嘧啶的分子结构类似于对氨基苯甲酸（PABA），可与 PABA 竞争性作用于细菌体内的二氢叶酸合成酶，从而阻止 PABA 作为原料合成细菌所需的叶酸，减少了具有代谢活性的四氢叶酸的量，而后者则是细菌合成嘌呤、胸腺嘧啶核苷和脱氧核糖核酸（DNA）的必需物质，因此抑制了细菌的生长繁殖。磺胺嘧啶对溶血性链球菌、葡萄球菌、脑膜炎双球菌、肺炎球菌、淋球菌、大肠杆菌、痢疾杆菌等敏感细菌以及沙眼衣原体、放线菌、疟原虫、星形奴卡菌和弓形虫等微生物均有抑制作用。

磺胺嘧啶类的检测方法有液液萃取液相色谱法、固相萃取液相色谱法和液液萃取填充柱气相色谱法等。液相色谱法相对于填充柱气相色谱法由于准确度高、精密性好等优点被广泛应用。因此本实验采用高效液相色谱仪分析待测样品中磺胺嘧啶的含量。

2. 高效液相色谱仪及其主要部件

高效液相色谱仪由高压输液系统、进样系统、分离系统、检测系统、记录系统等五大部分组成，见图4-2。分析前，选择适当的色谱柱和流动相，开泵，冲洗柱子，待柱子达到平衡而且基线平直后，用微量注射器把样品注入进样口，流动相把试样带入色谱柱进行分离，分离后的组分依次流入检测器的流通池，最后和洗脱液一起排入流出物收集器。当有样品组分流过流通池时，检测器把组分浓度转变成电信号，经过放大，用记录器记录下来就得到色谱图。色谱图是定性、定量分析和评价柱效高低的依据。

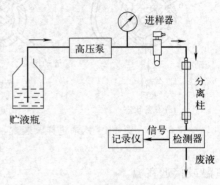

图4-2 高效液相色谱仪的结构示意图

（1）高压输液系统

高压输液系统由溶剂贮存器、高压输液泵、梯度洗脱装置和压力表等组成。

① 溶剂贮存器。溶剂贮存器一般由玻璃、不锈钢或氟塑料制成，容量为1～2L，用来贮存足够数量、符合要求的流动相。

② 高压输液泵。高压输液泵是高效液相色谱仪中关键部件之一，其功能是将溶剂贮存器中的流动相以高压形式连续不断地送入液路系统，使样品在色谱柱中完成分离过程。

由于液相色谱仪所用色谱柱径较细，所填固定相粒度很小，因此，对流动相的阻力较大，为了使流动相能较快地流过色谱柱，就需要高压泵注入流动相。对泵的要求：输出压力高、流量范围大、流量恒定、无脉动，流量精度和重复性为0.5%左右。此外，还应耐腐蚀，密封性好。高压输液泵，按其性质可分为恒压泵和恒流泵两大类。恒流泵（图4-3）是能给出恒定流量的泵，其流量与流动相黏度和柱渗透无关。恒压泵是保持输出压力恒定，而流量随外界阻力变化而变化，如果系统阻力不发生变化，恒压泵就能提供恒定的流量。

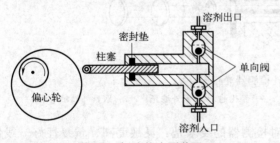

图4-3 恒流柱塞泵装置

③ 梯度洗脱装置。梯度洗脱就是在分离过程中使两种或两种以上不同极性的溶剂按一定程序连续改变它们之间的比例，从而使流动相的强度、极性、pH值或离子强度相应地变化，达到提高分离效果、缩短分析时间的目的。梯度洗脱装置分为两类：一类是外梯度装置（又称低压梯度），流动相在常温常压下混合，用高压泵压至柱系统，仅需一台泵即可；另一类是内梯度装置（又称高压梯度），将两种溶剂分别用泵增压后，按电器部件设置的程序，注入梯度混合室混合，再输至柱系统。

梯度洗脱的实质是通过不断地变化流动相的强度，来调整混合样品中各组分的容量因子k值，使所有谱带都以最佳平均k值通过色谱柱。它在液相色谱中所起的作用相当于气相色谱中的程序升温，所不同的是，在梯度洗脱中溶质k值的变化是通过溶质的极性、pH值和离子强度来实现的，而不是借改变温度（温度程序）来达到。

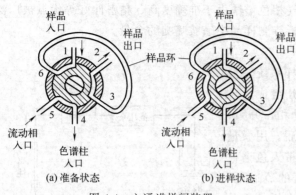

图 4-4　六通进样阀装置

(2) 进样系统

进样系统包括进样口、注射器和进样阀等，它的作用是把分析试样有效地送入色谱柱上进行分离。六通进样阀是最理想的进样器，其结构见图 4-4。

(3) 分离系统

分离系统包括色谱柱、恒温器和连接管等部件。色谱柱一般用内部抛光的不锈钢制成，见图 4-5。其内径为 2~6mm，柱长为 10~50cm，柱形多为直形，内部充满微粒固定相，柱温一般为室温或接近室温。

图 4-5　常见色谱柱

(4) 检测器

最常用的检测器为紫外吸收检测器，它的典型结构见图 4-6。

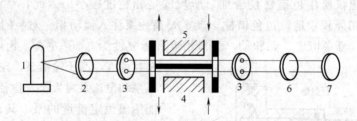

图 4-6　紫外检测器光路图

1—低压汞灯；2—透镜；3—遮光板；4—测量池；5—参比池；6—紫外滤光片；7—双紫外光敏电阻

检测器是液相色谱仪的关键部件之一。对检测器的要求是：灵敏度高、重复性好、线性范围宽、死体积小以及对温度和流量的变化不敏感等。在液相色谱中，有两种类型的检测器，一类是溶质性检测器，它仅对被分离组分的物理或物理化学特性有响应。属于此类检测器的有紫外、荧光、电化学检测器等。另一类是总体检测器，它对试样和洗脱液总的物理和化学性质响应。属于此类检测器有示差折光检测器等。

更多检测器内容请查阅相关资料。

三、仪器和试剂

1. 仪器

高效液相色谱仪，50μL 微量注射器。

2. 试剂

色谱纯甲醇，超纯水。

四、实验内容

1. 色谱条件

色谱柱：C_{18}（5μm，4.6mm×250mm）色谱柱，柱温为40℃；流动相：甲醇：水＝30：70；检测器：发光二极管阵列检测器（DAD）；紫外检测波长：270nm；流速：1mL/min；进样量：20μL；磺胺嘧啶浓度：0～20mg/L（药品溶解度很低，配制时需辅以高频超声）；柱前压力：10～15Pa；保留时间：在3～6min内出峰（视流动相等情况确定）。

2. 溶液的配制

标准溶液：精确称取磺胺嘧啶样品5mg，首先在烧杯中超声溶解于超纯水，随后转移至250mL容量瓶中，并定容至刻度线，摇匀，即得磺胺嘧啶浓度为20mg/L的样品贮备液。精密移取上述贮备液75mL置于100mL容量瓶中，加超纯水稀释至刻度，即得磺胺嘧啶浓度为15mg/L的样品液。取上述20mg/L的样品贮备液50mL置于100mL容量瓶中，加超纯水稀释至刻度，即得磺胺嘧啶浓度为10mg/L的样品液。取上述20mg/L的样品贮备液25mL置于100mL量瓶中，加超纯水稀释至刻度，即得磺胺嘧啶浓度为5mg/L的样品液。

待测溶液：量取100mL含磺胺嘧啶的制药废水（其磺胺嘧啶浓度范围为50～200mg/L），分别稀释1、5、10倍，得到三种不同浓度的待测溶液。

3. 色谱测定

（1）按操作规程开启电脑，开启脱气机、泵、检测器等的电源，启动HPLC在线工作软件，设定操作条件。流量为1.0mL/min。

（2）待仪器稳定后，开始进样。将进样阀柄置于"LOAD"位置，用微量注射器分别吸取标准样品和待测样品溶液20μL，注入仪器进样口，顺时针方向扳动进样阀至"INJECT"位置，此时显示屏显示进样标志。

检测后绘制色谱图并记录保留时间t_R及相应色谱峰的峰高和出峰面积。

（3）实验完毕，清洗系统及色谱柱。依次用甲醇-水（60：40），甲醇-水（70：30），…直到纯甲醇作流动相清洗，每次清洗至基线走稳，至少清洗15min。

五、注意事项

1. 配制流动相用水必须为超纯水，有机溶剂应为色谱纯。
2. 含缓冲液的流动相需用微孔滤膜过滤。
3. 非澄清的试样溶液需用微孔滤膜过滤后方可进样。
4. 当使用缓冲盐为流动相时，在用该流动相冲洗管路和平衡系统之前，需用含水量较高的水-甲醇溶剂冲洗管路和平衡系统，如5％的甲醇-水溶液。实验结束后，在用甲醇冲洗色谱柱之前，需要用含水量较高的水-甲醇溶剂冲洗和平衡系统。
5. 若检测器指示数字不稳，说明试样池内可能有气泡，此时用一块橡皮堵住试样池出口，使泵的压力升高至10MPa左右，立刻松开橡皮以形成瞬间压差，反复几次，即可除去试样池中的气泡。

六、数据记录

1. 记录实验条件（表4-5）。

表 4-5　实验条件记录

项目	参数
色谱柱与固定相	
流动相及其流量	
检测器及其波长	
进样量	
柱前压力	
出峰时间	
峰面积	

2. 绘制磺胺嘧啶浓度与峰面积标准曲线，并标出标准曲线公式。
3. 根据标准曲线求出磺胺嘧啶待测液浓度。

七、思考题

1. 流动相在使用前为什么要用膜过滤？
2. 请陈述实验结束后如何清洗柱子。

实验四　气相色谱法测定乙醇或乙腈含量

一、实验目的

1. 了解气相色谱仪的基本结构、工作原理、操作技术。
2. 学习外标法定量的基本原理和测定试样中样品含量的方法。
3. 学习气相色谱的程序升温技术。
4. 学习氢火焰离子化检测器的使用方法。

二、实验原理

1. 检测原理

气相色谱法（GC）是一种把混合物分离成单个组分的实验技术。它被用来对样品组分进行鉴定和定量测定。和物理分离（比如蒸馏和类似的技术）不同，GC 是基于时间差别的分离技术。将气化的混合物或气体通过含有某种物质的管，基于管中物质对不同化合物的保留性能不同而得到分离。这样，就是基于时间的差别对化合物进行分离。样品经过检测器以后，被记录的就是色谱图（见图 4-7），每一个峰代表混合样品中不同的组分。峰出现的时间称为保留时间，可以用来对每个组分进行定性，而峰的大小（峰高或峰面积）则是组分含量大小的度量。

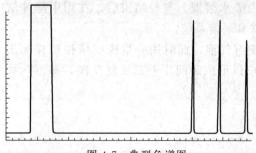

图 4-7　典型色谱图

2. 气相色谱仪及其主要部件

一个气相色谱仪系统（图4-8）包括：①可控而纯净的载气源，它能将样品带入GC系统；②进样口，它同时还作为液体样品的气化室；③色谱柱，实现样品随时间的分离；④检测器，当组分通过时，检测器电信号的输出值改变，从而对组分做出响应。

图4-8 色谱系统

（1）气源

载气必须是纯净的。污染物可能与样品或色谱柱反应，产生假峰进入检测器使基线噪声增大等。推荐使用配备有水分、烃类化合物和氧气捕集阱的高纯载气，如图4-9所示。若使用气体发生器而不是气体钢瓶时，应对每一台GC装配净化器，并且使气源尽可能靠近仪器的背面。

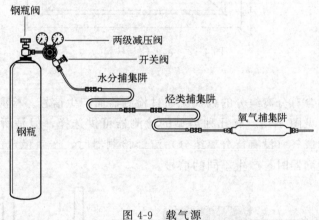

图4-9 载气源

（2）进样口

进样口将挥发后的样品引入载气流。较常用的进样装置是注射进样口和进样阀。注射进样口用于气体和液体样品进样。常用加热使液体样品蒸发。用气体或液体注射器穿透隔垫将样品注入载气流，其原理如图4-10所示。

样品从机械控制的定量管被扫入载气流。因为进样量通常差别很大，所以对气体和液体样品采用不同的进样阀。其原理（非实际设计尺寸）如图4-11所示。进样阀通常与进样口连接，特别在分流进样模式时，进样阀连接到分流/不分流进样口。

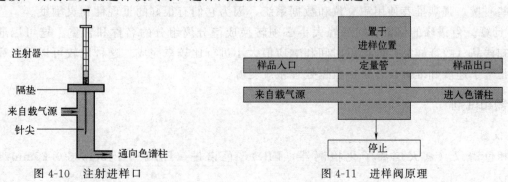

图4-10 注射进样口　　　　　　图4-11 进样阀原理

（3）色谱柱

分离就在色谱柱中进行。因为用户可以选择不同的色谱柱，故使用一台仪器能够进行许多不同的分析。因为大多数分离都强烈依赖于温度，故色谱柱要安装在能够精密控温的柱箱内，见图4-12。

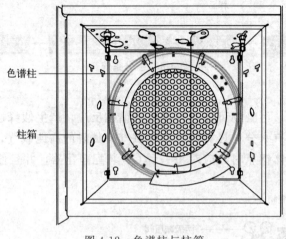

图 4-12　色谱柱与柱箱

（4）检测器

从色谱柱出来的含有分离组分的载气流通过检测器而产生信号。检测器的输出信号经过转化后成为色谱图，见图4-13。有几种类型的检测器可供选择，但是所有的检测器的功能都是相同的：当纯的载气（没有待分离组分）流经检测器时，产生稳定的信号（基线），当有待分离组分通过检测器时，产生不同的信号。

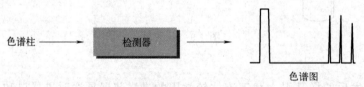

图 4-13　检测示意

（5）数据处理

① 测量。色谱图记录下了检测器输出的电信号。它可以通过三种方式进行处理：在带状图记录仪上记录、使用数字积分仪处理、用计算机数据系统处理。

传统的带状图记录仪必须手工测量峰的保留时间和峰大小。积分仪和数据系统则可直接进行这些测量。强烈推荐使用积分仪和数据系统，因为它们有很好的重现性和灵敏度。

② 计算。色谱峰的保留时间和峰大小必须转换成待分离组分的名称和含量。这可以通过与已知样品（校准样品）的保留时间和响应值大小进行比较来完成。这种比较可以手工完成，但是鉴于速度和准确性，采用数据处理系统更好。

三、仪器和试剂

1. 仪器

气相色谱仪（氢火焰离子化检测器，FID），色谱柱（DB-FFAP 30m×0.25mm×0.25μm）。

2. 试剂

无水乙醇（优级纯），色谱纯乙腈，超纯水。

四、实验内容

1. 标准样品制备

各称取一定量的标准物质（乙醇、乙腈），用5%的甲酸纯水溶液定容到100mL容量瓶中，混匀，得标准储备液（100mg/L），临时用，稀释制备不同浓度的标准使用液。分别取1mL、5mL、10mL、25mL、50mL使用液到100mL容量瓶中，定容混匀，获得乙腈质量浓度分别为1mg/L、5mg/L、10mg/L、25mg/L、50mg/L的标准溶液系列，采用外标法定量分析。

2. 仪器工作条件

进样口温度：220℃；检测器温度：330℃；柱箱：恒温分析，50℃（15min）；载气：氮气；进样模式：不分流进样；吹扫时间：0.75min；吹扫流量：30mL/min；柱流量：5mL/min（柱前压125.6kPa）；隔垫吹扫流量：3mL/min；进样方式：液体自动进样器，进样量0.3μL；检测器：FID；空气流量：60mL/min；氢气流量：3mL/min；尾吹气（N_2）流量：10mL/min；调整偏移量：30pA；采样频率：50Hz。

3. 样品的测定

取废水水样7mL加入2滴6mol/L硫酸使pH值降至3.0左右（用pH试纸粗测），在离心机上6000r/min离心25min，取上层澄清液3mL，加入0.15mL浓甲酸，最终pH值为2.0左右（控制在3.0以下），取水样在气相色谱上测定。

五、注意事项

1. 进样操作

气相色谱分析过程中，进样操作是十分重要的操作环节，正确地进样操作是获得准确的分析结果的前提。进样时进针位置及速度、针尖停留和拔出速度都会影响进样重现性，一般要求进样的相对误差为2%～5%。

(1) 注射器取样时，应先用待测试液洗涤5～6次，然后缓慢抽取一定量试液，若仍有空气带入注射器内，可将针头朝上，待空气排除后，再排去多余试液便可进样。若使用体积小于5μL的微量注射器，洗涤次数需相应增加。

(2) 进样时要求注射器垂直于进样口，左手扶着针头以防弯曲，右手拿注射器，右手食指卡在注射器芯子和注射器管的交界处，这样可以避免当进针到气路中载气压力较高把芯子顶出，影响正确进样。

(3) 将注射器插入气化室内部，使针尖位于气化室加热块中部（固定相上方1～2cm处），推入试样，停留1～2s后，拔除注射器。整个进样操作要求连贯、稳当、迅速。

(4) 微量注射器使用完毕后必须用乙醚、丙酮等有机溶剂清洗干净。

(5) 要经常注意更换进样器上硅橡胶密封垫片，该垫片经20～50次穿刺进样后，气密性降低，容易漏气。

2. 仪器使用和维护

(1) 开机前，应先通载气，并保持一定流量后，再接通仪器电源。否则将导致检测器的热敏元件烧毁、固定液氧化等。

（2）关机时，应先将热导桥电流调节至零（TCD）或关闭氢气和空气（FID），待气化室、柱箱、检测器温度均降至接近室温后，再关闭仪器电源，最后关闭载气。

（3）在关闭气路时，调节刻度旋钮不能小于1.0圈，以免损坏稳流阀、稳压阀，影响刻度指示。

（4）氢焰点火前，应检查检测器温度是否在100℃以上，低于100℃不能点火，以防水汽冷凝在离子室内，影响电极绝缘性能。实验完成后，需先关闭氢气和空气流量，灭火，再降低检测器的温度。

（5）新色谱柱及色谱柱使用一段时间后，应对其进行老化。老化时，应在室温下通适量载气后再升温，以防损坏柱子，切勿将柱出口端接到检测器上，防止检测器被污染。

六、数据记录

1. 记录实验条件（表4-6）。

表4-6 实验条件记录

项目	参数
色谱柱	
载气及其流量	
柱前压力及柱温	
气化温度	
检测器及检测温度	
载气流量	
分流流量	
尾吹气流量	
氢气流量	
空气流量	
进样量	
量程	

2. 处理样品色谱图文件，记录色谱图中各酸色谱峰的保留时间 t_R 及半峰宽度 $Y_{1/2}$（以 min 表示）。

3. 处理待测试样文件，记录各色谱峰的峰面积，计算试样中乙醇和乙腈的量。

七、思考题

1. 为什么毛细管气相色谱柱的柱效比填充柱高？
2. 如何操作进样，才能达到较好的重现性？

参考文献

[1] 胡坪，王氢. 仪器分析 [M]. 5版. 北京：高等教育出版社，2019.
[2] 胡坪，王氢. 仪器分析实验 [M]. 北京：高等教育出版社，2016.
[3] 孙尔康，张剑荣，陈国松，等. 仪器分析实验 [M]. 南京：南京大学出版社，2009.
[4] 叶美英，程和勇，邱瑾. 仪器分析实验 [M]. 北京：化学工业出版社，2017.
[5] 中国科学技术大学化学与材料科学学院实验中心. 仪器分析实验 [M]. 北京：中国科学技术大学出版社，2011.

第五章 环境监测实验

实验一 水样色度的测定

一、实验目的

1. 了解色度的基本概念。
2. 掌握水样色度的测定原理和方法。

二、实验原理

通常用铂钴标准比色法测定水的色度，铂钴标准比色法的原理是用氯铂酸钾与氯化钴配成标准系列，与水样进行目视比色。水的色度单位是度，即在每升溶液中含有 2mg 六水合氯化钴（Ⅱ）（相当于 0.5mg 钴）和 1mg 铂 [以六氯铂（Ⅳ）酸的形式] 时产生的颜色为 1度。此法用于测定较清洁的、带有黄色色调的天然水和饮用水的色度，以度数表示结果。此法操作简单，标准色列的色度稳定，易保存。如果没有氯铂酸钾时，可采用铬钴标准比色法。

对受工业废水污染的地表水和工业废水，往往产生不正常的颜色，以致无法进行比较，此时可用稀释倍数法，用文字描述颜色的种类和深浅程度，并以稀释倍数表示水的色度。

要注意水样的代表性。所取水样应为无树叶、枯枝等漂浮杂物。将水样盛于清洁、无色的玻璃瓶内，尽快测定。否则应在约 4℃冷藏保存，48h 内测定。

如水样浑浊，则放置澄清，亦可用离心法或用孔径为 0.45μm 滤膜过滤以去除悬浮物。但不能用滤纸过滤，因滤纸可吸附部分溶解于水的颜色。

三、仪器和材料

（一）铂钴标准比色法

（1）50mL 具塞比色管，其刻线高度应一致。
（2）容量瓶、移液管、量筒等常用玻璃仪器。
（3）铂钴标准溶液：称取 1.246g 氯铂酸钾（K_2PtCl_6）（相当于 500mg 铂）及 1.000 氯

化钴（$CoCl_2 \cdot 6H_2O$）（相当于250mg钴），溶于100mL水中，加100mL盐酸，用水定容至1L。此溶液色度为500度，保存在密闭玻璃瓶中，放于暗处。

（二）铬钴标准比色法

(1) 50mL具塞比色管，其刻线高度应一致。

(2) 容量瓶、移液管、量筒等常用玻璃仪器。

(3) 铬钴标准溶液：称取0.0438g重铬酸钾和1.000g硫酸钴（$CoSO_4 \cdot 7H_2O$），溶于少量水中，加入0.50mL浓硫酸，用水稀释至500mL，此溶液的色度为500度。不宜久存。

(4) 稀盐酸溶液：取1mL浓盐酸加水稀释至1L。

（三）稀释倍数法

(1) 50mL具塞比色管，其刻线高度应一致。

(2) 容量瓶、移液管、量筒等常用玻璃仪器。

四、实验内容

（一）铂钴标准比色法

(1) 标准色列的配制

向50mL比色管中加入0mL、0.50mL、1.00mL、1.50mL、2.00mL、2.50mL、3.00mL、3.50mL、4.00mL、4.50mL、5.00mL、6.00mL及7.00mL铂钴标准溶液，用水稀释至标线，混匀。各管的色度依次为0度、5度、10度、15度、20度、25度、30度、35度、40度、45度、50度、60度和70度。密塞保存。

(2) 水样的测定

① 分取50.0mL澄清透明水样于比色管中，如水样色度较大，可酌情少取水样，用水稀释至50.0mL。

② 将水样与标准色列进行目视比较。观测时，可将比色管置于白瓷板或白纸上，使光线从管底部向上透过液柱，目光自管口垂直向下观察。记下与水样色度相同的铂钴标准色列的色度。

（二）铬钴标准比色法

用重铬酸钾和硫酸钴配成标准色列，与水样进行比较，色度单位与铂钴比色法相同。

(1) 标准色列的配制

向50mL比色管中加入0mL、0.50mL、1.00mL、1.50mL、2.00mL、2.50mL、3.00mL、3.50mL、4.00mL、4.50mL、5.00mL铬钴标准溶液，用稀盐酸溶液稀释至标线，混匀。各管的色度依次为0度、5度、10度、15度、20度、25度、30度、35度、40度、45度、50度，密塞保存。

(2) 水样的测定

① 分取50.0mL澄清透明水样于比色管中，如水样色度较大，可酌情少取水样，用水稀释至50.0mL。

② 将水样与标准色列进行目视比较。观测时，可将比色管置于白瓷板或白纸上，使光线从管底部向上透过液柱，目光自管口垂直向下观察。记下与水样色度相同的铂钴标准色列的色度。

（三）稀释倍数法

（1）观察水样，用文字描述水样颜色

取一定量（100~150mL）澄清水样置于烧杯中，以白色底板为背景，观察并描述其颜色种类及程度。

（2）确定稀释倍数

取一定量澄清水样，用蒸馏水逐级稀释成不同的倍数，置于50mL比色管中，在白色底板上，由上向下观察稀释后水样的颜色，并与蒸馏水相比较，直至刚好看不出颜色，记录此时的稀释倍数。

五、注意事项

如果样品中有泥土或其他分散很细的悬浮物，虽经预处理但得不到透明水样时，则只测"表观颜色"。

六、数据记录

（一）铂钴标准比色法

$$色度 = (A \times 50)/B \tag{5-1}$$

式中，A 为稀释后水样相当于铂钴标准色列的色度；B 为水样的体积，mL。

（二）铬钴标准比色法

$$色度 = (A \times 50)/B \tag{5-2}$$

式中，A 为稀释后水样相当于铬钴标准色列的色度；B 为水样的体积，mL。

（三）稀释倍数法

$$总稀释倍数 = D_1 D_2 D_3 \tag{5-3}$$

式中，D_1、D_2、D_3 为逐级稀释的倍数。

实验二　水样浊度的测定

一、实验目的

1. 了解浊度的基本概念。
2. 掌握浊度测定的原理和方法。

二、实验原理

浊度表示水中悬浮物在光线透过时的阻碍程度。由于水中含有泥沙、黏土、有机物、无机物、浮游生物和微生物等悬浮物质，光发生散射或被吸收。天然水经过混凝、沉淀和过滤等处理，变得清澈。

浊度的测定可采用分光光度法或目视比浊法。

分光光度法的基本原理：在适当温度下，硫酸肼与六亚甲基四胺聚合，形成白色高分子聚合物。以此作为浊度标准液，在一定条件下与水样浊度相比较。该法适用于测定天然水、饮用水的浊度，最低检测浊度为 3 度。

目视比浊法（白陶土标准比浊法）：规定相当于 1mg 白陶土在 1L 水中所产生的浑浊度作为一个浊度单位，用度表示。将用白陶土配制的一定浊度的标准比浊液，稀释成不同浓度的标准比色系列，在一定条件下与水样浊度相比较，最后确定水样的浊度。

样品收集于具塞玻璃瓶内，应在取样后尽快测定。如需保存，可在 4℃冷藏、暗处保存 24h，测试前要激烈振摇水样并恢复到室温。

水样应无碎屑及易沉降的颗粒。器皿不清洁及水中溶解的空气泡会影响测定结果。

三、仪器和材料

（一）分光光度法

（1）50mL 比色管。

（2）分光光度计。

（3）无浊度水：将蒸馏水通过 0.2μm 滤膜过滤，收集于用滤过水荡洗两次的烧瓶中。

（4）浊度贮备液

① 硫酸肼溶液：称取 1.000g 硫酸肼溶于水中，定容至 100mL。

② 六亚甲基四胺溶液：称取 10.00g 六亚甲基四胺 $[(CH_2)_6N_4]$ 溶于水中，定容至 100mL。

③ 浊度标准溶液：吸取 5.00mL 硫酸肼溶液与 5.00mL 六亚甲基四胺溶液于 100mL 容量瓶中，混匀。于 25℃±3℃下静置反应 24h。冷却后用水稀释至标线，混匀。此溶液浊度为 400 度。可保存一个月。

（二）目视比浊法（白陶土标准比浊法）

（1）50mL 比色管。

（2）浊度标准溶液：称取约 3g 纯白陶土，置于研钵中，加入少量水，充分研磨成糊状，移入 1L 烧杯中，加入蒸馏水至刻度，充分搅拌后，静置 24h，用虹吸法收集约 500mL 中间层水溶液于瓶中。取此悬浊液 50mL，置于已恒定重量的蒸发皿中，在水浴上蒸干，放于 105℃烘箱内烘 2h，在干燥器内冷却 20min，称重，重复烘干，并称重，直至恒重，求出每毫升悬浊液中含有白陶土的质量（mg）。吸取含 250mg 白陶土的悬浊液，置于 1L 容量瓶中加水至刻度，摇匀，即得浊度为 250 度的标准溶液。

四、实验内容

（一）分光光度法

（1）标准曲线的绘制

吸取浊度标准溶液 0mL、0.50mL、1.25mL、2.50mL、5.00mL、10.00mL 和 12.50mL，置于 50mL 比色管中，加无浊度水至标线。摇匀后即得浊度为 0 度、4 度、10 度、20 度、40 度、80 度、100 度的标准系列。于 680nm 波长下，用 3cm 比色皿，测定吸光度，绘制校准曲线。

(2) 水样的测定

吸取 50.0mL 摇匀水样（无气泡，如浊度超过 100 度可酌情少取，用无浊度水稀释至 50.0mL），于 50mL 比色管中，按绘制校准曲线步骤测定吸光度，由校准曲线上查得水样浊度。

（二）目视比浊法（白陶土标准比浊法）

(1) 浊度在 10 度以上的水样（如超过 100 度时，可用水稀释后测定）

① 取浊度为 250 度的标准溶液 0mL，10mL，20mL，…，90mL，100mL 于 250mL 容量瓶中，加蒸馏水稀释刻度，摇匀后移入成套 250mL 具塞玻璃瓶中，即得浊度为 0 度，10 度，20 度，…，90 度，100 度的标准溶液，每瓶中加入 1g 氯化汞以防止菌类生长，将瓶塞塞紧以免水分蒸发。

② 将水样加入成套的 250mL 具塞玻璃瓶中，将水样与浊度标准液都摇匀，同时从瓶侧观察同一目标（例如用报纸铅字或划有黑线的白纸等），根据目标清晰程度，选出与水样所产生的视觉效果相近的标准溶液，读得水样的浊度。

(2) 浊度在 10 度以下的水样

① 取 50mL 比色管 11 支，分别加入浊度为 50 度的标准溶液 0mL，1.0mL，2.0mL，…，9.0mL，10.0mL，加水至刻度，混合均匀，即得浊度为 0 度，1 度，2 度，…，9 度，10 度的标准溶液。

② 取 50mL 水样于同样规格的比色管中，与浊度标准溶液同时摇匀，并进行比较，比较时在黑色底板上由上往下垂直观察。

五、注意事项

硫酸肼毒性较强，属致癌物质，取用时注意。

六、数据记录

（一）分光光度法

$$浊度(度) = [A(B+C)]/C \qquad (5-4)$$

式中，A 为稀释后水样的浊度，度；B 为稀释水体积，mL；C 为原水样体积，mL。不同浊度范围测试结果的精度要求见表 5-1。

表 5-1　不同浊度范围测试结果的精度要求

浊度范围/度	精度/度	浊度范围/度	精度/度
1～10	1	400～1000	50
10～100	5	大于 1000	100
100～400	10		

（二）目视比浊法（白陶土标准比浊法）

浊度结果可在测定时直接读取，不同浊度范围的读数精度要求见表 5-2。

表 5-2　不同浊度范围的读数精度要求

浊度范围/度	精度/度	浊度范围/度	精度/度
1～10	1	400～700	50
10～100	5	大于 700	100
100～400	10		

实验三 化学需氧量（COD）的测定

一、实验目的

掌握化学需氧量的测定原理及方法。

二、实验原理

水样的化学需氧量，可因加入氧化剂的种类及浓度、反应溶液的酸度、反应温度和时间不同以及催化剂的有无而获得不同的结果。因此，化学需氧量亦是一个条件性指标，必须严格按操作步骤进行测定。

对于污水，我国规定用重铬酸钾法测定化学需氧量。国外也有用高锰酸钾、臭氧、羟基作氧化剂的方法体系。如果使用，必须与重铬酸钾法做对照实验，给出相关系数，以重铬酸钾法上报监测数据。

化学需氧量的测定：在水样中加入已知量的重铬酸钾溶液，并在强酸介质下以银盐作催化剂，经沸腾回流后，以试亚铁灵为指示剂，用硫酸亚铁铵滴定水样中未被还原的重铬酸钾，由消耗的重铬酸钾的量计算出消耗氧的质量浓度。

酸性重铬酸钾氧化性很强，可氧化大部分有机物，加入硫酸银作催化剂时，直链脂肪族化合物可完全被氧化，而芳香族有机物却不易被氧化，吡啶不被氧化，挥发性直链脂肪族化合物、苯等有机物存在于蒸气相，不能与氧化剂液体接触，氧化不明显。Cl^-能被重铬酸盐氧化，并且能与硫酸银作用产生沉淀，影响测定结果，故在回流前向水样中加入硫酸汞，与Cl^-反应生成配合物以消除干扰。Cl^-浓度高于1000mg/L的样品应先定量稀释，使浓度降低至1000mg/L以下，再行测定。

用0.25mol/L重铬酸钾溶液可测定大于50mg/L的COD值，未经稀释水样的测定上限是700mg/L；用0.025mol/L重铬酸钾溶液可测定5~50mg/L的COD值，但低于10mg/L时测量准确度较差。

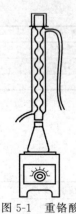

图5-1 重铬酸钾测定COD的回流装置

三、仪器和材料

1. 仪器

带250mL锥形瓶的全玻璃回流装置（见图5-1，可选用水冷或风冷全玻璃回流装置，其他等效冷凝回流装置亦可。如取样量在30mL以上，采用500mL锥形瓶的全玻璃回流装置），加热装置（电炉或其他等效消解装置），25mL（或50mL）酸式滴定管，分析天平（感量为0.0001g）。

2. 材料

硫酸（$\rho=1.84$g/mL，优级纯），重铬酸钾（基准试剂，取适量重铬酸钾在105℃烘箱中干燥至恒重），硫酸银，硫酸汞，六水合硫酸亚铁铵，邻苯二甲酸氢钾（基准试剂），七水合硫酸亚铁，硫酸溶液（1:9，体积比），重铬酸钾标准溶液，硫酸银-硫酸溶液，硫酸汞溶液，硫酸亚铁铵标准溶液，试亚铁灵指示剂溶液，防暴沸玻璃珠。

重铬酸钾标准储备液：准确称取 12.258g 已烘干的重铬酸钾溶于水中，定容至 1000mL，此时，$c\left(\frac{1}{6}K_2Cr_2O_7\right)=0.250 mol/L$。

重铬酸钾标准溶液：将重铬酸钾标准储备液稀释 10 倍，此时，$c\left(\frac{1}{6}K_2Cr_2O_7\right)=0.0250 mol/L$。

硫酸银-硫酸溶液：称取 10g 硫酸银，加到 1L 硫酸中，放置 1~2d 使之溶解，并混匀，使用前小心摇匀。

硫酸汞溶液（$\rho=100g/L$）：称取 10g 硫酸汞，溶于 100mL 硫酸溶液中（1：9，体积比），混匀。

硫酸亚铁铵标准储备液（约 0.05mol/L）：称取 19.5g 六水合硫酸亚铁铵溶解于水中，加入 10mL 硫酸，待溶液冷却后稀释至 1000mL。每日临用前，必须用重铬酸钾标准储备液标定浓度，标定时应做平行双样。

取 5.00mL 重铬酸钾标准储备液置于锥形瓶中，用水稀释至约 50mL，缓慢加入 15mL 硫酸，混匀，冷却后加入 3 滴（约 0.15mL）试亚铁灵指示剂，用硫酸亚铁铵标准储备液滴定，溶液的颜色由黄色经蓝绿色变为红褐色即为终点，记录硫酸亚铁铵溶液的消耗量 V（mL）。硫酸亚铁铵标准储备液浓度按式（5-5）计算：

$$c(mol/L) = \frac{5.00mL \times 0.250mol/L}{V(mL)} \tag{5-5}$$

式中，V 为滴定时消耗硫酸亚铁铵溶液的体积，mL。

硫酸亚铁铵标准溶液（约 0.005mol/L）：将上述硫酸亚铁铵标准储备液稀释 10 倍，每日临用前用重铬酸钾标准溶液标定。

邻苯二甲酸氢钾标准溶液（2.0824mmol/L）：称取 105℃ 干燥 2h 的邻苯二甲酸氢钾 0.4251g 溶于水，并稀释至 1000mL，混匀。以重铬酸钾为氧化剂，将邻苯二甲酸氢钾完全氧化的 COD 值为 1.176g（氧）/g（即 1g 邻苯二甲酸氢钾耗氧 1.176g），故该标准溶液的理论 COD 值为 500mg/L。

试亚铁灵指示剂溶液：溶解 0.7g 七水合硫酸亚铁于 50mL 水中，加入 1.5g 邻菲罗啉，搅拌至溶解，稀释至 100mL。

四、实验内容

1. COD≤50mg/L 的样品

（1）样品测定

取 10.0mL 水样于锥形瓶中，依次加入硫酸汞溶液、重铬酸钾标准溶液 5.00mL 和几颗防暴沸玻璃珠，摇匀。硫酸汞溶液按质量比 $m(HgSO_4):m(Cl^-) \geqslant 20:1$ 的比例加入，最大加入量为 2mL。

将锥形瓶连接到回流装置冷凝管下端，从冷凝管上端缓慢加入 15mL 硫酸银-硫酸溶液，以防止低沸点有机物的逸出，不断旋动锥形瓶使之混合均匀。自溶液开始沸腾起保持微沸回流 2h。若为水冷装置，应在加入硫酸银-硫酸溶液之前通入冷凝水。

回流并冷却后,自冷凝管上端加入 45mL 水冲洗冷凝管,取下锥形瓶。

溶液冷却至室温后,加入 3 滴试亚铁灵指示剂溶液,用硫酸亚铁铵标准溶液滴定,溶液由黄色经蓝绿色变为红褐色即为终点。记录硫酸亚铁铵标准溶液的消耗体积 V_1。

注:样品浓度低时,取样体积可适当增加,同时其他试剂量也应按比例增加。

(2) 空白实验

按照上述水样测定相同步骤,以 10.00mL 实验用水代替水样进行空白实验,记录滴定空白时硫酸亚铁铵标准溶液的消耗体积 V_0。

2. COD>50mg/L 的样品

(1) 样品测定

取 10.0mL 水样于锥形瓶中,依次加入硫酸汞溶液、重铬酸钾标准储备液 5.00mL 和几颗防暴沸玻璃珠,摇匀。其他操作与步骤 1 相同。

待溶液冷却至室温后,加入 3 滴试亚铁灵指示剂溶液,用硫酸亚铁铵标准储备液滴定,溶液由黄色经蓝绿色变为红褐色即为终点。记录硫酸亚铁铵标准储备液的消耗体积 V_1。

注:对于污染严重的水样,可选取所需体积 1/10 的水样放入硬质玻璃管中,加入 1/10 的试剂,摇匀后加热至沸腾数分钟,观察溶液是否变成蓝绿色。如呈蓝绿色,应再适当少取水样,直至溶液不变蓝绿色为止,从而可以确定待测水样的稀释倍数。

(2) 空白实验

按照上述水样测定相同步骤,以 10.00mL 实验用水代替水样进行空白实验,记录滴定空白时硫酸亚铁铵标准储备液的消耗体积 V_0。

五、注意事项

1. 消解时应使溶液缓慢沸腾,不宜暴沸。如出现暴沸,说明溶液中出现局部过热,会导致测定结果有误。暴沸的原因可能是加热过于激烈,或是防暴沸玻璃珠的效果不好。

2. 试亚铁灵指示剂的加入量虽然不影响临界点,但应该尽量一致。当溶液先变为蓝绿色再变到红褐色即达到终点,几分钟后可能还会重现蓝绿色。

六、数据记录

按式 (5-6) 计算样品中化学需氧量 (mg/L):

$$COD = \frac{c \times (V_0 - V_1) \times M\left(\frac{1}{4}O_2\right)}{V_2} \times f \quad (5-6)$$

式中,c 为硫酸亚铁铵标准溶液(或标准储备液)的浓度,mol/L;V_0 为空白实验所消耗的硫酸亚铁铵标准溶液(或标准储备液)的体积,mL;V_1 为水样测定所消耗的硫酸亚铁铵标准溶液(或标准储备液)的体积,mL;V_2 为加热回流时所取水样的体积,mL;f 为样品稀释倍数;$M\left(\frac{1}{4}O_2\right)$ 为 $\frac{1}{4}O_2$ 的摩尔质量,8g/mol。

当 COD 测定结果小于 100mg/L 时保留至整数位;当测定结果大于或等于 100mg/L 时,保留三位有效数字。

七、思考题

1. 为什么要做空白实验?
2. 高锰酸钾指数和化学需氧量有什么区别?

实验四 水中溶解氧的测定（碘量法）

一、实验目的

掌握化学法测定水中溶解氧的原理和方法。

二、实验原理

溶解于水中的分子态氧称为溶解氧，其含量与大气压力、水温、含盐量等因素有关。本法是在水样中加入硫酸锰和碱性碘化钾，水中的溶解氧将低价锰氧化成高价锰，生成四价锰的氢氧物棕色沉淀。加酸后，氢氧化物沉淀溶解，四价锰又可氧化碘离子而释放出与溶解氧量相当的游离碘。以淀粉作指示剂，用硫代硫酸钠滴定释放出的碘，可计算溶解氧的含量。其反应方程式如下：

$$MnSO_4 + 2NaOH \longrightarrow Na_2SO_4 + Mn(OH)_2$$

$$2Mn(OH)_2 + O_2 \longrightarrow 2MnO(OH)_2（棕色沉淀）$$

$$MnO(OH)_2 + 2H_2SO_4 \longrightarrow Mn(SO_4)_2 + 3H_2O$$

$$Mn(SO_4)_2 + 2KI \longrightarrow MnSO_4 + K_2SO_4 + I_2$$

$$2Na_2S_2O_3 + I_2 \longrightarrow Na_2S_4O_6 + 2NaI$$

用碘量法测定水中溶解氧，水样常采集到溶解氧瓶中。采集水样时，要注意不使水样曝气或有气泡残存在采样瓶中。可用水样冲洗溶解氧瓶后，沿瓶壁直接倾注水样或用虹吸法将吸管插入溶解氧瓶底部，注入水样至溢流出瓶容积的 1/3～1/2。

三、仪器和材料

1. 仪器

250～300mL 溶解氧瓶等。

2. 材料

（1）硫酸锰溶液：称取 480g 硫酸锰（$MnSO_4 \cdot 4H_2O$）或 364g $MnSO_4 \cdot H_2O$ 溶于蒸馏水中，用水稀释至 1L。此溶液加至酸化过的碘化钾溶液中，遇淀粉不得产生蓝色。

（2）碱性碘化钾溶液：称取 500g 氢氧化钠溶解于 300～400mL 水中，另称取 150g 碘化钾（135g 碘化钠）溶于 200mL 水中，待氢氧化钠溶液冷却后，将两溶液合并，混匀，用水稀释至 1L。如有沉淀，则放置过夜后，倾出上清液，贮于棕色瓶中。用橡皮塞塞紧，避光保存。此溶液酸化后，遇淀粉不应呈蓝色。

（3）(1+5) 硫酸溶液。

（4）1% 淀粉溶液：称取 1g 可溶性淀粉，用少量水调成糊状，再用刚煮沸的水冲稀至 100mL 并煮沸至溶液为透明状。冷却后，加入 0.1g 水杨酸或 0.4g 氯化锌防腐。

（5）重铬酸钾标准溶液 [$c(1/6 K_2Cr_2O_7) = 0.0250$ mol/L]：称取于 105～110℃烘干 2h

并冷却的优级纯重铬酸钾 1.2258g，溶于水，移入 1000mL 容量瓶中，用水稀释至标线，摇匀。

(6) 硫代硫酸钠溶液：称取 2.5g 五水合硫代硫酸钠（$Na_2S_2O_3 \cdot 5H_2O$）或 1.58g 无水硫代硫酸钠 $Na_2S_2O_3$，溶于煮沸放冷的水中，加入 0.2g 碳酸钠，用水稀释至 1000mL，贮于棕色瓶中（其浓度约为 0.01mol/L）。使用前用 0.0250mol/L 重铬酸钾标准溶液标定，标定方法如下：

于 250mL 碘量瓶中，加入 100mL 水和 1g 碘化钾，加入 10.00mL 0.0250mol/L 重铬酸钾标准溶液、5mL（1+5）硫酸溶液，密塞，摇匀。于暗处静置 5min 后，用硫代硫酸钠溶液滴定至溶液呈现淡黄色，加入 1mL 淀粉溶液，继续滴定至蓝色刚好褪去为止，记录用量 V。

$$c = \frac{10.00\text{mL} \times 0.0250\text{mol/L}}{V} \tag{5-7}$$

式中，c 为硫代硫酸钠溶液的浓度，mol/L；V 为滴定时消耗硫代硫酸钠溶液的体积，mL。

四、实验内容

1. 溶解氧的固定

将水样采集于溶解氧瓶中，用吸管插入溶解氧瓶的液面下，加入 1mL 硫酸锰溶液、2mL 碱性碘化钾溶液，盖好瓶塞，颠倒混合数次，静置。待棕色沉淀物降至瓶内一半时，再颠倒混合一次，待沉淀物下降到瓶底。一般在取样现场固定。

2. 析出碘

轻轻打开瓶塞，立即用吸管插入液面下加入 2.0mL 硫酸。小心盖好瓶塞，颠倒混合摇匀至沉淀物全部溶解为止，暗处放置 5min。

3. 滴定

移取 100.0mL 上述溶液于 250mL 锥形瓶中，用硫代硫酸钠溶液滴定至溶液呈现淡黄色，加入 1mL 淀粉溶液，继续滴定至蓝色刚好褪去为止，记录硫代硫酸钠溶液用量。

五、注意事项

1. 如果水样中含有氧化性物质（如游离氯大于 0.1mg/L 时），应预先于水样中加入硫代硫酸钠去除。即用两个溶解氧瓶各取一瓶水样，在其中一瓶加入 5mL（1+5）硫酸和 1g 碘化钾，摇匀，此时游离出碘。以淀粉作指示剂，用硫代硫酸钠溶液滴定至蓝色刚褪，记下用量（相当于去除游离氯的量）。于另一瓶水样中，加入同样量的硫代硫酸钠溶液，摇匀后，按操作步骤测定。

2. 如果水样呈现强酸性或强碱性，可用氢氧化钠或硫酸液调至中性后测定。

六、数据记录

$$\rho(O_2) = \frac{c \times V M\left(\frac{1}{4}O_2\right)}{100} \tag{5-8}$$

式中，c 为硫代硫酸钠溶液浓度，mol/L；V 为滴定时消耗硫代硫酸钠溶液体积，mL；$M\left(\dfrac{1}{4}O_2\right)$ 为 $\dfrac{1}{4}O_2$ 的摩尔质量；g/mol；$\rho(O_2)$ 为溶解氧的含量，mg/L。

七、思考题

测定溶解氧时，当加入硫酸锰和碱性碘化钾溶液后，如果发现白色沉淀，是什么原因？

实验五　五日生化需氧量（BOD$_5$）的测定

一、实验目的

1. 掌握生化需氧量测定的原理和方法。
2. 掌握稀释比的选择方法。

二、实验原理

生化需氧量是指在规定条件下，微生物分解水中的某些可氧化物质，特别是有机物所进行的生物化学过程中消耗溶解氧的量。此生物氧化全过程进行的时间很长，如在 20℃ 培养时，完成此过程需 100 多天。目前国内外普遍规定 20℃±1℃ 培养 5 天，分别测定样品培养前后的溶解氧，二者之差即为 BOD$_5$ 值，以氧的浓度（mg/L）表示。对某些地表水及大多数工业废水，因含较多的有机物，需要稀释后再培养测定，以降低其浓度和保证有充足的溶解氧。稀释的程度应使培养中所消耗的溶解氧大于 2mg/L，而剩余溶解氧在 1mg/L 以上。为了保证水样稀释后有足够的溶解氧，稀释水通常要通入空气进行曝气（或通入氧气），使稀释水中溶解氧接近饱和。稀释水中还应加入一定量的无机营养盐和缓冲物质（磷酸盐，钙、镁和铁盐等），以保证微生物生长的需要。

测定生化需氧量的水样，采集时应充满并密封于瓶中，在 0~4℃ 下进行保存。一般应在 6h 内进行分析。若需要远距离转运，在任何情况下，贮存时间不应超过 24h。

对于不含或少含微生物的工业废水，其中包括酸性废水、碱性废水、高温废水或经过氯化处理的废水，在测定 BOD$_5$ 时应进行接种，以引入能分解废水中有机物的微生物。当废水中存在难以被一般生活污水中的微生物以正常速度降解的有机物或含有剧毒物质时，应将驯化后的微生物引入水样中进行接种。

本法适用于测定 BOD$_5$≥2mg/L，最大不超过 6000mg/L 的水样。当水样 BOD$_5$＞6000mg/L，会因稀释带来一定的误差。

三、仪器和材料

1. 仪器

（1）恒温培养箱（20℃±1℃）。

(2) 5~20L 细口玻璃瓶。

(3) 1000~2000mL 量筒。

(4) 玻璃搅拌棒，棒的长度应比所用量筒高度长 200mm。在棒的底端固定一个直径比量筒底小，并带有几个小孔的硬橡胶板。

(5) 溶解氧瓶，容积在 250~300mL 之间，带有磨口玻璃塞并具有供水封用的钟形口。

(6) 虹吸管，供分取水样和添加稀释水用。

2. 材料

(1) 磷酸盐缓冲溶液：将 8.5g 磷酸二氢钾（KH_2PO_4）、21.75g 磷酸氢二钾（K_2HPO_4）、33.4g 七水合磷酸氢二钠（$Na_2HPO_4 \cdot 7H_2O$）和 1.7g 氯化铵（NH_4Cl）溶于水中，稀释至 1000mL。此溶液的 pH 值应为 7.2。

(2) 硫酸镁溶液：将 22.5g 七水合硫酸镁（$MgSO_4 \cdot 7H_2O$）溶于水中，稀释至 1000mL。

(3) 氯化钙溶液：将 27.5g 无水氯化钙溶于水，稀释至 1000mL。

(4) 氯化铁溶液：将 0.25g 六水合氯化铁（$FeCl_3 \cdot 6H_2O$）溶于水，稀释至 1000mL。

(5) 盐酸溶液（0.5mol/L）：将 40mL（$\rho=1.18g/mL$）浓盐酸溶于水，稀释至 1000mL。

(6) 氢氧化钠溶液（0.5mol/L）：将 20g 氢氧化钠溶于水，稀释至 1000mL。

(7) 亚硫酸钠溶液 [$c(1/2Na_2SO_3)=0.025mol/L$]：将 1.575g 亚硫酸钠溶于水，稀释至 1000mL。此溶液不稳定，需每天配制。

(8) 葡萄糖-谷氨酸标准溶液：将葡萄糖（$C_6H_{12}O_6$）和谷氨酸在 103℃ 干燥 1h 后，各称取 150mg 溶于水中，移入 1L 容量瓶内稀释至标线，混合均匀。此标准溶液临用前配制。

(9) 稀释水：在 5~20L 瓶内装入一定量的水，控制水温在 20℃ 左右。然后用无油空气压缩机或薄膜泵，将吸入的空气先后经活性炭吸附管及水洗涤管后，导入稀释水内曝气 2~8h，使稀释水中的溶解氧接近于饱和。曝气亦可导入适量纯氧。瓶口盖以两层经洗涤晾干的纱布，置于 20℃ 培养箱中放置数小时，使水中溶解氧达 8mg/L 左右。临用前每升水中加入氯化钙溶液、氯化铁溶液、硫酸镁溶液、磷酸盐缓冲溶液各 1mL，并混合均匀。稀释水的 pH 值应为 7.2，其 BOD_5 应小于 0.2mg/L。

(10) 接种液：可选择以下任一方法，以获得适用的接种液。

① 城市污水，一般采用生活污水，在室温下放置一昼夜，取上清液供用。

② 表层土壤浸出液，取 100g 花园或植物生长土壤，加入 1L 水，混合并静置 10min。取上清液供用。

③ 用含城市污水的河水或湖水。

④ 污水处理厂的出水。

⑤ 当分析含有难以降解物质的废水时，在其排污口下游适当距离处取水样作为废水的驯化接种液。如无此种水源，可取中和或经适当稀释后的废水进行连续曝气，每天加入少量该种废水，同时加入适量表层土壤或生活污水，使能适应该种废水的微生物大量繁殖。当水中出现大量絮状物，或检查其 COD 的降低值出现突变时，表明适用的微生物已进行繁殖，可用作接种液。一般驯化过程需要 3~8d。

(11) 接种稀释水：分取适量接种液，加于稀释水中，混匀。每升稀释水中接种液加入量为：生活污水 1~10mL；表层土壤浸出液 20~30mL；河水、湖水 10~100mL。接种稀释水的 pH 值应为 7.2，BOD_5 值以在 0.3～1.0mg/L 之间为宜。接种稀释水配制后应立即使用。

四、实验内容

1. 水样的预处理

① 水样的 pH 值若超出 6.5～7.5 范围时，可用盐酸或氢氧化钠溶液调节 pH 值接近 7，但用量不要超过水样体积的 0.5%。若水样的酸度或碱度很高，可改用高浓度的碱或酸液进行中和。

② 水样中含有铜、铅、锌、镉、铬、砷、氰等有毒物质时，可使用经驯化的微生物接种液的稀释水进行稀释，或提高稀释倍数以降低毒物的浓度。

③ 含有少量游离氯的水样，一般放置 1～2h，游离氯即可消失。对于游离氯在短时间不能消散的水样，可加入亚硫酸钠溶液除去。其加入量计算方法：取已中和好的水样 100mL，加入 (1+1) 乙酸 10mL、10% 碘化钾溶液 1mL，混匀。以淀粉溶液为指示剂，用亚硫酸钠溶液滴定游离碘。由亚硫酸钠溶液消耗的体积，计算出水样中应加亚硫酸钠溶液的量。

④ 从水温较低的水域或营养化的湖泊中采集的水样，可能含有过饱和溶解氧，此时应将水样迅速升温至 20℃ 左右，在不使满瓶的情况下充分振摇，并时时开塞放气，以赶出过饱和的溶解氧。从水温较高的水域或废水排放口取得的水样，则应迅速使其冷却至 20℃ 左右，并充分振摇，使与空气中氧分压接近平衡。

2. 不经稀释水样的测定

① 溶液氧含量较高、有机物含量较少的地表水，可不经稀释而直接以虹吸法将约 20℃ 的混匀水样转移入两个溶解氧瓶内，转移过程中应注意不使产生气泡。以同样的操作使两个溶解氧瓶充满水样后溢出少许，加塞。瓶内不应留有气泡。

② 其中一瓶随即测定溶解氧，另一瓶的瓶口进行水封后，放入培养箱中，在 20℃±1℃ 培养 5d。在培养过程中注意添加封口水。

③ 从开始放入培养箱算起，经过五昼夜后，弃去封口水，测定剩余的溶解氧。

3. 需经稀释水样的测定

(1) 稀释倍数的确定（根据经验，提出下述计算方法，供稀释时参考）

① 地表水。由高锰酸盐指数与一定的系数的乘积，求得稀释倍数，见表 5-3。

表 5-3　高锰酸盐指数与系数的对应关系

高锰酸盐指数/(mg/L)	系数	高锰酸盐指数/(mg/L)	系数
<5	—	10～20	0.4、0.6
5～10	0.2、0.3	>20	0.5、0.7、1.0

② 工业废水。由重铬酸钾法测得的 COD 值确定，通常需做三个稀释比。使用稀释水时，由 COD 值分别乘以系数 0.075、0.15、0.225，即获得三个稀释倍数。使用接种稀释水时，则分别乘以 0.075、0.15 和 0.25 三个系数。

注：COD 值可在测定 COD 过程中，加热回流至 60min 时，用校核实验的邻苯二甲酸氢钾溶液按 COD 测定相同操作步骤制备的标准色列进行估测。

(2) 稀释操作（稀释水提前配）

① 一般稀释法。按照选定的稀释比例，用虹吸法沿筒壁先引入部分稀释水（或接种稀释水）于 1000mL 量筒中，加入需要量的均匀水样，再加入稀释水（或接种稀释水）至

800mL，用带胶板的玻璃棒小心上下搅匀。搅拌时勿使玻璃棒的胶板露出水面，防止产生气泡，按不经稀释水样的测定相同操作步骤进行装瓶，测定当时溶解氧和培养5d后的溶解氧。

另取两个溶解氧瓶，用虹吸法装满稀释水（或接种稀释水）做空白实验。测定5d前后的溶解氧。

② 直接稀释法。直接稀释法是在溶解氧瓶内直接稀释。在已知两个容积相同（差值<1mL）的溶解氧瓶内，用虹吸法加入部分稀释水（或接种稀释水），再加入根据瓶容积和稀释比例计算出的水样量，然后用稀释水（或接种稀释水）使刚好充满，加塞，勿留气泡于瓶内。其余操作与上述一般稀释法相同。

BOD_5 测定中，一般采用叠氮化钠修正的碘量法测定溶解氧。如遇干扰物质，应根据具体情况采用其他测定法。

五、注意事项

1. 玻璃器皿应彻底洗净。先用洗涤剂浸泡清洗，然后用稀盐酸浸泡，最后依次用自来水、蒸馏水洗净。

2. 两个或三个稀释比的样品中，凡消耗溶解氧大于2mg/L和剩余溶解氧大于1mg/L，计算结果时，应取其平均值。若剩余的溶解氧小于1mg/L甚至为零时，应加大稀释比。若溶解氧消耗量小于2mg/L，有两种可能：一是稀释倍数过大，另一种可能是微生物菌种不适应、活性差，或含毒物质浓度过大。这时可能出现在几个稀释比中，稀释倍数较大的消耗溶解氧反而较多的现象。

3. 检查稀释水和接种液的质量以及化验人员的操作水平。将20mL葡萄糖-谷氨酸标准溶液用接种稀释水稀释至1000mL，按测定 BOD_5 的步骤操作，测得 BOD_5 的值应在180～230mg/L之间。否则应检查接种液、稀释水的质量或操作技术是否存在问题。

4. 稀释倍数超过100倍时，应预先在容量瓶中用水初步稀释后，再取适量进行最后稀释培养。

六、数据记录

1. 不经稀释直接培养的水样

$$BOD_5(mg/L) = c_1 - c_2 \tag{5-9}$$

式中，c_1 为水样在培养前的溶解氧浓度，mg/L；c_2 为水样经5d培养后剩余溶解氧浓度，mg/L。

2. 稀释后培养的水样

$$BOD_5(mg/L) = [(c_1 - c_2) - (B_1 - B_2)f_1]/f_2 \tag{5-10}$$

式中，B_1 为稀释水（或接种稀释水）在培养前的溶解氧浓度，mg/L；B_2 为稀释水（或接种稀释水）在培养后的溶解氧浓度，mg/L；f_1 为稀释水（或接种稀释水）在培养液中所占比例；f_2 为水样在培养液中所占比例。如培养液的稀释比为3%，即3份水样，97份稀释水，则 $f_1 = 0.97$，$f_2 = 0.03$。

七、思考题

1. BOD_5 测定中应注意些什么？

2. 测定废水的 BOD_5 为什么要进行稀释？如何配制稀释水？

实验六 生活废水中氨氮含量的测定

一、实验目的

1. 本实验为环境监测实验部分的综合性实验,要求学生独立完成整个实验的全部内容,从而训练学生组织实验和操作实验的能力。
2. 学习对生活废水中氨氮含量监测的采样要求和方法,以及测定的原理和方法。

二、实验原理

氨氮的测定方法,通常有纳氏比色法、气相分子吸收法、苯酚-次氯酸盐(或水杨酸-次氯酸盐)比色法、电极法和蒸馏-酸滴定法等。纳氏比色法具操作简便、灵敏等特点,水中钙、镁和铁等金属离子,硫化物,醛和酮类,颜色以及悬浮物等均干扰测定,需做相应的预处理。苯酚-次氯酸盐比色法具有灵敏、稳定等优点,干扰情况和消除方法同纳氏比色法。电极法通常具有不需要对水样进行预处理和测量范围宽等优点,但电极的寿命和再现性尚存在一些问题。气相分子吸收法比较简单,使用专用仪器或原子吸收仪都可达到良好的效果。氨氮含量较高时,可采用蒸馏-酸滴定法。

水样采集在聚乙烯瓶或玻璃瓶内,并应尽快分析,必要时可加硫酸将水样酸化至 pH<2,于 2~5℃下存放。酸化样品应注意防止吸收空气中的氨而污染。

三、水样的预处理

水样带色或浑浊以及含其他一些干扰物质,影响氨氮的测定。为此,在分析时需做适当的预处理。对较清洁的水,可采用絮凝沉淀法;对污染严重的水或工业废水,则用蒸馏法消除干扰。

(一)絮凝沉淀法

加适量的硫酸锌于水样中,并加氢氧化钠使呈碱性,生成氢氧化锌沉淀,再经过滤除去颜色和浑浊等。

1. 仪器和材料

(1) 100mL 具塞量筒或比色管。
(2) 10%硫酸锌溶液:称取 10g 硫酸锌溶于水,稀释至 100mL。
(3) 25%氢氧化钠溶液:称取 25g 氢氧化钠溶于水,稀释至 100mL,贮于聚乙烯瓶中。
(4) 硫酸 ($\rho=1.84g/mL$)。

2. 实验内容

取 100mL 水样于具塞量筒或比色管中,加入 1mL 10%硫酸锌溶液和 0.1~0.2mL 25%氢氧化钠溶液,调节 pH 值至 10.5 左右,混匀。放置使其沉淀,用经无氨水充分洗涤过的中速滤纸过滤,弃去初滤液 20mL。

（二）蒸馏法

调节水样的 pH 值在 6.0～7.4 之间，加入适量氧化镁使呈微碱性，蒸馏释放出的氨被吸收于硫酸或硼酸溶液中。采用纳氏比色法或蒸馏-酸滴定法时，以硼酸溶液为吸收液；采用水杨酸-次氯酸盐比色法时，则以硫酸溶液作吸收液。

1. 仪器和材料

（1）带氮球的定氮蒸馏装置（500mL 凯氏烧瓶、氮球、直形冷凝管和导管）。

（2）水样稀释及试剂配制用无氨水。配制方法为：

① 蒸馏法。每升蒸馏水中加 0.1mL 硫酸，在全玻璃蒸馏器中重蒸馏，弃去 50mL 初馏液，接取其余馏出液于具塞磨口的玻璃瓶中，密塞保存。

② 离子交换法。使蒸馏水通过强酸性阳离子交换树脂柱。

（3）1mol/L 盐酸溶液。

（4）1mol/L 氢氧化钠溶液。

（5）轻质氧化镁（MgO）：将氧化镁在 500℃下加热，以除去碳酸盐。

（6）0.05% 溴百里酚蓝指示液（pH 值为 6.0～7.6）。

（7）防沫剂，如石蜡碎片。

（8）吸收液。

① 硼酸溶液：称取 20g 硼酸溶于水，稀释至 1L。

② 硫酸（H_2SO_4）溶液（0.01mol/L）。

2. 实验内容

① 蒸馏装置的预处理。加 250mL 水样于凯氏烧瓶中，加 0.25g 轻质氧化镁和数粒玻璃珠，加热蒸馏至馏出液不含氨为止，弃去瓶内残液。

② 分取 250mL 水样（如氨氮含量较高，可分取适量并加水至 250mL，使氨氮含量不超过 2.5mg），移入凯氏烧瓶中，加数滴溴百里酚蓝指示液，用氢氧化钠溶液或盐酸溶液调节至 pH 值为 7 左右。加入 0.25g 轻质氧化镁和数粒玻璃珠，立即连接氮球和冷凝管，导管下端插入吸收液液面下。加热蒸馏，至馏出液达 200mL 时，停止蒸馏，定容至 250mL。

3. 注意事项

（1）蒸馏时应避免发生暴沸，否则可造成馏出液温度升高，氨吸收不完全。

（2）防止在蒸馏时产生泡沫，必要时可加少许石蜡碎片于凯氏烧瓶中。

（3）水样如含余氯，则应加入适量 0.35% 硫代硫酸钠溶液，每毫升可除去 0.5mg 余氯。

四、氨氮含量的测定

（一）纳氏比色法

1. 实验原理

氨氮是指以游离态的氨或铵离子等形式存在的氮。碘化汞和碘化钾的碱性溶液与氨反应生成淡红棕色胶态化合物，此颜色在较宽的波长内具有强烈吸收。通常测量用波长在 410～425nm 范围。

2. 适用范围

本法最低检出浓度为 0.025mg/L，测定上限为 2mg/L。本法适用于地表水、地下水、工业废水和生活污水中氨氮的测定。

3. 仪器和材料

(1) 分光光度计，pH 计，50mL 比色管。

(2) 纳氏试剂，可选择下列一种方法制备。

① 称取 20g 碘化钾溶于约 100mL 水中，边搅拌边分次少量加入氯化汞（$HgCl_2$）结晶粉末（约 10g），至出现朱红色沉淀不易溶解时，停止滴加氯化汞溶液。

另称取 60g 氢氧化钾溶于水，并稀释至 250mL，充分冷却至室温后，将上述溶液在搅拌下，徐徐注入氢氧化钾溶液中，用水稀释至 400mL，混匀，静置过夜。将上清液移入聚乙烯瓶中，密塞保存。

② 称取 16g 氢氧化钠，溶于 50mL 水中，充分冷却至室温。另称取 7g 碘化钾和 10g 碘化汞（HgI_2）溶于水，然后将此溶液在搅拌下徐徐注入氢氧化钠溶液中，用水稀释至 100mL，贮于聚乙烯瓶中，密塞保存。

(3) 酒石酸钾钠溶液：称取 50g 酒石酸钾钠溶于 100mL 水中，加热煮沸以除去氨，放冷，定容至 100mL。

(4) 铵标准贮备液：称取 3.819g 经 100℃ 干燥过的优级纯氯化铵溶于水中，移入 1000mL 容量瓶中，稀释至标线。此溶液每毫升含 1.00mg 氨氮。

(5) 铵标准使用溶液：移取 5.00mL 铵标准贮备液于 500mL 容量瓶中，用水稀释至标线。此溶液每毫升含 0.01mg 氨氮。

4. 实验内容

(1) 标准曲线的绘制

① 吸取 0mL、0.50mL、1.00mL、3.00mL、5.00mL、7.00mL 和 10.0mL 铵标准使用液于 50mL 比色管中，加水至标线，加 1.0mL 酒石酸钾钠溶液，混匀。加 1.5mL 纳氏试剂，混匀。放置 10min 后，在波长 420nm 处，用光程为 20mm 的比色皿，以水为参比，测量吸光度。

② 由测得的吸光度，减去零浓度空白的吸光度后，得到校正吸光度，绘制以氨氮含量（mg）对校正吸光度的标准曲线。

(2) 水样的测定

① 分取适量经絮凝沉淀预处理后的水样（使氨氮含量不超过 0.1mg），加入 50mL 比色管中，稀释至标线，加 1.0mL 酒石酸钾钠溶液。以下同校准曲线的绘制。

② 分取适量经蒸馏预处理后的馏出液，加入 50mL 比色管中，加一定量 1mol/L 氢氧化钠溶液以中和硼酸，稀释至标线。加 1.5mL 纳氏试剂，混匀。放置 10min 后，用与标准曲线的绘制步骤相同的方法测量吸光度。

(3) 空白实验

以无氨水代替水样，做全程序空白测定。

5. 数据记录

由水样测得的吸光度减去空白实验的吸光度后，从标准曲线上查得氨氮含量。

$$氨氮（以 N 计, mg/L）=(M/V) \times 1000 \tag{5-11}$$

式中，M 为由标准曲线查得的氨氮量，mg；V 为水样体积，mL。

6. 注意事项

(1) 配制试剂用水应为无氨水。

(2) 纳氏试剂中碘化汞与碘化钾的比例，对显色反应的灵敏度有较大影响，静置后生成的沉淀应除去。

(3) 滤纸中常含痕量铵盐，使用时注意用无氨水洗涤。所用玻璃器皿应避免实验室空气中氨的沾污。

(二) 水杨酸-次氯酸盐光度法

1. 实验原理

在亚硝基铁氰化钠存在下，铵与水杨酸盐和次氯酸离子反应生成蓝色化合物，在波长 697nm 具有最大吸收。

2. 适用范围

本法最低检出浓度为 0.01mg/L，测定上限为 1mg/L。适用于饮用水、生活污水和大部分工业废水中氨氮的测定。

3. 仪器和材料

(1) 分光光度计，比色管，滴瓶（滴管流出液体，每毫升相当于 20 滴±1 滴）。

(2) 铵标准贮备液：制法同前。

(3) 铵标准中间液：吸取 10.00mL 铵标准贮备液移入 100mL 容量瓶中，稀释至标线。此溶液每毫升含 0.10mg 氨氮。

(4) 铵标准使用液：吸取 10.00mL 铵标准中间液移入 1000mL 容量瓶中，稀释至标线。此溶液每毫升含 1.00μg 氨氮。临用时配制。

(5) 显色液：称取 50g 水杨酸 $[C_6H_4(OH)COOH]$，加入约 100mL 水，再加入 160mL 2mol/L 氢氧化钠溶液，搅拌使之完全溶解。另称取 50g 酒石酸钾钠溶于水中，与上述溶液合并稀释至 1000mL。存放于棕色玻璃中，加橡胶塞，本试剂至少稳定一个月。（注：若水杨酸未能全部溶解，可再加入数毫升氢氧化钠溶液，直至完全溶解为止，最后溶液的 pH 值为 6.0～6.5。）

(6) 次氯酸钠溶液：取市售或自行制备的次氯酸钠溶液，经标定后，用氢氧化钠溶液稀释成含有效氯 0.35%，游离碱浓度为 0.75mol/L（以 NaOH 计）的次氯酸钠溶液。存放于棕色滴瓶内，本试剂可稳定一周。

(7) 亚硝基铁氰化钠溶液：称取 0.1g 亚硝基铁氰化钠置于 10mL 具塞比色管中，溶于水，稀释至标线。此溶液临用前配制。

(8) 清洗溶液：称取 100g 氢氧化钾溶于 100mL 水中，冷却后与 900mL 95% 乙醇混合，贮于聚乙烯瓶内。

4. 实验内容

(1) 校准曲线的绘制

吸取 0mL、1.00mL、2.00mL、4.00mL、6.00mL、8.00mL 铵标准使用液于 10mL 比色管中，用水稀释至约 8mL，加入 1.00mL 显色液和 2 滴亚硝基铁氰化钠溶液，混匀。再滴加 2 滴次氯酸钠溶液，稀释至标线，充分混匀。放置 1h 后，在波长 697nm 处，用光程为 10mm 的比色皿，以水为参比，测量吸光度。

由测得的吸光度，减去空白管的吸光度后得到校正吸光度，绘制以氨氮含量（μg）对校正吸光度的标准曲线。

(2) 水样的测定

分取适量经预处理的水样（使氨氮含量不超过 8μg）至 10mL 比色管中，加水稀释约 8mL，与标准曲线相同操作，进行显色和测量吸光度。

(3) 空白实验

以无氨水代替水样，按样品测定相同步骤进行显色和测量。

5. 数据记录

由水样测得的吸光度减去空白实验的吸光度后，从标准曲线上查得氨氮含量（μg）。

$$氨氮(以 N 计, mg/L) = M/V \tag{5-12}$$

式中，M 为由标准曲线查得的氨氮量，μg；V 为水样体积，mL。

6. 注意事项

1. 水样采用蒸馏预处理时，应以硫酸溶液为吸收液，显色前加氢氧化钠溶液使其中和。
2. 所有试剂配制均用无氨水。

实验七　水中总磷和溶解性磷酸盐的测定

一、实验目的

掌握水中可溶性正磷酸盐的测定原理和方法。

二、实验原理

在天然水和废水中，磷几乎都以各种磷酸盐的形式存在，它们分为正磷酸盐、缩合磷酸盐（焦磷酸盐、偏磷酸盐和多磷酸盐）和有机结合的磷（如磷脂等），存在于溶液中，腐殖质粒子中或水生生物中。磷是生物生长必需的元素之一。水中磷的测定，通常按其存在的形式而分别测定总磷、溶解性磷酸盐和可溶性总磷酸盐，如图 5-2 所示。

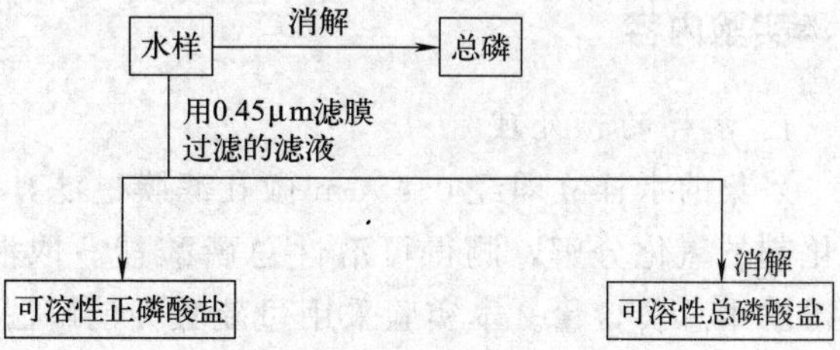

总磷的测定：于水样采集后，加硫酸酸化至 pH≤1 保存。溶解性磷酸盐的测定：不加任何保存剂，于 2～5℃ 冷处保存，在 24h 内进行分析。磷酸盐的测定可采用离子色谱法、钼锑抗分光光度法等。

图 5-2　测定水中各种磷的流程图

钼锑抗分光光度法的原理：在酸性条件下，磷酸盐与钼酸铵、酒石酸锑氧钾反应，生成磷钼杂多酸，被还原剂抗坏血酸还原，则变成蓝色配合物，通常称为磷钼蓝。

砷浓度大于 2mg/L 有干扰，可用硫代硫酸钠除去。硫化物浓度大于 2mg/L 有干扰，在酸性条件下通氮气可以除去。六价铬浓度大于 50mg/L 有干扰，用亚硫酸钠除去。亚硝酸盐浓度大于 1mg/L 有干扰，用氧化消解或加氨磺酸均可以除去。铁浓度为 20mg/L，使结果偏低 5%；铜浓度小于 10mg/L 不干扰；氟化物浓度小于 70mg/L 也不干扰。水中大多数常见离子对显色的影响可以忽略。

该法适用于测定地表水、生活污水及化工、磷肥、机加工金属表面磷化处理、农药、钢铁、焦化等行业的工业废水中的磷酸盐分析。

该法最低检出浓度为 0.01mg/L（吸光度 $A=0.01$ 时所对应的浓度）；测定上限为 0.6mg/L。

三、仪器和材料

1. 仪器

(1) 分光光度计。

(2) 高压消毒器或民用压力锅，$1\sim1.5$ kgf/cm^2（1kgf/cm^2=98.0665kPa）。

(3) 可调电炉。

(4) 50mL 具塞刻度管。

2. 材料

(1) (1+1) 硫酸。

(2) 10%抗坏血酸溶液：溶解 10g 抗坏血酸于水中，并稀释至 100mL。该溶液贮存在棕色玻璃瓶中，在约 4℃可稳定几周。如颜色变黄，则弃去重配。

(3) 钼酸盐溶液：溶解 13g 钼酸铵于 100mL 水中，溶解 0.35g 酒石酸锑氧钾于 100mL 水中，在不断搅拌下，将钼酸铵溶液徐徐加到 300mL（1+1）硫酸中，加酒石酸锑氧钾溶液并且混合均匀。贮存在棕色的玻璃瓶中于约 4℃保存。至少稳定两个月。

(4) 浊度-色度补偿液：混合两体积的（1+1）硫酸和一体积的 10%抗坏血酸溶液，此溶液当天配制。

(5) 磷酸盐储备溶液：将优级纯磷酸二氢钾（KH_2PO_4）于 110℃干燥 2h，在干燥器中放冷。称取 0.2197g 溶于水，移入 1000mL 容量瓶中，加（1+1）硫酸 5mL，用水稀释至标线。此溶液每毫升含 50.0μg 磷。

(6) 磷酸盐标准溶液：吸取 10.00mL 磷酸盐储备液于 250mL 容量瓶中，用水稀释至标线。此溶液每毫升含 2.00μg 磷，临用时现配。

(7) 5%过硫酸钾溶液：溶解 5g 过硫酸钾于水中，并稀释至 100mL。

四、实验内容

1. 水样的预处理

采集的水样立即经 0.45μm 微孔滤膜过滤，其滤液供可溶性正磷酸盐的测定。滤液经强氧化剂的氧化分解，测得可溶性总磷酸盐。取混合水样（包括悬浮物），经强氧化剂分解，测得水中总磷含量。本实验采用过硫酸钾消解法处理水样，方法如下：

吸取 25.0mL 混匀水样（必要时，酌情少取水样，并加水至 25mL，使含磷量不超过 30μg）于 50mL 具塞刻度管中，加 5%过硫酸钾溶液 4mL，加塞后管口包一小块纱布并用线扎紧，以免加热时玻璃塞冲出。将具塞刻度管放在大烧杯中，置于高压蒸汽消毒器或压力锅中加热，待锅内压力达 1.1 kgf/cm^2（相应温度为 120℃）时，保持此压力 30min 后，停止加热，待压力表指针降到零后，取出放冷。如溶液浑浊，则用滤纸过滤，洗涤后定容。试剂空白和标准溶液系列也应经同样的消解操作。

2. 校准曲线的绘制

取数支 50mL 具塞比色管，分别加入磷酸盐标准溶液 0mL、0.50mL、1.00mL、3.00mL、5.00mL、10.0mL、15.0mL，加水至 50mL。

(1) 显色

向比色管中加入 1mL 10%抗坏血酸溶液，混匀。30s 后加 2mL 钼酸盐溶液充分混匀，放置 15min。

(2) 测量

用 10mm 或 30mm 比色皿，于 700nm 波长处，以零浓度溶液为参比，测量吸光度。

3. 样品测定

分取适量经滤膜过滤或消解的水样（使含磷量不超过 30μg）加入 50mL 比色管中，用水稀释至标线。以下按绘制校准曲线的步骤进行显色和测量。减去空白实验的吸光度，并从校准曲线上查出含磷量。

五、注意事项

1. 如试样中色度影响吸光度测量时，需做补偿校正。在 50mL 比色管中，分取与样品测定相同量的水样，定容后加入 3mL 浊度-色度补偿液，测量吸光度，然后从水样的吸光度中减去校正吸光度。
2. 室温低于 13℃时，可在 20~30℃水浴中显色 15min。
3. 操作所用的玻璃器皿，可用 (1+5) 盐酸浸泡 2h，或用不含磷酸盐的洗涤剂刷洗。
4. 比色皿用后应以稀硝酸或铬酸洗液浸泡片刻，以除去吸附的钼蓝有色物。
5. 如采样时水样用酸固定，则用过硫酸钾消解前应将水样调至中性。

六、数据记录

$$磷酸盐(以 P 计, mg/L) = M/V \tag{5-13}$$

式中，M 为由校准曲线查得的磷量，μg；V 为水样体积，mL。

实验八　水中总氮的测定

一、实验目的

1. 了解总氮的基本概念。
2. 掌握水中总氮的测定方法。

二、实验原理

总氮测定通常采用过硫酸钾氧化，使有机氮和无机氮化合物转变为硝酸盐后，再以紫外分光光度法进行测定。

水样采集后，用硫酸酸化到 pH<2，在 24h 内进行测定。

在 60℃以上的水溶液中，过硫酸钾按下式分解，生成 Cl^- 和氧。

$$K_2S_2O_8 + H_2O \longrightarrow 2KHSO_4 + \frac{1}{2}O_2$$

$$KHSO_4 \longrightarrow K^+ + HSO_4^-$$

$$HSO_4^- \longrightarrow H^+ + SO_4^{2-}$$

加入氢氧化钠用以中和 H^+，使过硫酸钾分解完全。

在 120～124℃ 的碱性介质条件下，用过硫酸钾作氧化剂，不仅可将水样中的氨氮和亚硝酸盐氮氧化为硝酸盐，同时将水样中大部分有机氮化合物氧化为硝酸盐。然后用紫外分光光度法分别于波长 220nm 与 275nm 处测定其吸光度，按 $A=A_{220}-2A_{275}$ 计算硝酸盐氮的吸光度值，从而计算总氮的含量。其摩尔吸光系数为 $1.47\times10^3 \text{L}/(\text{mol}\cdot\text{cm})$。

水样中含有六价铬离子及三价铁离子时，可加入 5% 盐酸羟胺溶液 1～2mL 以消除其对测定的影响。

碳酸盐及碳酸氢盐对测定的影响，在加入一定量的盐酸后可消除。

该法主要适用于湖泊、水库、江河水中总氮的测定。方法检测下限为 0.05mg/L，测定上限为 4mg/L。

三、仪器和材料

1. 仪器

（1）紫外分光光度计。

（2）压力蒸汽消毒器或民用压力锅，压力为 1.1～1.3kgf/cm^2，相应温度为 120～124℃。

（3）25mL 具塞玻璃磨口比色管。

2. 材料

（1）无氨水：每升水中加入 0.1mL 浓硫酸，蒸馏。收集馏出液于玻璃容器中或用新制备的去离子水。

（2）20% 氢氧化钠溶液：称取 20g 氢氧化钠，溶于无氨水中，稀释至 100mL。

（3）碱性过硫酸钾溶液：称取 40g 优级纯过硫酸钾（$K_2S_2O_8$）、15g 氢氧化钠溶于无氨水中，稀释至 1000mL。溶液存放在聚乙烯瓶内，可贮存一周。

（4）(1+9) 盐酸。

（5）硝酸钾标准溶液

① 标准贮备液：称取 0.7218g 经 105～110℃ 烘干 4h 的优级纯硝酸钾（KNO_3）溶于无氨水中，移至 1000mL 容量瓶中，定容。此溶液每毫升含 100μg 硝酸盐氮。加入 2mL 三氯甲烷为保护剂，至少可稳定 6 个月。

② 标准使用液：将标准贮备液用无氨水稀释 10 倍而得。此溶液每毫升含 10μg 硝酸盐氮。

四、实验内容

1. 校准曲线的绘制

① 分别吸取 0mL、0.50mL、1.00mL、2.00mL、3.00mL、5.00mL、7.00mL、8.00mL 硝酸钾标准使用液于 25mL 比色管中，用无氨水稀释至 10mL 标线。

② 加入 5mL 碱性过硫酸钾溶液，塞紧磨口塞，用纱布及纱绳裹紧管塞，以防止溅出。

③ 将比色管置于压力蒸汽消毒器中，加热 0.5h，放气使压力指针回零，然后升温至 120～124℃ 开始计时（或将比色管置于民用压力锅中，加热至顶压阀吹气开始计时），使比色管在过热水蒸气中加热 0.5h。

④ 自然冷却，开阀放气，移去外盖，取出比色管并冷至室温。

⑤ 加入 (1+9) 盐酸 1mL，用无氨水稀释至 25mL 标线。

⑥ 在紫外分光光度计上，以无氨水作参比，用 10mm 石英比色皿分别在 220nm 及

275nm 波长处测定吸光度。用校正的吸光度绘制校准曲线。

2. 样品测定

取 10mL 水样，或取适量水样（使氮含量为 20~80μg），按校准曲线绘制步骤②~⑥操作。按校正吸光度，在校准曲线上查出相应的总氮量。

五、注意事项

1. 玻璃具塞比色管的密合性应良好。使用压力蒸汽消毒器时，冷却后放气要缓慢；使用民用压力锅时，要充分冷却方可揭开锅盖，以免比色管塞蹦出。

2. 玻璃器皿可用 10% 盐酸浸洗，用蒸馏水冲洗后再用无氨水冲洗。

3. 使用高压蒸汽消毒器时，应定期校核压力表；使用民用压力锅时，应检查橡胶密封圈，使不致漏气而减压。

4. 测定悬浮物较多的水样时，在过硫酸钾氧化后可能出现沉淀。遇此情况，可吸取氧化后的上清液进行紫外分光光度法测定。

六、数据记录

$$总氮(mg/L) = M/V \tag{5-14}$$

式中，M 为从校准曲线上查得的含氮量，μg；V 为所取水样体积，mL。

实验九　室内空气中甲醛的测定

一、实验目的

1. 掌握酚试剂分光光度法测定甲醛的原理。
2. 了解甲醛测定的目的和意义。
3. 熟悉实验操作步骤及注意事项。

二、实验原理

空气中的甲醛与酚试剂反应生成嗪（含有一个或几个氮原子的不饱和六元杂环化合物的总称），嗪在酸性溶液中被高铁离子（本法氧化剂选用硫酸铁铵）氧化形成蓝绿色化合物，其化学反应方程式如下所示，根据颜色深浅，比色定量。

$$A+B \xrightarrow[\text{[O]}]{Fe^{3+}} \text{(结构式, 蓝绿色)}$$

干扰和排除：20.00μg 酚、2.00μg 乙醛以及二氧化氮对本法无干扰。但乙醛（>2.00μg）和丙醛与酚试剂（MBTH）反应也产生蓝色染料。此时所测得样品溶液中醛的含量，是以甲醛表示的总醛量。二氧化硫共存时，测定结果偏低，因此对二氧化硫干扰不可忽视，可将气样先通过硫酸锰滤纸[制法见试剂（13）]过滤，予以排除。

适用范围：5mL 吸收液中含有 0.20μg 甲醛，应有 0.079±0.012 吸光度，检出限为 0.05μg/5mL。当采样 10L 时，最低检出浓度为 $0.01mg/m^3$。

若用 5mL 样品溶液，其测定范围为 0.10～2.00μg 甲醛。当采样体积为 10L 时，则可测浓度范围为 0.02～$0.40mg/m^3$。

三、仪器和材料

1. 仪器

（1）大气采样器，流量范围 0～1L/min，流量稳定可调，具有定时装置。
（2）分光光度计，在 630nm 测定吸光度。
（3）10mL 大型气泡吸收管。
（4）10mL 具塞比色管。
（5）吸管，若干支。
（6）空盒气压计。

2. 材料

本实验中所用水均为重蒸馏水或去离子交换水，所用的试剂纯度为分析纯。

（1）吸收液原液：称量 0.10g 酚试剂 [$C_6H_4SN(CH_3)CNNH_2 \cdot HCl$，简称 MBTH]，加水溶解，倾于 100mL 具塞量筒中，加水到刻度。放冰箱中保存，可稳定 3d。

（2）吸收液：量取吸收原液 5mL，加 95mL 水。临用时现配。

（3）0.01g/mL 硫酸铁铵溶液：称量 1.00g 硫酸铁铵 [$NH_4Fe(SO_4)_2 \cdot 12H_2O$]，用 0.1mol/L 盐酸溶解，并稀释至 100mL。

（4）0.1000mol/L [$c(1/2I_2)$] 碘溶液：称量 40.00g 碘化钾，溶于 25mL 水中，加入 12.70g 碘。待碘完全溶解后，用水定容至 1000mL。移入棕色瓶中，暗处贮存。

（5）1mol/L 氢氧化钠溶液：称量 40.00g 氢氧化钠，溶于水中，并稀释至 1000mL。

（6）0.5mol/L 硫酸溶液：取 28mL 浓硫酸缓慢加入水中，冷却后，稀释至 1000mL。

（7）0.1000mol/L [$c(1/6KIO_3)$] 碘酸钾标准溶液：准确称量 3.5667g 经 105℃ 烘干 2h 的碘酸钾（优级纯），溶于水，移入 1L 容量瓶中，再用水定容至 1000mL。

（8）0.1mol/L 盐酸溶液：量取 8.33mL 浓盐酸加水稀释至 1000mL。

（9）5g/L 淀粉溶液：将 0.50g 可溶性淀粉，用少量水调成糊状后，再加入 100mL 沸水，并煮沸 2～3min 至溶液透明。冷却后，加入 0.10g 水杨酸或 0.40g 氯化锌保存。

（10）硫代硫酸钠标准溶液：称量 25.00g 硫代硫酸钠（$Na_2S_2O_3 \cdot 5H_2O$），溶于 1000mL 新煮沸并已放冷的水中，此溶液浓度约为 0.1mol/L。加入 0.20g 无水碳酸钠，贮存于棕色瓶内，放置一周后，再标定其准确浓度。

硫代硫酸钠溶液的标定：精确量取 25.0mL 0.1000mol/L 碘酸钾标准溶液于 250mL 碘量瓶中，加入 75mL 新煮沸后冷却的水，加 3.00g 碘化钾及 10mL 0.1mol/L 盐酸溶液，摇匀后放入暗处静置 3min。用硫代硫酸钠标准溶液滴定析出的碘，至淡黄色，加入 1mL 新配制的 5g/L 淀粉溶液呈蓝色，再继续滴定至蓝色刚刚褪去，即为终点，记录所用硫代硫酸钠溶液体积 V（mL），其准确浓度用下式计算：

$$硫代硫酸钠标准溶液浓度(c) = \frac{0.1000\text{mol/L} \times 25.0}{V} \tag{5-15}$$

平行滴定两次，所用硫代硫酸钠溶液相差不能超过 0.05mL，否则应重新做平行测定。

(11) 甲醛标准贮备溶液：取 2.8mL 含量为 36%～38% 的甲醛溶液，放入 1L 容量瓶中，加水稀释至刻度。此溶液 1mL 中约有 1.00mg 甲醛。其准确浓度用下述确量法标定。

甲醛标准贮备溶液的标定：精确量取 20.00mL 待标定的甲醛标准贮备溶液，置于 250mL 碘量瓶中，加入 20mL 0.1000mol/L 碘溶液和 15mL 1mo/L 氢氧化钠溶液。放置 15min，加入 20mL 0.5mol/L 硫酸溶液，再放置 15min，用标定后的硫代硫酸钠标准溶液滴定，至溶液呈现淡黄色时，加入 1mL 新配制的 5g/L 淀粉溶液，此时呈蓝色，继续滴定至蓝色刚刚褪去。记录所用硫代硫酸钠溶液体积 V_2（mL）。同时用水作试剂空白滴定，操作步骤完全同上，记录空白滴定所用硫代硫酸钠溶液的体积 V_1（mL）。甲醛溶液的浓度用下述公式计算：

$$甲醛溶液浓度(\text{mg/mL}) = \frac{(V_1 - V_2)c \times 15\text{g/mol}}{20\text{mL}} \tag{5-16}$$

式中，V_1 为标定试剂空白消耗的硫代硫酸钠溶液的体积，mL；V_2 为甲醛标准贮备溶液消耗的硫代硫酸钠溶液的体积，mL；c 为硫代硫酸钠溶液的准确滴定浓度，mol/L；15 为 1/2 甲醛的摩尔质量，g/mol；20 为所取甲醛标准贮备溶液的体积，mL。

2 次平行滴定，误差应小于 0.05mL，否则重新标定。

(12) 甲醛标准溶液：临用时，将甲醛标准贮备溶液用水稀释至 1.00mL 溶液含 10.00μg 甲醛，立即再取此溶液 10.00mL，加入 100mL 容量瓶中，加入 5mL 吸收原液，用水定容至 100mL，此溶液 1.00mL 含 1.00μg 甲醛，放置 30min 后，用于配制标准色列管，此标准溶液可稳定 24h。

(13) 硫酸锰滤纸：取 10mL 浓度为 100.00g/L 的硫酸锰（$MnSO_4$）水溶液，滴加到 $250cm^2$ 玻璃纤维纸上，风干后切成 2mm×5mm 碎片，装入 15mm×150mm 的 U 形玻璃管中，采样时，将此管接在甲醛吸收管之前。此法制成的硫酸锰滤纸，吸收二氧化硫的效能受大气湿度影响很大。当相对湿度大于 88%，采气速度为 1L/min，二氧化硫浓度为 $1mg/m^3$ 时，能消除 95% 以上的二氧化硫，此滤纸可维持 50h 有效。当相对湿度为 15%～30% 时，吸收二氧化硫的效能逐渐降低。所以相对湿度很低时，应换用新制备的硫酸锰滤纸。

四、实验内容

1. 采样

用一个内装 5mL 吸收液的大型气泡吸收管，以 0.5L/min 流量，采气 10L，并记录采样点的温度和大气压力。室温下样品应在 24h 内分析。

2. 标准系列制备

采样后，将样品溶液全部转入比色管中，用少量吸收液洗吸收管，合并使总体积为 5mL，混匀。按表 5-4 配制标准管系列。

表 5-4 甲醛溶液标准系列

项目	0	1	2	3	4	5	6	7
标准溶液/mL	0	0.10	0.20	0.40	0.60	0.80	1.00	1.50
吸收液/mL	5.0	4.9	4.8	4.6	4.4	4.2	4.0	3.5
甲醛含量/μg	0	0.10	0.20	0.40	0.60	0.80	1.00	1.50

3. 测定

向样品管及标准管中各加入 0.4mL 0.01g/mL 硫酸铁铵溶液，摇匀。放置 15min，用 1cm 比色皿，在波长 630nm 下，测定各管溶液的光密度，与标准系列比较定量。

五、数据记录

1. 按下式将采样体积换算成标准状态下采样体积

$$V_0 = V_t \times \frac{t_0 p}{(t_0 + t) \times 760 \text{mmHg}} \tag{5-17}$$

式中，V_t 为采样体积，L；p 为采样点的大气压力，mmHg；t_0 为 273K；t 为采样点的气温，K。

2. 空气中甲醛浓度计算

$$\text{空气中甲醛浓度}(\text{mg/m}^3) = \frac{c}{V_0} \tag{5-18}$$

式中，c 相当于标准系列甲醛的含量，μg；V_0 为换算成标准状态下的采样体积，L。

六、思考题

1. 气态物质跟溶液中的物质发生化学反应一般装置是怎样的？要使气态物质跟溶液中的物质发生完全反应，其实验装置和操作应注意什么？
2. 甲醛分子结构中含有什么基团，此基团决定了甲醛具有什么重要的化学性质？
3. 甲醛检测国家规定的标准分析方法是什么？

实验十　济南市空气质量指数（AQI）计算

一、实验目的

1. 掌握空气质量指数（AQI）的基本概念及计算方法。
2. 能根据观测数据计算 AQI，并解读天气预报 AQI 数据。
3. 通过对空气质量指标数据进行分析，确定所测区域的大气污染状况。

二、实验原理

环境监测部门每天发布的空气质量报告中，包含很多污染物和污染物浓度值。这些数据信息相对抽象，大部分人无法解读并判断空气质量水平。针对此问题，提出了空气质量指数

（AQI），也就是将各种不同污染物含量折算成一个统一的指数，然后对指数进行分级，即可直观确定空气污染程度。

空气质量指数是定量描述空气质量状况的无量纲指数。将空气质量标准中的六项基本监测项目（SO_2、NO_2、CO、O_3、PM_{10} 和 $PM_{2.5}$）的浓度依据适当的分级浓度限值对其进行等标化，计算得到简单的无量纲指数。指数划分为 0～50、51～100、101～150、151～200、201～300 和大于 300 六个等级，对应于空气质量的六个级别。指数越大，级别越高，说明污染越严重。

空气质量分指数（IAQI）是单项污染物的空气质量指数。空气质量分指数及对应的污染物项目浓度限值见表 5-5。

表 5-5 空气质量分指数及对应的污染物项目浓度限值

空气质量分指数（IAQI）	污染物项目浓度限值									
	二氧化硫(SO_2) 24h 平均/($\mu g/m^3$)	二氧化硫(SO_2) 1h 平均/($\mu g/m^3$)	二氧化氮(NO_2) 24h 平均/($\mu g/m^3$)	二氧化氮(NO_2) 1h 平均/($\mu g/m^3$)	颗粒物（粒径小于等于 10μm）24h 平均/($\mu g/m^3$)	一氧化碳(CO) 24h 平均/(mg/m^3)	一氧化碳(CO) 1h 平均/(mg/m^3)	臭氧(O_3) 1h 平均/($\mu g/m^3$)	臭氧(O_3) 8h 滑动平均/($\mu g/m^3$)	颗粒物（粒径小于等于 2.5μm）24h 平均/($\mu g/m^3$)
0	0	0	0	0	0	0	0	0	0	0
50	50	150	40	100	50	2	5	160	100	35
100	150	500	80	200	150	4	10	200	160	75
150	475	650	180	700	250	14	35	300	215	115
200	800	800	280	1200	350	24	60	400	265	150
300	1600	—	565	2340	420	36	90	800	800	250
400	2100	—	750	3090	500	48	120	1000	—	350
500	2620	—	940	3840	600	60	150	1200	—	500
说明	1. 二氧化硫(SO_2)、二氧化氮(NO_2)和一氧化碳(CO)的 1h 平均浓度限值仅用于实时报，在日报中需使用相应污染物的 24h 平均浓度限值。 2. 二氧化硫(SO_2)1h 平均浓度值高于 $800\mu g/m^3$ 的，不再进行其空气质量分指数计算，二氧化硫(SO_2)空气质量分指数按 24h 平均浓度计算的分指数报告。 3. 臭氧(O_3)8h 平均浓度值高于 $800\mu g/m^3$ 的，不再进行其空气质量分指数计算，臭氧(O_3)空气质量分指数按 1h 平均浓度计算的分指数报告。									

污染物监测指标为 SO_2、NO_2、CO、O_3、PM_{10} 和 $PM_{2.5}$，数据每小时更新一次。

三、实验内容

（1）对照各项污染物的分级浓度限值，以 SO_2、NO_2、CO、O_3、PM_{10} 和 $PM_{2.5}$ 等各项污染物的实测浓度值分别计算得到 IAQI。

污染物项目 P 的空气质量分指数按下式计算：

$$IAQI_P = \frac{IAQI_{Hi} - IAQI_{Lo}}{BP_{Hi} - BP_{Lo}}(C_P - BP_{Lo}) + IAQI_{Lo} \tag{5-19}$$

式中，$IAQI_P$ 为污染物项目 P 的空气质量分指数；C_P 为污染物项目 P 的质量浓度值；BP_{Hi} 为表 5-5 中与 C_P 相近的污染物浓度限值的高位值；BP_{Lo} 为表 5-5 中与 C_P 相近的污染物浓度限值的低位值；$IAQI_{Hi}$ 为表 5-5 中与 BP_{Hi} 对应的空气质量分指数；$IAQI_{Lo}$ 为表 5-5 中与 BP_{Lo} 对应的空气质量分指数。

（2）从各项污染物的 IAQI 中选择最大值确定 AQI，当 AQI 大于 50 时将 IAQI 最大的污染物确定为首要污染物。

空气质量指数按下式计算：

$$AQI = \max\{IAQI_1, IAQI_2, IAQI_3, \cdots, IAQI_n\} \tag{5-20}$$

式中，IAQI 为空气质量分指数；n 为污染物项目。

AQI 分级及代表颜色见表 5-6。

表 5-6　AQI 分级及代表颜色

AQI 数值	AQI 级别	AQI 类别及表示颜色		对健康影响情况	建议采取的措施
0～50	一级	优	绿色	空气质量令人满意，基本无空气污染	各类人群可正常活动
51～100	二级	良	黄色	空气质量可接受，但某些污染物可能对极少数异常敏感人群健康有较弱影响	极少数异常敏感人群应减少户外活动
101～150	三级	轻度污染	橙色	易感人群症状有轻度加剧，健康人群出现刺激症状	儿童、老年人及心脏病、呼吸系统疾病患者应减少长时间、高强度的户外锻炼
151～200	四级	中度污染	红色	进一步加剧易感人群症状，可能对健康人群心脏、呼吸系统有影响	儿童、老年人及心脏病、呼吸系统疾病患者避免长时间、高强度的户外锻炼，一般人群适量减少户外运动
201～300	五级	重度污染	紫色	心脏病和肺病患者症状显著加剧，运动耐受力降低，健康人群普遍出现症状	儿童、老年人和心脏病、肺病患者应停留在室内，停止户外运动，一般人群减少户外运动
>300	六级	严重污染	褐红色	健康人运动耐受力降低，有明显强烈症状，提前出现某些疾病	儿童、老年人和病人应当停留在室内，避免体力消耗，一般人群应避免户外活动

四、数据记录

下载并安装济南环境 App，从济南环境 App 或中国环境监测总站-全国城市空气质量实时发布平台查询实验日相关指标数据，并记录于表 5-7 中。

表 5-7 实时空气质量数据记录表

实验日期		实验时间	
SO_2 浓度/$(\mu g/m^3)$		O_3 浓度/$(\mu g/m^3)$	
NO_2 浓度/$(\mu g/m^3)$		PM_{10} 浓度/$(\mu g/m^3)$	
CO 浓度/(mg/m^3)		$PM_{2.5}$ 浓度/$(\mu g/m^3)$	

五、思考题

1. 对照 AQI 分级标准，计算 IAQI 和 AQI，确定所观测的济南市空气质量级别、类别及表示颜色、健康影响与建议采取的措施。若有污染，试分析原因。

2. 查阅当天北京和哈尔滨天气预报 AQI 及各指数情况，计算 IAQI 和 AQI，确定首要污染物、超标污染物（若有）。

实验十一　大气环境质量监测与臭氧时间变化规律

一、实验目的

1. 了解空气质量观测指标及监测意义。
2. 熟悉环境空气质量标准。
3. 以臭氧为例，计算臭氧的时间序列并绘制日时间变化曲线，并分析其浓度随时间变化的规律及原因。

二、实验原理

1. 监测意义

① 通过对环境中主要污染物进行定期的监测，判断空气是否符合《环境空气质量标准》(GB 3095—2012) 的要求，从而为环境空气质量评价提供依据。

② 为研究空气质量的变化规律和发展趋势，开展空气污染的预测预报，以及研究污染物迁移、转化情况提供基础资料。

③ 对污染源的污染物排放量和排放浓度监测，判断污染源的排放是否符合污染物排放标准，为环保执法部门提供依据。

2. 污染物的危害

空气质量直接关系到每个人的身体健康，各个污染指标及相应的危害如下。

(1) 悬浮颗粒物

空气中粒径小于 $100\mu m$ 的颗粒物都称为悬浮颗粒物，其中粒径小于 $2.5\mu m$ 的细颗粒物 ($PM_{2.5}$) 被吸入人体后会直接进入支气管，干扰肺部的气体交换，引发心脏病、肺病、呼吸道感染等疾病。悬浮颗粒物还会吸附各种金属粉尘、致癌物质以及一些病菌等，对人体健康的伤害极大。燃煤排放烟尘、工业废气中的粉尘及地面扬尘是大气中悬浮颗粒物的重要来源。

（2）氮氧化物

氮氧化物主要指一氧化氮、二氧化氮，来源包括生物体腐烂和氨基酸分解，更多的来自燃料中含氮化合物的燃烧、工厂尾气排放以及汽车尾气排放。氮氧化物是产生光化学烟雾和酸雨的一种污染源。被人体吸入后，会缓慢地溶于肺泡表面的水分中酸化，对肺组织产生强烈刺激及腐蚀作用，甚至侵入血液，损害神经系统。

（3）二氧化硫

二氧化硫主要源于含硫燃料的燃烧、金属冶炼、石油炼制、硫酸生产等。二氧化硫刺激人的呼吸系统，诱发慢性呼吸道疾病。若长期吸入二氧化硫会发生慢性中毒，不仅使呼吸道疾病加重，而且对肝、肾、心脏都有危害。

（4）地面臭氧

臭氧是一种强氧化剂，对眼睛有强烈的局部刺激作用，使视觉敏感度和视力降低，强烈刺激鼻、咽、喉、气管等呼吸器官，导致上呼吸道疾病恶化。此外，臭氧还会损害甲状腺功能，导致骨骼钙化。

三、实验内容

1. 查询数据

下载并安装济南环境 App，从济南环境 App 或中国环境监测总站-全国城市空气质量实时发布平台查询实验日相关指标数据。

2. 数据处理及分析

（1）臭氧时间序列

将实验日第一天和第二天的数据按照时间绘制成曲线，分析臭氧在一天中的变化情况。

（2）臭氧日时间变化

将不同日期同一时间的数据求平均后绘制臭氧随时间变化的曲线。

（3）数据分析

将各指标的观测数据与环境空气质量标准比较，分析其污染情况，及造成污染的原因。

四、数据记录

数据采集间隔一小时，并记录于表 5-8 中。

表 5-8 实时空气质量数据记录表

时间	SO_2浓度 /($\mu g/m^3$)	NO_2浓度 /($\mu g/m^3$)	CO 浓度 /(mg/m^3)	O_3浓度 /($\mu g/m^3$)	PM_{10}浓度 /($\mu g/m^3$)	$PM_{2.5}$浓度 /($\mu g/m^3$)

五、思考题

1. 根据臭氧变化情况分析其随时间变化的规律及原因，为空气质量改善提供相应依据。
2. 思考大气污染监测的意义。

实验十二　原油污染土壤中总石油烃含量的测定

一、实验目的

1. 了解石油污染的危害。
2. 掌握不同土壤石油烃含量的测定方法。

二、实验原理

石油是现代社会主要矿物燃料之一，在石油开采、炼制、贮存和产品使用过程中由于工艺水平和处理技术的限制，含石油类物质的废水、废渣不可避免地排入土壤，对土壤造成污染。石油类污染物排入土壤后，破坏土壤结构，影响土壤的通透性，改变土壤有机质的组成和结构，降低土壤质量。积聚在土壤中的石油烃，大部分是高分子化合物，在植物根系上形成一层黏膜，阻碍根系的呼吸与吸收，甚至引起根系的腐烂。石油还会通过食物链危害人类健康。

总石油烃含量的测定方法主要包括重量法、紫外分光光度法、荧光分光光度法、红外分光光度法等。重量法主要包括超声萃取法和索氏萃取法。其中，萃取是重量法测定总石油烃含量的关键。本实验以不同石油污染浓度土壤为样品，设置不同萃取方法和萃取条件，测定土壤总石油烃含量，并比较超声萃取法、超声-索氏萃取法和传统索氏萃取法的提取效果。

三、仪器和材料

(1) 电热恒温水浴箱、旋蒸仪、超声波清洗器、离心机、索氏提取器等。
(2) 石油醚、二氯甲烷。
(3) 实验用土（人工配制的石油污染土壤）：分别取 1g、2g 和 4g 原油溶于石油醚（沸点 30~60℃），将混合后的石油溶液分别与 99g、98g 和 96g 无石油污染的土壤混合均匀，放置通风橱中 2h，使石油醚挥发，得到质量分数分别为 1%、2% 和 4% 的石油污染土壤。土样自然风干，过 20 目筛，备用。

四、实验内容

小组成员自行决定从下列方法中选取一种方法和萃取条件进行测定。

1. 超声萃取法

称取 3g 风干土样于 50mL 离心管中，添加萃取剂石油醚，振荡混合均匀，超声，超声功率为 60W，超声萃取后，4000r/min 离心 10min，将上清液倒入烘至恒重的烧瓶中，重复萃取，将上清液全部倒入烧瓶中，54℃旋转蒸发至干，在通风橱内挥发至恒重，称重测量。超声萃取法萃取条件见表 5-9。

表 5-9 超声萃取法萃取条件

萃取条件	萃取剂用量/mL	萃取次数
1-1	20	1
1-2	20	2
1-3	30	1
1-4	30	2

2. 超声-索氏萃取法

称取 3g 风干土样,用滤纸包好放入 50mL 离心管中,加入 20mL 二氯甲烷,盖紧,超声,超声功率为 60W,然后用镊子将纸包夹到索氏提取器中,将离心管中的提取液倒入烘至恒重的烧瓶中,并补加萃取剂至规定量,54℃水浴萃取 6h,然后取下烧瓶,54℃旋转蒸发至干,在通风橱内挥发至恒重,称重测量。超声-索氏萃取法萃取条件见表 5-10。

表 5-10 超声-索氏萃取法萃取条件

萃取条件	超声时间/min	萃取剂用量/mL	萃取时间/h
2-1	5	75	3
2-2	5	75	6
2-3	5	125	3
2-4	5	125	6
2-5	10	75	3
2-6	10	75	6
2-7	10	125	3
2-8	10	125	6

3. 索氏萃取法

称取 3g 风干土样,用滤纸包好放入索氏提取器中,在烘至恒重的烧瓶中加入 125mL 二氯甲烷,54℃水浴萃取 6h,然后取下烧瓶,54℃旋转蒸发至干,在通风橱内挥发至恒重,称重测量。

五、数据记录

记录实验数据并与其他小组比较不同方法所测得石油烃的含量,分析不同方法的影响因素。

实验十三 植被对水土保持的重要性实验

一、实验目的

1. 了解土壤机械组成的概念。
2. 认识植被对固定水土、涵养水源的重要性。

二、实验原理

我国各个地区水土流失严重,水土流失除了受降雨(强度、历时)、土壤性质、坡度等因素影响，还和地表植被覆盖有直接关系。草本植物种类较多，适应性强，生长迅速，在短时间内可在地面上形成全覆盖，强化土壤的蓄水容量、通透性和抗虫性，消减土壤的超渗径流，在防治水蚀、风蚀等方面有着重要的作用，同时可以减少坡耕水土流失，提高土壤养分，改善土壤性质。

土壤机械组成是研究土壤的最基本的资料之一。根据土壤机械分析，分别计算各粒级的相对含量，即为机械组成。根据砂粒（0.02~2mm）、粉粒（0.002~0.02mm）和黏粒（<0.002mm）三种粒级含量的比例，划定不同的质地。土壤质地对土壤肥力的影响很大，是决定土壤水、肥、气、热的重要因素。

本实验利用人工降雨的方式，通过分析不同土壤粒径流失情况，探讨植被覆盖对水土保持的影响。

三、仪器和材料

（1）土壤：取自校园，风干后过 20 目筛后备用。
（2）植物：黑麦草种子。
（3）仪器：人工模拟降雨器、雨量筒、升降斜坡、降水装置、烧杯、烘箱、筛子（2mm、0.02mm、0.002mm）、天平、秒表、铝盒等。

四、实验内容

称取相同质量的土壤装满两个升降斜坡，称取一定量的黑麦草种子，均匀地撒到其中一个容器中，浇一定量的水，每隔两天浇水，保证黑麦草长势良好。没有黑麦草的土壤浇灌同样的水分，保证土壤含水率水平。黑麦草生长一定时间后，开展人工降雨实验。可升降斜坡 45°侧面和实验布设及水泥样品收集示意见图 5-3。

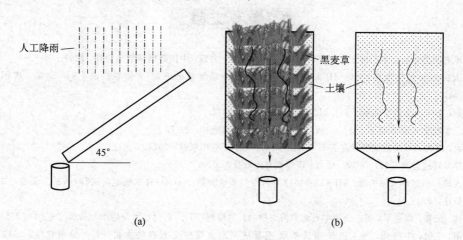

图 5-3　可升降斜坡 45°侧面（a）和实验布设及水泥样品收集示意（b）

将升降斜坡倾斜 45°，将两个升降斜坡（栽植黑麦草和没有栽植黑麦草）放入降雨区域内，控制雨强在 90mm/h，降雨 20min，测定降雨总量，并用烧杯收集流出土壤和水分。烧杯静置 30min 后，使用烘干后的滤纸离心过滤后称量上清液的重量。将土壤全部转移到铝盒中，置于烘箱中烘干后，分别用 2mm、0.02mm、0.002mm 筛过筛，测定不同粒径土壤的重量。

五、数据记录

数据记录见表 5-11。

表 5-11 数据记录

序号		1	2
烧杯重/g			
泥+水+烧杯重/g			
泥+水重/g			
铝盒重/g			
泥+纸+盒重/g			
泥重/g			
干土质量/g	0.02~2mm		
	0.002~0.02mm		
	<0.002mm		
	合计		

六、思考题

1. 降雨量进一步增强或者减弱,是否会对结果造成影响?试分析。
2. 比较含植物和不含植物降雨过程中流失的水分和土壤的重量,比较流失的土壤中不同粒径土壤的重量,分析植物对水土保持的重要性。

参考文献

[1] 国家环境保护总局. 水和废水监测分析方法 [M]. 4 版. 北京:中国环境科学出版社,2002.

[2] 中华人民共和国环境保护部. HJ 828—2017 水质 化学需氧量的测定 重铬酸盐法 [S]. 北京:中国环境出版社,2017.

[3] 简敏菲,王宁. 生态学实验 [M]. 北京:科学出版社,2012.

[4] 杨持. 生态学实验与实习 [M]. 3 版. 北京:高等教育出版社,2017.

[5] 严金龙,潘梅. 环境监测实验与实训 [M]. 北京:化学工业出版社,2014.

[6] 奚旦立. 环境监测 [M]. 5 版. 北京:高等教育出版社,2019.

[7] 中华人民共和国环境保护部. HJ 633—2012 环境空气质量指数(AQI)技术规定(试行)[S]. 北京:中国环境科学出版社,2012.

[8] 张学佳,纪巍,康志军,等. 土壤中石油类污染物的自然降解 [J]. 石化技术与应用,2008,26(3):273-278.

[9] 王如刚,王敏,牛晓伟,等. 超声-索氏萃取-重量法测定土壤中总石油烃含量 [J]. 分析化学,2010,38(3):417-420.

[10] 刘增文,吴发启. 水土保持实验研究方法 [M]. 北京:科学出版社,2019.

第六章 环境化学实验

实验一 有机物正辛醇-水分配系数的测定

一、实验目的

1. 掌握有机物的正辛醇-水分配系数的测定方法。
2. 学习使用紫外分光光度计。

二、实验原理

有机化合物的正辛醇-水分配系数（K_{ow}）是指平衡状态下化合物在正辛醇和水相中浓度的比值。它反映了化合物在水相和有机相之间的迁移能力，是描述有机化合物在环境中行为的重要物理化学参数，它与化合物的水溶性、土壤吸附常数和生物浓缩因子密切相关。通过对某一化合物分配系数的测定，可提供该化合物在环境行为方面许多重要的信息，特别是对于评价有机物在环境中的危险性起着重要作用。测定分配系数的方法有振荡法、产生柱法和高效液相色谱法。

正辛醇-水分配系数是平衡状态下有机化合物在正辛醇相和水相中浓度的比值。本实验采用振荡法使对二甲苯在正辛醇相和水相中达平衡后，进行离心，测定水相中对二甲苯的浓度，由此求得分配系数。

$$K_{ow}=(c_o V_o - c_w V_w)/c_w V_w \tag{6-1}$$

式中，K_{ow} 为正辛醇-水分配系数；c_o、c_w 分别为平衡时二甲苯在正辛醇相和水相中的浓度；V_o、V_w 分别为正辛醇相和水相的体积。

三、仪器和材料

1. 仪器

(1) 紫外分光光度计。
(2) 恒温振荡器。
(3) 离心机。
(4) 具塞比色管：10mL。
(5) 玻璃注射器：5mL。
(6) 容量瓶：25mL、10mL。

2. 材料

(1) 正辛醇：分析纯。
(2) 乙醇：95%，分析纯。
(3) 对二甲苯：分析纯。

四、实验内容

1. 标准曲线的绘制

移取 1.00mL 对二甲苯于 10mL 容量瓶中，用乙醇稀释至刻度，摇匀。取该溶液 0.10mL 于 25mL 容量瓶中，再用乙醇稀释至刻度，摇匀，此时浓度为 400μL/L。在 5 个 25mL 容量瓶中各加入该溶液 1.00mL、2.00mL、3.00mL、4.00mL 和 5.00mL，用水稀释至刻度，摇匀。在紫外分光光度计上于波长 227nm 处，以水为参比，测定吸光度值。利用所测得的标准系列的吸光度值对浓度作图，绘制标准曲线。

2. 溶剂的预饱和（提前制备）

将 20mL 正辛醇与 200mL 二次蒸馏水在振荡器上振荡 24h，使二者相互饱和，静置分层后，两相分离，分别保存备用。

3. 平衡时间的确定及分配系数的测定

(1) 移取 0.40mL 对二甲苯于 10mL 容量瓶中，用上述处理过的被水饱和的正辛醇稀释至刻度，该溶液浓度为 4×10^4 μL/L。

(2) 分别移取 1.00mL 上述溶液于 6 个 10mL 具塞比色管中，用上述处理过的被正辛醇饱和的二次水稀释至刻度。盖紧塞子，置于恒温振荡器上，分别振荡 0.5h、1.0h、1.5h、2.0h、2.5h 和 3.0h，离心分离，用紫外分光光度计测定水相吸光度。取水样时，为避免正辛醇的污染，可利用带针头的玻璃注射器移取水样。首先在玻璃注射器内吸入部分空气，当注射器通过正辛醇相时，轻轻排出空气，在水相中已吸取足够的溶液时，迅速抽出注射器，卸下针头后，即可获得无正辛醇污染的水相。

五、数据记录

1. 根据不同时间化合物在水相中的浓度，绘制化合物平衡浓度随时间的变化曲线，由此确定实验所需要的平衡时间。

2. 利用达到平衡时化合物在水相中的浓度，计算化合物的正辛醇-水分配系数。

六、思考题

1. 正辛醇-水分配系数的测定有何意义？
2. 振荡法测定化合物的正辛醇-水分配系数有哪些优缺点？

实验二　底泥对苯酚的吸附作用

一、实验目的

1. 绘制两种底泥对苯酚的吸附等温线，求出吸附系数，分析底泥的吸附性能和吸附机理。

2. 了解水体中底泥的环境化学意义及其在水体自净中的作用。

二、实验原理

水体中有机污染物的迁移转化途径很多，如挥发、扩散、化学或生物降解等，其中底泥/悬浮颗粒物的吸附作用对有机污染物的迁移、转化、归趋及生物效应有重要影响，在某种程度上起着决定作用。底泥对有机物的吸附主要包括分配作用和表面吸附。

苯酚是化学工业的基本原料，也是水体中常见的有机污染物。底泥对苯酚的吸附作用与其组成、结构等有关。吸附作用的强弱可用吸附系数表示。探讨底泥对苯酚的吸附作用对了解苯酚在水/沉积物多介质中的环境化学行为，乃至水污染防治都具有重要的意义。

本实验以底泥为吸附剂，吸附水中的苯酚，测出吸附等温线后，用回归法求出底泥对苯酚的吸附系数。通过考察底泥对一系列浓度苯酚的吸附情况，计算平衡浓度和相应的吸附量，通过绘制等温吸附曲线，分析底泥的吸附性能和吸附机理。

本实验采用 4-氨基安替比林法测定苯酚。即在 pH 为 10.0 ± 0.2 介质中，在铁氰化钾存在下，苯酚与 4-氨基安替比林反应，生成吲哚酚安替比林染料，其水溶液在波长 510nm 处有最大吸收。用 2cm 比色皿测量时，苯酚的最低检出浓度为 0.1mg/L。

三、仪器和材料

1. 仪器
(1) 恒温调速振荡器。
(2) 低速离心机。
(3) 可见光分光光度计。
(4) 碘量瓶：150mL。
(5) 离心管：25mL。
(6) 比色管：50mL。
(7) 移液管：2mL、5mL、10mL、20mL。

2. 材料
(1) 无酚水：于 1L 水中加入 0.2g 经 200℃ 活化 0.5h 的活性炭粉末，充分振荡后，放置过夜。用双层中速滤纸过滤，或加氢氧化钠使水呈碱性，并滴加高锰酸钾溶液至紫红色，移入蒸馏瓶中加热蒸馏，收集流出液备用。本实验应使用无酚水。

注：无酚水应贮备于玻璃瓶中，取用时应避免与橡胶制品（橡皮塞或乳胶管）接触。

(2) 淀粉溶液：称取 1g 可溶性淀粉，用少量水调成糊状，加沸水至 100mL，冷却，置冰箱保存。

(3) 溴酸钾-溴化钾标准参考溶液（$c_{1/6KBrO_3}=0.1mol/L$）：称取 2.784g 溴酸钾溶于水中，加入 10g 溴化钾，使其溶解，移入 1000mL 容量瓶中，稀释至标线。

(4) 碘酸钾标准参考溶液（$c_{1/6KIO_3}=0.0125mol/L$）：称取预先在 180℃ 烘干的碘酸钾 0.4458g 溶于水中，移入 1000mL 容量瓶中，稀释至标线。

(5) 硫代硫酸钠标准溶液（$c_{Na_2S_2O_3}\approx0.0125mol/L$）：称取 3.1g 五水硫代硫酸钠溶于煮沸放冷的水中，加入 0.2g 碳酸钠，稀释至 1000mL，临用前，用碘酸钾标定（标定可选）。

标定方法：取 10.0mL 碘酸钾溶液置于 250mL 碘量瓶中，加水稀释至 100mL，加 1g 碘化钾，再加 5mL 1∶5 硫酸，加塞，轻轻摇匀。置暗处放置 5min，用硫代硫酸钠溶液滴定至淡黄色,加1mL淀粉溶液,继续滴定至蓝色刚褪去为止,记录硫代硫酸钠溶液用量。按下式计算硫代硫酸钠溶液浓度(mol/L):

$$c_{Na_2S_2O_3} = \frac{0.0125 \text{mol/L} \times V_4}{V_3} \quad (6-2)$$

式中,V_3 为硫代硫酸钠溶液消耗量,mL;V_4 为移取碘酸钾标准参考溶液量,mL;0.0125 为碘酸钾标准参考溶液浓度,mol/L。

(6) 苯酚标准储备液:称取 2.00g 无色苯酚溶于水中,移入 1000mL 容量瓶中,稀释至标线。在冰箱内保存,至少稳定 1 个月(标定可选)。

标定方法:吸取 10.00mL 苯酚标准储备液于 250mL 碘量瓶中,加水稀释至 100mL,加 10.0mL 0.1mol/L 溴酸钾-溴化钾溶液,立即加入 5mL 盐酸,盖好瓶塞,轻轻摇匀,在暗处放置 10min。加入 1g 碘化钾,盖好瓶塞,再轻轻摇匀,在暗处放置 5min。用 0.0125mol/L 硫代硫酸钠标准溶液滴定至淡黄色,加入 1mL 淀粉溶液,继续滴定至蓝色刚好褪去,记录用量。同时以水代替苯酚储备液作空白实验,记录硫代硫酸钠标准溶液滴定用量。苯酚标准储备液的浓度由下式计算:

$$\rho_{苯酚} = \frac{V_1 - V_2}{V} \times c \times 15.68 \text{g/mol} \quad (6-3)$$

式中,$\rho_{苯酚}$ 为苯酚标准储备液的浓度,mg/mL;V_1 为空白实验中硫代硫酸钠标准溶液用量,mL;V_2 为滴定苯酚标准储备液时,硫代硫酸钠标准溶液用量,mL;V 为苯酚标准储备液体积,mL;c 为硫代硫酸钠标准溶液浓度,mol/L;15.68 为 1/6 苯酚摩尔质量,g/mol。

(7) 苯酚标准中间液(使用当天配制):取适量苯酚标准贮备液,用水稀释,配制成 10μg/mL 苯酚标准中间液。

(8) 苯酚标准使用液(使用当天配制):取适量苯酚中间液,用水稀释,配制成 2μg/mL 苯酚标准使用液。

(9) 缓冲溶液(pH 约为 10):称取 20g 氯化铵溶于 100mL 氨水中,加塞,置冰箱中保存。

(10) 2% 4-氨基安替比林溶液:称取 4-氨基安替比林($C_{11}H_{13}N_3O$)2g 溶于水,稀释至 100mL,置于冰箱中保存。可使用 1 周。

(11) 8% 铁氰化钾溶液:称取 8g 铁氰化钾 $\{K_3[Fe(CN)_6]\}$ 溶于水,稀释至 100mL。置于冰箱内可保存 1 周。

四、实验内容

1. 底泥样品制备及表征(提前制备)

采集河道的表层底泥,去除沙砾和植物残体等大块物,于室温下风干,用瓷研钵捣碎,过 100 目筛(<0.15mm),充分摇匀,装瓶备用。用固体总有机碳分析仪测定土壤中有机碳含量(f_{oc}),其中 f_{oc} 在 1.0%~3.0% 范围为佳。

2. 标准曲线的绘制

在 9 支 50mL 比色管中分别加入 0.0mL、1.00mL、3.00mL、5.00mL、7.00mL、10.00mL、12.00mL、15.00mL、18.00mL 浓度为 10μg/mL 的苯酚标准中间液,用水稀释

至刻度。加 0.5mL 缓冲溶液，混匀。此时 pH 为 10.0 ± 0.2，加 4-氨基安替比林溶液 1.0mL，混匀。再加 1.0mL 铁氰化钾溶液，充分混匀后，放置 10min，立即在 510nm 波长处，以蒸馏水为参比，用 2cm 比色皿，测量吸光度，记录数据，经空白校正后，绘制吸光度对苯酚含量（μg/mL）的标准曲线。

3. 吸附实验（提前制备）

取 6 个干净的 150mL 碘量瓶，分别在每个瓶内放入 1.00g 左右的沉积物样品（称准到 0.0001g，下同）。然后按表 6-1 所给数量加入浓度为 2μg/mL 的苯酚标准使用液和无酚水，加塞密封并摇匀后，将瓶子放入振荡器中，在（25±1.0）℃下，以 150～175r/min 的转速振荡 8h，静置 30min 后，在低速离心机上以 3000r/min 速度离心 5min，移出上清液 10mL 至 50mL 容量瓶中，用水定容至刻度，摇匀，然后移出数毫升（视平衡浓度而定）至 50mL 比色管中，用水稀释至刻度。按与绘制标准曲线相同步骤测定吸光度，从标准曲线上查出苯酚的浓度，并计算出苯酚的平衡浓度。

表 6-1 苯酚加入浓度系列

序号	1	2	3	4	5	6
苯酚标准使用液体积/mL	1.0	3.0	6.0	12.5	20.0	25.0
无酚水体积/mL	24	22	19	12.5	5	0
起始浓度 ρ_0/(μg/L)	80	240	480	1000	1600	2000
取上清液体积/mL	2.00	1.00	1.00	1.00	0.50	0.50
稀释倍数	125	250	250	250	500	500
吸光度						
平衡浓度 ρ_e/(mg/L)						
吸附量 Q/(mg/g)						

五、数据记录

1. 计算平衡浓度（ρ_e）及吸附量（Q）：

$$\rho_e = \rho_1 n \tag{6-4}$$

$$Q = \frac{(\rho_0 - \rho_e)V}{W \times 1000} \tag{6-5}$$

式中，ρ_0 为起始浓度，μg/mL；ρ_e 为平衡浓度，μg/mL；ρ_1 为在标准曲线上查得的测量浓度，μg/mL；n 为溶液的稀释倍数；V 为吸附实验中所加苯酚溶液的体积，mL；W 为吸附实验所加底泥样品的量，g；Q 为苯酚在底泥样品上的吸附量，mg/g。

2. 利用平衡浓度和吸附量数据绘制苯酚在底泥上的吸附等温线。
3. 利用吸附方程 $Q = K\rho_e^{1/n}$，通过回归分析求出方程中的常数 K 及 n，分析底泥的吸附能力。

六、思考题

1. 影响底泥对苯酚吸附系数大小的因素有哪些？
2. 哪种吸附方程更能准确描述底泥对苯酚的等温吸附曲线？

实验三　土壤中铬的形态测定

一、实验目的

1. 了解土壤中总铬和铬存在的形态及其测定方法。
2. 掌握土壤样品的处理方法。
3. 掌握紫外-可见分光光度计的使用方法，掌握土壤中总铬和交换态铬的测定，并对照《土壤环境质量　农用地土壤污染风险管控标准（试行）》（GB 15618—2018）或《土壤环境质量　建设用地土壤污染风险管控标准（试行）》（GB 36600—2018）评价土壤质量等级。

二、实验原理

土壤重金属污染的潜在危害已引起国内外学者的广泛关注。对环境能产生潜在的影响，并能被生物所吸收利用的，一般认为是土壤中具有生物有效性并且理化性质活泼的那部分重金属，所以将土壤中重金属的总量和生物有效态含量结合起来研究是必要的。重金属的生物有效性是指重金属能被生物吸收利用或对生物产生毒性效应的性状，包括毒性和生物可利用性，可由间接的毒性数据或生物体浓度数据来评价。在环境中，绝大部分污染物都存在不同的形态，包括价态、结合态和赋存矿物等。有的形态是可以被最终释放出来，溶解于水或土壤溶液中，直接或间接地被植物和动物吸收；有的形态则在常温常压下是稳定的，一般不溶于水，也不会直接或间接地被植物和动物吸收。如重金属铬，它已经成为土壤和水体重要的污染元素。尽管低浓度的铬有利于植物的生长，但是当植物体内积累了过量的铬后，又会产生毒害作用，最终通过食物链直接或间接地对人类健康造成危害。重金属交换态和碳酸盐结合态非常容易被植物吸收和生物利用，因此，确定土壤中铬的这两种存在形态对于植物的吸收利用以及土壤修复具有非常重要的意义。

铬在土壤中主要以不溶性的，不能被作物所利用的氧化物形态存在。在正常土壤中，铬以四种形态存在：两种三价的形态即 Cr^{3+} 和 CrO_2^-；两种六价的阴离子形态即 $Cr_2O_7^{2-}$ 和 CrO_4^{2-}。六价铬在土壤中是可溶性的，易被植物吸收，毒性大；三价铬是难溶性的，难以被植物吸收，毒性小。

土壤溶液中的铬在酸性介质中被高锰酸钾氧化为六价铬，六价铬与加入的二苯碳酰二肼（DPC）反应生成紫红色化合物，于波长 540nm 处进行分光光度测定。当试液为 50mL，使用 30mm 比色皿，最小检出浓度为 0.004mg/L。测定土壤铬主要采用火焰原子吸收光谱法（AAS）、分光光度法、极谱法、等离子体发射光谱法（ICP-AES）、X 射线荧光光谱法和仪器中子活化法等，目前使用较多的为火焰原子吸收光谱法及分光光度法。

不同的消解方法对铬的测定影响较大。主要是选择不同的消解试剂。目前多采用硫酸、硝酸、氢氟酸消解体系或硫酸、磷酸消解及高锰酸钾氧化体系。与传统的消解相比，由于微波消解具有消解快速、彻底、重复性好等特点，也越来越受到重视。

本实验采用二苯碳酰二肼分光光度法测定土壤中的铬，采用混酸加氧化剂的方法消解。

通过本实验使学生掌握重金属测定中湿法消解的原理和操作方法，了解分光光度法测定铬的原理和准确测定的要领。

铬在土壤样品的预处理过程中可能存在形态转换，土壤中复杂的成分也可能在处理过程中对铬的形态产生影响。因此，选择合理的预处理方法研究相应形态的重金属是至关重要的。另外，尽管铬存在较多的形态，但并不是所有形态铬的生物有效性都是均等的，而且这些生物可以利用的铬在植物体内的分布可能会呈现一定的规律性。可以通过五步连续提取法，分步提取土壤中不同形态的铬。铬的浓度可用二苯碳酰二肼分光光度法测定。

三、仪器和材料

1. 仪器

聚四氟乙烯坩埚，电热板，分光光度计，离心机。

2. 材料

（1）硝酸（优级纯）。

（2）1+1 硫酸溶液：将硫酸（H_2SO_4，$\rho=1.84g/mL$，优级纯）缓缓加入同体积的水中，混匀。

（3）1+1 磷酸溶液：将磷酸（H_3PO_4，$\rho=1.69g/mL$，优级纯）与水等体积混合，混匀。

（4）0.5％高锰酸钾溶液。

（5）0.5％叠氮化钠溶液：临用现配。

（6）显色剂（0.2％二苯碳酰二肼乙醇或丙酮溶液）：称取二苯碳酰二肼（$C_{13}H_{14}N_4O$）0.2g 溶于 50mL 乙醇或丙酮中，完全溶解后，加水稀释至 100mL，摇匀，贮于棕色瓶，置冰箱中。色变深后，不能使用。

（7）铬标准储备液：准确称取 0.2829g 重铬酸钾（优级纯，预先在 110℃烘 2h）溶于水中，转移至 1000mL 容量瓶中，并稀释至标线，摇匀，此溶液每毫升含铬 100μg。

（8）铬标准使用液：准确吸取铬标准储备液 10.00mL 于 1000mL 容量瓶中，加水定容，摇匀。此溶液每毫升含铬 1.00μg。

（9）1.0mol/L 醋酸钠（用乙酸调 pH 至 5.0）。

（10）1.0mol/L $MgCl_2$。

（11）乙醇。

（12）丙酮。

四、实验内容

1. 土壤总铬的测定

（1）试液制备

称取土壤样品 0.2000～0.5000g（含铬量少于 8μg）于聚四氟乙烯坩埚中，加 2mL 水使土壤润湿，再加硫酸 2mL、硝酸 2mL。待剧烈反应停止后，移到电热板上加热分解至开始冒白烟。取下稍冷，加硝酸 3mL、氢氟酸 3mL，继续加热至冒浓白烟。取下坩埚稍冷，用水冲洗坩埚壁，再加热至冒白烟以去除氢氟酸。加水溶解，转入 50mL 比色管中，定容，摇匀。放置澄清或离心。

（2）显色与测定

准确移取试液 5.0mL 于 25mL 比色管中，加磷酸 0.5mL，摇匀。滴加 1～2 滴 0.5％高锰酸钾溶液至紫红色，置水浴中加热煮沸 15min，若紫红色消失，再补加高锰酸钾溶液。趁热滴加叠氮化钠溶液至紫红色恰好褪去，将比色管放入冷水中迅速冷却。加水至刻度，摇匀。加入二苯碳酰二肼溶液 2mL，迅速摇匀。10min 后，用 30mm 比色皿，于波长 540nm 处，以试剂空白为参比测量吸光度。

（3）校准曲线的绘制

分别移取铬标准使用液 0mL、1.0mL、2.0mL、4.0mL、6.0mL、8.0mL 于 25mL 比色管中，分别加磷酸 0.5mL、硫酸 0.1mL，加水至刻度，摇匀。显色和测量的方法与试液的操作步骤相同。

2. 土壤交换态铬、碳酸盐结合态铬的提取和测定

（1）提取

称取 1.0g 左右土壤或污泥，采用连续提取法，提取剂的选择与测定步骤如下。

① 交换态：室温下提取，提取液为 25mL $MgCl_2$ 溶液（1.0mol/L $MgCl_2$，pH7.0），持续振荡 1h。

② 碳酸盐结合态：第一步的残渣在室温下提取，提取液为 25mL 浓度为 1.0mol/L 醋酸钠（用乙酸调 pH 至 5.0），持续振荡足够时间 2h。

以上每一步提取液，经 5000r/min 离心 10min，按《水和废水监测与分析方法》中水质重金属的测定方法，用分光光度法测定溶液中重金属的浓度。然后，根据前后浓度差与提取剂体积的乘积，与沉积物质量相比，从而得到沉积物重金属的浓度。

（2）提取液中六价铬的测定

取适量（含六价铬少于 50μg）无色透明试液，置于 50mL 比色管中，用水稀释至标线。加入 0.5mL 硫酸溶液和 0.5mL 磷酸溶液，摇匀。加入 2mL 显色剂，摇匀，5～10min 后，在 540nm 波长处，用 10mm 或 30mm 的比色皿，以水作参比，测定吸光度，扣除空白实验测得的吸光度后，从校准曲线上查得六价铬含量。

注：如经锌盐沉淀分离、高锰酸钾氧化法处理的样品，可直接加入显色剂测定。

（3）标准曲线的绘制

向一系列 50mL 比色管中分别加入 0mL、0.20mL、0.50mL、1.00mL、2.00mL、4.00mL、6.00mL、8.00mL 和 10.0mL 铬标准溶液（如经锌盐沉淀分离法前处理，则应加倍吸取），用水稀释至标线，然后按照测定试样的步骤进行处理。

用测得的吸光度减去空白实验的吸光度后，绘制以六价铬的量对吸光度的曲线。

（4）样品中铬浓度测定

将标准溶液与待测量溶液按照仪器的测定条件直接测定浓度或者吸光度。

$$\omega = \frac{\rho \times V \times 10^{-3}}{m} \times 1000 \tag{6-6}$$

式中，ω 为土壤中的铬的质量分数；ρ 为铬的质量浓度；V 为总体积，mL；m 为样品的质量，g；10^{-3} 为将 mL 换算成 L 的系数。

五、注意事项

1. 加入磷酸掩蔽铁，使之形成无色络合物，同时也可络合其他金属离子，避免一些盐类析出产生浑浊。在磷酸存在下还可以排除硝酸根、氯离子的影响。如果在氧化时或显色时出现浑浊可考虑加大磷酸的用量。

2. 消解后，残渣转移时，多洗几次，尽力洗涤干净，否则会使结果偏低。

3. 用高锰酸钾氧化低价铬时，七价锰有可能被还原为二价锰，出现棕色而影响低价铬的氧化完全，因此要控制好溶液的酸度及高锰酸钾的用量。

4. 加入二苯碳酰二肼丙酮溶液后，应立即摇动，防止局部有机溶剂过量而使六价铬部分被还原为三价，使测定结果偏低。

5. 电热板温度不宜太高，否则会烧坏聚四氟乙烯坩埚。

6. 氢氟酸对皮肤有强烈刺激性和腐蚀性，使用时注意防护。

六、数据记录

铬的含量按式（6-7）计算：

$$c_{Cr^{6+}} = \frac{mV_a}{m_{试}V} \tag{6-7}$$

式中，$c_{Cr^{6+}}$ 为铬的含量，mg/kg；m 为从校准曲线上查得铬的含量，μg；V_a 为试样定容体积，mL；$m_{试}$ 为试样质量，g；V 为测定时取试样溶液体积，mL。

七、思考题

1. 形态提取过程中，样品转移时，应尽量转移完全并洗涤干净，否则影响结果的准确性。

2. 根据土壤总铬和提取的交换态所占比例，结合土壤环境质量相关标准，确定土壤环境质量和铬的移动性风险。

实验四　芬顿（Fenton）氧化法处理染料废水

一、实验目的

1. 了解 Fenton 氧化法的基本原理与应用领域，培养科研思维。
2. 掌握单因素条件实验的设计与数据处理方法。

二、实验原理

高级氧化技术（advanced oxidation process，AOPs）是指能够利用光、声、电、磁等物理和化学过程产生的高活性中间体 HO·，快速矿化污染物或提高其可生化性的一项技术，其具有使用范围广、反应速率快、氧化能力强的特点，在处理印染、农药、制药废水和垃圾渗滤液等高毒性、难降解废水方面具有很大的优势。高级氧化技术主要分为 Fenton 氧化法、光催化氧化法、臭氧氧化法、超声氧化法、湿式氧化法和超临界氧化法等。

Fenton 氧化法相对于其他几种高级氧化法具有反应条件温和、设备及操作简单、处理费用相对较低、适用范围广等优点，并且其技术比较成熟，已成功运用于多种工业废水的处理。

Fenton 氧化法是在酸性条件下，H_2O_2 在 Fe^{2+} 存在下生成强氧化能力的 HO·，并引发更多的其他活性氧，实现对有机物的降解，其氧化过程为链式反应。其中 HO·产生为链的开始，而其他活性氧和反应中间体构成了链的节点，各活性氧之间或活性氧与其他物质之间的相互作用，使活性氧被消耗，反应链终止。其反应机理可归纳为式（6-8）～式（6-16）。这些活性氧进攻有机分子并使其矿化为 CO_2 和 H_2O 等无机物。在反应中产生的 $HO·$ 是一种非常活泼及非选择性物种，其氧化电位为 2.80V，能够引发水溶液中的大部分有机物进行氧化还原反应而降解，并促使其裂解和聚合等，从而有效降低废水的色度、COD 和 TOC，并显著提高废水的可生化性。Fenton 氧化法成为重要的高级氧化技术之一。

$$Fe^{2+}+H_2O_2 \longrightarrow Fe^{3+}+HO· \quad (6-8)$$

$$Fe^{3+}+H_2O_2 \longrightarrow Fe^{2+}+HO_2·+H^+ \quad (6-9)$$

$$Fe^{3+}+H_2O· \longrightarrow Fe^{2+}+O_2+H^+ \quad (6-10)$$

$$Fe^{2+}+HO· \longrightarrow Fe^{3+}+HO^- \quad (6-11)$$

$$H_2O_2+HO· \longrightarrow H_2O·+H_2O \quad (6-12)$$

$$Fe^{2+}+H_2O· \longrightarrow Fe^{3+}+HO_2^- \quad (6-13)$$

$$RH+HO· \longrightarrow R·+H_2O \quad (6-14)$$

$$R·+H_2O_2 \longrightarrow ROH+HO· \quad (6-15)$$

$$R·+Fe^{3+} \longrightarrow Fe^{2+}+产物 \quad (6-16)$$

三、仪器和材料

1. 仪器
(1) 紫外-可见分光光度计。
(2) 比色皿。
(3) 磁力搅拌器。
(4) pH 计。
(5) 烧杯、锥形瓶：200mL。
(6) 比色管：50mL。
(7) 移液管：1.0mL、2.0mL、5.0mL、10mL、20mL。

2. 材料
(1) 七水硫酸亚铁：分析纯。
(2) H_2O_2：30%。
(3) 亚甲基蓝（分析纯）：依据实验要求配制成一定浓度。
(4) 氢氧化钠：1.0mol/L。
(5) 盐酸：1.0mol/L。
(6) 蒸馏水。

四、实验内容

1. 最大吸收波长的确定

配制浓度为 100mg/L 亚甲基蓝标准溶液 1000mL，取 5.0mL 加入 50mL 比色管中，并稀释至刻度，摇匀。在紫外-可见分光光度计上扫描 200～800nm 波长范围内亚甲基蓝的光谱图，获取亚甲基蓝最大吸收波长，即为其特征吸收波长。

2. 降解实验的优化

(1) Fe^{2+} 浓度的影响

量取 5 份 100mL 亚甲基蓝模拟废水溶液于 200mL 具塞锥形瓶中,首先利用盐酸调整溶液 pH 为 3.0,分别加入 0.01g、0.02g、0.03g、0.04g、0.05g 七水硫酸亚铁($FeSO_4 \cdot 7H_2O$)后,再分别加入 0.3mL H_2O_2(30%),反应 15min 后,采用 1.0mol/L 氢氧化钠调节 pH 至中性终止氧化反应,取样测定吸光度,通过比较脱色率的变化,确定 $FeSO_4 \cdot 7H_2O$ 的最佳用量。

(2) H_2O_2 用量的影响

选取 (1) 中的 $FeSO_4 \cdot 7H_2O$ 最佳用量,分别量取 0.1mL、0.2mL、0.3mL、0.4mL、0.5mL H_2O_2 置于 5 份 100mL 亚甲基蓝废水溶液中。反应 15min 后调节 pH 至中性终止氧化反应,测定吸光度,通过比较脱色率的变化,确定 H_2O_2 的最佳用量。

(3) 反应时间

取 100mL 浓度为 100mg/L 的亚甲基蓝溶液(模拟废水),调整溶液 pH 至 3.0 依次加入 (1) 和 (2) 中最佳的 $FeSO_4 \cdot 7H_2O$ 与 H_2O_2 使用量,即降解反应开始。每隔 5min 取样 5.0mL,实时测定吸光度,直至反应达到平衡,即吸光度不再变化或变化不明显。

五、数据记录

1. 脱色率的测定

在一定的时间间隔内取出样品后,在亚甲基蓝最大吸收波长(特征波长)处测定降解前后的吸光度,并计算其脱色率(η)。脱色率的计算方法如式(6-17)所示。

$$\eta = \frac{A_0 - A}{A_0} \times 100\% \tag{6-17}$$

式中,η 为脱色率;A_0 为原始吸光度;A 为降解后吸光度。

2. 结果分析

分别以 Fe^{2+} 浓度、H_2O_2 用量、反应时间为横坐标,以脱色率为纵坐标作图,获得最佳实验条件,确定最佳降解条件,并对结果进行讨论与分析。

六、思考题

1. Fenton 氧化法的最佳操作 pH 通常为 3.0,为什么?
2. 除了实验中讨论的影响因素外,还有哪些因素会影响到体系的处理效能?
3. 你认为 Fenton 氧化法还有哪些不足之处,并提出改进措施。

实验五 水体富营养化程度的评价

一、实验目的

1. 掌握总磷的测定原理及方法。
2. 评价水体的富营养化状况。

二、实验原理

富营养化（eutrophication）是指在人类活动的影响下，生物所需的氮、磷等营养物质大量进入湖泊、河口、海湾等缓流水体，引起藻类及其他浮游生物迅速繁殖，水体溶解氧量下降，水质恶化，鱼类及其他生物大量死亡的现象。在自然条件下，湖泊也会从贫营养状态过渡到富营养状态，沉积物不断增多，逐渐变为沼泽，最后演变为陆地。这种自然过程非常缓慢，常需几千年甚至上万年。而人为排放含营养物质的工业废水和生活污水所引起的水体富营养化现象，可以在短期内出现。水体富营养化后，即使切断外界营养物质的来源，也很难自净和恢复到正常水平。局部海域可变成"死海"，或出现"赤潮"现象。

许多参数可作为水体富营养化的指标，常用的是叶绿素a、总磷、无机氮总量等（表6-2）。

表 6-2 水体富营养化程度划分

富营养化程度	叶绿素 a /(mg/L)	总磷/(mg/L)	无机氮总量/(mg/L)
超贫	<0.0025	<0.005	<0.200
贫-中	<0.008	0.005~0.010	0.200~0.400
中	0.008~0.025	0.010~0.030	0.400~0.600
中-富	0.025~0.075	0.030~0.100	0.600~1.500
超富	>0.075	>0.100	>1.500

三、仪器和材料

1. 仪器

(1) 可见分光光度计。
(2) 移液管：1mL、2mL、10mL。
(3) 容量瓶：100mL、250mL。
(4) 锥形瓶：250mL。
(5) 比色管：25mL。
(6) 具塞小试管：10mL。

2. 材料

(1) 过硫酸钾（固体）。
(2) 浓硫酸。
(3) 硫酸溶液：1mol/L。
(4) 氢氧化钠溶液：6mol/L。
(5) 1%酚酞：1g 酚酞溶于 90mL 乙醇中，加水至 100mL。
(6) 酒石酸锑钾溶液：将 4.4g $K(SbO)C_4H_4O_6 \cdot 1/2H_2O$ 溶于 200mL 蒸馏水中，用棕色瓶在 4℃时保存。
(7) 钼酸铵溶液：将 20g $(NH_4)_6Mo_7O_{24} \cdot 4H_2O$ 溶于 500mL 蒸馏水中，用塑料瓶在 4℃时保存。
(8) 抗坏血酸溶液：0.1mol/L。溶解 1.76g 抗坏血酸于 100mL 蒸馏水中，转入棕色瓶。若在 4℃以下保存，可维持一个星期不变。
(9) 混合试剂：50mL 浓度为 2mol/L 的硫酸、5mL 酒石酸锑钾溶液、15mL 钼酸铵溶液和 30mL 抗坏血酸溶液。混合前，先让上述溶液达到室温，并按上述次序混合。在加入酒石酸锑钾或钼酸铵后,如混合试剂有浑浊,须摇动混合试剂,并放置几分钟,至澄清为止。若在 4℃下保存,可维持一个星期不变。

(10) 磷酸盐储备液(磷含量为 1.00mg/mL):称取 1.098g KH_2PO_4,溶解后转入 250mL 容量瓶中,稀释至刻度,即得 1.00mg/mL 磷溶液。

(11) 磷酸盐标准溶液:量取 1.00mL 储备液于 100mL 容量瓶中,稀释至刻度,即得磷含量为 10μg/mL 标准溶液。

四、实验内容

在酸性溶液中,将各种形态的磷转化成磷酸根离子(PO_4^{3-})。随之用钼酸铵和酒石酸锑钾与之反应,生成磷钼锑杂多酸,再用抗坏血酸把它还原为深色钼蓝。

砷酸盐与磷酸盐一样也能生成钼蓝,0.1μg/mL 的砷就会干扰测定。六价铬、二价铜和亚硝酸盐能氧化钼蓝,使测定结果偏低。

(1) 水样处理

水样中如有大的微粒,可用搅拌器搅拌 2~3min,以使混合均匀。量取 100mL 水样(或经稀释的水样)两份,分别放入两个 250mL 锥形瓶中,另取 100mL 蒸馏水于 250mL 锥形瓶中作为对照,分别加入 1mL 1mol/L H_2SO_4、3g $K_2S_2O_8$,微沸约 1h,补加蒸馏水使体积为 25~50mL(如锥形瓶壁上有白色凝聚物,须用蒸馏水将其冲入溶液中),再加热数分钟。冷却后,加 1 滴酚酞,并用 6mol/mLNaOH 将溶液中和至微红色。再滴入 2mol/L HCl 使粉红色恰好褪去,转入 100mL 容量瓶中,加水稀释至刻度,移取 25mL 至 50mL 比色管中,加 1mL 混合试剂,摇匀后放置 10min,加水稀释至刻度,再摇匀,放置 10min,以试剂空白作参比,用 1cm 比色皿,于波长 880nm 处测定吸光度(若分光光度计不能测定 880nm 处的吸光度,可选择 700nm 波长)。

(2) 标准曲线的绘制

分别吸取 10μg/mL 磷的标准溶液 0.00mL、0.50mL、1.00mL、1.50mL、2.00mL、2.50mL、3.00mL 于 50mL 比色管中,加水稀释至约 25mL,加入 1mL 混合试剂,摇匀后放置 10min,加水稀释至刻度,再摇匀,10min 后,以试剂空白作参比,用 1cm 比色皿,于波长 880nm(或 700nm)处测定吸光度。根据吸光度与浓度的关系,绘制标准曲线。

五、注意事项

1. 实验前做好预习,做到熟悉实验原理和实验步骤。
2. 实验过程中要注意安全,严禁嬉戏打闹。使用硫酸、盐酸等危险化学品要注意安全防护,谨防烧伤、腐蚀。

六、数据记录

由标准曲线查得磷的含量,按下式计算水中磷的含量:

$$\rho_P = \frac{W_P}{V} \tag{6-18}$$

式中,ρ_P 为水中磷的含量,mg/L;W_P 为由标准曲线上查得磷含量,μg;V 为测定时吸取水样的体积(本实验 $V=25.00$mL)。

根据实验测得的总磷,结合表 6-2 分析水体富营养化程度和导致富营养化的原因。

实验六 水体氮形态的测定

一、实验目的

1. 了解水体氮形态测定对环境化学研究的作用和意义。
2. 掌握水体氮形态测定的基本原理和方法。

二、实验原理

氮是蛋白质、核酸、酶、维生素等有机物的重要组分。自然界中的氮素循环见图6-1。各种形态氮的相互转化以及氮循环是环境化学和生态系统研究的重要内容之一。

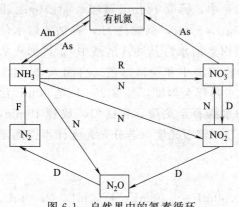

图6-1 自然界中的氮素循环
Am—氨化作用；As—同化作用；D—反硝化作用；
F—生物固氮；N—硝化作用；R—异化性
硝酸（盐）还原作用

洁净天然水体中的含氮物质是很少的，水体中含氮物质的主要来源是污废水排放、地表径流、水生生物的代谢和微生物分解作用。当水体受到含氮有机物污染时，其中的含氮化合物由于水中微生物和氧的作用，可以逐步分解氧化为氨 (NH_3) 或铵 (NH_4^+)、亚硝酸盐 (NO_2^-)、硝酸盐 (NO_3^-) 等简单的无机氮化物。氨和铵中的氮称为氨氮 (NH_4^+-N)，两者的组成和比例取决于水温和pH，亚硝酸盐中的氮称为亚硝酸盐氮 (NO_2^--N)，硝酸盐中的氮称为硝酸盐氮 (NO_3^--N)。通常把氨氮、亚硝酸盐氮和硝酸盐氮称为三氮。这三种形态氮的含量都可以作为水质指标，分别代表有机氮转化为无机氮的各个不同阶段。

水体中有机氮、氨氮、亚硝酸盐氮和硝酸盐氮的相对含量，在一定程度上可以反映含氮有机物污染的时间长短，对了解水体污染历史、分解趋势、水体自净状况及健康危险度评价等均有一定的参考价值（见表6-3）。水中亚硝酸盐氮过高可导致高铁血红蛋白血症，长期饮用对儿童的危害更大，由于在酸性溶液中亚硝酸可与仲胺类生成强致癌物亚硝胺，因而水中三氮含量与人们的健康息息相关。

表6-3 水体中三氮检出的环境化学意义

NH_4^+-N	NO_2^--N	NO_3^--N	三氮检出的环境化学意义
−	−	−	洁净水
+	−	−	水体新近受到污染
+	+	−	受到污染不久，且污染物正在分解中
−	+	−	污染物已分解，但未完全自净
−	+	+	污染物基本分解完毕，但未完全自净
−	−	+	污染物已无机化，水体基本自净
+	−	+	有新近污染，在此之前的污染已基本自净
+	+	+	以前受到污染，正在自净过程中，且又有新的污染

注："+"表示检出，"−"表示未检出。

1. 硝酸盐氮的测定（紫外分光光度法）

利用硝酸根离子在220nm波长处的吸收而定量测定硝酸盐氮。溶解的有机物在220nm处也会有吸收，而硝酸根离子在275nm处没有吸收。因此，在275nm处作另一次测量，以校正硝酸盐氮值。

2. 亚硝酸盐氮的测定（盐酸萘乙二胺分光光度法）

水中亚硝酸盐的测定方法通常采用重氮-偶联反应，生成红紫色染料。方法灵敏、选择性强。所用重氮和偶联试剂种类较多，最常用的，前者为对氨基苯磺酰胺和对氨基苯磺酸，后者为 N-(1-萘基)乙二胺和 α-萘胺。

在pH为2.0~2.5时，水中亚硝酸盐与对氨基苯磺酸生成重氮盐，再与盐酸萘乙二胺偶联生成红色染料，最大吸收波长为543nm，其色度深浅与亚硝酸盐含量成正比，可用比色法测定，检出限为0.005mg/L，测定上限为0.1mg/L。

亚硝酸盐是含氮化合物分解过程中的中间产物，很不稳定，采样后的水样应尽快分析，必要时需冷藏以抑制微生物的影响。

三、实验内容

（一）硝酸盐氮的测定（紫外分光光度法）

水中硝酸盐是在有氧环境下，亚硝酸氮、氨氮等各种形态的含氮化合物中最稳定的氮化合物，亦是含氮有机物经无机化作用最终的分解产物。亚硝酸盐可经氧化而生成硝酸盐，硝酸盐在无氧环境中，亦可受微生物的作用而还原为亚硝酸盐。

水中硝酸盐氮（NO_3^--N）含量相差悬殊，从数十微克每升至数十毫克每升，清洁的地表水中含量较低，受污染的水体，以及一些深层地下水中含量较高。

制革废水、酸洗废水、某些生化处理设施的出水和农田排水可含大量的硝酸盐。摄入硝酸盐后，经肠道中微生物作用转变成亚硝酸盐而出现毒性作用。文献报道，水中硝酸盐氮含量达数十毫克每升时，可致婴儿中毒。

水中硝酸盐的测定方法颇多，常用的有酚二磺酸光度法、镉柱还原法、戴氏合金还原法、离子色谱法、紫外法和电极法等。

酚二磺酸法测量范围较宽，显色稳定。镉柱还原法适用于测定水中低含量的硝酸盐。戴氏合金还原法对严重污染并带深色的水样最为适用。离子色谱法需有专用仪器，但可同时和其他阴离子联合测定。紫外法和电极法常作为在线快速方法使用，尤其是将电极法改为流通池后可保证电极性能良好，不易受检测水体的沾污和损坏。目前的自动在线监测仪多使用紫外法或电极法。由于镉柱还原法和戴氏合金法操作复杂，这里不作推荐。

水样采集后应及时进行测定。必要时，应加硫酸使pH<2.0，保存在4℃以下，在24h内进行测定。

1. 方法原理

利用硝酸根离子在220nm波长处的吸收而定量测定硝酸盐氮。溶解的有机物在220nm和275nm处都有吸收，而硝酸根离子在275nm处没有吸收。因此，在275nm处作另一次测量，以校正硝酸盐氮值。

2. 干扰及消除

溶解的有机物、表面活性剂、亚硝酸盐、六价铬、溴化物、碳酸氢盐和碳酸盐等干扰测定，需进行适当的预处理。本法采用絮凝共沉淀和大孔中性吸附树脂进行处理，以排除水样中大部分常见有机物、浊度和 Fe^{3+}、Cr^{6+} 对测定的干扰。

3. 方法的适用范围

本法适用于清洁地表水和未受明显污染的地下水中硝酸盐氮的测定，其硝酸盐氮最低检出浓度为 0.08mg/L，测量上限为 4mg/L。

4. 仪器

紫外分光光度计。

5. 试剂

（1）10％硫酸锌溶液。

（2）5mol/L 氢氧化钠溶液。

（3）甲醇。

（4）1mol/L 盐酸（优级纯）。

（5）硝酸盐标准贮备液：称取 0.7218g 分析纯硝酸钾（经 105～110℃干燥 2h），溶于水中，转入 1000mL 容量瓶中，用水稀释至刻度。此溶液含硝酸盐氮 100mg/L。如加入 2mL 三氯甲烷保存，溶液可稳定半年以上。

（6）硝酸盐使用液：可用贮备液稀释 10 倍。此溶液含硝酸盐氮 10mg/L。

（7）0.8％氨基磺酸溶液：避光保存于冰箱中。

6. 步骤

（1）水样的测定

① 量取 200mL 水样置于锥形瓶或烧杯中，加入 2mL 硫酸锌溶液，在搅拌下滴加氢氧化钠溶液，调至 pH 为 7。或将 200mL 水样调至 pH 为 7 后，加 4mL 氢氧化铝悬浮液。待絮凝胶团下沉后，或经离心分离，吸取 50mL 于比色管中，待测定用。

② 加 1.0mL 盐酸溶液、0.1mL 氨基磺酸溶液于比色管中（如亚硝酸盐氮低于 0.1mg/L 可不加氨基磺酸溶液）。

③ 用光程长 10mm 石英比色皿，在 220nm 和 275nm 波长处，以新鲜去离子水 50mL 加 1mL 盐酸溶液为参比，测量吸光度。

（2）校准曲线的绘制

于 6 个 200mL 容量瓶，分别加入 0mL、0.50mL、1.00mL、2.00mL、3.00mL、4.00mL 硝酸盐氮标准贮备液，用新鲜去离子水稀释至标线，也可用 50mL 比色管，取相应体积使用液，稀释至标线，使其浓度分别为 0mg/L、0.25mg/L、0.50mg/L、1.00mg/L、1.50mg/L、2.00mg/L 硝酸盐氮。按水样测定相同操作步骤测量吸光度。

7. 计算

$$A_{校} = A_{220} - 2A_{275} \tag{6-19}$$

式中，A_{220} 为 220nm 波长处测得的吸光度；A_{275} 为 275nm 波长处测得的吸光度。

求得吸光度的校正值（$A_{校}$）以后，从校准曲线中查得相应的硝酸盐氮量，即为水样测定结果（mg/L）。水样若经稀释后测定，则结果应乘以稀释倍数。

8. 精密度和准确度

四个实验室分析含 1.80mg/L 硝酸盐氮的统一标准样，实验室内相对标准偏差为 2.6％；实验室间总相对标准偏差为 5.1％，相对误差为 1.1％。

9. 注意事项

(1) 为了解水受污染程度和变化情况，需对水样进行紫外吸收光谱分布曲线的扫描，如无扫描装置时，可手动在220～280nm、每隔2～5nm测量吸光度，绘制波长-吸光度曲线。水样与近似浓度的标准溶液分布曲线应类似，且在220nm与275nm附近不应有肩状或折线出现。

参考与吸光度比值（A_{275}/A_{220}）应小于0.2，越小越好，超过时应予以鉴别。水样经上述方法适用情况检验后，符合要求时，可不经预处理，直接取50mL水样于比色管中，加盐酸和氨基磺酸溶液后，进行吸光度测量，如经絮凝后水样亦达到上述要求，则也可只进行絮凝预处理，省略树脂吸附操作。

(2) 含有有机物的水样，而且硝酸盐含量较高时，必须先进行预处理再稀释。

(3) 当水样存在六价铬时，絮凝剂应采用氢氧化铝，并放置0.5h以上再取上清液供测定用。

（二）亚硝酸盐氮的测定 [N-(1-萘基)乙二胺分光光度法]

亚硝酸盐氮（$NO_2^- $-N）是氮循环的中间产物，不稳定。根据水环境条件，可被氧化成硝酸酸盐氮，也可被还原成氨。亚硝酸盐可使人体正常的血红蛋白（低铁血红蛋白）氧化成为高铁血红蛋白，发生高铁血红蛋白血症，失去血红蛋白在体内输送氧的能力，出现组织缺氧的症状，亚硝酸盐氮可与仲胺类反应生成具有致癌性的亚硝胺类物质，在pH值较低的酸性条件下，有利于亚硝胺类的形成。

水中亚硝酸盐氮的测定方法通常采用重氮-偶联反应，使生成红紫色染料。方法灵敏，选择性强。所用重氮和偶联试剂种类较多，最常用的，前者为对氨基苯磺酰胺和对氨基苯磺酸，后者为 N-(1-萘基)乙二胺和 α-萘胺。此外，还有目前国内外普遍使用的离子色谱法和新开发的气相分子吸收法。这两种方法虽然需使用专用仪器，但方法简便、快速，干扰较少。

亚硝酸盐氮在水中可受微生物等作用而很不稳定，在采集后应尽快进行分析，必要时冷藏以抑制微生物的影响。

1. 方法原理

在磷酸介质中，pH值为1.8±0.3时，亚硝酸盐氮与对氨基苯磺酰胺反应，生成重氮盐，再与 N-(1-萘基)乙二胺偶联生成红紫色染料。在540nm波长处有最大吸收。

2. 干扰及消除

氯胺、氯、硫代硫酸盐、聚磷酸钠和高铁离子有明显干扰。水样呈碱性（pH≥11）时，可加酚酞溶液作为指示剂，滴加磷酸溶液至红色消失。水样有颜色或悬浮物，可加氢氧化铝悬浮液并过滤。

3. 方法的适用范围

本法适用于饮用水、地表水、地下水、生活污水和工业废水中亚硝酸盐氮的测定。亚硝酸盐氮最低检出浓度为0.003mg/L，测定上限为0.20mg/L。

4. 仪器

分光光度计。

5. 试剂

实验用水均为不含亚硝酸盐的水。

(1) 无亚硝酸盐的水：于蒸馏水中加入少许高锰酸钾晶体，使呈红色，再加氢氧化钡（或氢氧化钙）使呈碱性。置于全玻璃蒸馏器中蒸馏，弃去 50mL 初馏液，收集中间约 70% 不含锰的馏出液。亦可于每升蒸馏水中加 1mL 浓硫酸和 0.2mL 硫酸锰溶液（每 100mL 水中含 36.4g $MnSO_4 \cdot H_2O$），加入 1～3mL 0.04% 高锰酸钾溶液至呈红色，重蒸馏。

(2) 磷酸：$\rho=1.70g/mL$。

(3) 显色剂：于 500mL 烧杯内，加入 250mL 水和 50mL 磷酸，加入 20.0g 对氨基苯磺酰胺，再将 1.00g N-(1-萘基) 乙二胺二盐酸盐（$C_{10}H_7NHC_2H_4NH_2 \cdot 2HCl$）溶于上述溶液中，转移至 500mL 容量瓶中，用水稀释至标线，混匀。

此溶液贮于棕色瓶中，保存在 2～5℃，至少可稳定一个月。

注意：本试剂有毒性，避免与皮肤接触或摄入体内。

(4) 亚硝酸盐氮标准贮备液：称取 1.232g 亚硝酸钠（$NaNO_2$）溶于 150mL 水中，转移至 1000mL 容量瓶中，用水稀释至标线，每毫升约含 0.25mg 亚硝酸盐氮。

本溶液贮于棕色瓶中，加入 1mL 三氯甲烷（若现做现配或没有三氯甲烷，可不加），保存在 2～5℃，至少稳定一个月。

贮备液的标定如下：

① 在 300mL 具塞锥形瓶中，加入 50.00mL 0.050mol/L 的高锰酸钾标准溶液、5mL 浓硫酸，用 50mL 无分度吸管，使下端插入高锰酸钾溶液面下，加入 50.00mL 亚硝酸钠标准贮备液，轻轻摇匀，置于水浴上加热至 70～80℃，按每次 10.00mL 的量加入足够的草酸钠标准液，使红色褪去并过量，记录草酸钠标准溶液用量（V_2），然后用高锰酸钾标准溶液滴定过量草酸钠至溶液呈微红色，记录高锰酸钾标准溶液总用量（V_1）。

② 以 50mL 水代替亚硝酸盐氮标准贮备液，如上操作，用草酸钠标准溶液标定高锰酸钾溶液的浓度（c_1），按下式计算高锰酸钾标准溶液浓度。

$$c_1\left(\frac{1}{5}KMnO_4\right)=\frac{0.0500 \times V_4}{V_3} \tag{6-20}$$

按式（6-21）计算亚硝酸盐氮标准贮备液的浓度：

$$c_{NO_2^--N}=\frac{V_1c_1-0.0500 \times V_2 \times 7.00 \times 1000}{50}=140V_1c_1-7.00V_2 \tag{6-21}$$

式中，c_1 为经标定的高锰酸钾标准溶液的浓度，mol/L；V_1 为滴定亚硝酸盐氮标准贮备液时，加入高锰酸钾标准溶液的总量，mL；V_2 为滴定亚硝酸盐氮标准贮备液时，加入草酸钠标准溶液的量，mL；V_3 为滴定水时，加入高锰酸钾标准溶液的总量，mL；V_4 为滴定空白时，加入草酸钠标准溶液的总量，mL；7.00 为亚硝酸盐氮（1/2N）的摩尔质量，g/mol；50.00 为亚硝酸盐标准贮备液取用量，mL；0.0500 为草酸钠标准溶液浓度（1/2$Na_2C_2O_4$），mol/L。

(5) 亚硝酸盐氮标准中间液：分取 50.00mL 亚硝酸盐标准贮备液（使含 12.5mg 亚硝酸盐氮），置于 250mL 容量瓶中，用水稀释至标线。此溶液每毫升含 50.0μg 亚硝酸盐氮。

中间液贮于棕色瓶内，保存在 2～5℃，可稳定一周。

(6) 亚硝酸盐氮标准使用液：取 10.00mL 亚硝酸盐标准中间液，置于 500mL 容量瓶中，用水稀释至标线。每毫升含 1.00μg 亚硝酸盐氮。此溶液使用时，当天配制。

(7) 高锰酸钾标准溶液（1/5$KMnO_4$，0.050mol/L）：溶解 1.6g 高锰酸钾于 1200mL

水中，煮沸 0.5～1h，使体积减少到 1000mL 左右，放置过夜。用 G-3 号玻璃砂芯滤器过滤后，滤液贮存于棕色试剂瓶中避光保存，按上述方法标定。

（8）草酸钠标准溶液（$1/2Na_2C_2O_4$，0.0500mol/L）：溶解经 105℃ 烘干 2h 的优级纯无水草酸钠 3.350g 于 750mL 水中，移入 1000mL 容量瓶中，稀释至标线。

6．步骤

（1）校准曲线的绘制

在一组 6 支 50mL 比色管中，分别加入 0mL、1.00mL、3.00mL、5.00mL、7.00mL 和 10.0mL 亚硝酸盐氮标准使用液，用水稀释至标线。加入 1.0mL 显色剂，密塞，混匀。静置 20min 后，在 2h 以内，于波长 540nm 处，用光程长 10mm 的比色皿，以实际空白为参比，测量吸光度，绘制以氮含量（μg）对校正吸光度的校准曲线。

（2）水样的测定

当水样 pH≥11（天然水 pH 一般不可能超过 11），可加入 1 滴酚酞指示液，边搅拌边逐滴加入（1+9）磷酸溶液至红色刚消失。水样如有颜色和悬浮物，可向每 100mL 水中加入 2mL 氢氧化铝悬浮液，搅拌，静置，过滤，弃去 25mL 初滤液。

分取经预处理的水样于 50mL 比色管（如含量较高，则分取适量，用水稀释至标线），加 1.0mL 显色剂，然后按校准曲线绘制的相同步骤操作，测量吸光度。经空白校正后，从校准曲线上查得亚硝酸盐氮量。

（3）空白实验

用水代替水样，按相同步骤进行测定。

7．计算

$$c_{NO_2^--N}=\frac{m}{V} \tag{6-22}$$

式中，m 为由水样测得的校正吸光度，从校准曲线上查得相应的亚硝酸盐氮的含量，μg；V 为水样的体积，mL；$c_{NO_2^--N}$ 为亚硝酸盐氮（NO_2^--N）浓度，mg/L。

8．精密度和准确度

两个实验室分析含 0.0257～0.0816mg/L 亚硝酸盐氮的加标水样，单个实验室的相对标准偏差不超过 9.3%，加标回收率为 90%～114%。

五个实验室分析含 0.083～0.18mg/L 亚硝酸盐氮的加标水样，单个实验室的相对标准偏差不超过 2.8%，加标回收率为 96%～102%。

9．注意事项

（1）如水样经预处理后，还有颜色时，则分取两份体积相同的经预处理的水样，一份加 1.0mL 显色剂，另一份改加 1mL（1+9）磷酸溶液。由加显色剂的水样测得的吸光度，减去空白实验测得的吸光度，再减去改加磷酸溶液的水样所测得的吸光度后，获得校正吸光度，以进行色度校正。

（2）显色剂除以混合液加入外，亦可分别配制和依次加入，具体方法如下：

对氨基苯磺酰胺溶液：称取 5g 对氨基苯磺酰胺（磺胺），溶于 50mL 浓盐酸和约 350mL 水的混合液中，稀释至 500mL，此溶液稳定。

N-(1-萘基)乙二胺二盐酸盐溶液：称取 500mg N-(1-萘基)乙二胺二盐酸盐溶于 500mL 水中，贮于棕色瓶内，置冰箱中保存。当色泽明显加深时，应重新配制，如有沉淀，则过滤。

于 50mL 水样（或标准管）中，加入 1.0mL 对氨基苯磺酰胺溶液，混匀。放置 2~8min，加入 1.0mL N-(1-萘基)乙二胺二盐酸盐溶液，混匀。放置 10min 后，在 540nm 波长测量吸光度。

四、数据记录

依据式（6-22）分别求算亚硝酸盐氮（NO_2^--N）、硝酸盐氮（NO_3^--N）浓度（以 N 计，mg/L）。

富营养化的指标主要有营养因子、环境因子和生物因子三大类，其中营养因子是富营养化的主要原因。在营养因子中，一般认为氮、磷最为关键。氮、磷浓度及 N 与 P 比值和形态都会影响藻类生长。

通常认为如果湖库水中总磷浓度超过 0.02mg/L，总氮浓度超过 0.1mg/L 可使藻类过度增殖。由于藻类体内原子比 C:N:P 为 106:16:1，N 与 P 质量比为 7.2:1，理论认为 N:P<7:1 时，N 成为限制因子；反之，P 成为限制因子。不同氮形态被藻类吸收利用的速度也不同，通常认为氨氮是藻类吸收的直接形式，但亦有研究表明藻类优先利用硝态氮。

五、思考题

1. 根据氮形态测定结果说明被测水体污染和自净状况。
2. 在氮形态测定时，要求蒸馏水不含 NH_3、NO_2^-、NO_3^-，如何快速检验？
3. 在亚硝酸盐氮分析过程中，水中的强氧化性物质会干扰测定，如何确定并消除？
4. 在氮形态测定时，如何去除样品中的干扰物质以保证实验的精度？

参考文献

[1] 刘沐生. 对二甲苯正辛醇-水分配系数的测定 [J]. 光谱实验室，2012，29（6）：3532-3535.
[2] Richardson S D. Environmental mass spectrometry: Emerging contaminants and current issues [J]. Analytical Chemistry, 2008, 80: 4373-4402.
[3] 何艺兵，赵元慧，王连生. 有机化合物正辛醇/水分配系数的测定 [J]. 环境化学，1994，13（3）：195-197.
[4] 朱利中，徐霞，胡松，等. 西湖底泥对水中苯胺、苯酚的吸附性能及机理 [J]. 环境科学，2000，21（2）：28-31.
[5] 吴萍，杨桂朋，赵润德. 苯酚在海洋沉积物上的吸附作用 [J]. 海洋与湖沼，2003，34（4）：345-354.
[6] 刘伟，李文斌，孟昭福，等. 表面活性剂复配修饰添加不同含量蒙脱石的黄棕壤对苯酚的吸附作用 [J]. 环境科学学报，2018，38（5）：2014-2022.
[7] 高海英，张福金，李秀萍，等. 阳-非离子有机膨润土对水中苯酚的吸附作用 [J]. 应用化工，2016，45（9）：1708-1710.
[8] 于瑞莲，胡恭任. 苯酚在滩涂沉积物上的吸附特性 [J]. 生态环境，2004，13（4）：535-537.
[9] 中华人民共和国环境保护局. GB 7467—1987 水质 六价铬的测定-二苯碳酰二肼分光光度法 [S]. 北京：中国标准出版社，1987.
[10] 刘静晶，邹春苗，马可佳，等. LC-ICP-MS 测定饮用水中铬形态 [J]. 环境卫生学杂志，2022，12（1）：70-74.
[11] 赵少婷，李建敏，杜宇. 土壤中重金属铬的形态、价态评价综述 [J]. 农学报，2022，12（4）：24-28.
[12] 张晨. 环境样品中铬、硒形态分析方法及应用 [D]. 北京：中国地质大学（北京），2013.
[13] 周彬杰. 基于 Fenton 法降解有机物动力学的定量构效关系模型研究 [D]. 上海：上海交通大学，2017.
[14] 申婷婷. 类 Fenton 降解阿莫西林及固定化微生物降解甲基橙废水的研究 [D]. 长沙：湖南大学，2011.
[15] 李明礼，谭凤训，罗从伟，等. 钼助催化 Fenton 法降解罗丹明 B 的效能研究 [J]. 工业水处理，2022，42（2）：143-149.

[16] 中华人民共和国环境保护局. GB 7493—1987 水质 亚硝酸盐氮的测定 分光光度法 [S]. 北京：中国标准出版社，1987.

[17] 中华人民共和国环境保护总局. HJ/T 346—2007 水质 硝酸盐氮的测定 紫外分光光度法（试行）[S]. 北京：中国环境科学出版社，2007.

[18] 中华人民共和国环境保护局. GB/T 11893—1989 水质 总磷的测定 钼酸铵分光光度法 [S]. 北京：中国标准出版社，1989.

第七章　环境毒理学实验

实验一　有机磷农药对水生生物的影响

一、实验目的

1. 了解环境中化学物质对水生生物急性毒性的实验设计和操作步骤。
2. 掌握半致死浓度 LC_{50} 的估算方法。
3. 熟悉化学物质对所测试水生生物毒性的评价方法。

二、实验原理

农药是污染淡水生态环境和引起淡水生物中毒死亡的主要因素之一，目前因农药使用与管理失控而引发的一系列水域环境污染、对其中水生生物影响以及食品安全等问题，已引起广泛关注和重视。有机磷农药因其易分解、残留周期短等特点，逐渐取代有机氯农药而被广泛应用于我国农业生产中，并且有机磷农药使用剂量不断加大，使用范围不断扩大，由此引起的环境污染问题也日趋严重。鱼类急性毒性实验可以评价受试物对水生生物可能产生的影响，以短期暴露效应表明受试物的毒害性。本实验以国家标准中推荐的急性毒性实验受试鱼类——斑马鱼为实验材料，以常用有机磷农药敌百虫为染毒液，研究其对斑马鱼的急性毒性效应。

鱼类对水环境的变化反应十分灵敏，当水体中的污染物达到一定程度时，就会引起一系列中毒反应，例如行为异常、生理功能紊乱、组织细胞病变直至死亡。在规定的条件下，使鱼接触含不同浓度受试物的水溶液，实验至少进行 24h，最好以 96h 为一个实验周期，在 24h、48h、72h、96h 时记录实验鱼的死亡率，确定鱼类死亡 50% 时的受试物浓度。鱼类毒性实验在研究水污染及水环境质量中占有重要地位。通过鱼类急性毒性实验可以评价受试物对水生生物可能产生的影响，以短期暴露效应表明受试物的毒害性。鱼类急性毒性实验不仅用于测定化学物质毒性强度、测定水体污染程度、检查废水处理的有效程度，也为制定水质标准、评价环境质量和管理废水排放提供环境依据。

三、仪器和材料

1. 仪器

（1）实验容器。实验容器一般用玻璃或其他化学惰性材质制成的水族箱或水槽。容器体积可根据实验鱼的体重确定，通常每升水中鱼的负荷不得超过2g。一些小型鱼类幼鱼可选择500mL或1000mL烧杯为实验容器，容器的深度必须超过16cm，水体表面积越大越好。同一实验应采用相同规格和质量的容器。为防止鱼类跳出容器，可在容器上加上网罩。实验容器使用后，必须彻底洗净，以除去所有毒性残留物。

（2）溶解氧测定仪、温度控制仪、pH计、分析天平、烧杯、水温计、容量瓶、移液管。

2. 材料

（1）实验鱼。实验用的鱼必须对毒物敏感，具有一定的代表性，便于实验条件下饲养，来源丰富，个体健康。本实验选用斑马鱼作为实验鱼，实验前对斑马鱼进行驯养，时间为7d，使之适应实验室条件的生活环境。驯养期间维持自然光照周期，养殖水温（26±1）℃，pH值7.0±0.5，溶解氧不低于5.0mg/L，自来水充分曝气24h作为培养用水，驯养期间，应每天换水，饲喂鱼专用颗粒料，实验期间亦保持此饲养条件。

（2）有机磷农药：敌百虫。

（3）鱼食。

四、实验内容

1. 预实验

通过预实验确定正式实验所需浓度范围。为确定正式实验所需浓度范围，可选择较大范围的浓度系列，如1000mg/L、300mg/L、100mg/L、30mg/L、10mg/L、3mg/L、1mg/L、0.1mg/L，每个浓度放入5条鱼，采用静态方式进行，不设平行组，试验持续48h。观察并记录实验用鱼48h的中毒症状和死亡情况。通过预实验求出实验用鱼的最低全致死浓度和最高全存活浓度。如果一次预实验结果无法确定正式实验所需的浓度范围，应另选一浓度范围再次进行预实验（每组学生选做一个浓度）。

2. 正式染毒实验

根据预实验得出的结果，在包括使鱼全部死亡的最低浓度和48h鱼类全部存活的最高浓度之间至少设置5个浓度组，并以几何级数排布，浓度间隔系数应≤2.2，并设一个空白对照组。每组实验浓度放入10条实验鱼。（每组学生选做一个或两个浓度。）

实验溶液调节至相应温度后，从驯养鱼群中随机取出鱼并迅速放入各实验容器中。转移期间处理不当的鱼均应弃除。同一实验，所有实验用鱼应30min内分组完毕。

正式染毒实验开始后6h连续观察各处理组鱼的状况，并记录实验鱼的异常行为（如鱼体侧翻、失去平衡、游泳能力和呼吸能力减弱，黏液分泌量，颜色变化，是否痉挛等）。

3. 毒性评价

在正式染毒实验开始24h、48h、72h、96h后检查受试鱼的状况。如果没有任何肉眼可见的运动，如鳃的扇动、碰触尾柄后无反应等，即可判断该鱼已死亡。观察并记录死鱼数目后，将死鱼从容器中取出。

实验开始和结束时要测定pH、溶解氧和温度。实验期间，每天至少测定一次。至少在实验开始和结束时，测定实验容器中实验液的受试物浓度。实验结束时，对照组的死亡率不得超过10%。

受毒理学实验学时数限制，本实验仅在正式染毒实验开始后48h观察并记录斑马鱼的死亡数据，估算敌百虫对斑马鱼的48h半致死浓度LC_{50}，评估敌百虫对斑马鱼的急性毒性等级。

五、注意事项

1. 实验期间，对照组鱼死亡率不得超过10%。
2. 实验期间，受试物实测浓度不能低于设置浓度的80%。如果实验期间受试物实测浓度与设置浓度相差超过20%，则应该以实测受试物浓度来表达实验结果。
3. 实验期间，尽可能维持恒定条件。

六、数据记录

1. 实验记录

将实验数据记录于表7-1~表7-3中。

（1）预实验

表7-1 敌百虫浓度以及受试鱼的中毒症状和死亡情况

农药浓度	鱼死亡的数量	鱼存活的数量	存活鱼的中毒症状

（2）正式染毒实验

表7-2 染毒浓度为_____时实验期间鱼的中毒症状记录

染毒时间	中毒症状
0.5h	
1h	
2h	
3h	
4h	
5h	
6h	
实验结束前	

注：记录敌百虫浓度、连续6h及实验结束前实验鱼的异常行为（如鱼体侧翻、失去平衡，游泳能力和呼吸能力减弱，黏液分泌量，颜色变化，是否痉挛等）。

表7-3 实验前后养鱼用水情况记录

项目	pH	温度	溶解氧含量
实验开始			
实验结束			

2. 数据处理

以暴露浓度为横坐标，死亡率为纵坐标，在计算机或对数坐标纸上，绘制暴露浓度对死亡率的曲线。用直线内插法或常用统计程序计算出48h的半致死浓度（LC_{50}）。

如果实验数据不适于计算LC_{50}，可用不引起死亡的最高浓度和引起100%死亡的最低死亡浓度估算LC_{50}的近似值，即这两个浓度的几何平均值。

3. 化学物质急性毒性分级

依据 LC_{50} 值的大小，可以将化学物质的急性毒性分为剧毒、高毒、中等毒、低毒和微毒五级，如表 7-4 所示。

表 7-4 鱼类急性毒性实验毒性分级标准

$LC_{50}/(mg/L)$	<1	1～100	100～1000	1000～10000	>10000
毒性分级	剧毒	高毒	中等毒	低毒	微毒（无毒）

实验二 酶活性的体外抑制实验

一、实验目的

1. 了解有机磷农药对乙酰胆碱酯酶的毒性。
2. 掌握有机磷农药对乙酰胆碱酯酶活性抑制的实验原理。
3. 熟悉乙酰胆碱酯酶活性的测定方法。

二、实验原理

有机磷农药是有机磷酸酯类农药的简称，具有高效、快速、广谱性的特点，常被作为高效杀虫剂和植物生长调节剂而广泛用于农业生产中，是世界上生产和使用最多的农药品种之一。有机磷农药的毒性作用主要是抑制机体内的乙酰胆碱酯酶，当有机磷农药进入体内以后，其磷酸根可以迅速和乙酰胆碱酯酶的活性中心结合，形成磷酰化胆碱酯酶，抑制了乙酰胆碱酯酶的活性，不能水解乙酰胆碱，从而造成神经末梢部位乙酰胆碱的蓄积。胆碱能刺激神经系统，从而导致生物体神经系统功能的紊乱，产生一系列的中毒症状。乙酰胆碱酯酶的活性变化是敏感的农药毒理学指标，已被广泛应用于农药的毒性评价和农药环境污染评价。本实验通过体外毒性实验，研究有机磷农药在不同浓度下对乙酰胆碱酯酶活性的影响。

乙酰胆碱酯酶在有底物（氯化乙酰胆碱）的条件下产生醋酸，醋酸可以与 3-硝基苯酚（黄色）反应并使其脱色，3-硝基苯酚在 400～440nm 范围内有吸收光，其吸光值可以反映乙酰胆碱酯酶的活性。

三、仪器和材料

1. 仪器

试管，烧杯，恒温水浴锅，分光光度计。

2. 材料

（1）氯化钠溶液：用蒸馏水配成 0.15mol/L 的 NaCl 溶液，加入 0.4％氯仿，2～8℃保存。

（2）醋酸：0.02mol/L。

（3）磷酸缓冲液：取 0.1mol/L 的 $K_2HPO_4 \cdot 3H_2O$ 溶液同 0.1mol/L 的 KH_2PO_4 溶液

混合，调节 pH=7.8，配成 0.1mol/L 的磷酸缓冲液。

(4) 氯化乙酰胆碱：实验前采用蒸馏水配成 150g/L 的底物溶液。

(5) 3-硝基苯酚：用 0.1mol/L、pH=7.8 的磷酸缓冲液配成浓度为 0.75g/L 的显色剂溶液，2~8℃下保存。

(6) 乙酰胆碱酯酶：-20℃保存。

(7) 有机磷农药：敌百虫。

四、实验内容

1. 乙酰胆碱酯酶活性标准曲线配制

乙酰胆碱酯酶活性标准曲线的配制见表 7-5。

(1) 通风橱内，在一支试管中，加入 2.0mL NaCl 溶液，以及 2.0mL 磷酸缓冲液，混匀。

(2) 按表 7-5 第 1 列标记七支试管，在每管中加入 2.0mL 的 3-硝基苯酚，以及 0.4mL 步骤 (1) 中混合的试剂。

(3) 按表 7-5 第 2、3 列所示在试管中分别加入试剂，并混合。

(4) 以蒸馏水为参比，记录每管试剂在 405nm 处吸光度。

(5) 以空白管的吸光值减去其余每管的吸光值，所得差值作为纵坐标，以表 7-5 第 4 列乙酰胆碱酯酶活性作为横坐标，绘制标准曲线。

表 7-5 乙酰胆碱酯酶活性标准曲线配制

试管编号	蒸馏水/mL	醋酸溶液/mL	乙酰胆碱酯酶活性/(Rappaport units/mL)[①]
空白	3.2	0	0
1	3.0	0.2	20
2	2.8	0.4	40
3	2.6	0.6	60
4	2.4	0.8	80
5	2.2	1.0	100
6	2.0	1.2	120

① 酶活单位（Rappaport units/mL）是根据 1959 年 Rappaport 等发表的关于用 3-硝基苯酚作为指示剂测定乙酰胆碱酯酶活性的方法。一个酶活单位代表在 25℃、pH=7.8 的条件下，反应 30min，使氯化乙酰胆碱产生 1mol 的醋酸所需要的乙酰胆碱酯酶的量。

2. 酶活性抑制实验

(1) 在通风橱内，融化冷冻的未稀释过的乙酰胆碱酯酶，用磷酸缓冲液稀释成每毫升中含有 10 个酶活单位的酶液，搅拌，须立即使用。

(2) 准备试管若干，置于水浴锅中（25℃）15min，同时将所需试剂也放在水浴锅中预热至 25℃。

(3) 按照表 7-6，依次将第 2 列到第 6 列的试剂加入对应编号的试管中。将农药稀释到设定的浓度梯度，依据第 7 列的添加量依次加入试管中，混匀。

(4) 将试管在水浴锅（25℃）中静置 15min。

(5) 每间隔 2min，向每管中加入 0.2mL 氯化乙酰胆碱，混合。在水浴锅（25℃）中放置 30min。

(6) 对每管试剂进行比色测定，以蒸馏水为参比，记录 405nm 处的吸光度。

表 7-6　乙酰胆碱酯酶活性抑制实验试剂加入情况

试管编号	蒸馏水/mL	NaCl/mL	3-硝基苯酚/mL	磷酸缓冲液/mL	酶/mL	农药/mL
空白	3.2	0.2	2.0	0.3	0	0
浓度 0	2.9	0.2	2.0	0.3	0.3	0
浓度 1	1.9	0.2	2.0	0.3	0.3	1
浓度 2	1.9	0.2	2.0	0.3	0.3	1
浓度 3	1.9	0.2	2.0	0.3	0.3	1
浓度 4	1.9	0.2	2.0	0.3	0.3	1
浓度 5	1.9	0.2	2.0	0.3	0.3	1

五、注意事项

1. 酶活性抑制实验要在 25℃恒温条件下进行。
2. 酶活性抑制实验的反应时间要计时准确。
3. 农药的浓度设置不少于五个浓度梯度，每个浓度做三个平行实验。
4. 实验记录表中，"说明"一栏可以填入有机磷农药名称、设置的浓度梯度等。

六、数据记录

1. 乙酰胆碱酯酶活性计算

以空白管的吸光度减去其余每管的吸光度，根据得到的差值，从标准曲线上查得相应的酶活性。

2. 乙酰胆碱酯酶活性抑制率计算

设空白管的吸光度为 $A_空$，浓度 0 下的吸光度为 A_0，其余各浓度下的吸光度分别为 A_1、A_2、A_3、A_4、A_5。

空白管的吸光度 $A_空$ 为没有酶参与反应时反应体系的吸光值；浓度 0 的吸光值 A_0 为抑制率为 0 时的吸光度，则在浓度 x 下，得

$$酶活性抑制率 = 1 - \frac{A_空 - A_x}{A_空 - A_0} \tag{7-1}$$

3. 计算各个浓度下的酶抑制率

绘制受试农药浓度对酶抑制率的曲线图。

4. 数据记录表格（表 7-7）

表 7-7　乙酰胆碱酯酶活性体外抑制实验记录

试管编号	吸光度 $A_空$	$A_空 - A_x$	对应酶活性/(Rappaport units/mL)	酶活性抑制率/%
空白				
浓度 0				
浓度 1				
浓度 2				
浓度 3				
浓度 4				
浓度 5				
说明				

实验三 重金属在水生生物体内的累积和分布

一、实验目的

1. 了解重金属在鱼体中的迁移、积累和分布特征。
2. 熟悉生物样品重金属测定的前处理方法。
3. 掌握铬的测量方法（分光光度法）。

二、实验原理

随着人类社会的发展，工业和生活废水的排放，造成的水体污染严重威胁了水生生物的生存环境，有害物质的生物富集作用反过来对人类健康产生巨大影响。其中，重金属作为主要污染物之一，能够和生物体内的蛋白质及各种酶发生强烈的相互作用，使它们失去活性。同时，由于重金属很难在环境中降解，具有很强的生物富集性，随废水排出的重金属，即使浓度很小，也可被鱼和贝类富集于体内，富集于水生生物体内的重金属还可通过食物链进行传递，对人类的身体健康构成严重威胁。本实验通过使用固定剂量的重金属对受试鱼体进行染毒，研究重金属在鱼体内的累积和分布规律。

低于中毒剂量的环境污染物，反复多次地与受试生物持续接触，污染物不断进入受试生物体内，当其吸收量大于排出量时，污染物会在受试生物体内逐渐积累。通过测定受试生物不同组织和器官中重金属的含量，探讨重金属在水生生物不同组织和器官中的分布及富集特征。

铬的测定可采用比色法、原子吸收分光光度法和滴定法。当使用二苯碳酰二肼比色法测定铬时，可直接比色测定六价铬，如果先将三价铬氧化成六价铬后再测定就可以测得水中的总铬。

在酸性溶液中，六价铬离子与二苯碳酰二肼反应，生成紫红色化合物，其最大吸收波长为540mm，吸光度与浓度的关系符合比尔定律。如果测定总铬，需先将水样中的三价铬氧化为六价铬，再用本法测定。

三、仪器和材料

1. 仪器

（1）实验容器。实验容器一般是用玻璃或其他化学惰性材质制成的水族箱或水槽。容器体积可根据试验鱼的体重确定，通常以每升水中鱼的负荷不得超过2g。一些小型鱼类幼鱼可选择500mL或1000mL烧杯为实验容器。容器的深度必须超过16cm，水体表面积越大越好。同一实验应采用相同规格和质量的容器。为防止鱼类跳出容器，可在容器上加上网罩。实验容器使用后，必须彻底洗净，以除去所有毒性残留物。

（2）溶解氧测定仪、pH计、分析天平、烧杯、水温计、容量瓶、移液管、剪刀（或不锈钢解剖刀）、比色管、分光光度计、微波消解仪、滤纸。

2. 材料

(1) 实验鱼。试验用的鱼必须对毒物敏感，具有一定的代表性，便于实验条件下饲养，来源丰富，个体健康。本实验选用斑马鱼作为实验鱼，实验前对斑马鱼进行驯养，时间为 7d，使之适应实验室条件的生活环境。驯养期间维持自然光照周期，养殖水温（26±1）℃，pH 值 7.0±0.5，溶解氧不低于 5.0mg/L，自来水充分曝气 24h 作为培养用水，驯养期间，应每天换水，饲喂鱼专用颗粒料，实验期间亦保持此饲养条件。

(2) 重铬酸钾、30%过氧化氢、硝酸、丙酮、鱼食。

(3) 硫酸溶液：将硫酸（H_2SO_4，优级纯）缓缓加入同体积的水中，摇匀。

(4) 磷酸溶液：将磷酸（H_3PO_4，优级纯）缓缓加入同体积的水中，摇匀。

(5) 二苯碳酰二肼溶液（显色剂）：称取二苯碳酰二肼（简称 DPC，$C_{13}H_{14}N_4O$）0.2g 溶于 50mL 丙酮中，加水稀释至 100mL，摇匀，贮于棕色瓶内，置于冰箱中保存。颜色变深后不能再用。

(6) 铬标准贮备液：称取于 120℃ 干燥 2h 的重铬酸钾（优级纯）0.2829g，用水溶解，移入 1000mL 容量瓶中，用水稀释至标线，摇匀。每毫升贮备液含 0.100mg 六价铬。

(7) 铬标准使用液：吸取 5mL 铬贮备液于 500mL 容量瓶中，用水稀释至标线，摇匀。每毫升标准使用液含 1μg 六价铬，使用时当天配制。

四、实验内容

1. 样品染毒及培养

通过文献查阅确定实验所需浓度范围。本实验按照 Cr 浓度为 0.05mg/L、0.2mg/L、1mg/L、2mg/L、5mg/L 进行（学生按照分组，每组选做一个或两个浓度）。每个浓度放入十条鱼，采用半静态方式进行，实验持续一周。观察并记录实验用鱼的中毒症状（如鱼体侧翻、失去平衡，游泳能力和呼吸能力减弱，色素沉积等）和死亡情况。

实验溶液调节至相应浓度和温度后，从驯养鱼群中随机取出鱼并随机迅速放入各实验容器中。

2. 样品处理及测定

(1) 用不锈钢刀对不同浓度 Cr 染毒培养后的鱼进行解剖，将其分为鱼肉、内脏、鱼头三部分，并分别将鱼肉、内脏、鱼头切碎或捣碎（操作时应避免交叉污染）。

(2) 准确称取匀浆后的斑马鱼样品 0.5g 置于微波消解罐中，加硝酸 6mL、过氧化氢（30%）3mL，待其剧烈反应后盖好安全阀，置于已设定好程序的微波消解系统中进行消解，升温程序为 3min 升温至 120℃ 保持 3min，2min 升温至 150℃ 保持 3min，2min 升温至 200℃ 保持 12min（加过氧化氢利于脂肪含量高的样品消解）。

(3) 待冷却后取出消解罐，用去离子水转移至 50mL 比色管中，稀释至标线。

(4) 加入硫酸溶液 0.5mL 和磷酸溶液 0.5mL，摇匀。加入 2mL 显色剂溶液，摇匀。5~10min 后，于 540nm 波长处，用 1cm 或 3cm 比色皿，以水为参比，测定吸光度并作空白校正。进行空白校正后根据所测吸光度从标准曲线上查得六价铬含量。

3. 标准曲线的绘制

取 6 支 50mL 比色管，依次加入 0mL、1.00mL、2.00mL、4.00mL、6.00mL、8.00mL 铬标准使用液，用水稀释至标线，加入硫酸溶液 0.5mL 和磷酸溶液 0.5mL，摇匀。加入 2mL 显色剂溶液，摇匀。5~10min 后，于 540nm 波长处，用 1cm 或 3cm 比色皿，以水为参比，测定吸光度并作空白校正。以吸光度为纵坐标，相应六价铬含量为横坐标绘出标准曲线。

五、注意事项

环境当中也含有重金属，实验时所使用的玻璃仪器可能受到污染，实验中所使用到的玻璃仪器用5%的硝酸浸泡过夜之后再使用可以避免污染导致数据不准确。

六、数据记录

1. 以标准样品的浓度为横坐标，对应的吸光度值为纵坐标，绘制标准曲线。利用标准曲线计算所测样品的吸光度值对应的重金属含量。
2. 分析重金属在鱼体不同组织和器官（鱼肉、鱼头、内脏）中的分布特征。

实验四　鱼类回避胁迫实验

一、实验目的

1. 了解污染物胁迫下鱼类的回避行为。
2. 学会用鱼类回避实验监测水体污染物的方法。
3. 了解回避反应的生理效应。

二、实验原理

回避行为，是指水生动物，特别是游泳能力强的水生动物，能主动避开受污染的水区，游向未受污染的清洁水区的行为。有些化学物质甚至利用化学分析仪器都难以检测到，但通过回避实验，能反映出水体的混合污染状况的实际毒性。人们利用鱼类的这种回避特性，设计控制不同浓度的污染区、非污染区（清水区）及污染混合区（污水与清水混合区）的模拟设施，借以鉴定鱼类的回避能力，对判定水污染状况和工业废水的处理程度，都有一定的实用价值。

鱼类回避反应，是通过嗅觉、味觉、视觉以及侧线及其他感受器而实现的。嗅觉器官可感受水中化学成分、食物及其他鱼类皮肤分泌物等所引起的化学刺激，是引起鱼类行为反应的重要器官之一。味蕾是感觉器，广泛分布于鱼类的口腔、触须及表皮等部位，对水中一些重金属离子（如汞、铜、锌等），具有很高的敏感性。当环境中的污染物达到回避阈值时，就会引起鱼类对外界环境刺激的行为反应而出现短期的逃避行为。因此，通过鱼类这种短期的转移与逃避可直观地反映环境中理化性质的恶化、水的变质等。

三、仪器和材料

1. 仪器

自制的鱼类回避槽，其结构如图7-1所示。

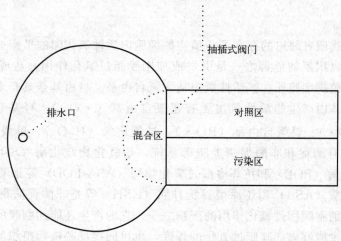

图 7-1 鱼类回避槽示意图

2. 材料

（1）0.2~2.0mg/L NH_3 水溶液。

（2）罗非鱼：26.9g 最宜。实验前先室内驯养七天以上。驯养期间每天投喂豆饼粉。

四、实验内容

1. 在回避槽中装入适量的清水，槽一端的污染区和对照区各放供试鱼 20 条。

2. 在污染区中投加 NH_3，打开阀门，观察鱼类是否逃避到回避槽另一端的混合区。如果没有鱼游走，继续增加 NH_3 的投加量，直到有第一条鱼游到混合区。记录此时 NH_3 的投加量，即为最小效应量。

3. 继续增加 NH_3 的投加量，并同时计算游到回避槽另一端混合区鱼的数量。

4. 当供试鱼一半数量游到的回避槽另一端混合区时，记录此时 NH_3 的投加量，即为半数效应量。

五、数据记录

分别记录最小效应量和半数效应量。

实验五　重金属胁迫下植物叶片丙二醛（MDA）含量的测定

一、实验目的

通过给受试植物施加高、中、低三种不同浓度的重金属铜，经过一定时间的培养，测定植物叶片中的丙二醛含量，通过比较高、中、低三种不同浓度的 Cu 处理的以及对照组植物叶片的 MDA，了解重金属 Cu 对该种植物的损伤作用。

二、实验原理

在某种外界干扰或者胁迫的存在下,植物的细胞内活性氧代谢的平衡被破坏而有利于活性氧的积累。活性氧积累的危害之一是引发或加剧膜脂过氧化作用,造成细胞膜系统的损伤,严重时会导致植物细胞死亡。活性氧包括含氧自由基。自由基是具有未配对价电子的原子或原子团。生物体内产生的活性氧主要有超氧自由基($\cdot O_2^-$)、羟基自由基($OH\cdot$)、过氧自由基($ROO\cdot$)、烷氧自由基($RO\cdot$)、过氧化氢(H_2O_2)、单线态氧($^1O_2$)等。植物对活性氧产生有酶促和非酶促两类防御系统,超氧化物歧化酶(SOD)、过氧化氢酶(CAT)、过氧化物酶(POD)和抗坏血酸过氧化物酶(ASA-POD)等是酶促防御系统的重要保护酶,抗坏血酸(ASA)和还原型谷胱甘肽(GSH)等是非酶促防御系统中的重要抗氧化剂。丙二醛是细胞膜脂过氧化作用的产物之一,它的产生还能加剧膜的损伤。因此,丙二醛产生数量的多少能够表征膜脂过氧化的程度,也可间接反映植物组织的抗氧化能力的强弱。所以在植物受损、衰老生理和抗性生理研究中,丙二醛含量是一个常用指标。

目前不论是在水环境中还是土壤环境中都存在不同程度的重金属污染。植物通过根系吸收环境介质中的重金属,浓度超过一定的阈值,则对植物产生损伤作用。

丙二醛是常用的膜脂过氧化指标,在酸性和高温度条件下,可以与硫代巴比妥酸(TBA)反应生成红棕色的三甲川(3,5,5-三甲基噁唑-2,4-二酮),其反应方程式如下所示。其最大吸收波长在532nm,最小的在600nm,消光系数为155L/(mol·cm)。

硫代巴比妥酸(TBA) + 丙二醛 $\xrightarrow{100℃}$ 3,5,5-三甲基噁唑-2,4-二酮(三甲川)

MDA 的含量可用下式计算:

$$MDA(mmol) = \frac{A_{532} - A_{600}}{155 \times L} \tag{7-2}$$

式中,L 为比色皿厚度,cm。

但是测定植物组织中 MDA 时受多种物质的干扰,其中最主要的是可溶性糖,糖与TBA 显色反应产物的最大吸收波长在450nm,但532nm处也有吸收。可用下式消除由蔗糖引起的干扰:

$$MDA(\mu mol/L) = 6.45(A_{532} - A_{600}) - 0.56 A_{450} \tag{7-3}$$

按消光系数为155L/(mol·cm)计算 MDA 含量。

三、仪器和材料

1. 仪器

紫外-可见分光光度计,离心机,电子天平,离心管(10mL,每组4支),研钵(每组2套),试管,刻度吸管(10mL、2mL),剪刀。

2. 材料

(1) 0.05mol/L pH 为 7.8 的磷酸钠缓冲液。

(2) 石英砂。

(3) 5％三氯乙酸溶液（TCA）：称取 5g 三氯乙酸，先用少量蒸馏水溶解，然后定容到 100mL。

(4) 0.5％硫代巴比妥酸溶液的 5％三氯乙酸溶液：称取 0.5g 硫代巴比妥酸，用 5％三氯乙酸溶解，定容至 100mL。

四、实验内容

用高、中、低浓度的 $CuCl_2$ 施加于植物生长的环境介质中，经过一定时间的培养，备用（这一步施毒处理本实验学生不用做）。

1. 实验材料准备

取高、中、低浓度 Cu 处理过的、受重金属 Cu 胁迫的植物叶片以及对照组的植物叶片，如果受损明显，尽量取黄色、绿色两种叶片。

2. MDA 的提取

称取剪碎的黄叶和青叶各称 1.0g，各分次加入 5mL 预冷的 0.05mol/L 磷酸钠缓冲液，加入少量石英砂，在经过冰浴的研钵内分开研磨成匀浆，转移到 10mL 刻度离心试管中，将研钵用缓冲液洗净，清洗也移入离心管中，最后用缓冲液定容至 10mL。在 4℃离心 6min，转速为 12000r/min（或者 4500r/min，离心 10min），上清液即为丙二醛提取液。

3. 显色反应和测定

吸取 2mL 的提取液于刻度试管中，加入 0.5％硫代巴比妥酸的 5％三氯乙酸溶液 3mL，于沸水浴上加热 10min，迅速冷却。4500r/min 离心 10min。取上清液于 532nm、600nm、450nm 波长下，以蒸馏水为空白调透光率为 100％，测定吸光度。

五、注意事项

每个处理至少做一个平行样，至少共 8 个样品 [（3 个浓度处理＋1 个对照）×2]。

六、数据记录

根据植物组织的质量分别计算测定样品中 MDA 的含量：

MDA 含量(μmol/g)＝MDA 浓度(μmol/L)×提取液体积(L)/植物组织鲜重(g)　(7-4)

实验六　UV-B 对小球藻过氧化氢酶（CAT）活性的影响

一、实验目的

1. 掌握酶提取及活性测定的方法。
2. 了解 UV-B 辐射对 CAT 活性的影响。

二、实验原理

过氧化氢酶（CAT）又称为触酶，主要分布在植物细胞的过氧化物酶体、乙醛酸循环体和细胞质中，线粒体内也有少数分布。

CAT 作为活性氧自由基的重要清除剂，是清除 H_2O_2 的主要酶类，在植物的抗氧化胁迫作用中扮演重要的角色。

UV-B 是一种环境污染因子，低强度的 UV-B 辐射处理会使小球藻 CAT 活性增强，且其活性基本是随着 UV-B 辐射时间的延长而增强。这是因为 UV-B 胁迫产生了活性氧自由基，抗氧化酶活性升高及时清除体内过剩的自由基，保护细胞膜系统免受伤害，但当胁迫超出了生物体的承受能力后，酶自身也会受到破坏。

本实验的紫外辐射强度为 $10\mu W/cm^2$，处理时间为 60min，其胁迫超出了生物体的承受能力后，酶自身也会受到破坏。其原理为 UV-B 可与 CAT 的巯基或其他活性基团相互作用，从而改变酶的活性，并产生毒性效应。

过氧化氢在 240nm 波长下有强烈的吸收能力，过氧化氢酶能分解过氧化氢，使反应溶液吸光度随反应时间延长而降低。根据测量吸光度的变化速度即可测出过氧化氢酶的活性。通过实验组和对照组所测的过氧化氢酶活性大小的比较就可得出高强度的 UV-B 对过氧化氢酶活性的影响。

三、仪器和材料

1. 仪器：研钵，分光光度计，低温高速离心机，培养箱，UV-B 辐射箱，擦镜纸，10mL 离心管，1mL、$10\mu L$ 移液枪等。

2. 材料：小球藻，石英砂，磷酸缓冲液，H_2O_2。

四、实验内容

1. 小球藻的培养

培养液采用 f/2 营养盐配方，在指数生长期接种。

2. 接种

接种密度为 5×10^4 个/mL，培养温度 (20 ± 1)℃。培养 3 天后小球藻正处于对数期，且密度为 1×10^5 个/mL。

3. UV-B 辐射处理

设有两组，实验组的辐射强度控制在 $10\mu W/cm^2$，处理时间为 60min，并设有对照组，正常日光灯管照射。每组实验同时设置 3 个平行样。

4. 酶液的提取

(1) 取 4mL 藻液，4℃时低温高速离心机以 3000r/min 离心 15min。

(2) 倒出上清液，向其内加入 4℃预冷的磷酸缓冲液（50mmol/L，pH=7.0）1mL，将浓缩藻液倒入研钵，加入少许石英砂，在冰浴条件下研磨。

(3) 向研钵中三次补加 1mL 磷酸缓冲液，冲洗研钵，将其转入离心管中，在 4℃下以 12000r/min 离心 10min，取上清并记录体积用于测定酶活性。

5. 酶活性的测定

(1) 将约 2.5mL 上清液加入比色皿中，并加入 30%（质量浓度）H_2O_2 10μL。

(2) 测定时以蒸馏水调零，240nm 下比色，连续测定 4min 内的变化值。计算时以 1min 内 240nm 的吸光值减少 0.1 的酶量为 1 个酶活性单位（U）。

五、数据记录

活力计算：

$$CAT 活性 = (\Delta A_{240} \times V_t)/0.1V_1 \times t \times N \tag{7-5}$$

式中，ΔA_{240} 为样品管的吸光度变化；V_t 为提取酶液总体积，mL；V_1 为测定用酶液体积，mL；N 为溶液内小球藻细胞密度，10^5 个/mL；t 为时间，min。

实验七 重金属对鱼肝过氧化氢酶的影响

一、实验目的

学习应用生物化学方法研究污染水体中重金属对鱼类的影响，掌握生物监测的一种测试手段。

二、实验原理

过氧化氢酶普遍存在于动物、植物和微生物细胞中，可以催化分解细胞代谢产生的 H_2O_2 和还原某些其他氧化物，在调节细胞免于死亡过程中起重要作用。过氧化氢酶含有丰富的巯基，重金属可与酶的巯基或其他活性基团相互作用，从而改变酶的活性，呈现致毒作用。

过氧化氢酶催化分解 H_2O_2，以 H_2O_2 消耗量来表示过氧化氢酶的活力。酶活力测定原理如下：

$$2H_2O_2 \xrightarrow{\text{过氧化氢酶}} O_2 \uparrow + 2H_2O$$

剩余的 H_2O_2 用碘量法定量测定：

$$H_2O_2 + 2KI + H_2SO_4 \longrightarrow I_2 + K_2SO_4 + 2H_2O$$

$$I_2 + 2Na_2S_2O_3 \longrightarrow 2NaI + Na_2S_4O_6$$

三、仪器和材料

1. 仪器

玻璃匀浆机，解剖器具，普通台式分离机，恒温水浴，滴定管（10mL，酸式），碘量瓶（7个，100mL）。

2. 材料

(1) 0.5mol/L H_2SO_4 溶液。

(2) 10% KI 溶液。

(3) 0.01g/L $Na_2S_2O_3$ 溶液。

(4) 0.01mol/L，pH 为 6.8 的磷酸缓冲液：称取 1.3610g 的 KH_2PO_4 溶至 1000mL 为 A，称取 3.5816g 的 Na_2HPO_4 溶至 1000mL 为 B，取 A 与 B 大致同体积配成 pH 为 6.8 的

磷酸缓冲液。

（5）H_2O_2-磷酸缓冲液：取1mL 30%的H_2O_2试液，用0.01mol/L，pH为6.8的磷酸缓冲液稀释至1000mL。

（6）淀粉指示剂：取0.3g可溶性淀粉，以少量冷蒸馏水拌匀，倒入沸水中，冷却后，加入0.1g的Na_2CO_3，用蒸馏水稀释至50mL。

（7）1%钼酸铵溶液。

（8）0.25mol/L蔗糖溶液。

四、实验内容

1. 实验材料处理

测定重金属离子对鱼96h LC_{50}值，将实验用鱼在1/2~1/6 LC_{50}浓度的重金属离子试液中暴露96h。

2. 酶匀浆制备

将处理后的鱼杀死，剥离肝脏，用滤纸吸干，称重，按1:10（质量浓度）加入1~4℃的0.25mol/L蔗糖液，匀浆，以1500r/min离心5min，取上清液，用0.25mol/L蔗糖液稀释20倍，置于1~4℃环境中，供测定酶活力使用。

3. 过氧化氢酶活力测定

过氧化氢酶活力测定的具体过程见表7-8。

表7-8 过氧化氢酶活力测定

试剂	测定组		
	试剂空白组	处理组	对照组
0.01mol/L pH为6.8的H_2O_2-磷酸缓冲液	5mL	5mL	5mL
25℃水浴中恒温1min			
试剂	2mL 0.5mol/L H_2SO_4	1mL 酶液	1mL 酶液
25℃水浴中准确保温3min（混匀）			
试剂	1mL 酶液	2mL 0.5mol/L H_2SO_4	2mL 0.5mol/L H_2SO_4
10% KI溶液	0.5mL	0.5mL	0.5mL
1%钼酸铵溶液	1滴	1滴	1滴
混匀后放置3min，用0.01g/L $Na_2S_2O_3$滴定，达浅黄色时，加淀粉指示剂2~3滴，滴定至蓝色消失			

五、注意事项

1. 实验用鱼应选择规格相近的同种同龄鱼。
2. 测定过氧化氢酶活力的鱼样品数不得少于6条。
3. 整个酶活力测定操作过程应在低于25℃下进行。酶促反应必须在25℃恒温下进行。
4. 酶促反应时间必须计时准确。
5. 滴定消耗的0.01g/L $Na_2S_2O_3$溶液在6mL左右合适。超过或低于此值，应调节稀释倍数。
6. 实验记录表中，"酶活力"对应的记录项目，只对处理组和对照组适用。"说明"一栏可记录中毒试剂的浓度，或其他相应的实验条件，以及在实验中出现的意外情况。

六、数据记录

1. 过氧化氢酶活力

过氧化氢酶活力以单位时间酶促分解 H_2O_2 的量表示。计算公式如下：

$$酶活力 = \frac{(V_C - V_B \text{ 或 } V_A) \times f \times N \times 1000}{2 \times 3} \tag{7-6}$$

式中，V_A 为处理组样品消耗的 $Na_2S_2O_3$，mL；V_B 为对照组样品消耗的 $Na_2S_2O_3$，mL；V_C 为试剂空白消耗的 $Na_2S_2O_3$，mL；3 为反应时间 3min；2 为消耗 2 个分子的 $Na_2S_2O_3$ 相当于 1 个分子的 H_2O_2；f 为酶液的稀释倍数，本实验为 200；N 为 $Na_2S_2O_3$ 的质量浓度，g/L；1000 为滴定体积由毫升换算成升的系数。

2. 过氧化氢酶实验记录表格（表7-9）

表7-9 过氧化氢酶实验记录表

项目	试剂空白(C)			处理组(A)						对照组(B)					
	1	2	3	1	2	3	4	5	6	1	2	3	4	5	6
消耗的 $Na_2S_2O_3$/mL															
f															
N/(g/L)															
酶活力	—														
说明															

参考文献

[1] 舒展，邱雪颖. 环境毒理学实验 [M]. 3版. 哈尔滨：东北林业大学出版社，2011.
[2] 孔志明. 现代环境生物学实验技术与方法 [M]. 北京：中国环境科学出版社，2005.
[3] 徐晓白. 典型化学污染物在环境中的变化及生态效应 [M]. 北京：科学出版社，1998.
[4] 付保荣. 环境污染生态毒理与创新型综合设计实验教程 [M]. 北京：中国环境出版社，2016.
[5] 黄秋琳，宁萍，洪华嫦，等. 环境毒理学实验中小球藻EC-50值测定的影响研究 [J]. 科技创新导报，2015，12(29)：182-183.
[6] 施嘉琛，郑婷婷，李红. 模式动物斑马鱼在环境毒理学中的实验方法和检测指标 [J]. 首都公共卫生，2017，11(1)：38-40.
[7] 杨鸢劼. 鱼类作为实验动物在环境毒理学研究中的应用 [J]. 水产科技情报，2010，37(4)：187-190.
[8] 阮琴. 环境毒理学设计性实验教学的探索与实践 [J]. 科技信息，2009，320(36)：324.
[9] 甘露菁，荣菡，杨丹，等. 斑马鱼对铜、铅和镍的生物富集动力学研究 [J]. 中国食物与营养，2019，25(11)：25-29.
[10] 孔志明. 环境毒理学 [M]. 南京：南京大学出版社，2017.

第八章　物理性污染控制工程实验

实验一　小型机器噪声的测量

一、实验目的

1. 熟练掌握声级计的正确操作方法。
2. 了解室内噪声源，如小型机器（空压机、真空泵）噪声的特性。
3. 了解噪声对人身健康及工作的影响。
4. 掌握室内噪声源，如小型机器（空压机、真空泵）噪声的测量方法。

二、实验原理

小型机器噪声为稳态噪声，只要测量 A 声级（声级计权中的一种），记为 dB（A）。声级计调为慢挡，取样间隔时间为 5s，取样次数为 3~8 次，最后取平均 A 声级。对于本底噪声影响的处理有两种方法。

（1）如果测量某噪声源噪声级与本底噪声相差 10dB 以上，本底噪声影响可以忽略不计，如二者相差 3~9dB，可按表 8-1 进行修正。

表 8-1　噪声修正值

所测出的声源噪声与本底噪声的差值/dB	3	4~5	6~9
修正值/dB	-3	-2	-1

（2）把声压级进行叠加。对应 n 个声源的一般情况有：

$$L_p = 10\lg \sum_{i=1}^{n} 10^{0.1 L_{pi}} \tag{8-1}$$

式中，L_p 为总声压级，dB；L_{pi} 为总声压级在某点各声源产生的声压级或一个声源某频率下的声压级，dB；n 为声压级的总个数。

同样，可以利用分贝相加曲线进行声压级叠加。ΔL_p 为噪声差值，$\Delta L_p'$ 为附加值，见表 8-2。

表 8-2 数据分析表

ΔL_p/dB	0	1	2	3	4	5	6	7	8	9	10	11,12	13,14	15 以上
$\Delta L_p'$/dB	3	2.5	2.1	1.8	1.5	1.2	1.0	0.8	0.6	0.5	0.4	0.3	0.2	0.1

三、仪器和材料

测量仪器采用精度为 2 型及 2 型以上的积分式声级计或噪声统计分析仪，如 AWA5633A 型积分声级计（带防风罩）。在测量前后使用声级校准器进行校准，要求测量前后校准偏差不大于 0.5dB。

四、实验内容

1. 现场测量要求

噪声测量时生产设备必须处于正常工作状态，并维持状态不变。除待测机器外尽可能关闭其他运转设备；减少测量环境的反射面；增加吸声面积等。一般情况下，对于小型机器（外形尺寸小于 0.3 m）测点选择在距表面 0.3m 处。测量时还要注意排除本底噪声影响，本底噪声是指被测噪声源停止发声后的周围环境噪声。

2. 测点选择

测点选择的原则：小型机器各处 A 声级波动一般小于 3dB，只需选择 1~3 个测点。

测点高度以机器半高度为准或选择在机器轴水平线的水平面上，传声器对准机器表面，测量 A 声级，并在相应点上测量背景噪声。

3. 测量方法与步骤

（1）准备好符合要求的测试仪器，打开电源待稳定后，用校准仪器校准到标准声级。

（2）选定测量位置，布置测点。

（3）按等时间间隔（选取 5s 或 10s），读取各时间间隔内平均 A 声级，连续测量 3~8 个数据。

（4）测量结束后，用校准器对仪器再次进行校准，检查前后校准误差小于 2dB，否则重新测量。

五、数据记录

详细记录下测量的仪器名称、型号和测试对象的名称、型号、功率等主要参数（表 8-3），并画出设备在空间所处的位置和测点分布示意图。

表 8-3 测试数据汇总表

声源特征	机器名称	型号	功率/W	台数/台
测点数据	测点代号	背景噪声/dB	背景噪声+声源噪声/dB	

六、思考题

1. 根据测试结果与测试所处区域环境噪声标准的比较，判断噪声达标情况并提出改进的设想。

2. 测点不同得到的噪声值是否相同？为什么？

实验二　交通噪声的测量

一、实验目的

1. 加深对交通噪声的了解，掌握交通噪声的监测方法。
2. 掌握噪声测量仪器声级计的使用方法。
3. 掌握等效连续声级及累计百分数声级的概念。
4. 练习对非稳态无规噪声监测数据的处理方法。

二、实验原理

交通噪声是目前城市环境噪声的主要来源，本实验中采用等效连续声级及累计百分数声级对测量的噪声进行客观度量。等效连续 A 声级：根据能量平均的原则，把一个工作日内各段时间内不同水平的噪声，经过计算用一个平均的 A 声级来表示。如果在工作日内接触的是一种稳态噪声，则该噪声的等效连续 A 声级就是它的 A 声级。如果接触的噪声强度不同或不是稳态噪声，则按下列方法计算：

$$L_{eq} = \left[10\lg \frac{1}{N} \sum_{i=1}^{n} 10^{0.1L_{Ai}}\right] \tag{8-2}$$

式中，L_{eq} 为等效连续声级；N 为测试数据个数；L_{Ai} 第 i 个 A 计权声级。

累计百分数声级 L_n 表示在测量时间内高于 L_n 所占的时间为 n（％）。对于统计特性符合正态分布的噪声，其累计百分数声级与等效连续 A 声级之间有近似关系，如：

$$L_{eq} \approx L_{50} + (L_{10} - L_{90})^2 / 60 \tag{8-3}$$

式中，峰值声级 L_{10} 为测量时段内，有 10％的时间超过的噪声级，即噪声平均最大值，它是对人干扰较大的声级，也是交通噪声常用的评价值；平均声级 L_{50} 为在测量时段内，有 50％的时间超过的噪声级，即噪声的平均值；本底声级 L_{90} 为在测量时段内，有 90％的时间超过的噪声级，即噪声的本底值；等效声级 L_{eq} 为用测量时段内间歇暴露的几个 A 声级表示该时段内的噪声大小，是声级能量的平均值。

许多非稳态噪声的实践表明，涨落的噪声所引起人的烦恼程度比等能量的稳态噪声要大，并且与噪声暴露的变化率和平均强度有关。实验证明，在等效连续声级的基础上加上一项表示噪声变化幅度的量，更能反映实际污染程度。用这种噪声污染级评价航空或道路的交通噪声比较恰当。故噪声污染级（L_{NP}）公式为：

$$L_{NP} = L_{50} + (L_{10} - L_{90}) + (L_{10} - L_{90})^2 / 60 \tag{8-4}$$

三、仪器和材料

测量仪器采用精度为 2 型及 2 型以上的积分式声级计或噪声统计分析仪，如 AWA5633A 型积分声级计（带防风罩）。在测量前后使用声级校准器进行校准，要求测量前后校准偏差不大于 0.5dB。

四、实验内容

1. 采样点设置

道路交通噪声的测点应选在市区交通干线两路口之间，道路人行道上，距马路 20cm 处，此处距离两交叉路口应大于 50m。测点离地高度大于 1.2m，并尽可能避开周围的反射物（离反射物至少 3.5m），以减少周围反射对测试结果的影响。

测量应在无雨、无雪的天气条件下进行，风速要求控制在 5m/s 以下。

2. 测量方法与步骤

（1）一般 4 人一组，分别看时间、读数、记录和监视车辆。

（2）准备好符合要求的测试仪器，打开电源待稳定后，用校准仪器校准到标准声级。

（3）在选定的测量位置，布置测点。

（4）按等时间间隔（选取 5s 或 10s），读取各时间间隔内平均 A 声级。在测量开始时统计车流量（辆/min），连续测量 200 个数据。

（5）测量结束后，用校准器对仪器再次进行校准，检查前后校准误差小于 0.5dB，否则重新测量。

五、数据记录

1. 测试路段及环境简图、测试时段、车流量以及车流特征的简单描述（大车、小车出现情况，其他干扰情况），如表 8-4 所示。

2. 统计声级 L_{10}、L_{50}、L_{90} 分析依据

（1）将测量得到的 200 个 A 声级数据，按从大到小的顺序排列，读出第 20 个、第 100 个以及第 180 个数据的声级值，它们依次分别为累计百分数声级 L_{10}、L_{50}、L_{90} 的值，再根据前面的公式计算得到 L_{eq}、L_{NP} 值。

（2）按唱名法在表中统计不同声级的频数（上面一行），然后将频数从最高位声级向低位声级累计相加，并填写在相应表格内（下面一行），如表 8-5 所示。

在正态概率纸上按横坐标为声级，纵坐标为累计百分数（累计频数/2）画出累计分布图（图 8-1），如符合正态分布（交通噪声）应为一直线，从图中查出相应的 L_{10}、L_{50}、L_{90} 的值，按前面的公式计算得到 L_{eq}、L_{NP} 值。

表 8-4 交通噪声测量记录表

_____年_____月_____日;星期_____,天气_____
采样:_____时_____分至_____时_____分
地点:_____
仪器型号:_____
计权网络:_____挡,快慢挡:_____挡
噪声源_____:_____辆/min;
取样间隔:_____s;取样总次数:_____

续表

表 8-5　唱名记录分析表

声级/dB	0	1	2	3	4	5	6	7	8	9
50										
60										
70										
80										

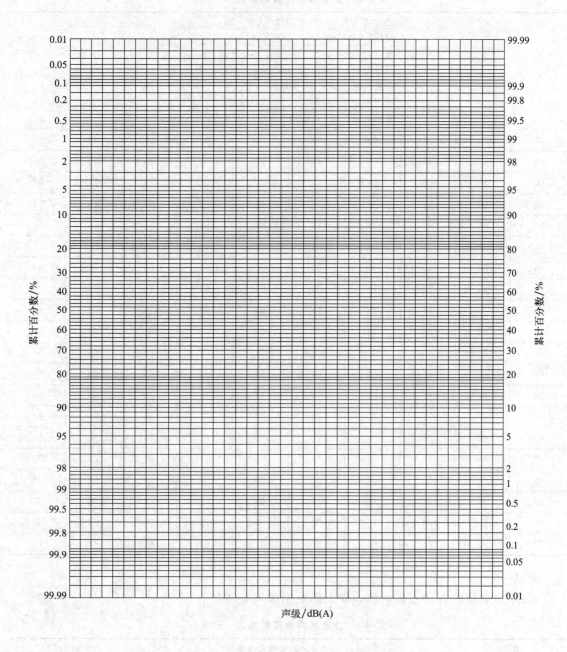

图 8-1　正态概率纸（读取 L_{10}、L_{50}、L_{90} 的值）

六、思考题

通过计算得到的 L_{eq} 与测试路段所处区域环境噪声标准比较，判断噪声达标情况。

七、数据处理过程举例（仅供参考，以实际数据为准）

下面以一个具体测试数据（表 8-6）介绍数据处理方法。

表 8-6　交通噪声测量记录表（示例）

2022 年 5 月 12 日;星期四,天气　晴　
采样：　15　时　01　分至　15　时　18　分
地点：　文一与文二路与教工路交叉口　
仪器型号：　声级计 2004030652　
计权网络：　A　挡,快慢挡：　慢　挡
噪声源：　交通噪声　；7　辆/min；
取样间隔：　5　s;取样总次数：　200　

65	66	57	65	58	71	66	67	55	60
65	65	68	66	77	77	68	68	55	60
66	75	62	66	65	70	72	70	73	65
62	60	56	57	59	70	62	68	67	71
68	66	60	58	60	68	63	66	61	62
64	67	64	66	66	58	61	70	70	67
66	68	68	65	69	63	63	69	70	64
68	69	79	74	66	67	68	71	65	66
70	70	70	68	70	62	60	70	62	62
58	62	65	76	81	67	61	69	70	64
66	65	65	57	71	58	67	66	60	55
65	65	66	68	69	67	68	68	60	55
70	66	66	62	70	65	70	72	65	73
60	62	57	55	70	59	68	62	78	67
66	68	58	60	68	60	66	63	62	61
67	64	66	64	58	66	70	61	67	70
68	66	65	68	63	69	69	63	64	70
69	68	74	78	67	66	71	68	66	65
70	70	68	70	62	70	70	60	62	62
62	58	76	65	67	80	69	61	64	70

解法一：

1. L_i 为测量的 A 声级瞬时值，将上面数据填入表 8-7。

表 8-7　交通噪声测量数据表（示例）

编号:01		地点:B2 教工路西侧站台		时间:
仪器:声级计				
噪声来源:交通噪声		干线长×宽:		车流量:
L_i		统计数		
十位	个位	N_i	ΣN_i	累计
50	0			
	1			
	2			
	3			

续表

十位	个位	N_i	$\sum N_i$	累计
50	4			
	5	正	5	5
	6	一	1	6
	7	正	4	10
	8	正下	8	18
	9	丅	2	20
60	0	正正丅	12	32
	1	正一	6	38
	2	正正正一	16	54
	3	正	4	58
	4	正下	8	66
	5	正正正下	18	84
	6	正正正正正	24	108
	7	正正丅	12	120
	8	正正正正正	24	144
	9	正正	10	154
70	0	正正正正正	25	179
	1	正	5	184
	2	丅	2	186
	3	丅	2	188
	4	丅	2	190
	5	一	1	191
	6	丅	2	193
	7	丅	2	195
	8	丅	2	197
	9	一	1	198
80	0	一	1	199
	1	一	1	200
	2			
	3			
	4			
	5			
	6			
	7			
	8			
	9			

由表 8-7 知，累计百分数声级 $L_{10}=71$，$L_{50}=66$，$L_{90}=60$

等效连续声级：$L_{eq} \approx L_{50}+(L_{10}-L_{90})^2/60 = 66+(71-60)^2/60 = 68.0 dB$

噪声污染级：$L_{NP}=L_{50}+(L_{10}-L_{90})+(L_{10}-L_{90})^2/60 = 66+(71-60)+(71-60)^2/60 = 79.0 dB$

解法二：

1. 用唱名法在表 8-8 内统计不同声级出现的频数（上面一行），然后将频数从最高位声级向低位声级累计相加，并填写在表 8-8 内（下面一行）。

表 8-8 唱名法数据统计表

声级/dB	0	1	2	3	4	5	6	7	8	9
50						5	1	4	8	2
						200	195	194	190	182
60	12	6	16	4	8	18	24	12	24	10
	180	168	162	146	142	134	116	92	80	56
70	25	5	2	2	2	1	2	2	2	1
	46	21	16	14	12	10	9	7	5	3
80	1	1								
	2	1								

2. 在正态概率纸上按横坐标为声级，纵坐标为累计百分数（累计频数/2）画出累计分布曲线，见图 8-2，如符合正态分布（交通噪声等）应为一直线，从图 8-2 中可查出相应的 $L_{10}=71dB$、$L_{50}=66dB$、$L_{90}=60dB$。

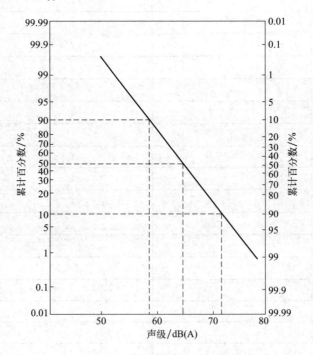

图 8-2 用正态概率纸求 L_{10}、L_{50}、L_{90}

3. 按公式计算：

等效连续声级：$L_{eq} \approx L_{50} + (L_{10} - L_{90})^2/60 = 66 + (71-60)^2/60 = 68.0 dB$

噪声污染级：$L_{NP} = L_{50} + (L_{10} - L_{90}) + (L_{10} - L_{90})^2/60 = 66 + (71-60) + (71-60)^2/60 = 79.0 dB$

实验三　隔声降噪测量

一、实验目的

1. 掌握隔声罩插入损失的测量。
2. 利用质量作用定律计算隔声罩综合隔声量。
3. 掌握隔声罩的平均吸声系数的计算。

二、实验原理

声波在空气中传播，入射到匀质屏蔽物时，部分声能被反射，部分被吸收，还有部分声能可以透过屏蔽物。设置适当的屏蔽物可阻止声能透过，降低噪声的传播。具有隔声能力的屏蔽物称为隔声构件，采用适当的隔声措施一般能降低噪声级 15～20dB。

隔声罩是将噪声源封闭在一个相对小的空间内，以减少向周围辐射噪声的罩状壳体，主要用于控制机器噪声，如空压机、鼓风机、内燃机、发电机组等。隔声罩兼有隔声、吸声、阻尼、隔振和通风、消声等功能，分为密封型与局部开敞型、固定型与活动型。隔声罩上可设置观察孔，可采用对流通风或强制通风散热。降噪量一般在 10～40dB 之间。

插入损失（insertion loss，IL）是指离声源一定距离某处测得的隔声构件设置前、后的声功率级之差，通常在现场用来评价隔声罩、隔声屏等构件的隔声效果。隔声罩的插入损失是指隔声罩设置前后，同一接收点的声压级之差。

$$D = 10\lg \frac{\overline{\alpha}}{\overline{\tau}} \tag{8-5}$$

或

$$D = \overline{R} + 10\lg \overline{\alpha} \tag{8-6}$$

式中，$\overline{\alpha}$ 为隔声罩总内表面的平均吸声系数；$\overline{\tau}$ 为隔声罩壁与顶面的平均透声系数；$\overline{R}$ 为隔声罩壁与顶板的平均隔声量，dB。

隔声质量定律：一般情况下，表明单层匀质墙的隔声量与其面密度及入射声波频率的关系。面密度越大，隔声量越好，质量 m 或频率 f 增加 1 倍，隔声量增加 6dB。

$$R_{\perp} = 20\lg m + 20\lg f - 43 \tag{8-7}$$

实际上，计算的结果与实测存在差异，修正的隔声量估算经验式为

$$R = 18\lg m + 12\lg f - 25 \tag{8-8}$$

三、仪器和材料

测量仪器采用精度为 2 型及 2 型以上的积分式声级计或噪声统计分析仪。在测量前后使用声级校准器进行校准，要求测量前后校准偏差不大于 0.5dB。

四、实验内容

(1) 将小型噪声源（如真空泵、空压机）置于背景噪声较小的开敞空间内。
(2) 测量隔声罩的插入损失。
(3) 称量隔声罩的质量，量取尺寸，并计算隔声罩综合的隔声量。
(4) 利用插入损失及隔声罩实际隔声量，计算隔声罩的平均吸声系数。

五、数据记录

实验原始数据记入表8-9中，数据分析结果记入表8-10中。

表8-9 测试数据汇总表

测试地点：实验室　　　　　　　　　　　　　　　　　　测试日期：　　年　月　日

声源特征	机器名称	型号	功率/W	台数/台
测点数据	测点代号	背景噪声/dB	背景噪声＋声源噪声（加罩前）/dB	背景噪声＋声源噪声（加罩后）/dB

表8-10 数据分析表

隔声罩特征参数	隔声罩质量/g	材质	尺寸/(cm×cm×cm)	总表面积/m^2
隔声罩自身隔声量/dB				
隔声罩插入损失/dB				
平均吸声系数				

六、思考题

1. 隔声罩引起的自身隔声量受哪些因素影响？
2. 测点位置不同是否影响隔声效果？

实验四　区域环境噪声监测

一、实验目的

1. 熟练掌握区域环境噪声的监测方案设计。
2. 掌握非稳态噪声的监测及评价方法。
3. 绘制区域环境噪声污染分布图。

二、实验原理

1. 布点方法（以校园噪声监测为例）

依据噪声监测的方法标准，本次噪声监测所采用的方法是定点测量方法。在校园内优化选取一个或多个能代表某一区域环境噪声平均水平的测点，进行分时段噪声定点监测。根据校园内敏感目标、功能区划情况，主要选择了教学楼（一公教和二公教楼之间）、宿舍区（26~29 宿舍楼之间）、食堂（一食堂门口）三个监测点，分别记为监测点 A、B、C。校外两个点选取大学城商业街和学校西门（靠近轻轨）。

2. 布点图

在学校地图上标注监测点位置。

3. 噪声评价方法

评价采用等效连续声级法。等效连续声级法就是把实地监测所得到的 L_{eq} 值做算术平均运算，所得到的平均值代表该区域的噪声水平，该平均值可以对照《声环境质量标准》（GB 3096—2008），评价该区域的声环境质量是否符合标准。

城市区域环境噪声分类标准为：

1 类标准适用于以居住、文教机关为主的区域；乡村居住环境可参照执行该类标准。

2 类标准适用于居住、商业、工业混杂区。

3 类标准适用于工业区。

4 类标准适用于城市中的道路交通干线道路两侧区域，穿越城区的内河航道两侧区域，穿越城区的铁路主、次干线两侧区域的背景噪声（指不通过列车时的噪声水平）限值也执行该类标准。

三、仪器和材料

测量仪器为精度为 2 型及 2 型以上的积分平均声级计或环境噪声自动监测仪器（如 AWA5633A 型积分声级计），其性能需符合相关规定，并定期校验。测量前后使用声级校准器校准测量仪器的示值偏差不得大于 0.5dB，否则测量无效。

四、实验内容

1. 监测方法

采样时间段为 9：00—9：30、11：50—12：20、15：00—15：30，分别代表上课时间、午饭时间和课间。监测结果为不同时段监测点等效连续声级。测量中，每隔 5s 或 10s 读取一个瞬时 A 声级，连续读取 100 个数据。读数的同时记录附近主要噪声来源和天气条件。

天气条件要求在无雨、无雪的时间，声级计应保持传声器膜片清洁，风力在三级以上必须加风罩（以避免风噪声的干扰），五级以上大风则应停止测量。测量过程中，一人手持仪器测量，另一人记录瞬时声级，传声器要求距离地面 1.2m，测量时噪声测定仪距任意建筑物不得小于 1m，传声器对准声源方向。

2. 声级计的校准

为保证测量的准确性，声级计在使用前后要进行校准，通常使用活塞发生器、声级校准器或者其他声压校准仪器对声级计进行校准。

五、数据记录

统计声级 L_{10}、L_{50}、L_{90} 分析依据：

与本章实验二方法相同，采用排序法或唱名法得到 L_{10}、L_{50}、L_{90}，进而计算出 L_{eq} 值。数据分析结果记入表 8-11 中。

表 8-11 测试数据汇总表

天气：_____ 温度：_____ 风力：_____

监测点	时间段	监测结果/dB			
		L_{10}	L_{50}	L_{90}	L_{eq}
A	9:00—9:30				
	11:50—12:20				
	15:00—15:30				
B	9:00—9:30				
	11:50—12:20				
	15:00—15:30				
C	9:00—9:30				
	11:50—12:20				
	15:00—15:30				

由表 8-11 中的数据作出统计图（直方图或散点图），并进行分析讨论。

六、思考题

1. 根据测量结果与监测点所处区域环境噪声标准比较，分析区域环境声环境质量现状，判断噪声达标情况。

2. 提出改善区域声环境质量的建议及措施。

参考文献

[1] 陆永生. 环境工程专业实验教程 [M]. 上海：上海大学出版社，2019.
[2] 银玉容，马伟文. 环境工程实验 [M]. 北京：科学出版社，2021.
[3] 潘大伟，金文杰. 环境工程实验 [M]. 北京：冶金工业出版社，2019.
[4] 中华人民共和国环境保护部. GB 3096—2008 声环境质量标准 [S]. 北京：中国环境科学出版社，2008.

第九章 土壤污染修复实验

实验一 污染土壤样品的采集、制备、保存

一、实验目的

掌握污染土壤样品的采集、制备和保存方法。

二、实验原理

土壤污染调查样品采集点位布设区域的划分以市、县域为基础调查单位,对区域内土壤类型、成土母质、地形地貌、土地利用、植被类型、灌溉水源等进行调查,据此划分土壤调查区域。

(1) 土壤污染调查样品采集点位布设的普查区域重点指耕地、林地(原始林除外)、草地、未利用土地等区域,掌握普查区域的分布范围、面积等,建立所布设的普查点位与其代表性区域内的土壤、环境间的关联关系,以利于实现普查点与其所代表区域间点、线、面之间的结合。

(2) 土壤污染调查样品采集点位布设的重点区域按 10 种污染类型来划分。

重污染行业企业及周边地区:重污染行业企业主要指纺织业、纺织服装(鞋、帽)制造业、皮革(毛皮、羽毛、绒)及其制品业、造纸及纸制品业、石油加工和炼焦及核燃料加工业、化学原料及化学制品制造业、医药制造业、化学纤维制造业、橡胶制品业、塑料制品业、非金属矿物制品业(水泥制造业)、金属冶炼及压延加工业、废弃资源和废旧材料回收加工业等 13 种重点行业企业。

工业企业遗留或遗弃场地:重点指近 20 年内遗留或遗弃的工业企业场地(包括已经改变用途的遗留或遗弃的工业企业场地)和城市已废弃的加油站。

工业(园)区及周边地区:按国家级、省级及市级工业园区的优先选择顺序,重点选取建成时间较长的化工、电子、生物制药等污染较重的工业(园)区。

固体废物集中填埋、堆放、焚烧处理处置场地及其周边地区:重点指使用时间在 5 年以上(包括已经改变用途)的填埋、堆放、焚烧处理处置场地。

油田、采矿区及周边地区：依据油田、矿区规模、开采历史、周边生态环境破坏程度及环境敏感性等因素综合确定的场地。

污水灌溉区：污灌历史较长、有污染反映或怀疑受到严重污染的灌溉区域。

主要蔬菜基地和畜禽养殖场周边。

大型交通干线两侧。

社会关注的环境热点地区：土壤污染引起的疾病高发区、土壤污染纠纷多发区和重大污染事故场地及其影响区等政府高度关注的热点地区。

其他地区：废旧电器、汽车等拆解场地，灭钉螺区，灭蚁区或规模较大的木材防腐处理场地及其影响区。

（3）土壤污染调查样品采集点位布设的混合区域指两个或两个以上同一土壤类型、耕作情况基本相同的相邻区域，也包括同一网格内土壤类交叉分布的区域。

三、仪器和材料

（1）土铲或土钻。

① 小土铲：在切割的土面上根据采土深度用土铲采取上下一致的一薄片。这种土铲在任何情况下都可使用，但比较费工，多点混合采样时往往嫌它费工而不用。

② 管形土钻：下部系一圆柱形开口钢管，上部系柄架，根据工作需要可用不同管径土钻。将土钻钻入土中，在一定土层深度处，取出一均匀土柱。管形土钻取土速度快，混杂又少，特别适用于大面积多点混合样品的采集。但它不太适用于砂性的土壤，或干硬的黏重土壤。

③ 普通土钻：普通土钻使用起来比较方便，但它一般只适用于湿润的土壤，不适用于很干的土壤，同样也不适用于砂土。另外普通土钻的缺点是容易使土壤混杂。

用普通土钻采取的土样，分析结果往往比其他工具采取的土样要低，特别是有机质、有效养分等的分析结果较为明显。这是因为用普通土钻取样，容易损失一部分表层土样。由于表层土较干，容易掉落，而表层土的有机养分、有机质的含量又较高。

不同取土工具带来的差异主要是由上下土体不一致造成的。这也说明采样时应注意采土深度、上下土体保持一致。

（2）竹片或竹刀。

（3）样品袋或样品瓶。

（4）标准筛。

（5）研钵。

四、实验内容

（一）布设总体要求

（1）普查区域调查点位布设采用网格法均匀布点，利用1：25万（或其他比例尺）电子地图进行网格布点，各级环保部门进行现场勘查、定点，最终形成普查区域内土壤调查监测点位库。

（2）以省为单位利用Arc GIS软件在1：25万（或其他比例尺）电子地图上统一划分网格，按国家要求的耕地8km×8km、林地（原始林除外）和草地16km×16km、未利用土地40km×40km尺度划分网格。林地、草地、未利用土地的区域（重点指林地、草地、未利用土地的边缘区域），按耕地布点要求结合到耕地与林地、草地、未利用土地交叉的网格中进行布点。各省（自治区、直辖市）可根据实际情况适当增加土地利用类型（如城市用地），并对点位密度进行适当调整，对基本农田保护区和粮食主产区开展加密布点调查。选用1：25万比例尺以外电子地图进行布点的，上报国家的点位图需统一标注在1：25万电子底图上。

（二）土壤污染调查样品采集方法要求

土壤污染调查的普查区域一般要求采集剖面样，重点区域可根据具体需要采集混合样、单独样或分层样。

1. 剖面土壤样品采集要求

剖面的规格一般为长1.5m、宽0.8m、深1.2m。挖掘土壤剖面要使观察面向阳，表土和底土分两侧放置。一般每个剖面采集A、B、C三层土样。地下水位较高时，剖面挖至地下水出露时为止；山地丘陵土层较薄时，剖面挖至风化层。采样次序自下而上，先采剖面的底层样品，再采中层样品，最后采上层样品。测量重金属的样品尽量用竹片或竹刀去除与金属采样器接触的部分土壤，再用其取样。剖面每层样品采集1kg左右，装入样品袋，样品袋一般由棉布缝制而成，如潮湿样品可内衬塑料袋（供无机化合物测定）或将样品置于玻璃瓶内（供有机化合物测定）。

2. 单独土壤样品采集要求

用采样铲挖取面积为25cm×25cm，深度为0～20cm的土壤。用于挥发性、半挥发性物质分析的土壤样品，应采集单独样品。挥发性样品可直接采集到250mL带聚四氟乙烯衬垫棕色磨口玻璃瓶或带密封垫的螺口玻璃瓶中，并装满；半挥发性样品采集到250mL带聚四氟乙烯衬垫棕色磨口玻璃瓶或带密封垫的螺口玻璃瓶中，并装满。为防止样品沾污瓶口，采样时可将干净硬纸板围成漏斗状衬在瓶口。

3. 混合土壤样品采集要求

混合样有蛇形、对角线、梅花形、棋盘式布点法四种采集方法。

（1）对角线布点法：该法适用于面积小、地势平坦的污水灌溉或受污染河水灌溉的田块。

（2）梅花形布点法：该法适用于面积较小、地势平坦、土壤较均匀的田块。

（3）棋盘式布点法：这种布点方法适用于中等面积、地势平坦、地形完整开阔，但土壤较不均匀的田块，一般设10个以上采样点。此法也适用于受固体废物污染的土壤，因固体废物分布不均匀，应设20个以上采样点。

（4）蛇形布点法：这种布点方法适用于面积较大、地势不很平坦、土壤不够均匀的田块。布设采样点数目较多。

（三）土壤样品的制备和保存

从野外取回的土样，经登记编号后，需经过一个制备过程，即风干、磨细、混匀、装瓶，以备各项测定之用。

样品制备目的是：①剔除土壤以外的侵入体（如植物残茬、昆虫、石块等）和新生体（如铁锰结核和石灰结核等），以除去非土壤的组成部分；②适当磨细，充分混匀，使分析时所称取的少量样品具有较高的代表性，以减少称样误差；③全量分析项目，样品需要磨细，以使分解样品的反应能够完全和彻底；④使样品可以长期保存，不因微生物活动而霉坏。

1. 新鲜样品和风干样品

为了样品的保存和工作的方便，从野外采回的土样都先进行风干。但是，由于在风干过程中，有些成分如低价铁、铵态氮、硝态氮等发生很大的变化，这些成分的分析一般均用新鲜样品。也有一些成分如土壤 pH、速效养分，特别是速效磷、钾也有较大的变化。因此，土壤速效磷、钾的测定，用新鲜样品还是用风干样品，就成了一个争论的问题。有人认为新鲜样品比较符合田间实际情况，也有人认为新鲜样品是暂时的田间情况，它随着土壤中水分状况的改变而变化，不是一个可靠的常数，而风干土样测出的结果是一个平衡常数，比较稳定和可靠，而且新鲜样品称样误差较大，工作又不方便。因此，在实验室测定土壤速效磷、钾时，仍以风干土为宜。

2. 样品的风干、制备和保存

将采回的土样，放在木盘中或塑料布上，摊成薄薄的一层，置于室内通风阴干。在土样半干时，须将大土块捏碎（尤其是黏性土壤），以免完全干后结成硬块，难以磨细。风干场所力求干燥通风，并要防止酸蒸气、氨气和灰尘的污染。

样品风干后，应拣去动植物残体如根、茎、叶、虫体等和石块、结核（石灰、铁、锰）。如果石子过多，应当将拣出的石子称重，记下所占的比例。

风干后的土样，倒入钢玻璃底的木盘上，用木棍研细，使之全部通过 2mm 孔径的筛子。充分混匀后用四分法分成两份，如图 9-1 所示。一份用于物理分析，另一份用于化学分析。化学分析用的土样还必须进一步研细，使之全部通过 1mm 或 0.5mm 孔径的筛子。1927 年国际土壤学会规定通过 2mm 孔径的土壤作为物理分析用，能过 1mm 孔径的土壤作为化学分析用，人们一直沿用这个规定。但近年来很多分析项目趋向用于半微量的分析方法，称样量减少，要求样品的细度增加，以降低称样的误差。因此现在有人使样品通过 0.5mm 孔径的筛子。但必须指出，土壤 pH、交换性能、速效养分等测定，样品不能研得太细，因为研得过细，容易破坏土壤矿物晶粒，使分析结果偏高。同时要注意，土壤研细主要使团粒或结粒破碎，这些结粒是由土壤黏土矿物或腐殖质胶结起来的。因此，研碎土样时，只能用木棍滚压，不能用榔头锤打。因为晶粒破坏后，暴露出新的表面，增加有效养分的溶解。

第一步　　　　　第二步　　　　　第三步

图 9-1　四分法取样步骤

全量分析的样品包括 Si、Fe、Al、有机质、全氮等的测定，则不受磨碎的影响，而且为了减少称样误差和样品容易分解，需要将样品磨得更细。方法是取部分已混匀的 1mm 或 0.5mm 的样品铺开，划成许多小方格，用骨匙多点取出土壤样品约 20g，磨细，使之全部通过 100 目筛子。测定 Si、Fe、Al 的土壤样品需要用玛瑙研钵研细，瓷研钵会影响 Si 的测定结果。

在土壤分析工作中所用的筛子有两种：一种以筛孔直径的大小表示，如孔径为 2mm、1mm、0.5mm 等；另一种以每英寸长度上的孔数表示。如每英寸长度上有 40 孔，为 40 目筛子，每英寸有 100 孔为 100 目筛子。孔数愈多，孔径愈小。筛目与孔径之间的关系可用下面简式表示：

$$\text{筛孔直径(mm)} = \frac{16}{1\text{英寸孔数}} \tag{9-1}$$

其中,1英寸=25.4mm,16mm=(25.4-9.4)mm(网线宽度)。

五、注意事项

1. 采样点不能设在田边、沟边、路边或肥堆边。

2. 将现场采样点的具体情况,如土壤剖面形态特征等作详细记录。

3. 现场填写标签两张(地点、土壤深度、日期、采样人姓名),一张放入样品袋内,一张贴在样品口袋上。

4. 一般样品用磨口塞的广口瓶或塑料瓶保存半年至一年,以备必要时查核之用。样品瓶上标签须注明样号、采样地点、土类名称、实验区号、深度、采样日期、筛孔等项目。

5. 标准样品是用于核对分析人员各次成批样品的分析结果,特别是各个实验室协作进行分析方法的研究和改进时需要有标准样品。标准样品需长期保存,不使混杂,样品瓶贴上标签后,应以石蜡涂封,以保证不变。每份标准样品附各项分析结果的记录。

实验二 土壤容重和含水量的测定

一、实验目的

通过本实验,学会观察描述土壤的形态特征,掌握土壤容重以及土壤含水量测定的方法。

二、实验原理

土壤容重称为干容重,又称土壤假比重,指一定容积的土壤(包括土粒及粒间的孔隙)烘干后质量与烘干前体积的比值。土壤含水量一般是指土壤绝对含水量,即100g烘干土中含有水分的质量(g),也称土壤含水率。

三、仪器和材料

水果刀、土样、环刀、铝盒、电子天平、酒精、烘箱、试管夹、时域土壤水分仪等。

四、实验内容

(一)土壤形态特征的描述

1. 土壤颜色

可用门塞尔比色卡进行对比确定土壤颜色,也可用肉眼进行简单判断。

2. 土壤湿度

根据手感，土壤湿度可分为五级：干、潮、湿、重湿、极湿。

3. 土壤质地

在野外鉴定土壤质地通常采用简单的指感法。土壤质地可分为六级：砂土、沙壤、轻壤土、中壤土、重壤土、黏土。

4. 土壤结构

土壤结构大多按几何形状来划分。可分为五类：团粒结构、片状结构、块状结构、棱柱状结构、核状结构。

5. 土壤松紧度（又名坚实度）

土壤坚实度可用刀试法进行简单判断。可分为五类：极坚实、坚实、紧实、较紧实、疏松。

（二）土壤含水量的测定

1. 酒精燃烧法

（1）取铝盒称重为 $W_1(g)$。

（2）取湿土约10g（尽量避免混入根系和石砾等杂物）与铝盒一起称重为 $W_2(g)$。

（3）加酒精于铝盒中，至土面全部浸没即可，稍加振摇，使土样与酒精混合，点燃酒精，待燃烧将尽，用小玻璃棒来回拨动土样，助其燃烧（但过早拨动土样会造成土样毛孔闭塞，降低水分蒸发速度），熄火后再加酒精3mL进行燃烧，如此进行2~3次，直至土样烧干为止。

（4）冷却后称重为 $W_3(g)$。

（5）结果计算：

$$土壤含水率 w = \frac{W_2 - W_3}{W_3 - W_1} \times 100\% \qquad (9-2)$$

2. 烘干法

（1）取干燥铝盒称重为 $W_1(g)$。

（2）加土样约5g于铝盒中称重为 $W_2(g)$。

（3）将铝盒放入烘箱，在105~110℃下烘烤6h，一般可达恒重，冷却20min称重为 $W_3(g)$。

结果计算同前。

3. TDR 法

（1）将时域土壤水分仪搬至被测地点。

（2）将探头插入被测土层中。

（3）直接在仪器上读取数据。

（三）土壤容重的测定

（1）先将环刀称重。

（2）在需要测定容重的地块上，环刀的刃口向下，将环刀垂直压入土中。环刀入土时要平稳，用力一致，不能过猛，以免受震动而破坏土壤的自然状态。环刀的方向要垂直不能倾斜，避免环刀与其中的土壤产生间隙，使容重的结果偏低。

（3）将整个环刀从土中取出，除去环刀外黏附的土壤，用小刀仔细地削去环刀两端多余的土壤，使环刀内的土壤体积与环刀容积相等，然后带回室内称重。

（4）土壤容重的计算：

$$r_s = \frac{G}{V(1+w)} \tag{9-3}$$

式中，r_s 为土壤容重，g/cm^3；G 为环刀内湿土重，g；V 为环刀容积，cm^3；w 为土壤含水率。

五、数据记录

实验数据列于表 9-1 和表 9-2 中。

表 9-1 土壤容重测定记录表

环刀重/g	环刀+湿土重/g	土壤含水率/%	土壤容重/(g/cm³)

表 9-2 土壤含水率测定记录表

测定方法	铝盒重 W_1/g	风干土重+铝盒重 W_2/g	烘干土重+铝盒重 W_3/g	土壤含水率/%
酒精燃烧法				
烘干法				
TDR 法		—	—	

六、思考题

1. 描述土壤的形态特征。
2. 对各实验结果进行误差分析。

实验三　土壤无机氮的测定

一、实验目的

掌握土壤中铵态氮和硝态氮的测定原理和方法。

二、实验原理

土壤中的无机态氮包括 NH_4^+-N 和 NO_3^--N，土壤无机氮常采用 Zn-$FeSO_4$ 或戴氏（Devarda）合金在碱性介质中把 NO_3^--N 还原成 NH_4^+-N，使还原和蒸馏过程同时进行，方法快速（3~5min）、简单，也不受干扰离子的影响，NO_3^--N 的还原率为 99％以上，适合于石灰性土壤和酸性土壤。

土壤 NH_4^+-N 测定主要分直接蒸馏和浸提后测定两类方法。直接蒸馏法可能使结果偏高，故目前都用中性盐（K_2SO_4、KCl、NaCl）浸提，一般多采用 2mol/L KCl 溶液浸出土壤中的 NH_4^+，浸出液中的 NH_4^+，可选用蒸馏法、比色法或氨电极法等测定。

浸提蒸馏法的操作简便，易于控制条件，适合 NH_4^+-N 含量较多的土壤。

用氨气敏电极测定土壤中的 NH_4^+-N，操作简便、快速、灵敏度高，重复性和测定范围都很好，但仪器的质量必须可靠。

土壤中 NO_3^--N 的测定，可先用水或中性盐溶液提取，要求制备澄清无色的浸出液。在所用的各种浸提剂中，以饱和 $CaSO_4$ 清液最为简便和有效。浸出液中 NO_3^--N 可用比色法、还原蒸馏法、电极法和紫外分光光度法等测定。

比色法中的酚二磺酸法的操作过程虽较多，但具有较高的灵敏度，测定结果的重现性好，准确度也较高。

还原蒸馏法是在蒸馏时加入适当的还原剂，如戴氏合金，将土壤中 NO_3^--N 还原成 NH_4^+-N 后，再进行测定。此法只适合于含 NO_3^--N 较多的土壤。

用硝酸根电极测定土壤中的 NO_3^--N 较一般常规法快速和简便。虽然土壤浸出液受各种干扰离子、pH 以及液膜本身的不稳定等因素的影响，但其准确度仍相当于 Zn-$FeSO_4$ 还原法，而且有利于流动注射分析。

紫外分光光度法，虽然灵敏、快速，但需要价格较高的紫外分光光度计。

测定土壤无机氮含量可以评估土壤的肥力水平和可能存在的氮流失的污染。

三、土壤铵态氮的测定——2mol/L KCl 浸提-靛酚蓝比色法

1. 实验原理

2mol/L KCl 溶液浸提土壤，把吸附在土壤胶体上的 NH_4^+ 及水溶性 NH_4^+ 浸提出来。土壤浸提液中的铵态氮在强碱性介质中与次氯酸盐和苯酚作用，生成水溶性染料靛酚蓝，溶液的颜色很稳定。在含氮 0.05～0.5mol/L 的范围内，吸光度与铵态氮含量成正比，可用比色法测定。

2. 仪器和材料

（1）材料：往复式振荡机、分光光度计。

（2）材料

① 2mol/L KCl 溶液：称取 149.1g 氯化钾（KCl，化学纯）溶于水中，稀释至 1L。

② 苯酚溶液：称取苯酚（C_6H_5OH，化学纯）10g 和硝基铁氰化钠 [$Na_2Fe(CN)_5NO_2 \cdot H_2O$] 100mg 稀释至 1L。此试剂不稳定，须贮于棕色瓶中，在 4℃冰箱中保存。

③ 次氯酸钠碱性溶液：取氢氧化钠（化学纯）10g、磷酸氢二钠（$Na_2HPO_4 \cdot 7H_2O$，化学纯）7.06g、磷酸钠（$Na_3PO_4 \cdot 12H_2O$，化学纯）31.8g 和 52.5g/L 次氯酸钠（NaClO，化学纯，即含 5% 有效氯的漂白粉溶液）10mL 溶于水中，稀释至 1L，贮于棕色瓶中，在 4℃冰箱中保存。

④ 掩蔽剂：将 400g/L 的酒石酸钾钠（$KNaC_4H_4O_6 \cdot 4H_2O$，化学纯）与 100g/L 的 EDTA 二钠盐溶液等体积混合。每 100mL 混合液中加入 10 mol/L 氢氧化钠 0.5mL。

⑤ 2.5μg/mL 铵态氮（NH_4^+-N）标准溶液：称取干燥的硫酸铵 [$(NH_4)_2SO_4$，分析纯] 0.4717g 溶于水中，洗入容量瓶后定容至 1L，制备成含铵态氮 100μg/mL 的贮存溶液。使用前将其加水稀释 40 倍，配制成含铵态氮 2.5μg/mL 的标准溶液备用。

3. 实验内容

(1) 浸提

称取相当于 20.00g 干土的新鲜土样（若是风干土，过 10 号筛）准确到 0.01g，置于 200mL 三角瓶中，加入氯化钾溶液 100mL，塞紧塞子，在振荡机上振荡 1h。取出静置，待土壤-氯化钾悬浊液澄清后，吸取一定量上层清液进行分析。如果不能在 24h 内进行，用滤纸过滤悬浊液，将滤液储存在冰箱中备用。

(2) 比色

吸取土壤浸出液 2~10mL（含 NH_4^+-N 2~25μg）放入 50mL 容量瓶中，体积记为 $V_{吸}$。用氯化钾溶液补充至 10mL，然后加入苯酚溶液 5mL 和次氯酸钠碱性溶液 5mL，摇匀。在 20℃ 左右的室温下放置 1h 后，加掩蔽剂 1mL 以溶解可能产生的沉淀物，然后用水定容至刻度。用 1cm 比色皿在 625nm 波长处（或红色滤光片）进行比色，读取吸光度。

(3) 绘制工作曲线

分别吸取 0.00mL、2.00mL、4.00mL、6.00mL、8.00mL、10.00mL NH_4^+-N 标准液于 50mL 容量瓶中，各加 10mL 氯化钠溶液，同步骤 (2) 进行比色测定，根据工作曲线，测定土壤的质量浓度 $\rho(\mu g/mL)$。

4. 数据记录

$$\text{土壤中铵态氮含量}(mg/kg) = \frac{\rho \times V \times t_s}{m} \tag{9-4}$$

式中，ρ 为显色液中铵态氮的质量浓度，μg/mL；V 为显色液的体积，50mL；t_s 为分取倍数，即为 100mL 浸提液体积除以 $V_{吸}$；m 为样品质量，g。

5. 注意事项

显色后在 20℃ 左右放置 1h，再加入掩蔽剂。过早加入会使显色反应很慢，蓝色偏弱；加入过晚，则生成的氢氧化物沉淀可能老化而不易溶解。

四、土壤硝态氮的测定

（一）酚二磺酸比色法

1. 实验原理

土壤浸提液中的 NO_3^--N 在蒸干无水条件下能与酚二磺酸试剂作用，生成硝基酚二磺酸。

$$C_6H_3OH(HSO_3)_2 + HNO_3 \longrightarrow C_6H_2OH(HSO_3)_2NO_2 + H_2O$$

$\qquad$ 2,4-酚二磺酸 $\qquad\qquad\qquad$ 6-硝基酚-2,4-二磺酸

此反应必须在无水条件下才能迅速完成，反应产物在酸性介质中无色，碱化后则为稳定的黄色溶液，黄色的深浅与 NO_3^--N 含量在一定范围内呈正相关，可在 400~425nm 处（或用蓝色滤光片）比色测定。酚二磺酸法的灵敏度很高，可测出溶液中 0.1mol/L 的 NO_3^--N，测定范围为 0.1~2mol/L。

2. 仪器和材料

(1) 仪器：分光光度计、水浴锅、瓷蒸发皿。

(2) 材料：$CaSO_4 \cdot 2H_2O$（分析纯、粉状）、$CaCO_3$（分析纯、粉状）、$Ca(OH)_2$（分析纯、粉状）、$MgCO_3$（分析纯、粉状）、Ag_2SO_4（分析纯、粉状）、1:1 NH_4OH、活性炭（不含 NO_3^-）。

① 酚二磺酸试剂：称取白色苯酚（C_6H_5OH，分析纯）25.0g 置于 500mL 三角瓶中，以 150mL 纯浓 H_2SO_4 溶解，再加入发烟 H_2SO_4 75mL 并置于沸水中加热 2h，可得酚二磺酸溶液，储于棕色瓶中保存。使用时须注意其强烈的腐蚀性。如无发烟 H_2SO_4，可用酚 25.0g，加浓 H_2SO_4 225mL，沸水加热 6h。试剂冷却后可能析出结晶，用时须重新加热溶解，但不可加水，试剂必须贮于密闭的玻璃塞棕色瓶中，严防吸湿。

② $10\mu g/mL\ NO_3^--N$ 标准溶液：准确称取 KNO_3（分析纯）0.7221g 溶于水，定容 1L，此为 $100\mu g/mL\ NO_3^--N$ 溶液，将此液准确稀释 10 倍，即为 $10\mu g/mL\ NO_3^--N$ 标准溶液。

3. 实验内容

(1) 浸提

称取新鲜土样 50g 放在 500mL 三角瓶中，加入 $CaSO_4 \cdot 2H_2O$ 0.5g 和 250mL 水，盖塞后，用振荡机振荡 10min。放置 5min 后，将悬液的上部清液用干滤纸过滤，澄清的滤液收集到干燥洁净的三角瓶中。如果滤液因有机质而呈现颜色，可加活性炭除之。

(2) 测定

吸取清液 25～50mL（含 NO_3^--N 约 $150\mu g$）于瓷蒸发皿中，体积记为 $V_{吸}$，加 $CaCO_3$ 约 0.05g，在水浴上蒸干，到达干燥时不应继续加热。冷却，迅速加入酚二磺酸试剂 2mL，将蒸发皿旋转，使试剂接触到所有的蒸干物。静止 10min 使其充分作用后，加水 20mL，用玻璃棒搅拌直到蒸干物完全溶解。冷却后缓缓加入 1∶1 NH_4OH 并不断搅拌混匀，至溶液呈微碱性（溶液显黄色）再多加 2mL，以保证 NH_4OH 试剂过量。然后将溶液全部转入 100mL 容量瓶中，加水定容。在分光光度计上用光径 1cm 比色杯在波长 420nm 处比色，以空白溶液作参比，调节仪器零点。

(3) 绘制 NO_3^--N 工作曲线

分别取 $10\mu g/mL\ NO_3^--N$ 标准液 0mL、1mL、2mL、5mL、10mL、15mL、20mL 于蒸发皿中，在水浴上蒸干，与待测液相同操作，进行显色和比色，绘制成标准曲线，或用计算器求出回归方程。

4. 数据记录

$$土壤中硝态氮的含量(mg/kg) = \frac{\rho V t_s}{m} \tag{9-5}$$

式中，ρ 为从标准曲线上查得（或回归所求得）的显色液中 NO_3^--N 的质量浓度，$\mu g/mL$；V 为显色液的体积，100mL；t_s 为分取倍数，即为 250mL（三角瓶提取液体积）除以 $V_{吸}$；m 为烘干样品质量（需同步测定土壤含水量），g。

（二）紫外分光光度法

1. 实验原理

土壤浸出液中的 NO_3^-，在紫外分光光度计波长 210nm 处有较高吸光度，而浸出液中的其他物质，除 OH^-、CO_3^{2-}、HCO_3^-、NO_2^- 和有机质等外，吸光度均很小。将浸出液加酸中和酸化，即可消除 OH^-、CO_3^{2-}、HCO_3^- 的干扰。NO_2^- 一般含量极少，也很容易消除。因此，用校正因数法消除有机质的干扰后，即可用紫外分光光度法直接测定 NO_3^- 的含量。

待测液酸化后，分别在 210nm 和 275nm 处测定吸光度。A_{210} 是 NO_3^- 和以有机质为主的杂质的吸光度；A_{275} 只是有机质的吸光度，因为 NO_3^- 在 275nm 处已无吸收。但有机质在 275nm 处的吸光度是在 210nm 处吸光度的 $1/R$，故将 A_{275} 校正为有机质在 210nm 处应有的吸光度后，从 A_{210} 中减去，即得 NO_3^- 在 210nm 处的吸光度（ΔA）。

2. 仪器和材料

（1）仪器：紫外-可见分光光度计、石英比色皿、往复式或旋转式振荡机［满足（180±20）r/min 的振荡频率或达到相同效果］、塑料瓶（200mL）。

（2）材料

① H_2SO_4 溶液（1:9）：取 10mL 浓硫酸缓缓加入 90mL 水中。

② 氯化钙浸提剂［$c(CaCl_2)=0.01mol/L$］：称取 2.2g 氯化钙（$CaCl_2 \cdot 6H_2O$，化学纯）溶于水中，稀释至 1L。

③ 硝态氮标准贮备液［$\rho(N)=100mg/L$］：准确称取 0.7217g 经 105～110℃烘 2h 的硝酸钾（KNO_3，优级纯）溶于水，定容至 1L，存放于冰箱中。

④ 硝态氮标准溶液［$\rho(N)=10mg/L$］：测定当天吸取 10.00mL 硝态氮标准贮备液于 100mL 容量瓶中用水定容。

3. 实验内容

称取 10.00g 土壤样品放入 200mL 塑料瓶中，加入 50mL 氯化钙浸提剂，盖严瓶盖，摇匀，在振荡机上于 20～25℃振荡 30min（180r/min±20r/min），过滤。

吸取 25.00mL 待测液于 50mL 三角瓶中，加 1.00mL 1:9 H_2SO_4 溶液酸化，摇匀。用滴管将此液装入 1cm 光径的石英比色槽中，分别在 210nm 和 275nm 处测读吸光值（A_{210} 和 A_{275}），以酸化的浸提剂调节仪器零点。以 NO_3^- 的吸光值（ΔA）通过标准曲线求得测定液中硝态氮含量。空白测定除不加试样外，其余均同样品测定。

NO_3^- 的吸光值（ΔA）可由下式求得：

$$\Delta A = A_{210} - A_{275} \times R \tag{9-6}$$

式中，R 为校正因数，是土壤浸出液中杂质（主要是有机质）在 210nm 和 275nm 处的吸光度的比值。

A_{210} 是波长 210nm 处浸出液中 NO_3^- 的吸收值（$A_{210硝}$）与杂质（主要是有机质）的吸收值（$A_{210杂}$）的总和，即 $A_{210}=A_{210硝}+A_{210杂}$，得出 $A_{210杂}=A_{210}-A_{210硝}$。选取部分土样用酚二磺酸法测得 NO_3^--N 的含量后，根据土液比和分光光度法的工作曲线，可计算各浸出液应有的 $A_{210硝}$ 值，即可得出 $A_{210杂}$。

A_{275} 是浸出液中杂质（主要是有机质）在 275nm 处的吸收值（因为 NO_3^- 在该波长处已无吸收），它是 $A_{210杂}$ 的 $1/R$，即 $A_{210杂}=RA_{275}$，故校正因数 $R=A_{210杂}/A_{275}$。

各不同区域可将多个土壤测定 R 值的统计平均值，作为其他土壤测试 NO_3^--N 的校正因数，其可靠性取决于被测土壤的多少，测定的土壤越多，可靠性越大。

标准曲线的绘制：分别吸取 10mg/L NO_3^--N 标准溶液 0mL、1.00mL、2.00mL、4.00mL、6.00mL、8.00mL，用氯化钙浸提剂定容至 50mL，即为 0mg/L、0.2mg/L、0.4mg/L、0.8mg/L、1.2mg/L、1.6mg/L 的标准系列溶液。各取 25.00mL 于 50mL 三角瓶中，分别加 1mL 1:9 H_2SO_4 溶液摇匀后测 A_{210}，计算 A_{210} 对 NO_3^--N 浓度的回归方程，或者绘制工作曲线。

4. 数据记录

$$土壤中硝态氮含量(mg/kg) = \frac{\rho V D}{m} \tag{9-7}$$

式中，ρ 为查标准曲线或求回归方程而得测定液中 NO_3^--N 的质量浓度，mg/L；V 为浸提剂体积，26mL；D 为浸出液稀释倍数，若不稀释则 $D=1$，本例中为 50mL（氯化钙浸提剂）除以 25mL（待测液），即为 2；m 为土壤烘干质量（需同步测定土壤含水量），g。

5. 注意事项

（1）土壤硝态氮含量一般用新鲜样品测定，如需以硝态氮加铵态氮反映无机氮含量，则可用风干样品测定。

（2）一般土壤中 NO_2^- 含量很低，不会干扰 NO_3^- 的测定。如果 NO_2^- 含量高时，可用氨基磺酸消除（$HNO_2 + NH_2SO_3H == N_2 + H_2SO_4 + H_2O$），它在 210nm 处无吸收，不干扰 NO_3^- 测定。

（3）浸出液的盐浓度较高，操作时最好用滴管吸取注入槽中，尽量避免溶液溢到槽外污染槽外壁，影响其透光性。

（4）大批样品测定时，可先测完各液（包括浸出液和标准系列溶液）的 A_{210} 值，再测 A_{275} 值，以避免逐次改变波长所产生的仪器误差。

（5）如需同时测定土壤中铵态氮，可选用 2mol/L KCl 或 1mol/L NaCl 溶液制备待测液。但 2mol/L KCl 溶液本身在 210nm 处吸光度较高，因此同时测定土壤中铵态氮和硝态氮时，可选用吸光度较小的 1mol/L NaCl 溶液为浸提剂。

（6）如果吸光度很高（$A > 1$ 时），可从比色槽中吸出一半待测液，再加一半水稀释，重新测吸光度，如此稀释直至吸光度小于 0.8。再按稀释倍数，用氯化钙浸提剂将浸出液准确稀释测定。

（7）不同土类的 R 值略有差异，各地可根据主要土壤情况进行校验，求出当地土壤的 R 值。

实验四　土壤阳离子交换量的测定

一、实验目的

通过测定表层和深层土的阳离子交换量，了解不同土壤阳离子交换量的差别。

二、实验原理

土壤中主要存在三种基本成分，一是无机物，二是有机物，三是微生物。在无机物中，黏土矿物是其主要部分。黏土矿物的晶格结构中存在许多层状的硅铝酸盐，其结构单元是硅氧四面体和铝氧八面体。四面体硅层中的 Si^{4+} 常被 Al^{3+} 部分取代；八面体铝氧层中的 Al^{3+} 可部分地被 Fe^{2+}、Mg^{2+} 等离子取代，取代的结果便是在晶格中产生负电荷。这些电荷分布在硅铝酸盐的层面上，并以静电引力吸附层间存在的阳离子，以保持电中性。这些阳离子主要是 Ca^{2+}、Mg^{2+}、Al^{3+}、Na^+、K^+、H^+ 等，它们往往被吸附于矿物胶体表面上，决定着黏土矿物的阳离子交换行为。

土壤是环境中污染物迁移转化的重要场所，土壤的吸附和离子交换能力又和土壤的组成、结构等有关，因此对土壤性能的测定，有助于了解土壤对污染物质的净化及对污染负荷的允许程度。

土壤中存在的各种阳离子可被某些中性盐水溶液中的阳离子交换，如图 9-2 所示。由于反应中存在交换平衡,交换反应实际上不能进行完全,当溶液中交换剂浓度大、交换次数增加时,交换反应可趋于完全。同时,交换离子的本性、土壤的物理状态等对交换完全也有影响。若用过量的强电解质,如硫酸溶液,把交换到土壤中的钡离子交换下来,由于生成了硫酸钡沉淀,且氢离子的交换吸附能力很强,交换基本完全。这样,通过测定交换反应前后硫酸含量变化,可算出消耗的酸量,进而算出阳离子交换量。这种交换量是土壤的阳离子交换总量,通常用每1000g干土中的物质的量(cmol)表示。

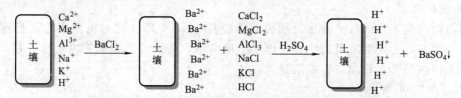

图 9-2 土壤中阳离子被中性盐水溶液中的阳离子交换

三、仪器和材料

(1) 仪器:50mL 离心管、分析天平(感量0.1mg)、移液管、振荡器、离心机、滴定管、锥形瓶(50mL、100mL)。

(2) 材料:不同地点土样、$BaCl_2$ 溶液、去离子水、H_2SO_4 溶液、酚酞试剂、氢氧化钠标准溶液、邻苯二甲酸氢钾。

① 氯化钡溶液:称取 60g 氯化钡($BaCl_2 \cdot 2H_2O$)溶于水中,转移至 500mL 容量瓶中,用水定容。

② 0.1%(质量浓度)酚酞指示剂:称取 0.1g 酚酞溶于 100mL 乙醇中。

③ 硫酸溶液(0.1mol/L):移取 5.36mL 浓硫酸至 1000mL 容量瓶中,用水稀释至刻度。

④ 标准氢氧化钠溶液(约 0.1mol/L):称取 2g 氢氧化钠溶解于 500mL 煮沸后冷却的蒸馏水中,其浓度需要标定。

四、实验内容

1. 0.1mol/L 氢氧化钠标准溶液的标定

称 2g 分析纯氢氧化钠,溶解在 500mL 煮沸后冷却的蒸馏水中。称取 0.5g(用分析天平称)于 105℃烘箱中烘干后的邻苯二甲酸氢钾两份,分别放入 250mL 锥形瓶中,加 100mL 煮沸冷却的蒸馏水,溶完再加 4 滴酚酞指示剂,用配制的氢氧化钠标准溶液滴定到淡红色,再用煮沸冷却后的蒸馏水做一个空白实验,并从滴定邻苯二甲酸氢钾的氢氧化钠溶液中扣除空白值。

$$c_{NaOH} = \frac{m \times 1000}{(V_1 - V_0) \times M_{邻苯二甲酸氢钾}} \tag{9-8}$$

式中,c_{NaOH} 为 NaOH 标准溶液的浓度,mol/L;m 为邻苯二甲酸氢钾的质量,g;V_1 为滴定邻苯二甲酸氢钾消耗的氢氧化钠体积,mL;V_0 为滴定蒸馏水空白消耗的氢氧化钠体积,mL;$M_{邻苯二甲酸氢钾}$ 为邻苯二甲酸氢钾的摩尔质量,204.23g/mol。

2. 样品的称量

取 4 个洗净烘干且重量相近的 50mL 离心管,分别放在烧杯上在分析天平上称出质量

(m_0)。往其中的两个管中各加入 1g 左右的污灌区表层风干土壤,另外两管中加入 1g 左右的深层风干土。

3. 离心

从烧杯中取下离心管,用量筒向各管中加入 20mL 氯化钡溶液,加完用玻璃棒搅拌 4min。然后将 4 支离心管放入离心机内,3000r/min 离心 10min,离心完倒尽上层溶液。然后再加入 20mL 氯化钡溶液,重复上述步骤再交换一次。离心完毕保留离心管内的土层。

4. 清洗并称重

向离心管内倒入 20mL 蒸馏水,用玻璃棒搅拌 1min。再在离心机内离心,直到土壤全部沉积在管底部,上层溶液澄清为止。倒尽上层清液,将离心管连同管内土样一起,放在相应的烧杯上,在天平上称出各管的质量(m_1)。

5. 离心沉降并滴定

往离心管中移入 25mL 0.1mol/L 硫酸溶液,搅拌 10min 后放置 20min,然后离心沉降。离心完把管内清液分别倒入 4 个洗净烘干的试管内,再从 4 个试管中各移出 10mL 溶液到 4 个干净的 100mL 锥形瓶内。另外取两份 10mL 0.1mol/L 硫酸溶液到第 5、6 个锥形瓶内。在 6 个锥形瓶中各加入 10mL 蒸馏水和 1 滴酚酞指示剂,用标准氢氧化钠溶液滴到红色刚好出现并于数分钟内不褪为终点。记录 10mL 0.1mol/L 硫酸溶液耗去的氢氧化钠溶液体积(V_A)和样品消耗的氢氧化钠溶液体积(V_B)。

五、数据记录

阳离子交换量的计算:

$$\text{CEC} = \frac{[V_A \times 25 - V_B \times (25 + m_1 - m_0 - m_2)] \times c}{m_2 \times 10} \times 100 \tag{9-9}$$

式中,CEC 为土壤阳离子交换量,cmol/kg;V_A 为滴定 0.1mol/L 硫酸溶液消耗的标准氢氧化钠溶液体积,mL;V_B 为滴定离心沉降后的上清液消耗的标准氢氧化钠溶液体积,mL;m_1 为离心管连同土样的质量,g;m_0 为空离心管的质量,g;m_2 为称取的土样质量,g;c 为氢氧化钠标准溶液的浓度,mol/L;25 为离心管中移入的 0.1mol/L 硫酸溶液的体积,mL;10 为从试管出的溶液体积,mL;100 为 mol 与 cmol 之间的转化关系。

实验五 土壤 pH 的测定

一、实验目的

1. 掌握土壤酸碱度的测定方法。
2. 巩固 pHS-3C 型酸度计的使用。
3. 了解水土比对 pH 的影响。

二、实验原理

电位法测定土壤 pH 是将 pH 玻璃电极和甘汞电极(或复合电板)插入土壤悬液或浸出

液中构成一原电池，测定其电动势值，再换算成 pH。在酸度计上测定，经过标准缓冲溶液校正后则可直接读取 pH。水土比对 pH 影响较大，对于石灰性土壤稀释效应的影响更为显著。以采取较小水土比为宜，本方法规定水土比为 2.5∶1。同时酸性土壤除测定水浸土壤 pH 外，还应测定盐浸 pH，即以 1mol/L KCl 溶液浸提土壤 H^+ 后用电位法测定。

本方法适用于各类土壤 pH 的测定。

三、仪器和材料

（1）仪器：pHS-3C 型酸度计（精确到 0.01pH 单位，有温度补偿功能），pH 电极，玻璃棒，烧杯。

（2）材料：过 30 目筛的土壤，去除 CO_2 的水（煮沸 10min 后加盖冷却，立即使用。本实验室采用去离子水，实验证明使用去除 CO_2 的水和去离子水的误差小于 0.02），pH 为 4.00（25℃）、pH 为 6.86（25℃）和 pH 为 9.18（25℃）的标准缓冲溶液。

1mol/L 氯化钾溶液：称取 74.6g KCl 溶于 800mL 水中，用稀氢氧化钾和稀盐酸调节溶液 pH 为 5.5~6.0，稀释至 1L。

四、实验内容

1. 仪器标定

采用两点标定，按照土壤 pH 计操作说明书进行。

2. 土壤水浸液 pH 的测定

称取过 30 目筛的风干土壤 10.0g 于 50mL 高型烧杯中，加 25mL 去离子水，用玻璃棒搅拌 1min，使土粒充分分散，放置 30min 后进行测定。将土壤上清液倒在 20mL 的小烧杯里，把电极插入待测液中，轻轻摇动烧杯以除去电极上的水膜，促使其快速平衡，静置片刻，按下读数开关，待读数稳定（在 5s 内 pH 变化不超过 0.02）时记下 pH。放开读数开关，取出电极，以水洗涤，用滤纸吸干水分后即可进行第二个样品的测定。每测定 5~6 个样品需用标准缓冲液检查并定位 pH 计。

3. 土壤氯化钾浸提液 pH 的测定

当土壤水浸液 pH<7 时，应测定土壤盐浸提液 pH。除用 1mol/L 氯化钾溶液代替去离子水以外，其他步骤与水浸液 pH 测定相同。

参考文献

[1] 鲍士旦. 土壤农化分析 [M]. 3 版. 北京：中国农业出版社，2008.
[2] 鲁如坤. 土壤农业化学分析方法 [M]. 北京：中国农业科技出版社，2000.
[3] 华孟. 土壤物理学（附实验指导）[M]. 北京：北京农业大学出版社，1993.
[4] 林先贵. 土壤微生物研究原理与方法 [M]. 北京：高等教育出版社，2010.
[5] Carter M R, Gregorich E G. 土壤采样与分析方法（上、下册）[M]. 李保国，李永涛，任图生，等译. 北京：电子工业出版社，2022.
[6] 中华人民共和国生态环境部. HJ 491—2019. 土壤和沉积物铜、锌、铅、镍、铬的测定 火焰原子吸收分光光度法 [S]. 北京：中国环境出版社，2019.
[7] 肖波，陈子学，齐璐璐，等. 连续光源原子吸收光谱仪在测定土壤有效态锌、锰、铁、铜中的应用 [J]. 现代科学仪器，2007（6）：108-110.
[8] 蒋文涛. 原子吸收光谱法检测环境样品中重金属含量的应用 [J]. 环境与发展，2020，32（8）：99-100.

第十章　水污染控制工程实验

实验一　混　凝　实　验

一、实验目的

1. 了解混凝作用的基本原理。
2. 确定处理特定水样的最佳混凝剂及最佳混凝条件。

二、实验原理

化学混凝是用来去除水中无机和有机的胶体悬浮物。通常在废水中所见到的胶体颗粒微小，在 100Å（1Å＝10^{-10} m）～10μm 之间，而其 Zeta 电位在 15～20mV 之间。混凝是使胶体悬浮物脱稳，接着发生使颗粒增大的凝聚作用，随后这些大颗粒可用沉淀、浮选或过滤法去除。

消除或降低胶体颗粒稳定因素的过程叫脱稳。脱稳后的胶粒在一定水力条件下，才能形成较大的絮凝体，俗称矾花。直径较大且较密的矾花容易下沉，自投加混凝剂直至形成矾花的过程叫混凝。

胶体悬浮物在水中的稳定性由下列原因引起：

① 高 Zeta 电位引起的斥力。
② 在较大憎水性的胶体上吸附了一层较小亲液的保护胶体。
③ 胶体悬浮物上吸附了一层非离子的聚合物。

脱稳通过下列几种方式完成：

① 投加阳离子电解质（如 Al^{3+}、Fe^{3+}）或阳离子高分子电解质来降低 Zeta 电位。
② 形成带正电荷的含水氧化物 [如 $Al_x(OH)_y^{3+}$] 而吸附于胶体上。
③ 阴离子和阳离子高分子电解质的自然凝聚。
④ 胶体悬浮物被围在含水氧化物的矾花内。

混凝过程的关键是确定最佳混凝工艺条件，包括混凝剂的种类、投加量和水力条件等。

混凝剂的种类很多，例如有机混凝剂，无机混凝剂，人工合成混凝剂 [阴离子型、阳离子型、非离子型、天然高分子混凝剂（淀粉、树胶、动物胶）]等。

混凝的通常顺序为：

① 将混凝剂与废水迅速剧烈地搅拌。如果废水碱度不够，则要在快速搅拌之前投加碱性试剂（Na_2CO_3、NaOH 或石灰）。

② 如果使用活性硅和阳离子高分子电解质，则它们应在快速搅拌将近结束时投加。

③ 需要 2~3min 的凝聚时间，以促进大矾花的产生。在这一过程中，要使矾花之间相互接触，增进矾花的聚集，要控制搅拌的速度使矾花不受剪切。

搅拌实验用来获得最佳的混凝 pH 值和混凝剂量。在恒定的混凝投加量（估计值）下，搅拌实验能获得一个最佳 pH 值。在该 pH 值时，变化混凝剂的浓度，以确定最佳的剂量。

最有效的脱稳方法是胶体颗粒与小的带正电荷含水氧化物的微型矾花接触。这种含水氧化物的微型矾花是在小于 0.1s 时间内产生的。因此要在短时间内进行剧烈搅拌。在脱稳之后，凝聚促使矾花增大，以便使矾花随后能从废水中去除。

三、仪器和材料

多联搅拌器，酸度计，混凝剂，pH 调节剂。

四、实验内容

1. 混凝剂的选择

选择浊度作为衡量废水性质的指标，取 400mL 水样于三个烧杯中，分别加入相同量铁盐、铝盐和阳离子聚丙烯酰胺，快速搅拌试样 2min，然后慢速凝聚 15min，搅拌速度应使矾花不受剪切，记录每个试样出现矾花的时间，停止搅拌后静置 20min，取上清液测定其浊度，进行各混凝剂处理效果的初步比较，根据上清液浊度确定混凝剂种类。

2. 废水形成矾花的近似最小混凝剂量的确定

慢慢地搅动烧杯中的 200mL 原废水，每次增加 1mL 混凝剂溶液，直到出现矾花，此剂量为最小投加量。

3. 最佳投加量的确定

准备六个 500mL 烧杯各加入 400mL 的试样，混凝剂投加量按上述步骤 2 确定的最小混凝剂量的 25%~200%变化，如 25%、60%、100%、130%、160%、200%。

在投加混凝剂后，将其 pH 值调整为最佳 pH 值。

快速搅拌试样 2min，然后慢速搅拌 15min，记录每个试样出现矾花的时间。

试样静置沉淀 20min，并测定上清液浊度。

如果投加阳离子高分子电解质，则它应在快速搅拌结束前投加。阴离子高分子电解质应在凝聚阶段的中期投加。

4. 废水混凝最佳 pH 条件的确定

准备六个 500mL 烧杯，各加入 200mL 要处理的废水试样，混凝剂按最佳用量加入。调整六个试样的 pH 值，使其 pH 值分别为 4、5、6、7、8、9。快速搅拌试样 2min，然后慢速凝聚 15min。凝聚时的搅拌速度应使矾花不受剪切，记录每个试样出现矾花的时间。在凝聚 15min 后，静置 20min，测定上层清液的 pH 值。并取上清液测定其浊度，从而确定最佳 pH 值。

五、注意事项

1. 电源电压应稳定，如有条件，应配用一台稳压装置。
2. 取水样时，所取水样要搅拌均匀，要一次量取以尽量减少所取水样浓度上的差别。
3. 移取烧杯中沉淀水样的上层清液时，要在相同条件下取上层清液，不要把沉下去的矾花搅起来。

六、数据记录

1. 记录原水特征、混凝剂投加情况、沉淀后的水样浊度及 pH 值。实验记录参考格式如表 10-1～表 10-3 所示。

表 10-1　实验数据记录表（混凝剂的选择）

实验小组名单_____　　　　实验日期_____
快速搅拌转速_____　　　　慢速搅拌转速_____
原水浊度_____　　　　　　原水 pH 值_____

缓凝剂	铁盐	铝盐	阳离子聚丙烯酰胺
出现矾花时间			
上清液浊度			

废水中能形成矾花的近似最小混凝剂量_____mL 相当于_____mg/L。

表 10-2　混凝沉淀实验记录（最佳投加量的确定）

水样编号		1	2	3	4	5	6
水样温度/℃							
投加量	体积/mL						
	浓度/(mg/L)						
出矾花时间							
矾花沉淀情况							
剩余浊度							
沉淀后 pH 值							
备注							

表 10-3　混凝沉淀实验记录（最佳 pH 值的确定）

水样编号	1	2	3	4	5	6
pH 值						
出矾花时间						
矾花沉淀情况						
剩余浊度						
沉淀后 pH 值						
备注						

2. 以沉淀后水样浊度为纵坐标，混凝剂投加量为横坐标，绘出浊度与投加量关系曲线，并在图上求出最佳混凝剂投加量。
3. 以沉淀后水样浊度为纵坐标，以 pH 值为横坐标，绘出浊度与 pH 关系曲线，并在图

上求出最佳 pH 值。

4. 以沉淀后水样 pH 值为纵坐标，混凝剂投加量为横坐标，绘制 pH 值与投加量曲线并分析其规律性。

七、思考题

1. 为什么最大混凝剂量时，混凝效果不一定好？
2. 当无六联搅拌机时，试利用 0.618 法设计测定最佳 pH 值的实验过程（可参考求最佳投加量的实验步骤）。

实验二　活性污泥性质及废水可生化性测定实验

一、实验目的

1. 加深对活性污泥性能，特别是污泥活性的理解。
2. 掌握几项污泥性质的测定方法。
3. 了解工业污水可生化性的含义。
4. 掌握本实验介绍的测定工业污水可生化性的实验方法。

二、实验原理

1. 活性污泥性质

活性污泥是人工培养的生物絮凝体，它是由好氧微生物及其吸附的有机物组成的。活性污泥具有吸附和分解废水中有机物质（有些可利用无机物质）的能力，显示出生物化学活性。在生物处理废水的设备运转管理中，除用显微镜观察外，MLSS、MLVSS、SV 和 SVI 等污泥性质也是经常要测定的。这些指标反映了污泥的活性，它们与剩余污泥排放量及处理效果等都有密切关系。

2. 废水可生化性

微生物降解有机污染物的物质代谢过程中所消耗的氧包括两部分：

① 氧化分解有机污染物，使其分解为 CO_2、H_2O、NH_3（存在含氮有机物时）等，为合成新细胞提供能量。

② 供微生物进行内源呼吸，使细胞物质氧化分解。

下列化学反应可说明物质代谢过程中的这些关系。

合成反应如式（10-1）所示：

$$8CH_2O + 3O_2 + NH_3 \longrightarrow C_5H_7NO_2 + 3CO_2 + 6H_2O \tag{10-1}$$

即：

$$\frac{3CH_2O + 3O_2 \longrightarrow 3CO_2 + 3H_2O + 能量}{5CH_2O + NH_3 \longrightarrow C_5H_7NO_2 + 3H_2O}$$

从上面反应式可以看出，约 1/3 的 CH_2O（蛋白质）被微生物氧化分解为 CO_2、H_2O，同时产生能量供微生物合成新细胞,这一过程要消耗氧。

内源呼吸反应如式(10-2)所示:

$$C_5H_7NO_2 + 5O_2 \longrightarrow 5CO_2 + NH_3 + 2H_2O \tag{10-2}$$

由上面反应式可以看出,内源呼吸过程氧化1g微生物需要的氧量为1.42g($5O_2$:$C_5H_7NO_2$=160:113=1.42)。

微生物进行物质代谢过程的需氧速率可以用下式表示:

总的需氧速率=合成细胞的需氧速率+内源呼吸的需氧速率

即:
$$\left(\frac{dO}{dt}\right)_T = \left(\frac{dO}{dt}\right)_F + \left(\frac{dO}{dt}\right)_e \tag{10-3}$$

式中,$(dO/dt)_T$为总的需氧速率,mg/(L·min);$(dO/dt)_F$为降解有机物、合成新细胞的耗氧速率,mg/(L·min);$(dO/dt)_e$为微生物内源呼吸需氧速率,mg/(L·min)。

如果污水的组分对微生物生长无毒害抑制作用,微生物与污水混合后立即大量摄取有机物合成新细胞,同时消耗水中的溶解氧。溶解氧的吸收量(即消耗量)与水中有机物浓度有关,实验开始时,生物反应器内有机物浓度较高,微生物吸收氧的速率较快,之后,随着有机物浓度的逐渐下降,氧吸收速率也逐渐减慢,最后等于内源呼吸速率(图10-1)。如果污水中的某一种或几种组分对微生物的生长有毒害抑制作用,微生物与污水混合后,其降解利用有机物的速率便会减慢或变为0,利用氧的速率也将减慢或变为0(图10-2)。因此,我们可以通过实验测定微生物的需氧速率,用氧吸收量累计值与时间的关系曲线、需氧速率与时间的关系曲线来判断某种污水生物处理的可能性,或某种有毒有害物质进入生物处理设备的最大允许浓度。

污水有毒有害成分对微生物的影响除了直接杀死微生物、使细胞壁变性或破裂以外,主要表现为抑制、损害酶的作用,使酶变性、失活。如重金属能与酶和其他代谢产物结合,使酶失去活性,改变原生质膜的渗透性,影响营养物质的吸收。再如氢离子浓度会改变原生质膜和酶的荷电,影响原生质的生化过程和酶的作用,阻碍微生物的能量代谢。

由于有毒有害物质对微生物的抑制作用不仅与毒物的浓度有关,还与微生物的浓度有关,因此实验时选用的污泥浓度应与曝气池的污泥浓度相同。如果废水中含有有毒有害物质,首先应该利用低浓度含有有毒有害物质的废水对微生物进行培养驯化,使其逐渐适应这种毒物。如图10-3所示。

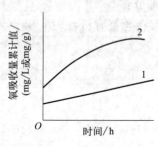

图10-1 内源呼吸
1—氧呼吸过程线;
2—内源呼吸过程线

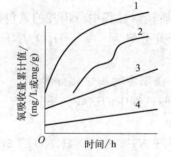

图10-2 不同物质对微生物氧吸收过程的影响
1—易降解物;2—经驯化后能降解;3—内源呼吸;4—有毒

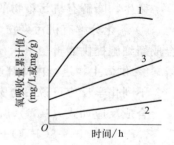

图10-3 微生物驯化前后对物的适应性
1—未加毒物时内源呼吸;2—培养驯化以前;3—培养驯化以后

三、仪器和材料

（一）活性污泥性质测定

水分快速测定仪 1 台，真空过滤装置 1 套，秒表 1 块，分析天平 1 台，马弗炉 1 台，坩埚数个，定量滤纸数张，100mL 量筒 4 个，500mL 烧杯 2 个，玻璃棒 2 根，烘箱 1 台。

（二）废水可生化性测定

1. 实验装置

可生化性测定实验装置的主要组成部分是生化反应器和曝气设备，实验时采用压缩空气曝气，如图 10-4 所示。

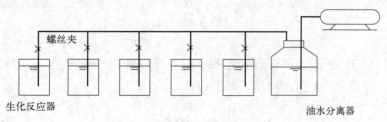

图 10-4 可生化性测定实验装置

采用压缩空气曝气时，为防止压缩空气机的油随空气进入反应器，压缩空气输送管应先接入一个装有水的油水分离器后再接入反应器。

2. 实验设备和仪器仪表

(1) 生化反应器：高度 $H=0.42$m，直径 $D=0.3$m，1 个。
(2) 泵型叶轮：铜制，直径 $D=12$mm，1 个。
(3) 电动机：单向串激电动机，220V，2.5A，1 台。
(4) 直流稳压电源：YJ44 型，0~30V，0~2A，1 台。
(5) 压缩空气机（采用压缩空气曝气时）：Z-0.025/6 型，1 台。
(6) 溶解氧测定仪：1 台。
(7) 电磁搅拌器：1 台。
(8) 广口瓶：250mL（根据溶解氧探头大小确定尺寸），1 个。
(9) 小口瓶：2500mL，1 个。
(10) 秒表：1 块。

四、实验内容

（一）活性污泥性质测定

1. 污泥沉降比

污泥沉降比（SV）是指将曝气池中混合均匀的 100mL 泥水混合液置于 100mL 量筒中，静置 30min 后，沉降的污泥占整个混合液的比例以百分数表示。

测定污泥沉降比并记录实验数据。

2. 污泥浓度

污泥浓度（MLSS）是指单位体积的曝气池混合液中所含污泥的干重，实际上是指混合液悬浮固体数量，单位为 mg/L。

(1) 测定方法

① 将滤纸放在 105℃ 烘箱或水分快速测定仪中干燥至恒重，在干燥器内冷却 30min 后称量并记为 W_1（mg）。

② 将该滤纸剪好平铺在布氏漏斗上（剪掉的部分滤纸不要丢掉）。

③ 将测定过沉降比的 100mL 量筒内的污泥全部倒入漏斗，过滤（用水冲净量筒，并将水倒入漏斗）。

④ 将载有污泥的滤纸入烘箱（105℃）或快速水分测定仪中烘干至恒重，称量并记为 W_2（mg）。

(2) 计算

$$\text{MLSS} = \frac{W_2 - W_1}{0.1\text{L}} \tag{10-4}$$

3. 污泥指数

污泥指数（SVI）全称为污泥容积指数，是指曝气池混合液经 30min 静沉后，1g 干污泥所占的容积，单位为 mL/g。计算式如下：

$$\text{SVI} = \frac{\text{SV} \times 10}{\text{MLSS}} \tag{10-5}$$

SVI 值能较好地反映出活性污泥的松散程度（活性）和凝聚、沉淀性能，能及时地反映出是否有污泥膨胀的倾向，SVI 越低，沉降性能越好，一般在 100 左右为宜。

4. 污泥灰分和挥发性污泥浓度（MLVSS）

挥发性污泥就是挥发性悬浮固体，它包括微生物和有机物，干污泥经灼烧后（600℃）剩下的灰分为污泥灰分。

(1) 测定方法

先将已干燥恒重的瓷坩埚称量并记为 W_3（mg），再将测定过污泥干重的滤纸和干污泥一并放入瓷坩埚中，先在普通电炉上加热碳化，然后放入马弗炉内（600℃）烧 40min，取出放入干燥器内冷却 30min 后称量，记为 W_4（mg）。

(2) 计算

$$\text{污泥灰分} = \frac{\text{灰分质量}}{\text{干污泥质量}} \times 100\% = \frac{W_4 - W_3}{W_2 - W_1} \times 100\% \tag{10-6}$$

$$\text{MLVSS(mg/L)} = \frac{\text{干污泥质量} - \text{灰分质量}}{100\text{mL}} = \frac{(W_2 - W_1) - (W_4 - W_3)}{0.1\text{L}} \tag{10-7}$$

在一般情况下，MLVSS 与 MLSS 的比值较固定，对于处理生活污水的曝气池中活性污泥混合液，其比值常在 0.75 左右。

（二）废水可生化性测定

(1) 从城市污水厂取回活性污泥，测定其 MLSS 后，取适量加入反应器，用自来水稀释污泥，使每个反应器内的污泥浓度为 1～2g/L。

(2) 开启曝气设备，曝气 1～2h，使微生物处于饥饿状态。

(3) 除待测内源需氧速率的 1 号反应器以外，其他 4 个反应器都停止曝气。

(4) 静置沉淀，待反应器内污泥沉淀后，用虹吸去除上层清液。

(5) 在 2～5 号反应器内加入等量的污水。

(6) 继续曝气,并按表 10-4 计算和投加苯酚。

(7) 混合均匀后立即取样测定需氧速率（dO/dt）,以后每隔 30min 测定一次需氧速率,3h 后改为每隔 1h 测定一次,5~6h 后结束实验。

表 10-4　各生化反应器内苯酚浓度

生化反应器序号	1	2	3	4	5
苯酚/(mg/L)	0	0	100	200	400

需氧速率测定方法：

用 250mL 的广口瓶取反应器内混合液 1 瓶,迅速用装有溶解氧探头的橡皮塞子塞紧瓶口(不能有气泡或漏气),将瓶子放在电磁搅拌器上,启动搅拌器,定期测定溶解氧值(0.5~1min),并作记录。然后以溶解氧值与 t 作图,所得直线的斜率即微生物的需氧速率。

注意：

① 实验所列实验设备(除空气压缩机外)是一组学生所需设备。每组学生（2人）仅完成一种浓度实验,内容应由 5 组学生完成。

② 加入各生化反应器的活性污泥混合液应尽量相等,这样才能使各反应器内的活性污泥的需氧速率相同(即 MLSS 相同),使各反应器的实验结果有可比性。

③ 测定需氧速率时,应充分搅拌使反应器内活性污泥浓度保持均匀,以避免由采样带来的误差。

④ 反应器内的溶解氧建议维持在 6~7mg/L,以保证测定需氧速率时有足够的溶解氧。

五、注意事项

1. 测定坩埚质量时,应将坩埚放在马弗炉中灼烧至恒重为止。
2. 由于实验项目多,实验前准备工作要充分。
3. 仪器设备应按说明调整好,减小误差。

六、数据记录

（一）活性污泥性质测定

活性污泥性质见表 10-5。

表 10-5　活性污泥性质测定

项目	W_1/mg	W_2/mg	W_2-W_1/mg	W_3/mg	W_4/mg	W_4-W_3/mg	SV/%	MLSS/(mg/L)	MLVSS/(mg/L)	SLV/(mL/g)
一										
二										
平均										

（二）废水可生化性测定

1. 记录实验操作条件。

实验日期：_____年_____月_____日

反应器序号：_____

苯酚投加量：_____ g

污泥浓度：_____ mg/L

2. 溶解氧测定的实验记录可参考表 10-6。

表 10-6 溶解氧测定值

时间/min	0	1	2	3	4	5	6	7	8	9
溶解氧测定仪读数/(mg/L)										

3. 以溶解氧测定值为纵坐标，时间 t 为横坐标作图，所得直线的斜率即 dO/dt（5h 测定可得 9 个 dO/dt 值）。

4. 以需氧速率 dO/dt 为纵坐标，时间 t 为横坐标作图，得到 dO/dt 与 t 的关系曲线。

5. 用 dO/dt 与 t 的关系曲线，参考表 10-7 计算氧吸收量累计值 O_u。

表 10-7 中 $dO/dt \times t$ 和 O_u 可参考下式计算：

$$\left(\frac{dO}{dt} \times t\right)_n = \frac{1}{2}\left[\left(\frac{dO}{dt}\right)_n + \left(\frac{dO}{dt}\right)_{n-1}\right] \times (t_n - t_{n-1}) \qquad (10\text{-}8)$$

$$(O_u)_n = (O_u)_{n-1} + \left(\frac{dO}{dt} \times t\right)_n \qquad (10\text{-}9)$$

计算时 $n = 2, 3, 4, \cdots$。

表 10-7 氧吸收量累计计算

序号	1	2	3	4	⋯	$N-1$
时间 t/min	0	0.5	1.0	1.5		
$(dO/dt)/[\mathrm{mg}/(L \cdot \min)]$						
$(dO/dt) \times t/(\mathrm{mg/L})$						
$O_u/(\mathrm{mg/L})$	—					

6. 以氧吸收量累计值 O_u 为纵坐标，时间 t 为横坐标作图，得到苯酚对微生物氧吸收过程的影响曲线。

七、思考题

1. 影响活性污泥吸附性能的因素有哪些？
2. 活性污泥吸附性能测定的意义是什么？
3. 有毒有害物质对微生物的抑制或毒害作用与哪些因素有关？
4. 拟订一个确定生物处理构筑物有毒物质容许浓度的实验方案。

实验三 气浮实验

一、实验目的

1. 加深对气浮处理法基本概念及原理的理解。
2. 掌握加压溶气气浮实验方法，并能熟练操作各种仪器。

3. 通过对实验系统的运行,掌握加压溶气气浮的工艺流程。

二、实验原理

气浮处理法是一种固液分离技术。它是将水、污染杂质和气泡这样一个多相体系中含有的疏水性的污染粒子或者附有表面活性剂的亲水性污染粒子,有选择地从废水中吸附到气泡上,以泡沫形式从水中分离去除的一种操作过程。

气浮法就是使空气以微小气泡的形式出现于水中并慢慢自下而上地上升,在上升过程中,气泡与水中污染物质接触,并把污染物质黏附于气泡上(或气泡附于污染物上),从而形成密度小于水的气水结合物浮升到水面,使污染物从水中分离出去。

气浮净水方法是目前环境工程和给排水工程日益广泛应用的一种水处理方法。该法主要用于处理水中相对密度小于或接近1的悬浮杂质,在自来水厂、城市污水处理厂以及炼油厂、食品加工厂、造纸厂、毛纺厂、印染厂、化工厂等的水处理中都有所应用。

气浮法具有处理效果好、周期短、占地面积小以及处理后的浮渣中固体物质含量高等优点,但也存在设备多、操作复杂、动力消耗大的缺点。

产生密度小于水的气水结合物的主要条件如下:
① 水中污染物质具有足够的憎水性;
② 加入水中的空气所形成气泡的平均直径不宜大于 70 μm;
③ 气泡与水中污染物质有足够的接触时间。

气浮法按水中气泡产生的方法可分为分散空气气浮、溶解空气气浮和电解空气气浮几种。由于分散空气气浮气泡直径较大、气浮效果较差,而电解空气气浮气泡直径虽不大但耗电较多,因此目前应用气浮法的工程中,溶解空气气浮法最多。溶解空气气浮法又分为加压溶气气浮法和真空溶气气浮法。

加压溶气气浮法就是使空气在一定压力的作用下溶解于水,并达到饱和状态,然后使加压水表面压力突然减到常压,此时溶解于水中的空气便以微小气泡的形式从水中逸出,这样就产生了供气浮用的合格的微小气泡。

影响加压溶气气浮的因素很多,如空气在水中的溶解量、气泡直径的大小、气浮时间、水质、药剂种类与加药量、表面活性物质种类及数量等。因此,采用气浮法进行水处理时,常需通过实验测定一些有关的设计运行参数。

三、仪器和材料

1. 仪器
加压溶气气浮实验装置如图10-5所示,电控箱单元如图10-6所示。
2. 材料
(1) 硫酸铝 [$Al_2(SO_4)_3$]。
(2) 废水:工业废水(如造纸废水等)或人工配水。
(3) 水质分析所需的器材及试剂。

四、实验内容

1. 实验准备
(1) 将实验装置中的所有排空阀和(气体)转子流量计全部关闭。

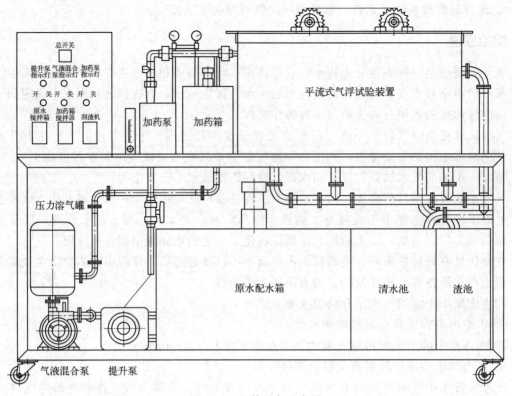

图 10-5 整体设备示意图

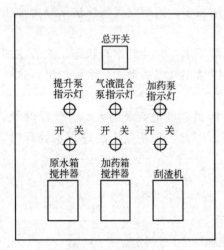

图 10-6 电控箱单元

(2) 将含有悬浮物或胶体的废水加到废水配水箱中,投加 $Al_2(SO_4)_3$ 等絮凝剂后搅拌混合(投药量由混凝实验确定)的污水倒入原水箱,尽量将原水箱倒满。

2. 实验过程

(1) 将设备通上电源,打开总开关(如图 10-7 所示)。

(2) 将控制面板中的原水箱搅拌器开关打开(转速可调),如图 10-8 所示。

(3) 将提升泵开关打开,根据设计水量(50L/h)看转子流量计中的刻度调整提升泵的出水水量阀门,将废水打入反应池中,然后进入中央池(如图 10-9 所示)。

(4) 打开气液混合泵开关,调节进水球阀,将进水水压调到 $-0.03\sim-0.04$ MPa,再调节(气体)转子流量计,当水位至中央池并接近释气管口时,打开释气阀,使微气泡与废水混合,然后流入气浮池,使清水变成乳白色。此时污染物与气泡黏附在一起并上浮至水面(气液泵、气泵应为常开状态,并注意原水槽的水位不低于气液泵进水管口),如图 10-10 所示。

可参考气液混合泵的使用说明。

(5) 当气浮池的水位至除渣槽口时,打开刮渣机开关,调节速度(如图 10-11 所示)。

(6) 液位高低或浮渣多少可调节手轮来控制(如图 10-12 所示)。

图 10-7　总开关

图 10-8　原水箱搅拌器

(a) 提升泵开关　　　(b) 转子流量计

图 10-9　提升泵开关与转子流量计

(a) 气液混合泵开关　　　(b)(气体)转子流量计

图 10-10　气液混合泵开关与（气体）转子流量计

图 10-11　刮渣机开关

图 10-12　调节手轮

(7) 测定原水与出水的水质（COD、SS、浊度等）的变化。根据进水水质进行加药实验，可计算出数值后进行加药配比。改变进、出水量，溶气罐内的压力，加压水量等条件，测定出水水质。将絮凝剂放入加药箱里，打开加药箱搅拌器，再打开加药泵，根据计算出的数值来调整加药量（加药泵为计量泵），如图10-13所示。

(a) 加药箱　　　　　(b) 加药箱搅拌器　　　　　(c) 加药泵开关　　　　　(d) 加药泵(计量泵)

图 10-13　加药装置

(8) 实验完成后先关闭（气体）流量计，关闭气液混合泵，再关闭提升泵。

五、数据记录

1. 根据实验设备尺寸与有效容积，以及水和空气的流量，分别计算溶气时间、气浮时间、气固比等参数。

2. 观察实验装置运行是否正常，气浮池内的气泡是否很微小，若不正常，是什么原因？如何解决？

3. 计算不同运行条件下废水中污染物的去除率，以去除率为纵坐标，以某一运行参数（如溶气罐的压力、气浮时间或气固比等）为横坐标，作出污染物去除率与其运行参数之间的定量关系曲线。

实验四　颗粒自由沉降实验

一、实验目的

本实验采用测定沉淀柱底部不同时间累积沉淀量方法，找出去除率与沉速的关系，希望达到以下目的：

1. 了解和掌握自由沉降的规律，根据实验结果绘制去除率-时间（η-t）、去除率-沉速

（η-u）关系图。

2. 掌握颗粒自由沉降的实验方法。

3. 比较累积沉淀量与累积曲线法的共同点。

4. 加深理解沉淀的基本概念和杂质的沉降规律。

二、实验原理

浓度较稀的、粒状颗粒的沉淀属于自由沉淀，其特点是静沉过程中颗粒互不干扰、等速下沉，其沉速在层流区符合斯托克（Stokes）公式。

由于水中颗粒的复杂性，颗粒粒径、颗粒密度很难或无法准确地测定，因而沉淀效果、特性无法通过公式求得，而是要通过静沉实验确定。

自由沉淀时颗粒是等速下沉，下沉速度与沉淀高度无关，因而自由沉淀可在一般沉淀柱内进行，但其直径应足够大，一般应使 $D \geqslant 100 \mathrm{mm}$ 以免颗粒沉淀受柱壁干扰。

在沉淀实验中，对于一个沉淀柱而言，工作水深 H（水面到采样口的深度）一定，水力停留时间一定，即沉降时间 t 一定，可由 $u_0 = \dfrac{H}{t}$ 求得相应的临界沉降速度 u_0，即在时间 t 内刚好从水面沉到采样口的沉速。

根据斯托克斯公式 $u_s = \dfrac{\rho_g - \rho_y}{18\mu} g d^2$，可知存在临界粒径 d_0。

对于沉速 $u_t \geqslant u_0$ 的颗粒，在时间 t 内可以全部被去除，对于沉速 $u_t < u_0$ 的颗粒则只能部分被去除，总的去除率应为两部分之和。

（1）对于沉速 $u_t \geqslant u_0$ 的悬浮物，剩余量记为 P_0，则去除量为 $(1-P_0)$。

（2）对于沉速 $u_t < u_0$ 的那部分颗粒，若以剩余量 P_0 表示沉速 $u_t < u_0$ 的颗粒占总悬浮颗粒的比例，则对于某特定粒径（具有特定沉速 u_t，且 $u_t < u_0$）的颗粒，其数量是悬浮物总量的 $\mathrm{d}P$（从微分角度来讲），能够被去除的比例是 $\dfrac{u_t}{u_0}$，则能够被去除的数量是 $\dfrac{u_t}{u_0}\mathrm{d}P$，则沉速 $u_t < u_0$ 那部分颗粒的去除量应为 $\int_0^{P_0} \dfrac{u_t}{u_0} \mathrm{d}P$，剩余量为从 0 到 P_0。

总的悬浮物去除率为：

$$\eta = \left[(1-P_0) + \dfrac{1}{u_0}\int_0^{P_0} u_t \mathrm{d}P\right] \times 100\% \tag{10-10}$$

沉降速度与悬浮物剩余量之间的关系图见图 10-14。由图可知，$u_t \mathrm{d}P$ 是一个微小的面积（阴影部分），$\int_0^{P_0} \dfrac{u_t}{u_0} \mathrm{d}P$ 就是该关系曲线与纵坐标所包围的面积，所以，我们可以用图解法来求悬浮物的去除率。

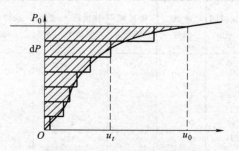

图 10-14　沉降速度与悬浮物剩余量之间的关系图

三、仪器和材料

本实验的设备简图如图 10-15 所示。

四、实验内容

（1）将配制好的实验水样倒入原水箱，开启电控箱上电源开关，按下搅拌电机按钮，将原水箱中的水搅拌均匀。

（2）按下提升泵开关，将原水箱中原水提升到高位水箱，开启管道阀门，高位水箱水流入四个沉淀柱，四组学生可以同时做实验。

（3）关闭进水阀，取水样100mL（此时沉淀时间t为0，测得悬浮物浓度c_0），同时记下取样口高度，开启秒表，记录沉淀时间。

悬浮物浓度的测定方法为首先调烘箱至105℃，叠好滤纸放入称量瓶中，打开盖子，将称量瓶放入105℃的烘箱中烘至恒重W_1，然后将已恒重的滤纸取出放在玻璃漏斗中，过滤水样，并用蒸馏水冲洗，使全部悬浮物固体转移至滤纸上，再将带有滤渣的滤纸移入称量瓶，烘干至恒重W_2。

悬浮物浓度：

$$c_t = \frac{W_1 - W_2}{V} \qquad (10\text{-}11)$$

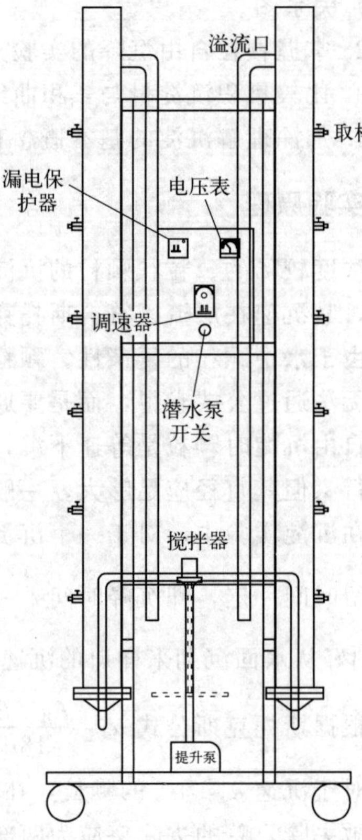

图10-15 实验装置图

式中，c_t为悬浮物浓度，mg/L；W_1为称量瓶加滤纸质量，g；W_2为称量瓶＋滤纸＋悬浮性固体质量，g；V为水样体积，100mL。

（4）当时间为1min、3min、5min、10min、20min、40min、60min时，分别取样100mL，测其悬浮物浓度（c_t）。记录沉淀柱内液面高度。

（5）实验完毕，开启沉降柱底部的放空阀和原水箱的放空阀，将实验废水排空，依次关闭提升泵、搅拌电机，关闭电控箱电源。

五、数据记录

1. 将实验中取得的实验数据记入表10-8中。

表10-8 实验数据记录表

沉淀时间 t/min	滤纸编号	称量瓶编号	称量瓶＋滤纸质量W_1/g	取样体积/mL	称量瓶＋滤纸＋悬浮性固体质量W_2/g	水样体积/mL	c_t/(mg/L)	沉淀高度H/m
0								
1								
3								
5								
10								
20								
40								
60								

2. 实验数据处理

（1）基本参数整理

实验日期：_____　　　　　　水样性质及来源：_____

沉淀柱直径 D：_____ mm　　柱高 H：_____ m

水温：_____ ℃　　　　　　　原水悬浮物浓度 c_0：_____ mg/L

（2）实验数据整理

（1）未被去除悬浮物比例

$$P_t = \frac{c_t}{c_0} \times 100\% \tag{10-12}$$

式中，c_0 为原水悬浮物浓度，mg/L；c_t 为测定的 t 时刻悬浮物的浓度，mg/L。

（2）相应颗粒沉速

$$u_t(\text{mm/s}) = H_t/t$$

（3）以颗粒沉速 u_t 为横坐标，以 P_t 为纵坐标，在坐标纸上绘制 P_t-u_t 关系曲线。

（4）列表（表10-9）计算不同沉速时悬浮物的去除率。

表 10-9　实验数据整理表

沉淀高度/cm				
沉淀时间/min				
未被去除悬浮物比例/%				
颗粒沉速/(mm/s)				

六、思考题

1. 绘制自由沉淀静沉曲线的方法和意义？
2. 沉淀柱有效水深分别为 $H=1.2$m 和 $H=0.9$m，两组实验结果是否一样，为什么？
3. 利用上述实验资料，按照下式计算去除率 η：

$$\eta = \frac{c_t - c_0}{c_0} \times 100\% \tag{10-13}$$

计算不同沉淀时间 t 的去除率，绘制 η-u、η-t 关系曲线，和上述整理结果对照，指出上述两种整理方法结果的适用条件。

实验五　芬顿试剂氧化技术应用实验

一、实验目的

1. 探究芬顿试剂氧化能力的影响因素。
2. 确定其最佳氧化条件。

二、实验原理

由亚铁离子与过氧化氢组成的体系，称为芬顿试剂，它能生成强氧化性的羟基自由基，在水溶液中与难降解有机物生成有机自由基使之结构破坏，最终氧化分解。

芬顿反应是以亚铁离子为催化剂的一系列自由基反应。主要反应如下：

$$Fe^{2+} + H_2O_2 \longrightarrow Fe^{3+} + HO \cdot + OH^- \qquad (10\text{-}14)$$

$$Fe^{3+} + H_2O_2 + OH^- \longrightarrow Fe^{2+} + HO \cdot + H_2O \qquad (10\text{-}15)$$

$$Fe^{3+} + H_2O_2 \longrightarrow Fe^{2+} + HO_2 \cdot + H^+ \qquad (10\text{-}16)$$

$$H_2O_2 + HO_2 \cdot \longrightarrow H_2O + O_2 \uparrow + HO \cdot \qquad (10\text{-}17)$$

芬顿试剂通过以上反应，不断产生 HO·（羟基自由基，电极电势 2.80V，仅次于 F_2），使得整个体系具有强氧化性，可以氧化氯苯、氯化苄、油脂等难以被一般氧化剂（氯气、次氯酸钠、二氧化氯、臭氧，臭氧的电极电势只有 2.23V）氧化的物质。根据上述芬顿试剂反应的机理可知，OH·是氧化有机物的有效因子，而 $[Fe^{2+}]$、$[H_2O_2]$、$[OH^-]$ 决定了 OH·的产量，因而决定了与有机物反应的程度。影响该系统的因素包括溶液 pH 值、反应温度、H_2O_2 投加量及投加方式、催化剂种类、催化剂与 H_2O_2 投加量之比等。

三、仪器和材料

1. 仪器

锥形瓶，pH 计，容量瓶，烧杯，722 型可见分光光度计，摇床振荡器，电加热器。

2. 材料

$FeSO_4 \cdot 7H_2O_2$，H_2O_2（30%），稀硫酸，蒸馏水。

实验室采用浓度为 50mg/L 的甲基橙水溶液模拟有机废水。选择甲基橙水溶液模拟有机废水的原因是甲基橙成分单一，而且甲基橙属于分析纯，相对于工业级的染料能更准确、更容易地把握反应的规律和本质。50mg/L 甲基橙操作液的配制：称取 0.05g 无水甲基橙固体，定容到 1000mL 的容量瓶中即得，操作液现配现用。

四、实验内容

1. $FeSO_4 \cdot 7H_2O$ 投加量的影响

(1) 分别取 100mL 废水置于 6 个锥形杯中，编为 1～6 号。

(2) 用 H_2SO_4 溶液调节每个锥形瓶中废水的 pH 为 3。

(3) H_2O_2（30%）投加量为 0.2mL/L。

(4) 分别控制 1～6 号锥形瓶中 $FeSO_4 \cdot 7H_2O$ 的浓度为 0.05g/L、0.1g/L、0.2g/L、0.3g/L、0.4g/L、0.5g/L，7 号锥形瓶做空白实验。

(5) 将 1～7 号锥形瓶置于摇床反应半小时。

(6) 用分光光度计在 480nm 波长下测定各锥形瓶的吸光度，数据记录在表 10-10 中。

2. H_2O_2 投加量的影响

(1) 分别取 100mL 废水置于 6 个锥形杯中，编为 1～6 号。

(2) 用 H_2SO_4 溶液调节每个锥形瓶中废水的 pH 为 3。

(3) $FeSO_4 \cdot 7H_2O$ 投加量为步骤 1 中得出的最佳量。

(4) 分别向 1~6 号锥形瓶中加 H_2O_2（30%），使其浓度分别为 0.1mL/L、0.2mL/L、0.3mL/L、0.4mL/L、0.5mL/L、0.6mL/L，7 号锥形瓶做空白实验。

(5) 将 1~7 号锥形瓶置于摇床反应半小时。

(6) 用分光光度计在 480nm 波长下测定各锥形瓶的吸光度，数据记录在表 10-11 中。

3. 最佳 pH 值的确定

(1) 分别取 100mL 的废水置于 6 个锥形瓶中，编为 1~6 号。

(2) 用 H_2SO_4 溶液调节 1~6 号锥形瓶的 pH 值，分别为 1、2、3、4、5、6，7 号锥形瓶做空白实验。

(3) 分别向 1~7 号锥形瓶中加入 $FeSO_4 \cdot 7H_2O$、H_2O_2（30%），加入的量为步骤 1 和 2 中得出的最佳量。

(4) 将 1~7 号锥形瓶置于摇床反应半个小时。

(5) 用分光光度计在 480nm 波长下测定各锥形瓶的吸光度，数据记录在表 10-12 中。

五、数据记录

脱色率计算公式如式（10-18）所示。

$$\eta = \frac{A_0 - A}{A_0} \times 100\% \tag{10-18}$$

式中，η 为脱色率；A_0 为反应前的吸光度值；A 为反应后的吸光度值。

通过不同反应条件下脱色率的比较，确定芬顿试剂催化氧化甲基橙水溶液的最佳反应条件。

数据记录如表 10-10~表 10-12 所示。

表 10-10 $FeSO_4 \cdot 7H_2O$ 投加量的影响

编号	1	2	3	4	5	6	7
$FeSO_4 \cdot 7H_2O$ 浓度/(g/L)							
吸光度							

表 10-11 H_2O_2 投加量的影响

编号	1	2	3	4	5	6	7
H_2O_2 浓度/(mL/L)							
吸光度							

表 10-12 最佳 pH 值的确定

编号	1	2	3	4	5	6	7
pH							
吸光度							

六、思考题

1. 芬顿试剂法的优缺点有哪些？
2. 如何提高芬顿试剂法的效率？

实验六　臭氧氧化法处理废水实验

一、实验目的

1. 加深对臭氧紫外法处理废水机理的理解。
2. 掌握臭氧紫外法处理废水的最佳条件实验方法。

二、实验原理

臭氧氧化能力很强，其氧化还原电位为 2.07V。臭氧在水中分解产生原子氧和氧气，还可以产生一系列自由基，其反应式如下：

$$O_3 \longrightarrow O\cdot + O_2 \tag{10-19}$$

$$O\cdot + O_3 \longrightarrow 2O_2 \tag{10-20}$$

$$O\cdot + H_2O \longrightarrow 2HO\cdot \tag{10-21}$$

$$2HO\cdot \longrightarrow H_2O_2 \tag{10-22}$$

$$2H_2O_2 \longrightarrow 2H_2O + O_2 \tag{10-23}$$

特别是在碱性介质中，O_3 分解产生自由基的速度很快，其反应式为：

$$O_3 + HO^- \longrightarrow HO_2\cdot + O_2\cdot^- \tag{10-24}$$

$$O_3 + O_2\cdot^- \longrightarrow O_2 + O_3\cdot^- \tag{10-25}$$

$$O_3 + HO_2\cdot \longrightarrow HO\cdot + 2O_2 \tag{10-26}$$

$$O_2\cdot^- + HO\cdot \longrightarrow O_3 + H\cdot^- \tag{10-27}$$

新生成的羟基自由基尤其活泼，氧化能力更强，其氧化还原电位为 2.80V。臭氧与水中有机物的反应十分复杂，既有臭氧的直接氧化反应，也有新生自由基的氧化反应。这与反应条件与有机物的性质密切相关，酸性条件下，臭氧分解慢，O_3 的直接氧化反应起主要作用；碱性条件下，臭氧分解快，羟基自由基氧化作用增强，随着溶液 pH 提高，COD_{Cr} 去除率增加，氧化率提高。

另外，温度升高，臭氧分解速度加快，且化学反应速率提高，所以高温有利于有机物氧化。

三、仪器和材料

1. 仪器

O_3 反应器，剩余 O_3 消除器，加热回流装置，25mL 酸式滴定管，防暴沸玻璃珠，pHS 型 pH 计 1 台，50mL 烧杯若干，100mL 量筒各 8 个，20mL、10mL 移液管各 1 支。

2. 材料

蒸馏水，硫酸银（化学纯），硫酸（$\rho=1.84$g/mL），硫酸银-硫酸试剂，重铬酸钾标准溶液（$c=0.25$mol/L），硫酸亚铁铵标准滴定溶液（0.1mol/L），试亚铁灵指示剂溶液。

四、实验内容

臭氧降解印染废水研究实验装置如图 10-16 所示。

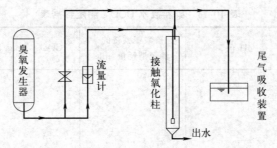

图 10-16 臭氧降解印染废水研究实验装置

1. 不同氧化时间的处理效果

(1) 仔细观察 O_3 发生器的内、外结构及部件。

(2) 开启泵，将废水打入 O_3 反应器，调整流量为 0.3g/L，同时测定原废水的 pH、COD_{Cr} 值。

(3) 打开氧气瓶和减压阀，调整臭氧发生器的进气流量为 $0.1m^3/h$。

(4) 打开电源开关，设置放电功率为 80%，使其产生稳定的臭氧浓度。

(5) 经 10min、20min、30min、40min、50min 氧化反应后分别取一定的水样，分别测定不同氧化时间后出水的 pH、COD_{Cr} 值。

(6) 实验完成后，关闭电源开关、臭氧发生器及泵。

2. 水质化学需氧量的测定

(1) 用移液管取 10.0mL 待测试液于洁净的 COD 瓶中。

(2) 于试料中加入 5.0mL 重铬酸钾标准溶液和几颗防暴沸玻璃珠，摇匀。将锥形瓶接到回流装置冷凝管下端，接通冷凝水。从冷凝管上端缓慢加入 15mL 硫酸银-硫酸试剂，以防止低沸点有机物的逸出，混合均匀后开始加热，自溶液开始沸腾起回流 1h。

(3) 充分冷却后，用 20~30mL 水自冷凝管上端冲洗冷凝管 2~3 次，取下锥形瓶。

(4) 待溶液冷却至室温后，加入 3 滴试亚铁灵指示剂溶液，用硫酸亚铁铵标准滴定溶液滴定，溶液的颜色由黄色经蓝绿色变为红褐色即为终点。记下硫酸亚铁铵标准滴定溶液的消耗体积 V_2。

3. 空白实验

按相同步骤以 10.0mL 蒸馏水代替试料进行空白实验，记录下空白滴定时消耗硫酸亚铁铵标准溶液的体积 V_1。

五、注意事项

1. 使用前应该仔细观察臭氧设备周围环境，不能有明火，避免火灾甚至爆炸。

2. 臭氧发生器的位置也要注意，应该避免潮湿，尽量放置在干燥通风的地方，避免机器受潮漏电，出现故障。

3. 如果不小心有水进入臭氧发生器，首先应该关闭电源，并且将放电系统拆开，为臭氧发生器更换干燥剂和放电管。

六、数据记录

1. 实验数据记录于表 10-13 中。

表 10-13 染料废水 COD_{Cr} 测定数据表

原废水 COD_{Cr}/(mg/L)	pH 值	硫酸亚铁铵的滴定消耗量/mL	COD_{Cr}/(mg/L)	去除率/%

2. 计算水质 COD_{Cr}。

$$COD_{Cr}(mg/L) = \frac{c(V_1 - V_2) \times 8000}{V_0} \tag{10-28}$$

式中，c 为 $(NH_4)_2Fe(SO_4)_2$ 的标定浓度，0.1mol/L；V_1 为空白实验所消耗的硫酸亚铁铵标准滴定溶液的体积；V_2 为试料测定所消耗的硫酸亚铁铵标准滴定溶液的体积；V_0 为试料的体积，10.00mL。

七、思考题

1. 为什么臭氧氧化对 TOC 的去除效率不高？
2. 化学氧化技术还有哪些方法？

实验七　过滤与反冲洗实验

一、实验目的

1. 掌握过滤设备的组成与构造，掌握过滤实验的操作方法。
2. 观察过滤及反冲洗现象，进一步了解过滤及反冲洗原理，掌握滤池工作中主要技术参数（滤速、冲洗强度、滤层膨胀率、初滤水浊度）的计算和测定方法。
3. 掌握清洁砂层过滤时水头损失计算方法和水头损失变化规律。
4. 观察滤柱反冲洗情况，掌握反冲洗时，冲洗强度与滤层膨胀和水头损失的相互关系。

二、实验原理

过滤是具有孔隙的物料层截留水中杂质从而使水澄清的工艺过程。然而过滤并非简单的机械筛滤，而包括滤料对水中的悬浮颗粒的吸附。因此涉及颗粒向滤料表面的迁移和滤料吸附两个过程。仅在迁移时就受到拦截、沉淀、惯性扩散、水动力等五种作用的共同影响。

常用的过滤方式有砂滤、硅藻土涂膜过滤、烧结管微孔过滤、金属丝编织物过滤等，过滤不仅可以去除水中细小悬浮颗粒杂质，而且细菌及有机物也会随浊度降低而被去除。按照实际滤池的构造情况，装填石英砂滤料或无烟煤滤料，进行过滤和反冲洗实验。

1. 滤料层

滤料层是完成过滤操作的关键。用作滤料的材料须符合机械强度和化学稳定性要求。从保证滤后水质的角度出发，需要选择滤料粒径与滤层厚度，主要包括材质、粒径和厚度等内容。为了取得良好的过滤效果，滤料应具有一定级配。

粒状滤料的粒径是把粒料假想成等效的球面直径，各种粒径颗粒所占比例的分配则称为级配。为了定量地描述滤料的级配，需要引入相关的定义和测定标准。我国规范中，分别将通过滤料质量10%和80%的筛孔孔径定义为 d_{10} 和 d_{80}，为方便工程应用，通常将最大粒径 d_{max} 与最小粒径 d_{min} 分别取作 $d_{max} \approx d_{80}$、$d_{min} \approx d_{10}$，d_{10} 反映了产生水头损失的主要部分。不均匀系数 $K_{80}=d_{80}/d_{10}$。K_{80} 愈大颗粒愈不均匀，孔隙率下降，含污能力降低，反冲洗强度不好确定。d_{max}、d_{min}、K_{80} 用来控制滤料粒径分布。粒径越小，比表面积越大，有利于矾花的吸附但易堵塞，因此过滤效果越好，但水头损失也越大。在确定了滤料粒径后，滤料层厚度越大，过滤效果越好，但水头损失也越大。工程中滤料层厚度设计为矾花穿透深度加保护厚度，穿透深度与粒径、滤速及水的混凝效果有关。滤料层下部有承托层，起均匀配水和阻挡滤料进入配水系统的作用，一般采用天然鹅卵石。

2. 过滤方式

(1) 变水头等速过滤

随着过滤进行，滤层孔隙率降低，水头损失增加，滤池内水位自动上升，自由进流，以保持过滤速度不变，例如虹吸滤池、无阀滤池等。过滤时的水头损失 H 为：

$$H = H_0 + h + \Delta Ht \tag{10-29}$$

式中，H_0 为清洁水头损失；h 为配水系统、承托层水头损失之和；ΔHt 为滤层的水头损失增值，与时间的关系反映了滤层截留杂质与过滤时间的关系。

(2) 等水头等速过滤

通过设置出水流组调节器，改变出水系统的水流阻力，维持过滤的流速和滤池的总水头不变，例如普通快滤池。

(3) 等水头变速过滤

如果过滤总水头始终保持不变，滤层的水头损失增值 ΔHt 随时间而增加，滤速必然要降低，例如移动罩滤池。

以上过滤方式均为下向流，靠水的重力驱动，因此总水头就是滤池的自由水面。如果使用压力流，采用上向流过滤方式，能够提高滤层含污能力，延长过滤周期。但是上向流过滤时，冲洗水流与过滤水流方向一致，反冲洗时膨胀受到限制，冲洗效果不好，大量污泥需通过整个滤层才能排出，往往使污泥排除不净，当流速太大时，表面还需要加设格网或格栅。

3. 基础计算公式

(1) 滤料孔隙率

在研究过滤过程的有关问题时，常常涉及孔隙率，其计算方法为：

$$m = \frac{V_n}{V} = \frac{V - V_c}{V} = 1 - \frac{W}{V\gamma} \tag{10-30}$$

式中，m 为滤料孔隙（率）度，%；V_n 为滤料层孔隙体积，cm^3；V 为滤料层体积，

cm^3;V_c 为滤料层中滤料所占体积,cm^3;W 为滤料质量(在 105℃下烘干),g;γ 为滤料密度,g/cm^3。

(2) 过滤的清洁滤层水头损失

过滤开始时,滤层是干净的。水流通过干净滤层的水头损失称为清洁滤层水头损失或起始水头损失,即使用清水过滤或浊水过滤的起始时刻情况。对于同样的滤层厚度,滤速增大,清洁水头损失也增大。同样的滤速下,滤层厚度增大,清洁水头损失也增大。清洁滤层水头损失的计算采用卡曼-康采尼(Carman-Kozeny)公式:

$$h_0 = 180\frac{\nu}{g} \times \frac{(1-\varepsilon_0)^2}{\varepsilon_0^3}\left(\frac{1}{\varphi d_0}\right)^2 L_0 v \tag{10-31}$$

式中,h_0 为水流通过清洁滤层水头损失,cm;ν 为水的运动黏度,cm^2/s;g 为重力加速度,$981 cm/s^2$;ε_0 为滤料孔隙率;d_0 为与滤料体积相同的球体直径,cm;L_0 为滤层厚度,cm;v 为滤速,cm/s;φ 为滤料颗粒球度系数,天然砂滤料一般为 0.75~0.80。

(3) 膨胀度(率)

在过滤过程中,随着过滤时间的增加,滤层中悬浮颗粒的量会不断增加,导致孔隙率减小,滤速下降,滤层两侧压差增大,这必然导致过滤过程中水力条件的改变,使水头损失增加,过滤性能减弱,并有可能造成部分已被截留的杂质冲出滤层而进入出水中。为了保证滤后水质和过滤滤速,当过滤水头损失达到最大允许水头损失(一般为 2.5~3.0m),或者滤池出水浊度超过规定时,滤池需进行反冲洗,以排除滤层中所截留的杂质,使滤料层在短时间内恢复工作能力。滤池反冲洗通常采用自下而上的水流进行,在滤层孔隙中的水流剪力作用,以及在滤料颗粒碰撞摩擦的作用下,杂质从滤料表面脱落下来被冲洗水流带出滤池。反冲洗强度能保证最底层滤料膨胀即可。反冲洗开始时滤料层未膨胀,相当于滤池处于反向过滤状态,当反冲洗速度较大时,滤料层完全膨胀,处于流态化状态。根据滤料层膨胀前后的厚度便可求出膨胀率(率)e:

$$e = \frac{L-L_0}{L_0} \times 100\% \tag{10-32}$$

式中,L 为砂层膨胀后厚度,cm;L_0 为砂层膨胀前厚度,cm。

膨胀度 e 值的大小直接影响到反冲洗效果,另外反冲洗的强度,也决定了滤料层膨胀度。反冲洗强度与膨胀度 e 间有下列关系:

$$q = 100\frac{d_e^{1.31}}{\mu^{0.54}} \times \frac{(e+m_0)^{2.31}}{(1+e)^{1.77}(1-m_0)^{0.54}} \tag{10-33}$$

式中,q 为冲洗强度,$L/(s \cdot m^3)$,与以 cm/s 表示的冲洗流速间具有 $1cm/s = 10L/(s \cdot m^2)$ 的关系;d_e 为滤料的当量粒径,cm;μ 为动力黏度,$Pa \cdot s$;e 为膨胀度,用小数表示;m_0 为滤层原来的孔隙率。

三、仪器和材料

单个沉淀柱示意如图 10-17 所示。

四、实验内容

1. 过滤实验

(1) 实验开始之前,检查所有的阀门,确保所有的阀门都已经关闭(包括取样口阀门和

第十章 水污染控制工程实验

测压口的阀门）。

（2）往原水箱注入一定浊度的原水，往清水箱内注入一定量的清水，然后连接电源。

（3）设备排气泡。第一次反冲洗实验时，打开清水箱出口阀，按下水泵启停按钮，水泵运行后，打开反冲洗阀，使清水箱内的水通过反冲洗管进入过滤柱，通过调节反冲洗阀开度来调节反冲洗流量计，控制反冲洗水量，观看过滤柱内气泡的数量，当数量很少时，关闭反冲洗阀，打开过滤阀，以清水快速过滤约5min，使砂面在以后的过滤过程中保持稳定。然后关闭反冲洗阀、过滤阀和水泵启停按钮，进行过滤实验。

（4）过滤实验开始。打开原水箱出口阀，按下水泵启停按钮，使水泵运行，打开过滤阀、填料柱上所有的测压口阀门和进水箱截止阀，原水随原水进水管道进入填料柱，过滤实验开始。

（5）待水位高于顶端取样口时，调节过滤阀门开度，使水位达到一个定值，然后读取并记下滤料的高度。

（6）开始过滤后在1min、3min、5min、10min、20min及30min的时间点，每个取样口取水样100mL，测定浊度，并记录各测点的测压管水位。

（7）等过滤实验结束后，按下水泵启停按钮，关闭水泵，关闭所有开启的阀门以及所有的测压口。

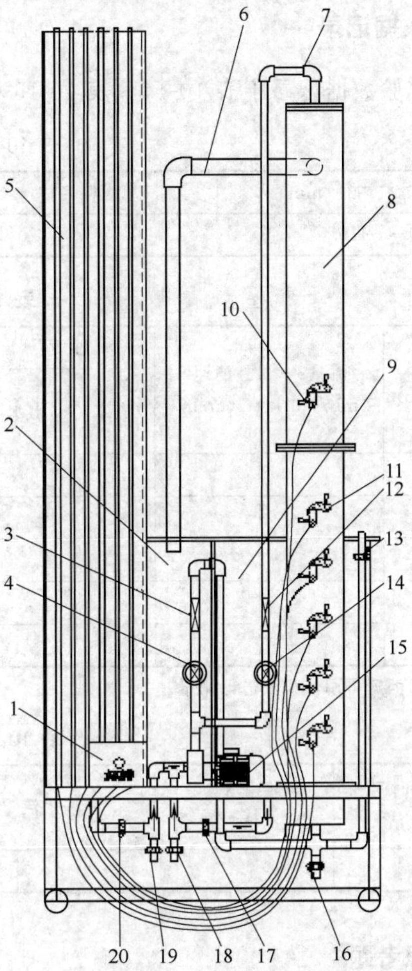

图10-17 实验装置示意图
1—控制电箱；2—原水箱；3—反冲洗流量计；4—反冲洗阀；5—测压板；6—溢流管；7—原水进水管；8—填料柱；9—清水箱；10—测压口；11—取样口；12—进水流量计；13—进水箱截止阀；14—过滤阀；15—水泵；16—放空阀3；17—清水箱出口阀；18—放空阀2；19—放空阀1；20—原水箱出口阀

2. 反冲洗实验

（1）打开清水箱出口阀，按下水泵启停按钮，启动水泵后，打开阀门反冲洗阀进行反冲洗，通过调节反冲洗阀开度来调节反冲洗流量计，控制反冲洗水量，稳定水量，稳定膨胀率。

（2）记录反冲洗流量，待填料柱中的上层水变澄清后，量取并记录填料厚度。

（3）实验结束后，按下水泵启停按钮，使水泵停止运行，打开阀门放空阀3进行排水，最后关闭电源。

五、注意事项

注意保证滤层实验条件基本相同。

六、数据记录

实验数据记录于表 10-14～表 10-16 中。

表 10-14 滤柱有关数据

滤柱内径/mm	滤料名称	滤料粒径/cm	滤料厚度/cm
140			

表 10-15 过滤记录

时间/min	流量/(mL/min)	滤速/(m/h)	浊度		水位/cm						
			进水	出水	滤池水面	滤层A点	滤层B点	滤层C点	滤层D点	滤层E点	滤池出水

注：滤速可用体积法进行测量。

表 10-16 反冲洗记录表

反洗时间/min	砂层膨胀观测值/%	冲洗水流量/(L/h)	冲洗强度/[L/(s·m²)]	冲洗排水水温/℃	备注

七、思考题

1. 滤料层的高度与过滤速度有何关系？
2. 为何要进行反冲洗？如何控制反冲洗？
3. 表示水位的水柱有何用处？为什么其水位与滤柱中的水位不一样？
4. 反冲洗的强度有何要求？实验室的冲洗强度如何？
5. 浊度的测定如何进行？

参考文献

[1] 吕松，牛艳. 水污染控制工程实验 [M]. 广州：华南理工大学出版社，2012.
[2] 石顺存. 水污染控制工程实验 [M]. 北京：北京理工大学出版社，2020.
[3] 陈泽堂. 水污染控制工程实验 [M]. 北京：化学工业出版社，2019.
[4] 中华人民共和国环境保护部. HJ 828—2017 水质 化学需氧量的测定 重铬酸盐法 [S]. 北京：中国环境出版社，2017.
[5] 高廷耀，顾国维，周琪. 水污染控制工程 [M]. 北京：高等教育出版社，2015.

第十一章 大气污染控制工程实验

实验一 有机废气生物法净化实验

一、实验目的

挥发性有机物（VOCs）具有的特殊气味能导致人体呈现种种不适感，并具有毒性和刺激性。已知许多 VOCs 具有神经毒性、肾脏和肝脏毒性。生物法系自 20 世纪 80 年代开始兴起的一种新型 VOCs 气体净化工艺，具有费用低、二次污染少的特点，对于低浓度恶臭类和 VOCs 的净化更具优势。通过实验，要达到以下目的：

1. 了解生物法净化 VOCs 的原理和效果。
2. 熟悉有机废气生物净化塔处理设备的工艺流程、单元组成及操作方法。
3. 了解气体流量和初始浓度对净化效率的影响。
4. 掌握生物降解法处理 VOCs 的方法。

二、实验原理

VOCs 生物净化的实质是附着在滤料介质中的微生物在适宜的环境条件下，利用废气中的有机成分作为碳源和能源，维持其生命活动，并且将废气中的有机物质转化二氧化碳、水和细胞物质等。其主要包括五个过程，即 VOCs 从气相传递到液相，VOCs 在液相扩散到生物膜表面，VOCs 在生物膜内部的扩散，生物膜内的降解反应，代谢产物排出生物膜。VOCs 生物净化是吸收传质过程和生物氧化过程的结合，前者取决于气液间的传递速率，后者取决于生物的降解能力，该方法对水溶性好、生物降解能力强的 VOCs 具有较好的处理效果。

三、实验装置

实验装置示意图见图 11-1。
数据采集生物法及有机废气净化实验系统图和实验装置实物图分别见图 11-2 和图 11-3。

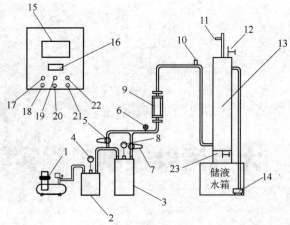

图 11-1 实验装置示意图

1—空气压缩机；2—缓冲罐；3—VOCs发生器；4，8—压力表；5，7—阀门；6—流量调节阀；
9—气体流量计；10—进气浓度检测口；11—出气浓度检测口；12—放气阀；13—填料塔；
14—提升泵；15—彩色触摸屏；16—微型打印机；17—电源指示灯；18—启动按钮；
19—启动指示灯；20—停止按钮；21—急停按钮；22—停止指示灯；23—排水阀

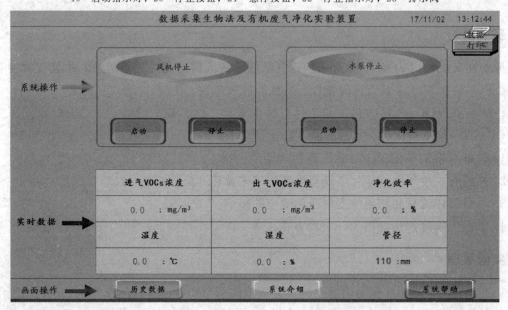

图 11-2 数据采集生物法及有机废气净化实验系统图

四、实验内容

1. 首先检查设备系统外况和全部电气连接线有无异常（如管道设备有无破损等），一切正常后开始操作。

2. 在 VOCs 发生器中注入 100mL 1%酒精，拧紧开关，注意注入端口的密闭性。

3. 打开阀门 5，关闭流量调节阀 6、7 和排水阀 8、9，操作完成后启动电控箱上的启动按钮（绿色按钮），点击触摸屏上的空压机开关开始运行，对装置管路中的 VOCs 气体进行吹洗，待屏幕进气口 VOCs 浓度监测结果降至 $100\sim 200\mu g/m^3$ 以下，点击触摸屏上的空压机开关关闭其运行，并关闭阀门 5。

图 11-3　实验装置实物图

4. 点击彩色触摸屏上的水泵开关，待填料塔中的水位上升至 2/3 处时关闭水泵开关。

5. 打开阀门 6、7，打开排水阀 8、9，点击触摸屏上的空压机开关开始运行，缓慢调节流量阀门 7 至一定开度（可由小到大），通过调节流量阀的不同开度，进行实验，并记录数据。

6. 实验结束后，关闭阀门 8，打开阀门 5，关闭阀门 6、7，让设备运行一段时间后（净化管道内空气），关闭触摸屏上空压机开关，按下电控箱上的停止按钮，检查设备无其他问题后，即可离开。

五、数据记录

1. 生物降解 VOCs 实验结果记录表如表 11-1 所示。

表 11-1　数据记录表

气压：_____ kPa；温度：_____ ℃；湿度（RH）：_____ %

实验次数	气体流量/(m³/h)	进气浓度/(mg/m³)	出气浓度/(mg/m³)	净化效率 η/%
1				
2				
3				
4				
5				
6				

2. 绘制净化效率随进气浓度的变化曲线 $\eta\text{-}\rho$。

六、思考题

1. 控制 VOCs 的方法主要有哪些？生物法控制 VOCs 污染的原理是什么？

2. 实验结束后,为何让设备运行一段时间后,再关闭触摸屏上的空压机开关?

实验二　板式静电除尘实验

一、实验目的

1. 了解电除尘器的电极配置和供电装置。
2. 观察电晕放电的外观形态。
3. 测定板式静电除尘器的除尘效率。
4. 测定管道中各点流速和气体流量。
5. 测定板式静电除尘器的压力损失和阻力系数。
6. 测定静电除尘器的风压、风速、电压、电流等参数对除尘效率的影响。

二、实验原理

静电除尘器是利用静电力(库仑力)将气体中的粉尘或液滴分离出来的除尘设备,也称电除尘器。静电除尘器与其他除尘器相比的显著特点是:对各种粉尘、烟雾等,甚至极其微小的颗粒都有很高的除尘效率,即使高温、高压气体也能应用,设备阻力低(100~300Pa),耗能少,维护检修不复杂。

电除尘器的除尘过程大致可分为三个阶段。

(1) 粉尘荷电

在放电极与集尘极之间施加直流高电压,使放电极发生电晕放电,气体电离,生成大量的自由电子和正离子。在放电极附近的所谓电晕区内正离子立即被电晕极(假定带负电)吸引过去而失去电荷。自由电子和随即形成的负离子则因受电场力的驱使向集尘极(正极)移动,并充满两极间的绝大部分空间。含尘气流通过电场空间时,自由电子、负离子与粉尘碰撞并附着其上,实现粉尘的荷电。

(2) 粉尘捕集

荷电粉尘在电场中受电场力的作用被驱往集尘极,经过一定时间后达到集尘极表面,放出所带电荷而沉积其上。

(3) 清灰

集尘极表面上的粉尘沉积到一定厚度后,用机械振打等方法将其清除掉,使落入下部灰斗中。放电极也会附着少量粉尘,隔一定时间也需进行清灰。

尘粒的捕集与许多因素有关。如尘粒的比电阻、介电常数和密度,气体的流速、温度,电场的伏-安特性,以及收尘极的表面状态等。要从理论上把每一个因素的影响都表达出来是不可能的,因此尘粒在静电除尘器的捕集过程中,需要根据实验或经验来确定各因素的影响。

除尘效率是电除尘器的一个重要技术参数,也是设计计算、分析比较评价静电除尘器的重要依据。通常除尘器的除尘效率 η(%)均可按下式计算。

$$\eta = 1 - \frac{c_1}{c_2} \tag{11-1}$$

式中，c_1 为电除尘器出口烟气含尘浓度，g/m^3；c_2 为电除尘器入口烟气含尘浓度，g/m^3。

随着除尘器的连续工作，电晕极和收尘极上会有粉尘颗粒沉积，粉尘层厚度为几毫米，粉尘颗粒沉积在电晕极上会影响电晕电流的大小和均匀性。收集尘极板上粉尘层较厚时会导致火花电压降低，电晕电流减小。为了保持静电除尘器连续运行，应及时清除沉积的粉尘。除尘器清灰方法有湿式、干式和声波三种方法。本实验设备为干式静电除尘器，所以采用机械撞击或电磁振打产生的振动力清灰。干式振打清灰需要合适的振打强度。合适的振打强度和振打频率一般都在现场调试中确定。

三、仪器和材料

实验装置示意图、实验装置实物图和数据采集板式静电除尘实验系统图见图11-4～图11-6。

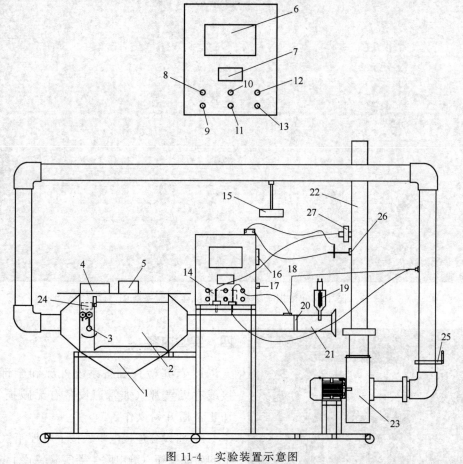

图 11-4 实验装置示意图

1—板式静电除尘器；2—电极板；3—振打锤；4—静电量调节仪；5—电极板位置调节仪；6—彩色触摸屏；7—微型打印机；8—电源指示灯；9—启动按钮；10—启动指示灯；11—停止按钮；12—停止指示灯；13—急停按钮；14—传感器；15—温湿度感应器；16—振动电机调节仪；17—发尘调节仪；18—进气粉尘检测口；19—自动发尘装置；20—分散器；21—进风口；22—出风口；23—风机；24—振打电机；25—风量调节阀；26—风压检测器；27—出气粉尘检测口

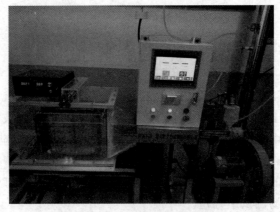

图 11-5 实验装置实物图

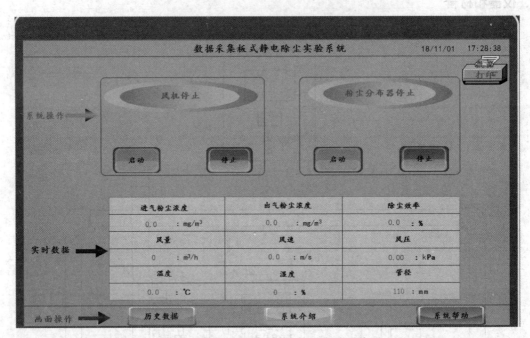

图 11-6 数据采集板式静电除尘实验系统图

图 11-7 电控箱

四、实验内容

1. 首先检查设备系统外况和全部电气连接线有无异常（如管道设备有无破损等），一切正常后开始操作。

2. 将设备连接电源，按下电控箱（图 11-7）上的启动按钮（静电除尘器实验装置上按绿色按钮），在彩色触摸屏上选择近端控制，然后点击彩色触摸屏界面进行实验操作。

3. 打开静电量调节仪（或高压直流电源，图 11-8）的开关，调节到一定的电压，最大可调至25kV，电压调节过大，会归零，需要点击复位键，重新调节，直到听到嗡嗡的电流声即可，如果未出现嗡嗡声，可调节图11-8中手动旋钮，通过改变电极板的距离来调节电流，进行实验，该数据可根据自身的实验要求来定。在实验过程中，可以设计不同的电压参数和不同的电极板距离参数，从而得出除尘效率最高的电压参数和距离参数。

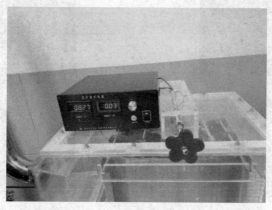

图11-8　高压直流电源

4. 在彩色触摸屏上点击进入系统界面，点击变频电源，点击绿色按钮。

5. 点击风量调节阀（图11-9）启动按钮，调节风量调节阀黑色按钮到一定的角度，调节烟气流量，烟气流量最大为$50m^3/s$，右旋增大，左旋减小。可以调节风量调节阀进行不同风量参数的实验。

6. 将一定量的粉尘加入自动发尘装置（图11-10），在彩色触摸屏点击粉尘分布器控制，然后调节发尘调节仪（图11-11），调节发尘装置上搅拌电机的转速控制加灰速率，记录数据。此时粉尘在风力带动下进入板式静电除尘器中进行除尘反应。

图11-9　风量调节阀

图11-10　发尘装置

7. 读取彩色触摸屏上实验系统自动采集到的风量、风速、风压、除尘效率、粉尘出入口浓度、环境空气湿度和温度数据，也可启动打印开关，将数据输出。

8. 调节风量调节开关、发尘旋钮、电极板位置调节仪进行不同处理气体量、不同发尘浓度和不同电极板间距下的实验。

9. 在实验中，要不定期地进行对电极板上粉尘的清理工作，防止因粉尘积累过多而影响实验结果。清灰过程中，先关闭发尘装置、主风机和高压发生装置，打开振动电机调节仪（图11-12），振打电机运行，带动振打锤对电极板进行振打，从而使粉尘掉落到卸灰斗内。

等清灰过程结束后，清理卸灰装置。

10. 实验结束后，点击粉尘分布器控制开关关闭进尘，再关掉电机，风机继续吹10min，关闭控制箱主电源。

图 11-11　发尘调节仪

图 11-12　振动电机调节仪

五、注意事项

1. 实验准备就绪后，经指导教师检查后才能启动高压。
2. 设备启动后，电压需先调至零位，才能重新启动。
3. 实验进行时，严禁触摸高压区。
4. 粉尘传感器使用一定时间后，必须定时清洁，以保证其测量精度。

六、数据记录

实验数据列于表 11-2 中。

表 11-2　实验数据记录表

环境温度		环境湿度	
工况 1-1			
电压			
风量		风速	
粉尘入口浓度		粉尘出口浓度	
除尘效率			
工况 1-2			
电压			
风量		风速	
粉尘入口浓度		粉尘出口浓度	
除尘效率			
工况 1-3			
电压			
风量		风速	

续表

工况 1-3

粉尘入口浓度		粉尘出口浓度	
除尘效率			

工况 2-1

电压			
风量		风速	
粉尘入口浓度		粉尘出口浓度	
除尘效率			

工况 2-2

电压			
风量		风速	
粉尘入口浓度		粉尘出口浓度	
除尘效率			

七、思考题

1. 电除尘器中的除尘过程大致可分为哪三个阶段？
2. 在实验中，为何要不定期地对电极板上的粉尘进行清理工作？如何进行清灰操作？

实验三 袋式除尘实验

一、实验目的

1. 了解机械振打布袋除尘器的操作步骤。
2. 掌握机械振打布袋除尘器的原理。

二、实验原理

布袋除尘器是过滤式除尘器的一种，是使含尘气流通过过滤材料将粉尘分离捕集的装置。这种装置主要采用纤维织物作滤料，常用在工业尾气的除尘方面。它的除尘效率一般可达99%以上。虽然它是最古老的除尘方法之一，但由于效率高、性能稳定可靠、操作简单，获得越来越广泛的应用。

其主要原理是含尘气流从进气管进入，从下部进入圆筒形滤袋，在通过滤料的孔隙时，粉尘被捕集在滤料上，透过滤料的清洁气体由排气管排出。沉积在滤料上的粉尘，可在振动的作用下从滤料表面脱落，落入灰斗中。因为滤料本身网孔较大，因而新鲜滤料的除尘效率较低，粉尘因截流、惯性碰撞、静电和扩散等作用，逐渐在滤袋表面形成粉尘层，常称为粉层初层。初层形成后，成为袋式除尘器的主要过滤层，提高了除尘效率。滤布只不过起着形成粉层初层和支撑初层的骨架作用，但随着粉尘在滤袋上积聚，滤袋两侧的压力差增大，会把有些已附在滤料上的细小粉尘挤压过去，使除尘效率显著下降。另外，若除尘器阻力过高，还会使除尘系统的处理气量显著下降，影响生产系统的排风效果。因此，除尘器阻力达到一定数值后，要及时清灰。

三、仪器和材料

1. 主要技术参数及指标

气体流动方式为逆流内滤式，动力装置布置为负压式。

处理气量为 $100m^3/h$，过滤速度为 $1m/min$。

环境温度：$5\sim40℃$。

设备净化效率大于 99%。

设备压损：$800\sim1200Pa$。

2. 实验设备系统组成和作用

机械振打布袋除尘器实验系统如图 11-13 所示。

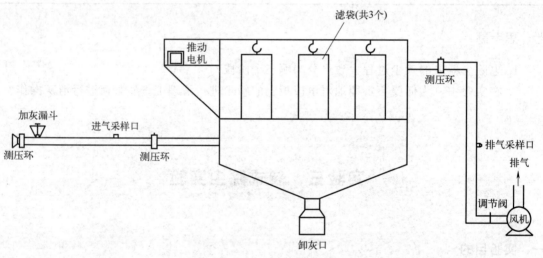

图 11-13 布袋式除尘器实验系统

(1) 实验系统说明

① 透明有机玻璃进气管段，配有动压测定环，与微压计配合使用可测定进口管道流速和流量。

② 自动粉尘加料装置（采用调速电机），用于配制不同浓度的含灰气体。

③ 入口管段采样口，用于入口气体粉尘采样，也可利用毕托管和微压计在此处测定管道流速。

④ 布袋除尘器入口、出口测压环，与 U 形管压差计一道用来测定布袋除尘器的压力损失。

⑤ 有机玻璃制布袋除尘器（含涤纶针刺毡覆膜滤袋、振动清灰电机及卸灰斗）。

⑥ 出口管段采样口，用于出口气体粉尘采样，也可利用毕托管和微压计在此处测定管道流速。

⑦ 风量调节阀，用于调节系统风量。

⑧ 高压离心通风机，为系统运行提供动力。

⑨ 仪表电控箱，用于系统的运行控制。

（2）设备与附件的组成

有机玻璃制布袋除尘器（800mm×600mm）1套（滤袋材质为涤纶针刺毡覆膜，滤袋过滤面积为0.35m^2，Φ160mm×700mm，滤袋6个），粉尘卸灰装置、接灰斗1套，自动发尘加料装置1套，有机玻璃喇叭形进灰均流管段1套，振打装置（调速电机及调速器）1套，监测口2组，连接管段1套，进出口风管1套，高压离心风机1套，1.1kW电机1台，风量调节阀1套，排灰管道1套，仪表电控箱1个，漏电保护开关1套，按钮开关1批，电压表1个，电流表1个，自动化气尘混合系统1套，电源线1批，不锈钢支架1套等。

四、实验内容

1. 检查设备系统外况和全部电气连接线有无异常（如管道设备有无破损，U形管压差计内部水量是否适当，卸灰装置是否安装紧固等），一切正常后开始操作。

2. 打开电控箱总开关，合上触电保护开关。

3. 在风量调节阀关闭的状态下，启动电控箱面板上的主风机开关（黄色按钮）。

4. 调节风量调节开关至所需的实验风量，应缓慢旋转，否则易发生动压归零（即调节连接入口端动压测定环的微压计显示的动压值，动压值可按实验时的温度和湿度以及所需的实验入口风速计算而得，也可通过毕托管测定入口管段的动压和流速、流量）。

5. 将一定量的粉尘加入自动发尘装置中，然后启动自动发尘装置电机（绿色按钮），并调节转速控制加灰速率。

6. 对除尘器进出口气流中的含尘浓度进行测定，也可通过计量加入的粉尘量和捕集的粉尘量，即卸灰装置实验前后的增重，来估算除尘效率。

7. 当U形管压差计显示的除尘器压力损失上升到1000Pa时，可在主风机正常运行的情况下启动振打电机（红色按钮）2min进行清灰，振打电机的启动频率取决于入口气流中的粉尘负荷。如在处理风量较大的运行工况下按以上方式清灰后设备压降仍继续上升到1500Pa以上，则须关闭风机停止进气，振打滤袋5min，使布袋黏附粉尘脱落到灰斗中，然后重新开启风机进气，使袋式除尘器重新开始工作。

8. 实验完毕后依次关闭发尘装置、主风机，然后启动振打电机清灰5min，待设备内粉尘沉降后，清理卸灰装置。

9. 关闭控制箱主电源，检查设备状况，没有问题后离开。

五、注意事项

1. 必须熟悉仪器的使用方法。

2. 注意及时清灰。

3. 长期不使用时，应将装置内的灰尘清除干净，放在干燥、通风的地方。如果再次使用，要先将装置内的灰尘清干净。

4. 滤袋使用一定时间后，要进行更换。

六、数据记录

1. 机械振打布袋除尘实验结果记录表如表11-3所示。

表 11-3　实验数据记录表

气压：_____ kPa；温度：_____ ℃；湿度（RH）：_____ %

实验次数	U形管压差计入口端压力/Pa	U形管压差计出口端压力/Pa	压力损失/Pa	粉尘加入量/g	捕集粉尘量/g	净化效率/%
1						
2						
3						
4						
5						
6						

2. 绘制净化效率随粉尘加入量的变化曲线。

七、思考题

1. 袋式除尘器的除尘原理是什么？粉尘初层的作用是什么？
2. 袋式除尘器的清灰方式主要有哪些？影响布袋除尘效率的因素主要有哪些？

实验四　湿法烟气脱硫实验

一、实验目的

1. 了解湿法烟气脱硫的原理。
2. 掌握湿法烟气脱硫的方法。

二、实验原理

目前现有的烟气脱硫系统主要是以湿法洗涤为主，本实验设备为二氧化硫填料吸收塔，采用钠碱系列吸收液，备有气体、液体加热装置，可在一定程度上模拟热态烟气 SO_2 净化。填料塔为连续接触式气液传质设备，广泛应用于化工、石油等行业中。在填料塔内，二氧化硫气体由填料间的空隙流过，钠系吸收液在填料表面形成液膜并沿填料间的空隙下流，钠系吸收液在润湿的填料表面进行传质反应，从而达到去除气相中二氧化硫的目的。

由于 SO_2 在水中溶解度不高，常采用化学吸收法。SO_2 的吸收剂种类较多，本实验采用 NaOH 或 $NaCO_3$ 溶液作为吸收剂，吸收过程发生的主要化学反应为：

$$2NaOH + SO_2 \longrightarrow Na_2SO_3 + H_2O \tag{11-2}$$

$$Na_2SO_3 + SO_2 + H_2O \longrightarrow 2NaHSO_3 \tag{11-3}$$

本实验中，通过测定填料吸收塔进、出口气体中 SO_2 的含量，即可近似计算出吸收塔的平均净化效率，进而了解吸收效果。

三、仪器和材料

1. 技术参数和性能

不锈钢填料吸收塔：$D=50mm$、$H=1000mm$，$\Phi 5\sim 8mm$ 瓷环填料，壁厚 2mm。

入口气体温度：常温到 80℃。

处理风量：$10m^3/h$。

设备压降：$1500\sim 2500Pa$。

脱硫效率：90%以上。

使用环境温度：$5\sim 40℃$。

2. 烟气脱硫实验系统构成

烟气脱硫实验系统如图 11-14 所示。系统包括二氧化硫气瓶发生系统、填料吸收反应塔、循环液箱及循环泵、风机和连接管道系统及装置等。

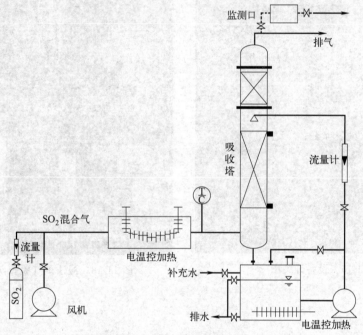

图 11-14 烟气脱硫实验系统图

系统从左向右情况如下：

(1) SO_2 气体钢瓶 1 套，与玻璃转子流量计配合用于配制所需浓度的入口 SO_2 气体。

(2) 涡轮气泵提供实验系统载气源。

(3) 气体流量计，计量气体流量。

(4) SO_2 进气三通接口，SO_2 气体向主气流的注入口。

(5) 气体混合缓冲柜，在此 SO_2 与载气充分混合使得输出气体中 SO_2 浓度相对恒定。

(6) 混合气体管线设有入口气体采样测定孔，上面为一个三通，三通向上管路为旁路管，用于实验开始阶段调节实验工况（如调节入口气体浓度、流量等），向下管段为吸收塔进气管，进气与旁路通过阀门切换，进气管段设有气体加热装置（1kW）。

(7) 填料吸收塔，有机玻璃制三段填料吸收塔，每段配有气体采样口，配吸收液喷淋装置，最上部为除雾层。

(8) 吸收塔顶部排气管，该管设有一带阀门的出口气体采样管口。

(9) 吸收液循环槽系统，包括储液槽，进水口及阀，吸收剂加注及维护手孔，溢流口、放空口加上管道和阀门组成的排液系统，不锈钢水泵（通过控制箱面板按钮控制运行）、控制阀、流量计组成的循环液系统。吸收液循环槽底部配设电加热保温系统（1kW），该系统用来准备、循环吸收液。

(10) 电器控制箱，用于实验系统的动力和加热装置的运行控制。

3. 设备开关和实验设备

设备开关和实验设备如图11-15和图11-16所示。

图11-15 设备开关图

图11-16 湿法烟气脱硫实验设备图

四、实验内容

1. 首先检查设备系统外况和全部电气连接线有无异常（如管道设备有无破损等），一切正常后开始操作。

2. 打开电控箱总开关，合上触电保护开关。

3. 设置控制面板温控装置上对气体和液体的温度设定值（此时不能启动加热器）。

4. 先注满水箱，再点击加热开关E，通过设置控制面板温控装置F，设定水箱温度值，水箱设定温度为50℃以下。

5. 当储液槽内无吸收液时，打开吸收塔下方储液槽进水开关，确保关闭储液箱底部的排水阀并打开排水阀上方的溢流阀（如有的话）。如需要采用碱液吸收，则先从加料口加入一定量吸收剂的浓溶液或固体（最好加 NaOH 或 Na_2CO_3），然后通过进水阀进水稀释至所需初始浓度。当贮水装置水量达到总容积约3/4时，启动循环水泵。通过开启回水阀门可将储液箱内溶液混合均匀，开启连接流量计阀门可形成喷淋水循环，使喷淋器正常运作，通过阀门调节可控制循环液流量。待溢流口开始溢流时，关闭储液箱进水开关，此时可通过控制面板开启循环液加热器，依次打开开关G、H和J。

6. 通过阀门切换，使气体通道处于旁路状态，然后通过控制箱启动风机，调节管道阀门至所需的实验风量（由于旁路系统阻力较小，故可将此时的风量调节得稍大于预计的实验风量）。

7. 将 SO_2 测定仪密闭连接到气体入口采样管口，采样阀处于开通状态。

8. 在风机运行的情况下，首先确保 SO_2 钢瓶减压阀关闭，然后小心拧开 SO_2 钢瓶主阀门，再慢慢开启减压阀，通过观察转子流量计刻度读数和入口处 SO_2 测定仪所指示的气体 SO_2 浓度，调节阀门至所需的入口浓度（稍小于实验设定的入口浓度）。

9. 调节循环液至所需流量，通过气体管线阀门切换，关闭旁路，打开吸收塔入口管道，开始实验。此时可通过控制面板启动气体加热器。入口和出口气体中的 SO_2 浓度可通过采样口测定或进行样品采集。通过连接吸收塔出入口采样口可读出各工况下的吸收设备压降（注意，在不更新吸收液的情况下，吸收效率可能随实验时间的增加而下降）。

10. 可通过循环回路所设阀门调节循环液流量进行不同液气比条件下的吸收实验，也可通过调节吸收液的组分和浓度进行实验。

11. 吸收实验操作结束后，先关闭 SO_2 气瓶主阀，待压力表指数回零后关闭减压阀，关闭液体和气体加热器。

12. 在关闭气体、液体加热器 15min 后，依次关闭主风机、循环泵的电源。在较长时间不用的情况下，打开储液箱和填料塔底部的排水阀排空储液箱和填料塔。

13. 关闭控制箱主电源。

14. 检查设备状况，没有问题后离开。

五、注意事项

1. 气体加热装置一定要在主风机运行的情况下开启。
2. 液体保温装置一定要在储液槽有液体的情况下开启。
3. 填料塔吸收循环液中不宜含有固体（不能采用钙盐吸收剂），较长时间不用时需用清水洗涤。
4. 在操作过程中，控制一定的液气比及气流速度，及时检查设备运转情况，防止液泛、雾沫夹带现象发生。
5. 设备应该放在通风干燥的地方，平时经常检查设备，有异常情况及时处理。

六、数据记录

1. 烟气脱硫实验结果记录表如表 11-4 所示。

表 11-4 实验数据记录表

气压：_____ kPa；温度：_____ ℃；湿度（RH）：_____ %；碱液浓度：_____ %

实验次数	进气流量/(L/h)	进水流量/(L/h)	SO_2 进气流量/(mL/min)	加药流量/(mL/min)	SO_2 入口浓度/(mg/m^3)	SO_2 出口浓度/(mg/m^3)	净化效率/%
1							
2							
3							
4							
5							
6							

2. 绘制净化效率随加药流量的变化曲线。

七、思考题

1. 实验结束后为什么要先关闭 SO_2 气瓶主阀,然后依次关闭主风机、循环泵的电源?
2. 影响湿法脱硫效率的主要因素有哪些?

实验五 选择性催化还原烟气脱硝实验

一、实验目的

本实验采用选择性催化还原(SCR)技术,以氨作为还原剂模拟烟气脱硝。通过实验,要达到以下目的:

1. 了解 SCR 脱硝的原理和效果。
2. 了解 SCR 脱硝实验设备的工艺流程、单元组成。
3. 掌握 SCR 脱硝操作及影响因素。
4. 了解温度对 SCR 脱硝效果的影响。

二、实验原理

选择性催化还原(SCR)是目前烟气氮氧化物控制的主流方法。选择性催化还原工艺主要是加入 NH_3 并在催化剂的作用下,将 NO_x 还原成为 N_2 和 H_2O。NH_3 不和烟气中残余的 O_2 反应,因此称"选择性"。主要反应式如下:

$$4NO + 4NH_3 + O_2 \xrightarrow{催化剂,250\sim400℃} 4N_2 + 6H_2O \qquad (11-4)$$

$$2NO_2 + 4NH_3 + O_2 \xrightarrow{催化剂,250\sim400℃} 3N_2 + 6H_2O \qquad (11-5)$$

三、仪器和材料

SCR 实验设备,NO 气体钢瓶和 NH_3 气钢瓶,(产生 NO 气体作为模拟废气开展实验以及提供还原剂 NH_3),NO 和 NH_3 浓度测定仪(在实验过程中对 NO 和 NH_3 浓度进行测定),气泵(提供实验系统载气)。

四、实验内容

1. 首先检查设备系统外况和全部电气连接线有无异常,采样口隔垫是否需要更换,放空阀是否均已打开,管线的连接是否连接到位,NO 气体钢瓶是否有气(根据压力表指示定)等,一切正常后开始操作。
2. 打开电控箱总开关,合上触电保护开关。
3. 打开加热系统预加热电源开关和加热开关,一般实验温度自定(推荐预加热温度宜设定在 120℃左右,主加热温度设定在 200℃左右)。打开温度显示开关(这里的温度代表着催化剂的温度），待温度达到后打开风机开关（风量自定），打开需要处理的气体（流量自定）。

注意：观察主加热温度跟催化显示的温度是否一致，若温度高了则降低主加热炉加热温度，低了则相反（催化剂一般温度适合在250～350℃）。

4. 根据主气流流量和设定的NO入口浓度，通过流量计调节NO气流量至所需的数值。

5. 根据主气流流量及气流中NO与NH_3浓度的化学计量比，通过流量计调节NH_3气流量至所需的数值。

6. 当反应炉温度达到指定温度时，可通过NO或NH_3浓度测定仪测定不同气体流量下的进出口气体NO或NH_3的浓度，根据NO或NH_3浓度的变化量确定催化转化率。

7. 保持气体中NO浓度在大致相同的情况下，改变催化反应温度（可在200～400℃之间设置5个量），稳定运行后，按上述方法，测取5组数据。

8. 实验结束时关闭NO和NH_3气体钢瓶的阀门和反应加热炉的电源开关。

9. 关闭制气辅助流量计开关，同时调节实验气体流量为最大，对实验系统进行清洁。

10. 待反应炉温度下降到150℃以下时关闭气泵。

11. 关闭控制箱主电源。

12. 检查设备状况，没有问题后离开。

五、注意事项

1. 发生气体放空管（粗）和反应气体尾气排气管（细）一定要妥善通过连接管道输送到室外人员不易到达的区域放空。

2. 实验期间勿接触反应炉前后的裸露管线防止烫伤。

3. 反应器加热炉启动期间切勿尝试打开反应管。

六、数据记录

1. 实验结果记录表（表11-5）

表11-5　SCR反应温度变化测定结果记录表

实验次数	温度 $T/℃$	原气浓度 ρ_1/(mg/m³)	净化后浓度 ρ_2/(mg/m³)	净化效率 $\eta/\%$
1				
2				
3				
4				
5				

2. 催化净化效率

$$\eta = \left(1 - \frac{\rho_2}{\rho_1}\right) \times 100\% \qquad (11\text{-}6)$$

式中，ρ_1为标准状态下吸收塔入口处气体中NO的质量浓度，mg/m³；ρ_2为标准状态下吸收塔出口处气体中NO的质量浓度，mg/m³。

3. 催化净化效率和催化温度的关系曲线

整理5组不同催化温度T下的η数据，绘制η-T实验性能曲线，分析T对SCR催化净化效率的影响。

七、思考题

1. 从实验结果标绘出的曲线，可以得出什么结论？
2. 说明实验结束后设备的关闭顺序及原因。

参考文献

[1] 许宁，闵敏. 大气污染控制工程实验 [M]. 北京：化学工业出版社，2018.
[2] 陆建刚，陈敏东，张慧. 大气污染控制工程实验 [M]. 2版. 北京：化学工业出版社，2016.
[3] 郝吉明，段雷. 大气污染控制工程实验 [M]. 北京：高等教育出版社，2004.
[4] 郝吉明，马广大，王书肖. 大气污染控制工程 [M]. 北京：高等教育出版社，2021.
[5] 中华人民共和国环境保护部. HJ 2301—2017 火电厂污染防治可行技术指南 [S]. 北京：中国环境出版社，2017.
[6] 蒋文举. 大气污染控制工程 [M]. 北京：高等教育出版社，2020.

第十二章　固体废物处理与处置实验

实验一　固体废物破碎与筛分实验

一、实验目的

固体废物种类繁多，成分复杂，其形状、结构、性质等均有很大差异。因此，为了使物料性质满足后续处理或最终处置的工艺要求，提高固体废物资源化回收利用的效率，往往需要对固体废物进行预处理。这些预处理技术主要包括压实、破碎、分选和脱水等单元操作。通过本实验以期达到以下目的：

1. 了解固体废物破碎和筛分的目的和意义。
2. 熟悉常见的固体废物破碎设备和筛分设备。
3. 掌握固体废物破碎与筛分设备的安全操作。
4. 熟悉破碎和筛分的安全操作流程。
5. 学会计算破碎、粉磨后不同粒径范围内固体废物所占的比例。

二、实验原理

固体废物的破碎是指利用外力克服固体废物质点间的内聚力而使大块固体废物分裂成小块固体废物的过程。破碎是固体废物预处理的技术之一，通过破碎对固体尺寸和形状进行控制，有利于固体废物的资源化和减量化。固体废物的磨碎是使小块固体废物颗粒分裂成细粉废物的过程。

固体废物的筛分是根据产物粒度的不同，利用不同筛孔尺寸的筛子将物料中小于筛孔尺寸的细物粒透过筛面，大于筛孔尺寸的粗物粒留在筛面上，从而完成粗、细颗粒分离的过程。

破碎产物的特性常用粒度分布和破碎比来描述。表示颗粒大小的参数一般有粒径和粒度分布。粒径是表示颗粒大小的参数，常用筛径来表示。粒度分布表示固体颗粒群中不同粒径颗粒的含量分布情况。破碎比表示的是破碎过程中原废物粒度与破碎产物粒度的比值，常用废物破碎前的平均粒度（D_{cp}）与破碎后的平均粒度（d_{cp}）的比值来确定破碎比（i）。筛分完成后，本筛格存留的筛上颗粒质量为筛余量，这些颗粒粒度小于上格筛孔径大于本筛格孔径，本格筛余量的粒度取颗粒平均粒径。

三、仪器和材料

1. 仪器

高速多功能粉碎机 2 台（型号 CS-700，电压 220V，频率 50Hz，额定功率 550W，粉碎程度 30~300 目，工作时间 0~5min，间隔时间 10~20min）；电动筛分机（SDB-200 型振动筛）；10~100 目的各种规格方孔筛，恒温干燥箱，台式天平，刷子，防护口罩。

2. 材料

实验样品。

四、实验内容

1. 称取样品约 200g 在 100℃ 的温度下烘干至恒重。
2. 称取烘干后试样 100~150g，精确到 1.0g。
3. 将实验样品（预粉碎的颗粒）倒入按孔径大小从上到下组合的套筛（附筛底）上。
4. 开启振动筛，对样品筛分 10min。
5. 筛分后将不同孔径的筛子里的颗粒进行称重并记录数据。
6. 将称重后的颗粒混合，倒入破碎机破碎 5min。
7. 收集破碎后的全部物料。
8. 将破碎后的颗粒再次放入振动筛分机，重复 3、4、5 步骤。
9. 将称量完的物料倒入回收桶中，收拾实验室，完成实验结果与分析。

五、注意事项

1. 实验设备操作不当可能引起安全事故，操作破碎与筛分设备时需严格遵守设备安全操作规范。
2. 使用前要检查破碎机、振动筛是否可以正常运转，待正常运转后方可投加物料。
3. 使用后及时关闭实验设备和电源，保持实验设备整洁、干净。
4. 要合理处置实验后的物料，避免造成再次污染。
5. 粉碎时，要避免粉尘污染，同时戴防护口罩。

六、数据记录

1. 计算真实破碎比

真实破碎比（i）＝废物破碎前的平均粒度（D_{cp}）/破碎后的平均粒度（d_{cp}）。

2. 计算细度模数

$$M_X = \frac{(A_2+A_3+A_4+A_5+A_6)-5A_1}{100-A_1} \tag{12-1}$$

式中，M_X 为细度模数；A_1、A_2、A_3、A_4、A_5、A_6 分别为 10 目、20 目、40 目、60 目、80 目和 100 目筛的累计筛余分数。

注意：细度模数是判断粒径粗细程度及类别的指标。细度模数越大，表示粒径越大。

3. 实验记录表

实验记录于表 12-1 中。

表 12-1 实验记录表

破碎前（预破碎后的样品）总质量：_____；破碎后总质量：_____

目数	筛孔粒径/mm	破碎前			破碎后		
		筛余量/g	分计筛余分数/%	累计筛余分数/%	筛余量/g	分计筛余分数/%	累计筛余分数/%
10	1.70						
20	0.83						
40	0.38						
60	0.25						
80	0.18						
100	0.15						
筛底/g							
合计/g							
差量/g							
平均粒径/mm							

分计筛余分数：各号筛余量与试样总质量之比，计算精确至 0.1%。

累计筛余分数：各号筛的分计筛余分数加上该号以上各分级筛余分数之和，精确至 0.1%。筛分后，如每号筛的筛余量与筛底的剩余量之和同原试样质量之差超过 1%，应重新实验。

平均粒径 D_{pj} 使用分计筛余分数 p_i 和对应粒径 d_i 计算：

$$D_{pj} = \sum_{i}^{n} p_i d_i \tag{12-2}$$

七、思考题

1. 固体废物进行破碎和筛分的目的是什么？
2. 影响筛分的因素有哪些？

实验二　生物基废物制备生物炭实验

一、实验目的

生物基废物是人类利用生物质的过程中产生的废弃物，按照来源不同可分为城市生物基废物（餐厨垃圾、粪便、城镇污泥）、工业生物基废物（高浓度有机废水、有机残渣）、农作物废物（秸秆）和养殖废物（畜禽粪便）等。由于产生量巨大，生物基废物是必须进行妥善处理的环境污染源。然而，从循环经济的视角来看，它是重要的可再生资源和能源。合理高效地将生物基废物资源化不仅能够充分利用生物质能这一可再生清洁能源，而且能够获得新型生态环境材料和新能源材料，从而实现废物高附加值利用，符合可持续发展的理念。

高温碳化处理是一种处理生物基废物常用的资源化方式。生物基废物经碳化处理后形成生物炭，吸附能力强，不仅可以还田以固定土壤中的组分，在减少营养物质流失同时固定土壤中的有害物质，如重金属等，而且能够用于污水处理过程，为污水中污染物的去除提供一种较好的吸附剂。因此，本实验对生物基废物（如农用秸秆、园林绿化废物、中药提取渣、啤酒糟、脱水污泥）进行高温碳化处理以制备生物炭。主要实验目的如下：

1. 了解我国生物基固体废物的现状。
2. 掌握生物基废物碳化的基本原理。
3. 熟悉实验设计方法和碳化设备的安全操作。

二、实验原理

碳化是指固体或有机物在隔绝空气条件下加热分解的反应过程或加热固体物质来制取液体或气体产物的一种方式。本实验中采用程序升温炉在鹅卵石覆盖条件下对树叶或秸秆进行碳化处理，并对产生的固体（生物炭）进行收集并测定分析其组分。

三、仪器和材料

1. 仪器

高速粉碎机，振动筛，程序升温炉（碳化炉），电子天平，恒温干燥箱，坩埚，磁力搅拌器，数显 pH 计。

2. 材料

园林绿化废物或农用秸秆（作为碳化原料），不同粒径的鹅卵石和玻璃珠（或沸石）。

四、实验内容

1. 预处理

取农用秸秆（如玉米芯、麦秸、玉米秸秆等），在105℃下烘干至恒重，粉碎至一定粒度，备用，或者取园林绿化废物（如落叶、枯枝）进行烘干备用。

2. 生物炭制备

取一定质量的物料放入坩埚中，表面覆盖不同颗粒级配（粒度）的鹅卵石和玻璃珠（或沸石）以制造缺氧或无氧环境氛围，先调节温度至100℃，再升温至目标温度（400℃、600℃和800℃）保温碳化反应2~3h，使物料受热均匀、碳化充分。碳化结束，待生物炭自然冷却至室温后取出，称重，碾碎，过筛，储存于干燥容器中，备用。将碳化温度为400℃、600℃和800℃的生物炭（biochar, BC）分别标记为BC400、BC600和BC800。

3. 生物炭的pH值测定

常温条件下，取5g生物炭与100mL去离子水混合，180~200r/min磁力搅拌1h后，用数显 pH 计测定浊液的 pH，即基本定量生物炭的 pH 值。

五、注意事项

1. 程序升温炉按照操作规程使用，注意高温烫伤和触电风险。

2. 鹅卵石和玻璃珠（或沸石）的粒度相互配合，确保物料碳化反应的无氧环境。

六、数据记录

将实验中采集到的数据记录于表 12-2 中。

表 12-2　数据记录表

碳化温度/℃	碳化时间/h	物料初重 m_1/g	碳化后重 m_2/g	生物炭收率/%	生物炭 pH 值
400					
600					
800					

生物炭收率计算公式：

$$生物炭收率 = (m_2/m_1) \times 100\% \tag{12-3}$$

七、思考题

1. 简要分析碳化温度对生物炭形貌的影响。
2. 简要分析碳化温度对生物炭 pH 值的影响。

实验三　污泥调理与脱水性能测定实验

一、实验目的

污水处理过程中，会产生大量的污泥，其数量占处理水量的 0.3%～0.5%（以含水率为 97% 计）。污泥脱水是污泥减量化中最为经济的一种方法，是污泥处理工艺中的一个重要环节，其目的是去除污泥中的空隙水和毛细水，降低污泥的含水率，为污泥的最终处置创造条件。

本实验通过对活性污泥脱水，主要达到以下目的：

1. 了解污泥调理的目的。
2. 熟悉真空过滤机的基本构造。
3. 掌握污泥真空脱水过滤的基本操作。
4. 掌握含水率的测定方法。

二、实验原理

污水处理过程中得到的污泥具有高亲水性，污泥中水与污泥固体颗粒的结合力很强，如果不进行预处理，即不通过化学、物理或者加热的方法进行处理，则绝大多数的污泥的脱水非常困难，这种进行污泥预处理的过程称为污泥调理。

通过对污泥的调理，改变污泥粒子表面的物化性质和组分，破坏污泥的胶体结构，减小与水的亲和力，从而改善脱水性能。影响污泥脱水性能的因素很多，包括污泥水分的存在方式和污泥的絮体结构（粒度、密度和分形尺寸等）、电势能、pH 值以及污泥来源等。本实验对化学调理过程中涉及的一些调理剂，通过实验比较，确定其对污泥脱水性能的影响。真空过滤是在滤液出口处形成负压作为过滤的推动力，液体通过滤渣层和过滤介质必须克服阻力。旋空泵在电机驱动下将负压罐内空气抽出形成负压，从而在过滤介质两侧产生过滤推动力。

三、仪器和材料

1. 仪器

分析天平，搅拌器，恒温干燥箱，坩埚，真空过滤机，滤布。

2. 材料

剩余污泥，聚丙烯酰胺、聚铝或聚合氯化铁。

四、实验内容

1. 取一定量的淤泥，加水搅拌制成固形物含量为 8% 左右的污泥悬浮液（可取适量放于烘箱，烘至恒重称量计算得出）。

2. 取 8% 左右的污泥悬浮液 500mL，加到 1000mL 烧杯中，分别加入一定量的调理剂，然后将烧杯置于搅拌器上，先快速搅拌（150r/min）30~60s，后慢速搅拌（50r/min）3~5min，搅拌结束后进行真空过滤。

3. 将真空过滤机外接电源接通，控制面板的电源指示灯亮。

4. 开启过滤盘上环，在多孔的筛板上铺上滤布，然后放下上环，用压紧钩使之与盘座压紧。

5. 启动真空泵，约 10s 后将污泥倾入过滤盘内，并开始计时。

6. 待滤盘内悬浮液经抽滤后呈饼状时（以滤饼表面水膜消失为准）停泵并记下过滤时间（注：离心速度和离心时间可根据实际情况作适当调整）。此时，将未工作的滤盘电磁阀打开一次，将真空负压罐内的液体及时排出。

7. 开启过滤盘上环，取出滤饼并将盘内擦拭干净以备下次再用。

备注：将预调理的污泥进行过滤单元操作后，取适量的滤饼测定固含率。其中，利用真空度为 0.02MPa 条件下过滤后的滤饼评价污泥的过滤脱水速率；利用真空度为 0.04MPa 条件下过滤后的滤饼固含率评价污泥的脱水程度。

五、注意事项

1. 注意离心出水去向和防止喷溅。
2. 正确安装滤布和避免真空度不足。

六、数据记录

将实验中采集到的数据记录于表 12-3 中。

表 12-3 数据记录表

调理剂种类：_____；调理剂浓度：_____；调理剂用量_____；温度：_____

0.02MPa,5min				0.04MPa,5min			
坩埚质量 m_1/g	坩埚+泥饼质量 m_2/g	烘干后质量 m_3/g	固含率/%	坩埚质量 m_4/g	坩埚+泥饼质量 m_5/g	烘干后质量 m_6/g	固含率/%

结果计算及表达：

（1）0.02MPa 真空过滤后污泥的固含率可依照公式（12-4）进行计算：

$$固含率(\%)=\frac{m_3-m_1}{m_2-m_1}\times100\% \qquad (12\text{-}4)$$

（2）0.04MPa 真空过滤后污泥的固含率可依照公式（12-5）进行计算：

$$固含率(\%)=\frac{m_6-m_4}{m_5-m_4}\times100\% \qquad (12\text{-}5)$$

（3）根据调理剂不同用量下污泥的脱水情况，绘制固含率随调理剂添加量变化曲线，并对结果进行分析与解释。

七、思考题

1. 污泥调理的目的是什么？
2. 污泥的脱水效率受哪些因素影响？
3. 如何测定污泥的含水率？

实验四　污泥中挥发性脂肪酸测定实验

一、实验目的

通过污泥中挥发性脂肪酸（VFAs）测定实验，实现以下目的：
1. 了解污泥挥发性脂肪酸指标的意义。
2. 掌握污泥中挥发性脂肪酸的化学测定方法。
3. 熟悉气相色谱法测定 VFAs 原理。

二、实验原理

大部分碳原子数在 10 以下的脂肪酸具有挥发性，且易溶于水。随着碳原子数的增加，挥发性逐渐下降。典型的挥发性脂肪酸的性质见表 12-4。

表 12-4　低级脂肪酸的分子式及沸点

名称	分子式	沸点/℃	名称	分子式	沸点/℃
甲酸	$HCOOH$	100.8	丁酸	C_3H_7COOH	162.3
乙酸	CH_3COOH	117.5	戊酸	C_4H_9COOH	185.5
丙酸	C_2H_5COOH	140.0	己酸	$C_5H_{11}COOH$	205.0

挥发性脂肪酸（volatile fatty acids，VFAs）容易被微生物利用。在有机物的厌氧消化过程中，VFAs 是作为微生物代谢的中间或最终产物存在的。在产酸阶段，这一类低级脂肪酸是此阶段的主要产物，以乙酸为主。在某种条件下，乙酸可达到该类酸总量的 80%。在甲烷（CH_4）形成过程中，甲酸和乙酸是甲烷形成的重要前体物。自然界中有机物产生的 CH_4 中约有 70% 以上由乙酸中的甲基原子团形成的。丙酸、丁酸可以转化为甲酸。VFAs

过高往往反映出厌氧发酵系统的病态。因此，VFAs 不仅是一种必需的营养成分，而且是厌氧消化过程控制的重要监测指标，对厌氧系统的稳定运行具有重要的指导意义。

污泥中 VFAs 测量主要有两种：

（1）VFAs 总量测定，其中以乙酸作为基数进行计算。

（2）对甲酸、乙酸等各种低级脂肪酸的分别定量分析，并计算出 VFAs 的总量。

对各种低级脂肪酸的测定往往采用气相色谱法，对于 VFAs 总量测定可以采用气相色谱法也可以采用化学滴定法。

本实验中采用化学滴定法测定 VFAs 总量，基本原理为：污泥 VFAs 在酸性条件下，经加热蒸馏随水蒸气逸出，馏出液（馏分）用蒸馏水吸收后并用 NaOH 溶液进行滴定，通过分析 NaOH 的消耗量计算出 VFAs 总量。

利用气相色谱仪测定发酵液或馏分的 VFAs 和乙醇组成与含量。取厌氧发酵液 5～10mL，在 6000r/min 下离心 10min，上清液（或 1～2mL 上述蒸馏的馏分）经过 $0.45\mu m$ 滤膜得到滤液。气相色谱仪采用日本岛津 GC-2014C，色谱柱为毛细管色谱柱（日本岛津 SH-Stabilwax-DA），进样口温度 220℃，进样量 $2\mu L$，检测器为氢离子火焰检测器，温度 250℃，N_2 为载气，氢气和空气为辅助气，流量分别为 30mL/min、40mL/min 和 400mL/min，分流比 20，尾吹流量为 30mL/min。色谱柱流量为 2.5mL/min，初始温度为 100℃，运行 1.5min，然后以 20℃/min 的速率升至 180℃，保留时间 10min。

三、仪器和材料

1. 仪器

500mL 蒸馏装置，250mL 锥形瓶，高速离心机，碱式滴定管，量筒、移液管、移液枪，气相色谱（GC 2014C，日本岛津），进样器，铁架台。

2. 材料

10%磷酸或 15%硫酸，酚酞指示剂，0.1mol/L NaOH，蒸馏水，剩余污泥，乙醇、乙酸、丙酸、丁酸（色谱纯）。

四、实验内容

1. 样品制备

取 150mL 剩余污泥，高速离心处理（3000～4000r/min）5～10min 后取上清液，移取 50mL 离心后的上清液于 500mL 蒸馏烧瓶中，加 50mL 蒸馏水和几粒沸石，再加 2mL 10%磷酸。接好玻璃导管，将橡胶塞塞严紧。导管一头接烧瓶口，另一头接冷凝管，冷凝管下面导管插入盛有 25mL 蒸馏水作为吸收液的 250mL 锥形瓶中。

加热蒸馏至烧瓶溶液剩余约 20mL，停止加热使其冷却。再加入 50mL 蒸馏水继续蒸馏至烧瓶溶液剩余 25mL 左右。

2. 样品中 VFAs 的测定

（1）滴定法

蒸馏过程结束后取下锥形瓶，加酚酞试剂，用 0.10mol/L 的 NaOH 滴定至淡粉色不消失为止，记录 NaOH 的用量。

（2）气相色谱法

利用移液枪或移液管移取 1～2mL 馏分，并用针式过滤器（$0.45\mu m$）进行过滤。然后利用 GC-2014C 型气相色谱仪测定滤液的 VFAs 和乙醇，并记录于表 12-5 中。

表 12-5　VFAs 和乙醇测定结果

乙醇/(mg/L)	乙酸/(mg/L)	丙酸/(mg/L)	丁酸/(mg/L)

五、注意事项

1. 在蒸馏前要打开冷凝水，保持下端进水，上端出水。冷凝管有水流即可，注意节约用水。
2. 实验蒸馏过程在高温下进行，操作中注意安全，以免发生烫伤等安全事故。
3. 冷却时请将装吸收液的锥形瓶移开，以免发生馏出液的倒吸问题。
4. 气相色谱属于精密分析仪器，操作前务必熟悉相关原理和操作规范。

六、数据记录

污泥中挥发性脂肪酸含量（以乙酸计）：

$$c_{\text{VFAs}}(\text{mg/L}) = \frac{cV_1}{V_2} \times M_{乙酸} \times 1000 \tag{12-6}$$

式中，c 为氢氧化钠溶液浓度，mol/L；V_1 为滴定消耗氢氧化钠体积，mL；V_2 为水样体积，mL；$M_{乙酸}$ 为乙酸的摩尔质量，60g/mol。

七、思考题

1. 简述气相色谱仪测定 VFAs 组分的原理。
2. 在测定 VFAs 总量方法中，馏出液中 CO_2、H_2S、SO_2 等会干扰测定，如何消除这些物质的干扰。
3. VFAs 在何种情况下可能出现积累？

实验五　木质纤维素废物热值测定实验

一、实验目的

固体废物的物理性质与废物成分有密切的关系，它常用组分、含水率和容重三个物理量来表示。废物的物理性质是选择压实、破碎、分选等预处理方法的主要依据。固体废物的化学性质包括挥发分、灰分、元素组成和发热值等参数，是选择堆肥、发酵、焚烧、热解等处理方法的重要依据。因此，通过本实验要达到以下要求：

1. 了解固体废物热值测定的目的和意义。
2. 掌握固体废物热值测定的方法。
3. 了解自动量热仪的工作原理和使用方法。

二、实验原理

发热值是指先用已知质量的标准苯甲酸在热量计弹筒内燃烧,求出热量计的热容量(即在热值上等于热体系温度升高 1K 所需的热量,以 J/K 表示),然后使被测物质在同样条件下,在热量计氧弹内燃烧,测量热体系温度升高,根据所测温度升高及热体系的热容量,即可求出被测物质的发热量。

设测热量计热容量时,标准物质所产生的热量为 Q,温度升高为 Δt,则热量计的热容量 $E(J/K) = Q/\Delta t$。

设被测物质产生的热量为 Q,体系温度升高为 Δt,而体系温度每升高 1K,所需的热量为 E,则被测物质热量 $Q(J) = E\Delta t$。

三、仪器和材料

1. 仪器

全自动氧弹量热仪,恒温干燥箱,分析天平,干燥器,坩埚,马弗炉,氧气瓶,点火丝。

2. 材料

待测样品(如木屑、秸秆粉等),苯甲酸(标准物质)。

四、实验内容

1. 生物质基样品测定前应粉碎至 40 目以上(样品小于 0.5mm),并注意其水分基准。称取木质纤维素粉末样品 [0.3~0.5] ±0.1] g。

2. 打开计算机及仪器主机电源,软件联机后,将氧弹放置于内桶中,进行温度平衡。软件用户名为 admin,密码为 123456。

3. 温度平衡结束后,取出氧弹,按注意事项 1 擦拭干净后备用。

4. 按要求安装好氧弹,按注意事项 4 充氧后,将氧弹放置在内桶中并关闭桶盖。氧弹安装及充氧步骤如下:

(1) 将氧弹芯挂于氧弹支架上。

(2) 将已烘干的坩埚称量。

(3) 用干净的镊子或角匙将样品放入已称重的坩埚内,称重并记录,样品要求见注意事项 6 和 9。

(4) 将装有样品的坩埚放到氧弹芯的坩埚支架上。

(5) 将点火丝接到坩埚支架(氧弹电极杆)上并压紧压轮,必须严格按照注意事项 3 安装点火丝。

(6) 样品及点火丝装好后,平稳地将氧弹芯放入装有 10mL 去离子水的氧弹筒中,旋紧弹盖并平稳放到充氧器上充氧,充氧过程需严格按照注意事项 4 进行。

5. 将充氧完毕的氧弹置于量热仪内桶中,盖好主机盖子。在软件"参数输入"界面输入样品编号、样品质量、氧弹号、操作员姓名。[初次测定须对下列常数进行设定:点火热 (J)、苯甲酸热 (J)、Mar、Mad、St、Had。] 点击测定命令按钮进入自动测定过程。

6. 实验结束后,数据自动保存到数据库中,打开桶盖,取出氧弹,用放气阀将氧弹中的废气排出,观察样品燃烧情况是否符合注意事项 5,清洗氧弹及内筒。

7. 所有样品测试完毕后，先退出软件，再关闭计算机和仪器主机电源。

五、注意事项

1. 每次实验前，需将氧弹内部、坩埚和仪器盖内部擦拭干净。每次实验后，必须清洗干净氧弹、坩埚和仪器盖内部。

2. 氧弹在使用过程中必须轻拿轻放。

3. 在安装点火丝时，点火丝应呈 U 形安装，中端突出部应接触样品表面或浅浅插入样品。点火丝（尤其注意两端）不能与坩埚、氧弹壁和点火丝自身有任何接触，否则会造成短路。氧弹内需提前装入 10mL 去离子水，氧弹应轻拿轻放，装样时，应小心拧紧氧弹盖，注意避免坩埚和点火丝的位置因受震动而改变。

4. 充氧时应注意氧气纯度要大于 99.5%，非电解氧，最好是空气分离氧。若氧气瓶内大于 5MPa 时，充氧时间为 30s（超过 50s，会有危险）；若氧气瓶内压在 4~5MPa 范围内，应延长充氧时间至 45s；若氧气瓶内压小于 4MPa，需要更换氧气瓶。减压阀压力在 2.8~3.0MPa 内，如果样品不宜燃烧可适当增加输出压力，但不能超过 3.2MPa。

5. 如果发现氧弹内水中有固体颗粒，说明样品在燃烧时发生了迸溅，燃烧不完全，数据作废，需重新进行实验。可采用擦镜纸对样品进行包裹后燃烧，在外加热中输入擦镜纸的热值。

6. 生物质样品粒径应小于 0.5mm，液体样品需用专用胶囊封装后燃烧。

7. 每两个月，需用苯甲酸进行反标。每一年，需对氧弹返厂进行压力测试。每两星期，需对内盖两探针用酒精棉擦拭干净。

8. 内筒温度需和环境日最高温保持一致，外筒温度比内筒高 2℃，恒温水箱温度低于内筒温度 1~3℃。冬天不使用时，应将仪器中水放干。

9. 普通样品和苯甲酸每次使用量为 0.9~1.1g，密度小的样品可适当减少使用量，最低为每次 0.3g。样品测试前需要绝干。

10. 新坩埚需在 800℃下燃烧 30min 后使用。

11. 当天实验全部完成后，应将氧弹清洗干净，并用专用抹布将氧弹桶体及氧弹芯擦拭干净，然后关闭氧气瓶气阀，使减压阀的高低压表为 0MPa。

六、数据记录

利用量热仪附带计算机软件得出测定结果并记录于表 12-6 中。

表 12-6　测试结果

样品名称	样品质量/g	夹套水温度/℃	弹筒发热量/(J/g)	仪器热容量/(J/K)

七、思考题

1. 氧弹测定物质的热值，经常会出现点火不燃烧的现象，使得热值无法测定。发生上述现象的原因是什么？如何解决？

2. 固体废物的热值大小与哪些因素有关？
3. 简述固体废物热值测定的意义。

实验六　生物炭吸附水溶性染料废水实验

一、实验目的

以生物基废物（如脱水污泥、农用秸秆、园林绿化废物、中药渣、啤酒酒糟、淀粉渣）为原料，干燥（干化）后以一定升温速率升温，热解（碳化）和保温碳化若干时间（2～4h）后获得不同温度下的生物炭。生物炭在环境保护和土壤修复，尤其是在污水处理中应用较为广泛。通过本实验训练可以达到如下目的：

1. 了解生物炭的吸附工艺及其吸附性能。
2. 掌握生物炭吸附废水中水溶性染料的影响因素。
3. 掌握分光光度法测定某些染料的方法。

二、实验原理

1. 吸附过程

吸附是一种物质附着在另一种物质表面的过程。生物炭对水中污染物的吸附包括物理吸附和化学吸附。一些被吸附的物质首先在生物炭表面上积聚浓缩，继而进入固体晶格原子或分子之间被吸附，另外一些特殊物质与生物炭分子结合而被吸附。

当生物炭对水中污染物进行吸附时，水中溶解性物质因在生物炭表面积聚而被吸附，同时存在一些被吸附物质因分子运动而离开生物炭表面，进入液相中（解吸附）。当吸附和解吸过程处于动态平衡时，即单位时间内生物炭吸附的数量等于解吸的数量时，被吸附物质在水中的浓度和在生物炭表面的浓度均不再变化，达到了吸附平衡。这时生物炭（固相）和水（液相）之间的溶质浓度，具有一定的分布比值。如果在一定压力和温度条件下，用质量为 m（g）的生物炭吸附溶液中的溶质，被吸附的溶质质量为 x（mg），则单位质量的生物炭吸附溶质的数量 q_e 即吸附容量（平衡吸附量）可按式（12-7）计算：

$$q_e = \frac{(c_0 - c_e) \times V}{m} = \frac{x}{m} \qquad (12-7)$$

式中，V 为溶液体积，L；c_0、c_e 为溶质的初始浓度和平衡浓度，mg/L；m 为吸附剂质量（生物炭投加量），g；x 为被吸附物质质量，mg。

生物炭对废水中溶质的去除效率可用式（12-8）计算：

$$R(\%) = \frac{c_0 - c_t}{c_0} \qquad (12-8)$$

式中，c_0、c_t 分别为溶质的初始浓度和 t 时刻的溶质浓度，mg/L。

平衡吸附量越大，单位吸附剂处理的水量就越大，吸附周期也就越长，运行费用就越低。q_e 值取决于生物炭种类，被吸附的物质的性质、浓度，水温及 pH 值。通常，当被吸附的物质能够与生物炭发生结合反应又不容易溶解于水，同时生物炭对被吸附物质的亲和作用力强，而被吸附物质的浓度又较大时，显示较大的 q_e 值。

在温度一定的条件下，生物炭的吸附量随被吸附物质平衡浓度的增加而提高，两者之间的变化曲线称为吸附等温线，即将平衡吸附量 q_e 与相应的平衡浓度 c_e 作图得吸附等温线。常用的吸附等温线模型有 Langmuir 吸附等温线、BET 吸附等温线和 Freundlich 吸附等温线。

2. Freundlich 吸附等温线

在污水处理中通常用 Freundlich 表达式来比较不同温度和不同溶液浓度时生物炭的吸附容量：

$$q_e = K c_e^{1/n} \tag{12-9}$$

式中，q_e 为吸附容量，mg/g；K 为 Freundlich 吸附系数，是与吸附比表面积、温度有关的系数；n 为与温度有关的常数，$n>1$；c_e 为被吸附物质平衡浓度，mg/L。

该式是一个经验公式，通常根据间歇生物炭吸附实验测得的 q_e、c_e 值，用图解方法求出 K、n。为了方便易解，将该式变换成线性对数式：

$$\lg q_e = \lg \frac{V(c_0 - c_e)}{m} = \lg K + 1/n \lg c_e \tag{12-10}$$

根据 q_e、c_e 相应值在双对数坐标纸上绘图，所得直线的斜率为 $1/n$，截距为 K。$1/n$ 值越小生物炭吸附性能越好，一般认为当 $1/n=0.1\sim0.5$ 时，水中杂质易被吸附；$1/n>2$ 时难以吸附。当 $1/n$ 较小时多采用间歇吸附操作，$1/n$ 较大时，适宜采用连续吸附操作。

3. Langmuir 吸附等温线

Langmuir 吸附等温式是建立在单分子层吸附的基础上，其表达式为：

$$q_e = q_{\max} \frac{K c_e}{1 + K c_e} \tag{12-11}$$

式中，$q_{\max}$ 为最大吸附容量，mg/g；K 为常数。

该式也常被用于描述一种吸附剂对吸附质的吸附过程。其中 $q_{\max}$ 越大，则表示该吸附剂对吸附质的吸附能力越强。同样，该吸附等温式中的参数 $q_{\max}$ 和 K 也可以通过实验过程获得。为了便于计算，将该式取倒数，则有：

$$\frac{1}{q_e} = \frac{1}{q_{\max}} + \frac{1}{q_{\max} K} \times \frac{1}{c_e} = \frac{m}{V(c_0 - c_e)} \tag{12-12}$$

通过间歇式生物炭吸附实验测得 q_e、c_e 值后，代入式（12-12）中，然后通过作图或者计算机计算出相应的参数值。

三、仪器及材料

1. 仪器

振荡器，100mL 离心管，分光光度计，比色皿，比色管，电子天平，高速离心机，移液管，洗耳球等。

2. 材料

生物炭，含藏红 T 模拟染料废水。

四、实验内容

1. 吸附处理

（1）用藏红 T 配制一定浓度（10～100mg/L）的废水 500mL。

（2）在不同的 100mL 离心管中分别加入 50mL 废水样，然后分别添加不同质量的生物炭（0～0.8g，相应浓度为 0～16g/L）。

（3）将离心管置于水平振荡器上振荡 2h。

（4）振荡结束后将离心管再放置在高速离心机内（转速设定 2000～5000r/min）离心处理，离心后取上清液，待测。

2. 浓度测定

（1）取藏红 T 配制标准溶液（50mg/L），利用蒸馏水稀释，配制含藏红 T 浓度分别为 1mg/L、2mg/L、4mg/L、6mg/L、8mg/L 的染料废水，使用分光光度计测定 530nm 波长吸光度，并绘制标准曲线。

（2）用分光光度计测定生物炭吸附后的离心上清液的吸光度 A_i，当上清液的色度较高时需要将其适当稀释后再测定 A_i。

（3）根据测得的水样吸光度和标准曲线（曲线方程），计算各水样中藏红 T 的浓度 c_e。

（4）取一定体积的原始废水样，加入比色管中进行稀释后测定吸光度，并计算出染料初始浓度 c_0。

五、注意事项

1. 实验完成后将所用到的仪器设备、器皿等清洗干净。
2. 严格按照离心机的安全规程操作，离心的物料要对称放置，且质量上要保持平衡。

六、数据记录

1. 标准曲线的测定

标准曲线的测定值记录于表 12-7 中。

表 12-7 标准曲线测定结果

测试序号	0(空白)	1	2	3	4	5
c/(mg/L)	0	1	2	4	6	8
吸光度 A						

2. 样品测定

采用分光光度法测定上清液水样吸光度 A_i，结果记录于表 12-8 中。

表 12-8 吸光度测定结果

生物炭添加量	吸光度 A_i	稀释倍数	剩余藏红 T 浓度 c_e/(mg/L)	吸附容量 q_e/(mg/g)	藏红 T 去除率/%
m_0/g					
m_1/g					

续表

生物炭添加量	吸光度 A_i	稀释倍数	剩余藏红 T 浓度 c_e/(mg/L)	吸附容量 q_e/(mg/g)	藏红 T 去除率/%
m_2/g					
m_3/g					
m_4/g					
m_5/g					

3. 计算

根据 q_e 与 c_e 关系计算吸附等温式中各参数值。

七、思考题

1. 生物炭再生方法有哪些？
2. 影响生物炭吸附性能的因素有哪些？

实验七　生物基废物堆肥化实验

一、实验目的

生物基废物可以通过微生物的氧化、分解等生物化学过程转化为稳定的腐殖质、沼气和化学转化品，实现无害化和资源化。好氧堆肥（堆肥化）是生物基废物生物处理的主要工艺技术之一。通过本实验可以实现以下目的：

1. 观察生物基废物在生物处理过程中的变化，加深对堆肥和厌氧消化概念的理解。
2. 掌握好氧堆肥和厌氧消化工艺过程和控制方法。
3. 了解好氧堆肥和厌氧消化工艺影响因素。
4. 熟悉评判堆肥产品腐熟度的方法。

二、实验原理

在人工控制条件下，依靠好氧微生物对生物基废物进行吸收、氧化以及分解。好氧微生物通过自身的生命活动，把一部分被吸收的有机物氧化成简单的无机物，同时释放出可供微生物生长活动所需的能量，而另一部分有机物则被合成新的细胞质，使微生物不断生长繁殖，生产出更多的生物体。有机物生化降解的同时，伴有热量产生，大部分热量增加了发酵堆体的温度。高温的堆体环境会引起中低温的微生物死亡以及耐高温的细菌快速繁殖。因此，在好氧堆肥中，优势菌群是一类嗜热细菌群，它们在有氧条件下分解有机物，并释放大量能量。好氧堆肥过程可以分为驯化阶段、中温阶段、高温阶段和腐熟阶段。好氧堆肥过程的关键就是选择工艺条件，促使好氧微生物降解的过程顺利进行，主要考虑供氧量、含水率、温度、有机含量、颗粒度、pH 值、碳氮比（C/N）和碳磷比（C/P）等因素。

三、仪器和材料

实验装置由 6 个有机玻璃制发酵抽屉、1 台增氧泵、1 套布气管路、1 套固体支架、连接管道等组成，每个发酵箱容积为 20L，规格为 720mm×450mm×1000mm。

四、实验内容

1. 将 40kg 生物基废物进行人工剪切破碎，并筛分，使粒度小于 10mm。
2. 测定生物基废物的含水率。
3. 将破碎后的生物基废物投加到每个反应器中，控制供气流量为 $1m^3/(h·t)$。
4. 在堆肥开始第 1、3、5、8、10、15 天分别取样测定堆体的含水率，记录堆体中央温度，从气体取样口取样测定 CO_2 和 O_2 浓度。
5. 调节供气流量分别为 $1.5m^3/(h·t)$ 和 $2m^3/(h·t)$，重复上述实验步骤。

表 12-9　好氧堆肥实验数据记录表

时间	供气流量 $1m^3/(h·t)$				供气流量 $1.5m^3/(h·t)$				供气流量 $2m^3/(h·t)$			
	水分/%	温度/℃	CO_2浓度/%	O_2浓度/%	水分/%	温度/℃	CO_2浓度/%	O_2浓度/%	水分/%	温度/℃	CO_2浓度/%	O_2浓度/%
0d												
1d												
3d												
5d												
8d												
10d												
15d												

五、数据记录

1. 记录主体设备尺寸、堆体温度、气体流量等基本参数。实验数据记录如表 12-9 所示。
2. 绘制堆体温度随时间变化的曲线。
3. 根据实验结果讨论环境因素对好氧堆肥和厌氧消化的影响。

六、思考题

1. 简要分析影响堆肥效果的主要因素。
2. 简要分析缩短堆肥腐熟周期的措施。

参考文献

[1] 梁继东，高宁博，张瑜. 固体废物处理、处置与资源化实验教程 [M]. 西安：西安交通大学出版社，2018.
[2] 杨治广，朱新峰. 固体废物处理与处置 [M]. 上海：复旦大学出版社，2020.
[3] 宁平. 固体废物处理与处置实践教程 [M]. 北京：化学工业出版社，2005.
[4] 宇鹏，赵树青，黄魁主. 固体废物处理与处置 [M]. 北京：北京大学出版社，2016.
[5] 李进平，刘爱欣. 固废综合处置与协同利用实验指导教程 [M]. 武汉：华中科技大学，2022.
[6] 桑文静. 固体废物处理与处置实验教程 [M]. 北京：化学工业出版社，2023.
[7] 赵天涛，梅娟，赵由才. 固体废物堆肥原理与技术 [M]. 2 版. 北京：化学工业出版社，2017.
[8] 赵由才，赵天涛，宋立杰. 固体废物处理与资源化实验 [M]. 2 版. 北京：化学工业出版社，2018.

[9] 章骅，何品晶. 固体废物处理与资源化技术实验 [M]. 北京：高等教育出版社，2022.
[10] 李永峰，回永铭，黄中子. 固体废物污染控制工程实验教程 [M]. 上海：上海交通大学出版社，2009.
[11] 石光辉. 土壤及固体废物监测与评价 [M]. 北京：中国环境科学出版社，2008.
[12] 张小平. 固体废物污染控制工程 [M]. 北京：化学工业出版社，2017.
[13] 奚旦立. 环境监测 [M]. 5版. 北京：高等教育出版社，2019.
[14] 刘研萍，李秀金. 固体废物工程实验 [M]. 北京：化学工业出版社，2008.
[15] 李灿华，黄贞益，朱书景，等. 固体废物处理、处置与利用 [M]. 武汉：中国地质大学出版社，2019.
[16] 中华人民共和国生态环境部. HJ 1266—2022 生物质废物堆肥污染控制技术规范 [S]. 北京：中国环境出版社，2022.
[17] 中华人民共和国生态环境部. HJ 1222—2021 固体废物 水分和干物质含量的测定 重量法 [S]. 北京：中国环境出版社，2022.
[18] 中华人民共和国生态环境部. HJ 1024—2019 固体废物 热灼减率的测定 重量法 [S]. 北京：中国环境出版社，2019.
[19] 中华人民共和国环境保护部. HJ 761—2015 固体废物 有机质的测定 灼烧减量法 [S]. 北京：中国环境出版社，2015.
[20] 中华人民共和国环境保护部. HJ 2035—2013 固体废物处理处置工程技术导则 [S]. 北京：中国环境科学出版社，2013.
[21] 中华人民共和国生态环境部. HJ 1091—2020 固体废物再生利用污染防治技术导则 [S]. 北京：中国环境出版社，2020.

第十三章 基础生态学实验

实验一 生物对环境因子的耐受性实验

一、实验目的

1. 通过小鱼、田螺在不同盐浓度下的忍耐程度的实验,加深生物对环境因子耐性的理解。
2. 比较小鱼、田螺对不同盐度环境的耐受性,了解生物对环境因子耐受性的种间差异。
3. 分析不同盐度培养下的实验生物的死亡率,绘制各物种的死亡曲线,了解各物种对盐度的耐受性临界值,理解异质性生境对物种空间分布格局的限制性作用。

二、实验原理

异质性生境(heterogeneous habitat)中的环境因子存在梯度变化,而不同生物所能适应的梯度范围总是有限的。据此,V. E. Shelford(1911 年)提出了忍受性定律(rule of tolerance):生物有机体对环境因子的忍受性有最大上限和最小下限的限制作用。生物所能分布的环境因子变化梯度的上、下限幅度称为该生物的忍受性限度(limit of tolerance)、生态幅(ecological amplitude)或生态价(ecological valence)。

生物对周围环境各种变化的适应程度,称为生态可塑性。生物的生态可塑性因种而异,为长期进化的结果,具有遗传基础。根据物种对特定生态因子的忍受性限度(或生态幅)的宽窄可以将生物分为"广生态型"和"窄生态型"。如就生物对生境盐度的要求的差异可以分出广盐性(euryhaline)和窄盐性(stenohaline)物种。

生态可塑性直接影响到物种的空间分布范围、生境利用格局以及种群的时空动态等基本种群特征。生态忍受性的测定有助于学生对忍受性定律及生态位概念的理解和掌握,同时有利于对种群空间分布格局及其动态机制的理解。淡水盐度介于 0.005%～0.1%,而海水盐度介于 1.6%～4.7%,因此,可以设计介于淡水盐度上限和海水盐度下限之间的盐度梯度,培养观察不同物种对环境盐度变化的耐受力。

三、仪器和材料

小鱼,田螺,分析纯 NaCl,蒸馏水,1000mL 烧杯,分析天平。

四、实验内容

1. 盐度梯度的设计。每组取 5 个大烧杯，编号。配制不同质量浓度（0%、0.1%、0.3%、0.5%、1%、2%）的 250mL NaCl 溶液。
2. 每杯中放入田螺 10 只、小鱼 5 尾。
3. 观察各物种的变化，2h 后统计各培养液中各物种的死亡率。

五、注意事项

小鱼死亡的判断标准为用玻璃棒轻触鱼的尾部，没有反应即认为死亡。田螺死亡的判断标准为用玻璃棒按田螺的螺口壳盖，按下去不能弹回来则已经死亡。

六、数据记录

记录并统计各培养液中各物种的死亡率。分析两种生物对盐度耐受性的差异。

七、思考题

小鱼和田螺对盐度的耐受性表现有何差别？可能原因是什么？

实验二　模拟去除取样法估计种群数量大小

一、实验目的

1. 通过去除取样法估计种群数量大小，使学生理解去除取样法的基本原理。
2. 掌握去除取样法估计种群数量大小的技术。
3. 了解在运用去除取样法进行种群数量估计时，使估计比较准确的条件。

二、实验原理

去除取样法又称移动诱捕法，是用相对估计法估计种群的绝对量。假定在调查期间种群内个体没有出生、死亡、迁入和迁出，每次捕捉时，所有动物被捕概率相等，随着连续捕捉，种群数量逐渐减少，因而花同样的捕捉力量所取得效益、捕获数逐渐降低。同时随着连续捕捉，逐次捕捉的数增大。因此将逐次捕捉数（作为纵坐标轴）对捕捉累计数（作为横坐标轴）作图，就可以得到一条回归线（图 13-1）。回归线与横轴的交点表示原种群大小，回归线的斜率代表捕捉的概率。

本次实验用白色棋子代表实验种群，用黑色棋子代表动物个体被捕捉后的空生态位。

对于去除取样法所获得的数据，可以通过回归

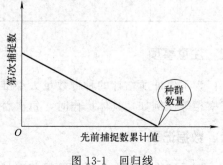

图 13-1　回归线

分析的方法，最终求出种群的数量。回归方程如式（13-1）所示。

$$y = a + bx \tag{13-1}$$

根据一元线性回归方程的统计方法，a 和 b 可以用式（13-2）与式（13-3）求得：

$$a = \overline{y} - b\overline{x} \tag{13-2}$$

$$b = \frac{\sum_{i=1}^{n}(x_i - \overline{x})(y_i - \overline{y})}{\sum_{i}^{n}(x_i - \overline{x})^2} \tag{13-3}$$

式中，a 为回归直线与 y 轴的交点到原点的距离，也称为直线的截距；b 为回归线的斜率，也称为捕获率；x_i 为累计捕获动物数量或累计取出棋子的数量，$\overline{x} = \frac{1}{n}\sum x_i$；$y_i$ 为每次或每天捕获动物数量或取出棋子的数量，$\overline{y} = \frac{1}{n}\sum y_i$；$n$ 为抽样总次数。

三、仪器和材料

黑色与白色围棋子若干，50mL 烧杯，黑色布袋，托盘，计算器等。

四、实验内容

1. 每组取一布袋，每袋装入实验老师发的围棋子若干（一般 200 个左右），但每组所装白棋子数不等。

2. 用 50mL 烧杯随机取 1 烧杯棋子，记录 50mL 烧杯中总棋子数和白棋子数，并填入表 13-1 中。将烧杯中的白棋子取出，并用同样数量的黑色棋子替换后重新装入布袋。

3. 重复 4 次以上步骤 2，并将取出的白棋子数填入表 13-1 中。

4. 用最小二乘法计算出种群的数量大小。求得 a、b 值后，即可得到种群大小的估计值：当 $y=0$ 时，$x = -\frac{a}{b}$。

表 13-1 依次取出白棋子的数量与累计取出白棋子数量的统计分析

抽样次数	每次取出的白棋子数(y_i)	累计取出的白棋子数(x_i)	$y_i - \overline{y}$	$x_i - \overline{x}$
1				
2				
3				
4				
5				

五、注意事项

为了保证所估计的种群数量大小准确，在每次取样时关键是要保证所有要取的棋子被取概率相等。例如，具体操作时，每次替代的棋子再放入布袋中应充分混合均匀，反之亦然。

六、数据记录

记录依次取出白棋子的数量与累计取出白棋子数量，绘制回归线并列出方程，估测种群大小。

七、思考题

1. 采用什么取样方法可以使每次取样时每个棋子被取到的概率相等?
2. 在实验过程中用布袋中的棋子或野外欲捕的动物必须做出什么样的假设本方法才可以使用?
3. 去除取样法是否适合于所有的种群?为什么?

实验三　校园常见植物调查

一、实验目的

熟悉植物资源基础调查技术,了解植物分类基础知识,辨识常见植物,掌握植物名录规范。

二、实验内容

对校园常见植物进行系统调查研究,记录校园植物物种名称及生境,建立植物名录,分析校园常见植物种类组成和生活型。

植物名录写作要求:①按照科属进行排列。②中文名在前,拉丁名在后。

植物拉丁名规范:属名、种名词应斜体,表示变种的 var. 及命名人不需要斜体。同一属物种,仅第一种列出完整属名,之后的同属物种可采取属名首字母大写加点来代替属名。

植物种类组成特征分析方法:

(1) 统计分析各科植物种类数量,按顺序列出物种数排前五位的科并统计单种科数量。
(2) 记录并分析各物种分布环境(陆地、湿地、水体)。
(3) 明确各物种生态型,按照单子叶植物、双子叶植物和草本、灌木、乔木、藤本分别统计校园常见植物的生态型。完成表 13-2 和表 13-3。

表 13-2　校园常见植物生态型数量统计表

项目	草本	灌木	乔木	藤本
双子叶				
单子叶				

表 13-3　校园常见植物名录(示例)

序号	种名	学名	科	属	生境类型	价值
1	马尾松	*Pinus massoniana*	松科	松属	乔木	适合绿化造林,可作木材、薪柴、染料,用于药用等
2	杉木	*Cunninghamia lanceolata*	柏科	杉木属	乔木	主要用于药用、建筑、桥梁、造船、矿柱、家具等
⋮						

三、数据记录

本实验由实验老师带队，介绍校园内常见植物的分类特征和分类鉴定知识，学生实地鉴定植物并作好记录。

实验后，学生整理调查记录，提交《校园常见植物调查报告》，报告内容应包括报告实验目的、内容、步骤等信息，校园常见植物生态型统计表和校园植物名录，并对校园植物引入、保护、利用、管理提出建议。

实验四　森林群落最小取样面积实验

一、实验目的

使学生了解生态学研究中取样的意义，掌握最小取样面积的确定方法。

二、实验原理

植物群落物种组成是植物生态学群落调查的重要内容，是鉴别不同群落类型和其性质的基本特征。植物生态学研究中通常采用最小取样面积的方法来统计一个群落或者一个地区的生物种类。最小取样面积就是对一个特定群落类型能提供足够的环境空间的最小面积，或者能保证展现出该群落类型的种类组成和结构的真实特征所需要的最小面积。最小取样面积是群落生态学领域研究的基本点之一，其大小取决于群落类型和群落特征，通常群落组成种类越丰富，其确定的最小面积相对越大。

物种的数目随取样面积的增大而增加，但增加是有限度的，最后稳定在一个具体的数目。作出物种总数随取样面积变化的曲线，可以找出能够反映群落物种组成特征的最小取样面积。

三、仪器和材料

1m×1m样方架，皮卷尺，指南针，样方调查记录表。

四、实验内容

1. 实验地点

济南市各大林场或南部山区山坡林地或校园林地。

2. 实验准备

(1) 熟悉野外工作要求和急救知识。

(2) 熟悉分辨山东省野外常见植物种类。

(3) 学习使用指南针和样方架。

3. 实验步骤

(1) 针对针叶林、针阔混交林、阔叶林三种群落类型，分别选择林相发育较好、地形较为平缓、面积大约为 $1000m^2$ 的林地，先踏查并记录该区域内植物种类总数，物种总数记为 S，并填写群落调查记录表，记录该群落区域的群落类型、群落特征和环境特征。

（2）在选定群落内用样方架选出 $1m\times1m$ 的样方，记录物种数为 X_1。然后用皮卷尺依次拉出 $2m\times2m$、$4m\times4m$、$8m\times8m$、$10m\times10m$、$16m\times16m$、$20m\times20m$ 的样方面积系列，记录物种数分别为 X_4、X_{16}、X_{64}、X_{100}、X_{256}、X_{400}。

（3）代入公式 $P=X/S$（P 为 0～1 的无单位参数），算出 P_1、P_4、P_{16}、P_{64}、P_{100}、P_{256}、P_{400}，以样方面积为横轴和 P 为纵轴作出曲线。选择曲线的拐点所对应的样地面积作为最小取样面积。或者根据实际群落特征和取样强度的大小，规定一个 P 值如 0.8，在曲线上找到对应的取样面积。

五、数据记录

报告实验目的、内容、器材、步骤等，绘制物种数-面积曲线，并报告最小取样面积。

六、思考题

1. 最小取样面积与群落的哪些特征有关？
2. 发育不完全的群落经过自然演替后，最小取样面积应该会怎样变化？
3. 物种数-面积曲线法确定最小取样面积有哪些局限性？

实验五　植物群落学野外调查技术实验

一、实验目的

通过本实验教学，让学生对自然生态环境有亲身感受，通过认识不同植物群落，让学生了解生态学研究中取样的意义，了解植物群落野外调查常用的几种方法，并使用生态统计学方法来整理分析数据。

二、实验原理

群落的结构包括群落的外貌和生活型、群落的空间格局（群落的垂直结构、水平结构、群落交错区等）及时间格局等内容。群落的外貌（physiognomy）是指生物群落的外部形态或表相，为群落中生物与生物之间、生物与环境之间相互作用的综合反映。

陆地生物群落的外貌主要取决于植被的特征，水生生物群落的外貌主要取决于水的深度和水流特征。陆地生物群落的外貌是由组成群落的植物种类形态及其生活型（life form）所决定的。植物的生活型有多种不同的定义和分类方法，其中丹麦植物学家 Raunkiaer 按休眠芽和复苏芽所处的位置和保护方式将高等植物划分为 5 个生活型：①高位芽植物（phanerophytes）；②地上芽植物（chamaephytes）；③地面芽植物（hemicryptophytes）；④隐芽植物（cryptophytes）；⑤一年生植物（therophytes）。

群落的垂直结构主要指群落的分层现象。陆地群落的分层与光的利用有关，森林群落从上到下可划分为乔木层、灌木层、草本层和地被层等层次。植物的幼苗则根据其实际所在的层划分层次。附生和寄生植物也划入其实际依附的层中。一般来说，水热条件越优越，群落的垂直结构越复杂。

群落水平结构的形成主要与构成群落的成员的分布状况有关。大多数群落的物种呈现出不均匀的斑块状分布。这主要取决于生境条件的异质性。

群落的时间格局指的是群落的外貌、物种组成等在时间尺度上的动态变化特征。主要受限于光、温度、湿度等生态因子的明显的时间节律性（昼夜、季节性、年际、地球大周期等）。植物群落表现最明显的就是季相，如温带草原外貌一年四季的变化。动物群落时间格局主要表现为群落中动物的季节变化，如鸟类的迁徙、变温动物的休眠和苏醒、鱼类的洄游等。

三、仪器和材料

GPS，样方架，绳子，卷尺，样方调查记录表，铅笔，钢笔和标记笔。

四、实验内容

1. 实验地点

济南市各大林场或南部山区山坡林地。

2. 实验准备

（1）熟悉野外工作要求和急救知识。

（2）熟悉分辨山东省野外常见植物种类。

（3）学习使用指南针和样方架。

3. 实验要求

（1）熟悉植物群落调查的一些基本方法，如样方的设置。

（2）对植物群落的种类组成、垂直结构、水平结构等有基本的认识，并能进行简单的分析。

（3）学会植物群落命名方法，了解群落物种组成的数量特征。

4. 实验步骤

（1）学生分组进行样方法调查

3组各完成一个生境样方调查：草地、人工侧柏林阳坡、人工侧柏林阴坡。选择合适地段，以GPS定位。再以绳子设定实验样方参照线。林地（天然林、人工林）样线长不小于100m，草地（草地、林草结合带、稀疏灌丛）样线长30～50m。沿样线两侧设定样方，每组完成一个样方的设定和实验内容。样方大小在5m×5m至10m×10m之间，根据实际环境灵活掌握，但样方的间隔距离不小于样方边长的5倍。建议林地样方为10m×10m，草地1m×1m。

① 样方地理位置、环境特征观察记录：GPS定位坐标；地形地貌，如山地或平原、坡向及坡度、海拔、底质类型；天气条件；环境异质性、群落均一性（连续性）描述；人为干扰情况，如土地利用类型、利用强度、退化程度等；群落类型。

② 群落外貌观察记录：目测优势种，林地的分层，主要物种的生活型等。

③ 物种数测定：物种数和每种物种的个体数，要求分种逐一计数，及时记录。

④ 群落和物种盖度测定：群落的总体盖度，优势种的盖度。

⑤ 高度：各种植物的高度，实测或估测，及时记录。

⑥ 物候期和季相：每种所处的物候期，如营养期、花蕾期、开花期、结果期、落叶期、休眠期或枯死期。几期同时出现的，将50%以上个体的物候期记入表中。以建群种所处的物候期为群落的季相。

（2）统计分析

① 综合3个生境的调查数据，统计分析调查群落的如下特征：

物种丰度（S）：各样方S值和总体S值。

相对丰度（P_i）：单种个体数占总个体数的比例。

物种密度（D）：单位为株数/m^2。

密度比（DR）：单种密度/最大密度种的密度。

相对盖度（RC）：单种盖度/所有种盖度和，%。

盖度比：单种盖度/最大盖度种的盖度。

相对频度（RF）：单种频度/全部种的频度和，%。

频度比：单种频度/建群种频度。

相对高度：单种高度（均值）/所有种高度和，%。

高度比：单种高度/最高种高度。

重要值（IV）：相对密度＋相对优势度＋相对频度。

② 群落结构分析如下：

群落的垂直结构：分层，各层高度、盖度、物种多样性。

群落水平结构：群落类型及其镶嵌格局。

群落时间结构：群落季相及其周期性变动。

③ 比较3种生境的群落特征，分析群落结构的主要影响因素。

分析指标：优势种、物种数、主要物种的重要值等。

对比组合：草地-人工林，人工林阴坡-人工林阳坡。

五、数据记录

报告实验目的、内容、步骤等，列表说明不同生境群落类型的地理位置、生境状况和利用状况，列表说明各群落的物种重要值计算过程及结果，分析群落物种组成特征、垂直结构和结构特征，并比较分析不同类型群落物种组成和结构特征的差异。数据记入表13-4～表13-6中。

表13-4 群落样地情况调查表

样方号：		调查者：		日期	
植物群落类型：					
地理位置	纬度：		经度：		海拔
地形			土壤类型：		
坡向：			坡度：		坡位：
群落总盖度：			人为及动物活动情况：		

表 13-5　森林群落样方乔木层调查表

样方号：_____　　　样方面积：_____　　　总郁闭度：_____

树种名称	胸径/cm	高度/m	物候
1			
2			
3			
4			
5			
6			
7			
8			
9			

表 13-6　森林群落样方灌草层调查表

样方号：_____　　　样方面积：_____　　　总盖度：_____

物种名称	株数	盖度	平均高度/cm
1			
2			
3			
4			
5			
6			
7			
8			
9			
10			
11			

六、思考题

1. 用来描述植物群落结构的基本特征参数有哪些？相应都有什么测定方法？
2. 影响群落结构的生态因子有哪些？
3. 人为干扰对群落结构会产生什么样的影响？

实验六　群落物种多样性分析

一、实验目的

掌握群落物种多样性计算的基本方法，分析物种多样性的生态学意义及与群落的结构和功能等方面的关系。

二、实验原理

物种多样性指数是以数字公式描述群落结构特征的一种方法。在调查了植物群落的种类及其数量之后,选定多样性公式,就可计算反映群落结构的多样性指数。物种多样性指数有以下几方面的生态学意义:①是描述群落结构特征的一个指标;②用来比较两个群落的复杂性,作为环境质量评价和比较资源丰富的指标;③从演替阶段的多样性比较,可作为演替方向、速度及程度的指标。

物种多样性测定,主要有三个空间尺度,即 α 多样性、β 多样性、γ 多样性,分别描述生境内、生境间、区域或大陆尺度的物种多样性。本实验仅计算 α 多样性指数。

计算物种多样性指数的公式有很多,形式各异。大部分多样性指数中,组成群落的生物种类越多,其多样性指数值越大。

三、实验内容

1. 数据录入

依据本章实验五的取样数据,提取样地中物种数、每种物种的个体数等数据录入电子表格。

2. 计算

(1) 考虑群落物种丰富度的多样性指数

这类指数不需要考虑研究面积的大小,是以一个群落中的物种数和个体总数的关系为基础的。

① Gleason 指数

依据式(13-4)求算。

$$D = S/\ln A \tag{13-4}$$

② Odum 指数

依据式(13-5)计算。

$$D = \frac{S}{\ln N} \tag{13-5}$$

③ Margalef 指数

依据式(13-6)计算。

$$D = \frac{S-1}{\ln N} \tag{13-6}$$

④ Menhinick 指数

依据式(13-7)计算。

$$D = \frac{\ln S}{\ln N} \text{ 或 } D = \frac{S}{\sqrt{N}} \tag{13-7}$$

式中,A 为单位面积;S 为群落中的物种数目;N 为全部物种的个体总数。

(2) 综合考虑物种丰富度和均匀度的多样性指数

用物种的数目、全部物种的个体总数及每个物种的个体数综合表示群落物种的丰富度和均匀度,是应用较普遍的一类多样性指数,分别依据式(13-8)~式(13-11)求算。

① Simpson 多样性指数

该指数是 Simpson 基于概率论提出的。

$$D = 1 - \sum_{i=1}^{S} P_i^2 \tag{13-8}$$

② Hurlbert 多样性指数

$$D = \frac{N}{N-1}\left(1 - \sum_{i=1}^{S} P_i^2\right) \quad (13-9)$$

③ Shannon-Wiener 多样性指数

该指数是以信息论范畴的 Shannon-Wiener 函数为基础的。

$$H = -\sum_{i=1}^{S} P_i \ln P_i \quad (13-10)$$

式中，$P_i = N_i/N$，为物种 i 的个体数占群落中总个体数的比例。

④ Pielou 均匀度指数

群落均匀度指群落中各个物种的分布的均匀程度。它可通过多样性指数值和该群落样地物种数、个体总数不变的情况下理论上具有的最大多样性指数值（此时样地内所有物种具有相同的个数）的比值来度量。最大多样性指数理论值是在假定群落中所有物种的分布是均匀的这个基础上实现的。

$$E = H/H_{\max} \quad (13-11)$$

式中，H 为实际群落的物种多样性指数；$H_{\max}$ 为最大的物种多样性指数，$H_{\max} = \ln S$（S 为群落中的总物种数）。

四、数据记录

报告实验目的、内容、步骤等，以实验五的样地取样数据，计算不同群落的 Margalef 指数、Shannon-Wiener 多样性指数、Simpson 多样性指数和 Pielou 均匀度指数，并列表比较不同群落的物种多样性差异，分析其生态学意义。

实验七　不同植物群落土壤性质分析

一、实验目的

掌握土壤的取样方法，掌握简单的土壤理化性质分析技术，比较不同群落内的土壤性质。

二、实验原理

土壤类型、成土母质是决定地面植被类型的两个关键因子。土壤因子的理化性质对于植物群落的调查研究是非常重要的。针对每个群落样方采取有代表性的土样进行理化性质分析，从而指导群落生态学的研究。

三、实验内容

测定并分析不同群落中的土壤理化性质。物理性质包括颜色、粒度、破碎化程度、含水量等，化学性质包括酸碱度、有机质含量、无机盐含量等。

（一）土壤样本的选取

土壤样品的采集是土壤分析工作中的一个重要环节，直接影响到分析结果的准确性和精确性，不正确的采样方法，常常导致分析结果无法应用，误导制定农业生产措施。土壤样品采集应遵循随机、多点混合具有代表性的原则，严格按照要求和目的进行操作，掌握土壤样品采集的方法和技术。本实验采用五点取样法。

1. 实验地点

群落调查实验所选样方内。

2. 实验器材和试剂

取土样工具（环刀、铲子等），塑料袋（带密封条，装土样用），小铝盒（测定土壤含水量用），标签纸，土壤特征调查记录表（表13-7），烘箱，1~2mm细筛。

表13-7 土壤样品标签

土壤样品标签			
天气：□晴 □阴 □雨	采样日期：	年 月 日	
样品编号：	采样地点：	省/市 市/区	乡/镇 村
经纬度：北纬：	东经：	海拔高度：	
采样深度：	土壤类型：		
土地利用类型：□耕地 □林地 □草地 □未利用地			
监测项目：□理化性质 □无机项目 □有机项目			
采样单位：	采样人员：		

3. 实验步骤

（1）在样方的四角作对角线，在四个角上和中心五个点取样。若某点恰好不易取土，或者土层太薄（少于10cm），则可根据实际情况选择邻近位置选取。

（2）取土时，先把表层枯枝落叶拂去，然后用环刀或土铲沿竖直方向铲下约200g土壤。注意土层剖面形态并记录。

（3）把得到的五个点的土壤分别摊在塑料薄膜上，混合均匀。将各点土样充分混匀后，挑出根系、秸秆、石块、虫体、粪渣、化肥颗粒等杂物后，首先取出20~30g放入小铝盒中，以备测土壤含水量等时使用。然后用对角四分法，留一半弃一半，多次反复直至最后约200g。

（4）样品采好后，每个土袋内外贴好标签，标签上写明土壤编号、类别、土壤名称、采样深度、地点、日期和采样人姓名，然后把袋口扎紧。

（5）根据实验所需的土样要求，烘干或风干土样。烘干土样要求把土样敞开置于105~110℃烘干箱中2h以上，然后碾碎过筛使用。风干土样要求把采回土样摊在塑料薄膜或纸上，趁半干状态时压碎，除去残根等杂质，铺成薄层晾干，再用木棒或研钵碾碎。风干场所要干燥通风，防止酸、碱气体侵入。风干后再次研磨，过筛处理，最后装入土样瓶或塑料袋内，保存备用。

（二）手测法判断土壤类型

1. 实验原理

根据土壤中砂粒和黏粒的比例，可以判断土壤类型。其简易测定法是利用手和眼的感觉，根据土壤的物理机械特性-黏结性和可塑性来确定质地的。

2. 实验步骤

（1）将土块完全捏碎到没有结构，取一部分放在手掌中捏时有均匀、柔软的感觉或某种粗糙的感觉。

(2) 将土壤用水浸湿,加水时要逐渐少量地加入,用手指将湿土调匀,拌水过多或未充分湿润的土样均不适用,所加水量要以土壤和匀后不黏手为准。当土团具有可塑性时,将土团尽量做成小球,搓成土条,并将土条弯曲成土环。

3. 判断标准

松砂土:干时完全无结构,成为疏松的散砂,湿润时不能搓成小球。

砂壤土:干时捏碎很容易,有较粗的砂粒,湿润状态下可搓成短而粗的条。

轻壤土:可搓成直径约3mm的小圆条,很容易断折。

中壤土:可搓成直径为2～3mm的细条,弯曲时易断裂。

重壤土:可搓成直径为1.5～2mm的细条,弯曲成环时不产生裂缝,将土环压扁时有裂缝产生。

黏土:干时很难捏碎,湿时可搓成细条,弯成土环时不断裂,将木条压扁时也不会有裂缝。

(三)酒精燃烧法测定土壤含水量

进行土壤含水量的速测有两个目的。一是了解土壤的实际含水状况,以便及时进行灌排,或根据作物的长相、长势及耕作栽培措施总结丰产的水分条件;或联系苗情症状,为诊断提供依据。二是为了对干湿程度相差悬殊的不同土样进行养分的互比,速测时可以统一以干土为标准,计算速测所需的湿土称样量。

1. 实验原理

本实验采用酒精燃烧法,利用酒精在土样中燃烧升温带走土壤中水分,从而测得土壤含水量。

2. 实验器材和试剂

铝盒、电子天平、酒精、新鲜土样、玻璃棒。

3. 实验步骤

(1) 先称空铝盒重,后在盒中称新鲜土样5～10g,精确至0.1g(称样要快,避免水分蒸发)。

(2) 滴加酒精使土样湿透,并有少许余液。用火柴点燃酒精(避免火柴头落入土样中)。在火焰正旺时切忌搅动土样,待火焰将要熄灭时,用玻璃棒轻轻拨动土样以助其燃烧完全。

(3) 待火焰完全熄灭后,再滴加酒精至土样湿润,重新点燃,直到土样呈松散粒状为止(烧2～3次)。冷却后称重。

4. 结果计算

土壤含水量依据式(13-12)求算:

$$土壤含水量 = \frac{盒和湿土重 - 盒和干土重}{盒和干土重 - 盒重} \times 100\% = \frac{失水重}{干土重} \times 100\% \quad (13\text{-}12)$$

5. 注意事项

(1) 为了较准确地反映待测土壤的实际含水量,要尽量缩短采样和第一次称样之间的相隔时间,装土样的容器要密闭,防止土壤水分蒸发。

(2) 在燃烧过程中,要注意掌握好搅动样品的时间,切忌火焰正旺时搅动样品。

(四)土壤pH值的测定

土壤里含有许多有机酸、无机酸、碱以及盐类等物质,各种物质的含量不同使土壤显示出不同的酸碱性。土壤酸碱度是土壤的重要的基本性质之一,大多数作物必需的营养元素的有效性与土壤的 pH 有关,所以,了解土壤的酸碱度状况,对了解土壤养分的有效性、推荐施肥均具有重要意义。在进行土壤养分测定的同时,土壤的 pH 也是不可缺少的指标之一。

1. 实验原理

土壤的酸碱性可用酸度来表示,即用 pH 值来表示土壤的酸碱性。习惯上把 pH 值在 6.5～7.5 范围内的土壤叫中性土。土壤酸碱度的分级情况如表 13-8 所示。

表 13-8 土壤酸碱度的分级情况

pH 值	土壤酸碱度	pH 值	土壤酸碱度
≤4.5	强酸性	7.5～8.5	弱碱性
4.5～5.5	酸性	8.5～9.5	碱性
5.5～6.5	弱酸性	≥9.5	强碱性
6.5～7.5	中性		

测定土壤的酸度,一般用蒸馏水或盐溶液(常用氯化钾)提取土壤中游离态或代换性的氢离子,然后用酸度计测量。

2. 实验器材和试剂

电子天平、酸度计、蒸馏水、土样、10mL 具塞试管。

3. 实验步骤

称取 1g 风干或新鲜土样,放入试管内,加入 5mL 蒸馏水,试管口加塞后充分振荡,放至澄清后用酸度计测定上层清液的酸度。

4. 注意事项

(1) 必须用 pH＝7 的中性水,否则要用氢氧化钠溶液或盐酸调到中性。

(2) 速测用的土样一般以新鲜的自然湿土为宜。保存备用土样要风干。

四、数据记录

报告实验目的、内容、器材、步骤等,列表比较不同群落的土壤理化性质特征,并分析其生态学意义。

五、思考题

1. 野外取土样测定其含水量时,应该排除哪些影响因素来选择土样?
2. 受到人类活动干扰的群落中,土壤理化性质可能会有怎样的变化?

实验八　生态瓶的设计和制作

一、实验目的

1. 学会设计并制作生态瓶。
2. 初步学会观察生态系统的稳定性。

二、实验原理

从营养结构上讲,生态系统由四大部分组成:非生物环境、生产者、消费者、分解者。

自然生态系统几乎都属于开放式生态系统，只有人工建立的完全封闭的生态系统才属于封闭式系统，不与外界进行物质的交换，但允许阳光的透入和热能的散失。本实验所建立的微型生态系统——生态瓶，属于封闭式系统。

一个生态系统在一定的时间内保持自身结构功能的相对稳定，是衡量这个生态系统稳定性的一个重要方面。生态系统的稳定性与它的物种组成、营养结构和非生物因素等都有着密切的关系。

将少量的植物、以这些植物为食的动物及适量的以腐烂有机质为食的生物（微小生物和微生物）与某些其他非生物物质仪器放入一个广口瓶中，密封后便形成一个人工模拟的微型生态系统——生态瓶。

由于生态瓶内系统结构简单，对环境变化敏感，系统内各种成分相对量的变化，会影响系统的稳定性。通过设计并制作生态瓶，观察其总动植物的生存状况和存活时间的长短，就可以初步学会观察生态系统的稳定性，并且进一步理解影响生态系统稳定性的各种因素。

三、仪器和材料

水草（茨藻、金鱼藻或眼子菜、满江红、浮萍等），小鱼，鱼虫，淤泥，河水或晒后的自来水，沙子（洗净），凡士林，广口瓶（或其他玻璃瓶）。

四、实验内容

1. 实验要求

（1）本次实验要求学生设计一个人工模拟的微型生态系统，可以模拟池塘生态系统，也可以模拟陆地生态系统。

① 在制作完成的小生态瓶中所形成的生态系统，必须是封闭的。

② 生态瓶中的各种生物之间以及生物与无机环境之间，必须能够进行物质循环和能量流动。

③ 生态系统各部分间的比例要合适，生产者和消费者均不宜太多。

④ 生态瓶中投放的生物，必须具有很强的生命力。投放的动物数量不宜过多，以免破坏食物链。

⑤ 生态瓶内的水不能装满，要有足够的氧气的缓冲库。

⑥ 生态瓶制作完毕后，应该贴上标签，写上制作者的姓名与制作日期，然后将小生态瓶放在有较强散射光的地方。

（2）生态系统稳定性的观察方法如下：

① 各组设计一份观察记录表，内容包括植物、动物的生活情况，水质变化（由颜色变化进行判别），基质变化。

② 每天观察一次，同时做好观察记录。

③ 如果发现小生态瓶中的生物已经全部死亡，说明此时该生态系统的稳定性已被破坏。这时应把从开始观察到停止观察所经历的天数记录下来。

2. 实验步骤

（1）实验材料的准备

水草、小鱼、鱼虫要鲜活，生命力强。淤泥要无污染，不能用一般的土来代替。沙子要洗净。河水清洁，无污染。自来水需要提前三天晾晒。

（2）生态瓶的制作

① 瓶子的处理。取一个广口瓶并将其洗净，然后用开水烫一下瓶子和瓶盖。

② 放沙注水。往瓶中放入少量淤泥，并加入适量的水，将淤泥平铺在瓶底。将洗净的沙子放入广口瓶，摊平，厚度约为1cm。

③ 再次注水。将事先准备好的水沿瓶壁缓缓加入，加入量为广口瓶容积的4/5左右。

④ 加入适量绿色植物。若是有根植物，可用长镊子将植物的根插入沙子中。

⑤ 加入适量鱼虫。水蚤易死亡，加入量要少。水丝蚓必须要加。

⑥ 加入小鱼两条。注意不要用金鱼，因为金鱼的耐逆性很差。

⑦ 加盖封口。在瓶盖周围涂上凡士林，盖紧瓶口，再在瓶口周围涂抹上一层凡士林。

⑧ 粘贴标签。在制作好的小生态瓶上贴上标签，然后放在阳面窗台上（不要再移动位置）。

⑨ 观察并记录。每天定时观察瓶内情况，认真记录下每一天的变化。

五、注意事项

1. 不能将生态瓶放在阳光能够直接照射到的地方，否则会导致水温过高，而使水草死亡。
2. 在整个实验过程中，不要随意移动生态瓶的位置。

六、数据记录

生态瓶设计和制作实验记录表如表13-9、表13-10所示。

表13-9　生态瓶实验观察记录表

时间：_____；　记录人：_____

生态瓶容积：_____mL；用水：_____（河水/晒后自来水）；用水体积：_____mL

用沙体积：_____mL；用污泥体积：_____mL

自养生物	物种名称	数量/株	异养生物	物种名称	数量/个或条

表13-10　生态系统情况记录表

日期	时间	生态系统情况记录			备注
		水环境变化(颜色、透明度等)	自养生物变化(存活数、存活状态等)	异养生物变化(存活数、存活状态等)	

七、思考题

1. 为什么生态系统各部分间的比例要合适，生产者和消费者均不宜太多？
2. 运用生态学原理，分析生态瓶内变化的原因。

参考文献

[1] 简敏菲，王宁主. 生态学实验 [M]. 北京：科学出版社，2018.
[2] 杨持. 生态学实验与实习 [M]. 北京：高等教育出版社，2008.
[3] 付必谦. 生态学实验原理与方法 [M]. 北京：科学出版社，2006.

第十四章 普通生物学实验

实验一 叶绿体和细胞原生质流动的观察实验

一、实验目的

1. 练习使用显微镜,掌握高倍显微镜的使用方法。
2. 观察叶绿体的形态和分布。
3. 通过在显微镜下的实际观察,理解细胞质的流动是一种生命现象。

二、实验原理

原生质流动是细胞的一种生命现象,在多种植物的细胞中都能观察到植物细胞质流动现象,它是细胞活动强弱的重要指标。细胞质流动现象的产生,是细胞骨架中微丝肌动蛋白与肌球蛋白相互滑动的结果。高等绿色植物的叶绿体存在于细胞质基质中,叶绿体一般是绿色的、扁平的椭球形或球形,可以用高倍显微镜观察它的形态和分布。活细胞中的细胞质处于不断流动的状态,观察细胞质的流动,可用细胞质基质中的叶绿体的运动作为标志。

细胞质流动的主要形式包括以下三种。

① 细胞质环流。在液泡发达的植物(如黑藻、轮藻、伊乐藻)细胞中,细胞质呈薄层沿着细胞膜以一定的速度和方向循环流动。这种不断的循环流动称为细胞质环流。

② 穿梭流动。穿梭流动是细胞质流动的另一种形式,它与环流不同,是向相反方向来回穿梭。由于流动方向在一定时间内来回交换,因此叫穿梭流动。

③ 布朗运动。在活细胞中可以看到细胞质内的许多小颗粒在无规则地跳动,这在暗视野显微镜下观察更为明显,叫作布朗运动。布朗运动的产生除了与微丝的存在有关外,还与微梁网格的收缩有关。

三、仪器和材料

1. 仪器

显微镜,载玻片,盖玻片,滴管,镊子,刀片,培养皿,台灯,铅笔(自备),吸水纸,光照培养箱。

2. 材料

菠菜叶（或藓类的叶），新鲜的黑藻。

四、实验内容

1. 观察叶绿体装片

（1）取材：取一片藓类小叶或菠菜叶稍带叶肉的下表皮（薄且有叶绿体）。

（2）制片：载玻片中央滴一滴清水，将叶片放入，加上盖玻片，制成临时装片。

（3）观察：先用低倍镜找到叶片细胞后再用高倍镜观察叶绿体（形态和分布），注意光强度的变化与叶绿体的位置关系。

（4）绘图：用铅笔画叶绿体形态和一个分布情况清楚的叶肉细胞。

2. 用显微镜观察细胞质的流动

（1）取材：将黑藻先放在光下、25℃左右的水中培养（生成足量叶绿体）。

（2）制片：载玻片滴水、放叶，加盖玻片，制成临时装片。

（3）观察：先用肉眼或放大镜或体视镜观察黑藻叶片的全貌。叶为椭圆形，边缘有疏齿，中间有一条主脉贯穿整个叶片，其余部分由两层含有丰富叶绿体的细胞组成，整个叶片呈草绿色。在显微镜下观察时，先在低倍物镜下仔细观察叶片各部分的结构。认出细胞间隙，在其中贮存着光合作用与呼吸作用中释放出来的气体，因而在显微镜下这些管道常呈黑色。在低倍物镜下选择那些看来含有叶绿体不多的细胞，移至视野中央，然后换高倍镜观察。转动细准焦螺旋观察细胞的立体结构。

在观察细胞结构的同时会发现有些细胞内的叶绿体在不断地移动。它们通常是沿着细胞的一侧向同一方向移动，这就是原生质流动的现象。如果在视野中看不到原生质流动，可用低倍镜观察寻找有原生质流动的细胞（主要以叶绿体的移动来证实原生质流动）。如果还找不到，可换一片生长良好的叶片重新观察。适当增强光照、适当提高温度、切伤等均可加速流动。

五、注意事项

1. 装片中的实验材料，应始终保持有水状态。叶绿体如果失水，就缩成一团，无法观察叶绿体的形态和分布。使用植物的表皮观察细胞质流动时，应将视野亮度调暗些。

2. 正确使用低倍镜：取镜—对光—安放装片—下降镜筒—调焦。下降镜筒时，必须双眼注视物镜和装片的距离，以免压坏装片和碰坏物镜。

3. 正确使用高倍镜：将低倍镜下看到的物像移到视野中央，转动转换器，换用高倍物镜，调整光圈和反光镜，使视野亮度适宜，调节细准焦螺旋，直至物像清晰。

4. 观察细胞质流动时，首先要找到叶肉细胞中的叶绿体，然后以叶绿体作为参照物，在观察时眼睛注视叶绿体，再观察细胞质的流动。最后，仔细观察细胞质的流动速度和流动方向。

5. 细胞质流动与新陈代谢有密切关系，呼吸越旺盛，细胞质流动越快，反之，则越慢。细胞质流动可朝一个方向，也可朝不同的方向，其流动方式为转动式（旋转式、环流式）。这时细胞器随细胞质基质一起运动，并非只是细胞质的运动。

6. 观察时应尽量使用细准焦螺旋调节。了解各光切面，建立细胞的立体结构概念。在观察细胞的同时，有时会发现一些圆形或其他形状的结构出现在细胞上，通过细准焦螺旋的调节可确定这些结构并不是在细胞内，而是在细胞的表面。它们可能是附着在叶片表面的原生动物或藻类。

六、数据记录

选择几个有代表性的黑藻叶片细胞，绘图表示细胞结构，并用箭头表示原生质流动的方向。

七、思考题

1. 如何理解细胞质流动原理？
2. 胞质环流有何特点？为什么？
3. 其他什么材料可以作为细胞原生质流动的实验材料？

实验二　叶绿体的制备及其对染料的还原作用

一、实验目的

掌握分离与纯化叶绿体的方法，了解细胞器的一般分离程序及叶绿体的光还原活性。

二、实验原理

细胞或组织和分离介质混合，破碎，匀浆，然后用差速离心法经几次不同转速离心，可以获得不同的细胞器。离体的完整的具有光合活性的叶绿体的制备就是采用这种方法。被分离的叶绿体是否具有光合活性，可以用不同的方法来鉴定，对染料（2,6-二氯酚靛酚）在光下的还原作用是其中的一种方法。所以，通过染料和离体叶绿体混合液在照光前后染料颜色上的变化，可以鉴别被分离的叶绿体的活力。叶绿体是比较大的细胞器，在叶肉细胞中含量丰富，用新鲜的植物叶片匀浆后使用普通离心机进行离心也能得到良好的分离效果。

三、仪器和材料

1. 仪器

显微镜，镜油，擦镜纸，载玻片，盖玻片，冷冻离心机，离心管，瓷研钵，盘式天平，光照培养箱，剪刀，纱布，玻璃漏斗，烧杯，量筒，玻璃棒，滴管，吸水纸，分光光度计，水浴锅，试管，手套，标签纸。

2. 材料

（1）STN 缓冲液：成分为 0.4mol/L 蔗糖（分子量 342）、0.01mol/L NaCl（分子量 58.44）、0.005mol/L $MgCl_2$、0.05mol/L 三羟甲基氨基甲烷（Tris，分子量 121.14），用 HCl 溶液调 pH 至 7.6。

配制方法：称取 6.06gTris、136.9g 蔗糖、0.58gNaCl、0.29g$MgCl_2$，加入蒸馏水

750mL，混合后用 1mol/L HCl（浓 HCl 浓度为 12mol/L，取 83mL 稀释至 1L）调 pH 至 7.6，然后用蒸馏水稀释到 1L。

(2) 1×10^{-4} mol/L 3-(3,4-二氯苯)-1,1-二甲基脲（DCMU，敌草隆，分子量 233.09）：称取 DCMU 23.3mg，用少量乙醇溶解，待完全溶解后用蒸馏水定容至 1L。

(3) 2.5×10^{-4} mol/L 2,6-二氯酚靛酚（分子量 268.1）：称取 2,6-二氯酚靛酚 67mg，溶于 1L 蒸馏水中，在黑暗条件下保存。

(4) 冰块。

(5) 新鲜菠菜叶。

四、实验内容

1. 叶绿体的制备

(1) 将菠菜叶片洗净，吸干表面水滴，储存在 4℃冰箱中备用。

(2) 取 20mL 分离介质（STN 缓冲液），分两次放入研钵中。

(3) 去掉叶柄和主脉，称取 10g 叶片，并把叶片剪成 1~2 小块，和介质一起在钵中研磨，磨成匀浆为止。

(4) 将匀浆液用两层纱布过滤到烧杯中。

(5) 滤液在 1000r/min 条件下离心 8min，弃去沉淀，留上清液。

(6) 在上清液中加入分离介质 5mL，混匀，再在 1000r/min 条件下离心 8min，弃去沉淀，留上清液。

(7) 上清液用 2500r/min 离心 10~20min，弃上清液，留下沉淀的叶绿体小球。

(8) 加入适量冷却的 STN 缓冲液，将沉淀的叶绿体全部悬浮，将叶绿体悬浮液储存于冰箱中。

(9) 转移 1mL 叶绿体悬浮液到另一支干净试管中，在 60℃水浴中保持 5min，然后取出试管，贴上标签再储存于冰箱中。

2. 观察两种叶绿体的形态

分别在两个载玻片上各滴一滴加热和未加热的叶绿体悬浮液，用盖玻片盖起来，在油镜下观察这两种叶绿体的形态。

3. 叶绿体对染料的还原作用

叶绿体对染料的还原加样见表 14-1。按表 14-1 操作，进行叶绿体对染料的还原实验。

表 14-1 叶绿体对染料的还原加样表

试管号	叶绿体悬浮液/mL	染料(2×10^{-4} mol/L)/mL	STN 缓冲液/mL	DCMU(1×10^{-4} mol/L)/mL
1	0.1（未加热）	—	4.9	—
2	0.1（加热）	1.0	3.9	—
3	0.1（未加热）	1.0	2.9	1.0

实验操作方法：

(1) 取出没有加热的叶绿体悬浮液试管，充分摇动，以便全部叶绿体呈均匀的悬浮状态。然后取 0.1mL 叶绿体悬浮液，加 4.9mL STN 缓冲液混合均匀，得到 1 号试管样品，（倒入一个干净的比色管内），用这支不含染料的叶绿体 1 号管样品作对照，校正分光光度计零点。

(2) 同 (1) 操作再次摇匀未加热的叶绿体悬浮液试管，取 0.1mL 叶绿体悬浮液加到 2 号管中，再加入 3.9mL STN 缓冲液，加入 1mL 染料，混合均匀，得到 2 号管样品（摇匀后倒入另一支干净的比色管内),用分光光度计在波长为600nm下测定出吸光度并记录。

(3) 把2号管的比色杯放入盛水的100mL烧杯中,调节比色杯与60W光源的距离为10cm,然后打开电源,准确照光1min,再一次立即读出吸光度。如此反复测定5~10次,记录数据,并将结果以吸光度对时间的曲线表示。

(4) 取0.1mL没有加热的叶绿体悬浮液加入3号管中,用1号管校正分光光度计,按步骤(2)和(3),重复这个程序,并记录每次数据。

为了减少比色管的误差,可使用同一比色管,每次换溶液时,倒出原来管内溶液,用蒸馏水连续清洗几次,并用吸水纸吸去比色杯内残留的水分,将结果用曲线表示。

五、注意事项

叶绿体酶系对热敏感,在室温下容易失活,因此,提取叶绿体的全部过程必须保持在0~4℃条件。在实验中所需基本仪器和药品都必须放置在冰箱中,并且整个操作过程都应在0~4℃条件下完成。

六、数据记录

1. 观察经过加热和未加热这两种叶绿体在形态上的区别,并绘出草图。
2. 分离的叶绿体是否含有叶片的其他组分?详细分析原因。

七、思考题

1. 离体叶绿体对染料还原作用的原理是什么?
2. 叶绿体为什么在室温下容易失活?

实验三 淀粉磷酸化酶的测定

一、实验目的

掌握淀粉磷酸化酶作用的原理及测定方法。

二、实验原理

植物的组织中有一种淀粉磷酸化酶,能利用1-磷酸葡萄糖合成淀粉,可用I_2-KI染色检出1-磷酸葡萄糖淀粉。

三、仪器和材料

1. 仪器

天平,离心机,水浴锅,研钵,移液管。

2. 材料

1-磷酸葡萄糖,0.1mol/L柠檬酸-0.2mol/L磷酸缓冲液(pH6.5),质量比为1∶5的

I_2-KI 溶液（取 1.5gKI 溶于少量蒸馏水中，加入结晶碘 0.3g，待溶解后，稀释至 100mL），马铃薯。

四、实验内容

1. 取马铃薯块茎一个，削去皮，切成小块，称取 10g，于研钵中加石英砂少许，加 10mL 0.1mol/L 柠檬酸-0.2mol/L 磷酸缓冲溶液，研磨成匀浆。
2. 用纱布滤取汁液，于 3500r/min 下离心 15min，以除去淀粉，即为粗制酶液。
3. 取小试管 2 支，分别加入 1%1-磷酸葡萄糖 1mL，再于一管中加入 1mL 粗制酶液，另一管中加入已经煮沸 15min 的粗制酶液。摇匀试管，立即各吸取 1 滴于白瓷板上，分别加 1 滴 I_2-KI 溶液，测试有无淀粉存在。
4. 每隔 10min 取试管中混合液 1 滴，检查淀粉的生成。比较煮沸能否使酶失活。

五、注意事项

淀粉磷酸化酶在室温下容易失活，因此，整个提取过程必须保持在 0~4℃条件下。

六、数据记录

分析实验过程及结果。

七、思考题

1. 淀粉磷酸化酶在淀粉代谢中有何作用？
2. 煮沸能否使酶失活？为什么？

实验四　水体中浮游生物的调查及特征藻类识别

一、实验目的

1. 掌握水体浮游生物的调查方法，掌握水样采集、样品的固定和浓缩处理。
2. 了解、识别一些水体中常见藻类，学习观察和鉴定藻类植物的基本方法。

二、实验原理

浮游生物体型细小，大多数用肉眼看不见，悬浮在水层中且游动能力很差，主要受水流支配而移动，浮游生物分为浮游动物和浮游植物。

浮游动物（zooplankton）的漂浮或游泳能力很弱，随水流而漂动。浮游动物的种类极多，从低等的微小原生动物、腔肠动物、栉水母、轮虫、甲壳动物、腹足动物等，到高等的尾索动物，几乎每一类都有典型的代表，以原生动物的种类最多。浮游植物（phytoplankton）在水中以浮游生活，通常指浮游藻类，包括蓝藻门、绿藻门、硅藻门、金藻门、黄藻门、甲藻门、隐藻门和裸藻门八个门类的浮游种类，已知全世界藻类植物约有 40000 种，其中淡水藻类有 25000 种左右，而中国已发现的（包括已报道的和已鉴定但未报道的）淡水藻类约 9000 种。

浮游生物是水生生物的重要组成，会因水中有机质和营养盐类的含量及其他因素的不同而有显著差别，对浮游生物的调查与鉴定是评价水体质量的一个重要依据。

三、仪器和材料

1. 仪器

显微镜，浮游生物采集网，试剂瓶，血球计数板（0.1mL），吸管（0.1~1mL）若干支，计数器，手套。

2. 材料

鲁哥氏液：称取 6g 碘化钾（KI）溶于少量水中（10~20mL），待其完全溶解后，加入 4g 碘（I_2）充分摇动，待碘完全溶解后定容到 100mL。

10％福尔马林溶液：取 90mL 蒸馏水和 10mL 40％浓度的市售甲醛放置烧杯中混合，搅拌均匀。

四、实验内容

1. 采样和固定

定性样品：采集原生动物和轮虫定性样品，用 25 号（网孔 0.065mm，200 孔/英寸）[①] 浮游生物网在表层至 0.5m 深处以 20~30cm/s 的速度作"∞"形来回慢慢拖动采集，采集后，将网垂直提出水面，打开网底阀门，将采集到的标本注入试剂瓶中，加入水样体积 1％ 的福尔马林溶液固定。作好记录并编号，贴好标签。

定量样品：每个采样点用采水器采 1000mL，水样应立即加入鲁哥氏液，用量为水样量的 1.5％，即 1000mL 水加 15mL。可携带鲁哥氏液在现场加入，也可将 15mL 鲁哥氏液事先加入 1L 的玻璃瓶中，带到现场采样，固定后，送实验室保存。

2. 浓缩

首先，加入鲁哥氏液的定量水样静置沉淀 24h 后，用虹吸管小心抽掉上层清液，余下 20~25mL 沉淀物转入 30mL 定量瓶或量杯中，用少量上层清液冲洗容器并倒入 30mL 定量瓶中。然后，再静置沉淀 24h，用塑料吸管将少量上清液移出，最终剩余 10~15mL 液体，即为水样浓缩液。

3. 制备临时装片

用滴管吸取定性水样 1 滴于载玻片中央，慢慢盖上盖玻片，于显微镜下作定性观察，了解其主要种类及其形态特点。

4. 藻类的鉴定与识别

显微镜下对优势藻类进行绘图，绘制出观察到的 2~3 种藻。依据中国淡水藻类分类鉴定优势藻类种属。

5. 浮游植物计数

将定量水样充分摇匀后，迅速用吸管吸取 1 小滴样品置于血球计数板的计数框中，盖上盖玻片。计数时如采用 16 个中方格的计数板，要按对角线方位，取左上、左下、右上、右

---

① 1 英寸（1in）＝0.0254 米。

下的 4 个中方格（即 100 小方格）的藻数。如果是 25 个中方格计数板，除数上述 4 个格外，还需数中央 1 中方格的藻数（即 80 小方格）。使用血球计数板计数时，先要测定每个中方格中藻类的数量，再换算成每毫升水样中藻类的数量。若计数过程中遇到藻细胞破坏的可不计入总数，每个样品计数应重复 2~3 次，连续两次计数结果相差应在 15% 以内，否则重新计数，直到满足要求。

五、注意事项

对于压在方格界线上的藻细胞应当计数同侧相邻两边上的细胞数，一般可采取"数上线不数下线，数左线不数右线"的原则处理，另两边不计数。

六、数据记录

1. 藻细胞密度统计

16×25 型的计数板：对 4 个中方格进行计数，最终这 4 个中格里的藻细胞个数之和记为 N。藻细胞密度计算公式如式（14-1）所示：

$$\text{藻细胞密度（个/L）} = \frac{4N}{0.1 \text{mm}^3} \times V = \frac{4N}{0.1 \times 10^{-3} \text{mL}} \times V = 4VN \times 10^4 \quad (14\text{-}1)$$

式中，V 为 1L 水样经浓缩后所得体积，mL。

25×16 型的计数板：对 5 个中方格进行计数，最终这 5 个中格里的藻细胞个数之和记为 N。藻细胞密度计算公式如式（14-2）所示：

$$\text{藻细胞密度（个/L）} = \frac{5N}{0.1 \text{mm}^3} \times V = \frac{5N}{0.1 \times 10^{-3} \text{mL}} \times V = 5VN \times 10^4 \quad (14\text{-}2)$$

式中，V 为 1L 水样经浓缩后所得体积，mL。

2. 绘图并鉴定

绘制出观察到的 2~3 种藻，并对其种属进行鉴定。

七、思考题

1. 为什么浮游生物能够反映水质情况？
2. 地表水体中典型的浮游生物有哪些？

实验五　细胞中多糖和过氧化物酶的定位

一、实验目的

掌握显示细胞中多糖和过氧化物酶的原理和方法。

二、实验原理

高碘酸-席夫试剂反应，简称 PAS 反应，是显示糖原的最经典也是最直接的细胞化学方法。主要是利用高碘酸作为强氧化剂，这种强氧化剂能打开C—C键，使多糖分子中的乙二醇变成乙二醛，氧化得到的醛基与席夫试剂反应生成紫红色化合物，颜色的深浅与糖类的多少有关。

细胞内的过氧化物酶能把 H_2O_2 氧化成 H_2O 和 O_2，把联苯胺氧化为蓝色或棕色络合物（蓝色物质为中间产物联苯胺蓝，很不稳定，可自然地转变为棕色的联苯胺腙），根据细胞中蓝色或棕色的出现显示细胞内过氧化物酶的分布。

三、仪器和材料

1. 仪器

普通显微镜，玻璃仪器干燥器，超声波清洗机，电子天平，冰箱，染色缸，移液管，刀片，镊子，载玻片，盖玻片，吸水纸，擦镜纸，洗瓶，定性滤纸，漏斗，玻璃棒，烧杯，容量瓶，滴管，量筒，电炉，温度计，细口瓶，广口瓶。

2. 材料

(1) 高碘酸溶液：将高碘酸（$HIO_4 \cdot 2H_2O$）0.4g、95%乙醇35mL、醋酸钠溶液（2.72g 醋酸钠溶于100mL水）5mL与蒸馏水10mL混合。

(2) 席夫（Schiff）试剂：把0.05g碱性品红研细，溶于0.5mL浓盐酸的50mL水中，再加入0.5g无水亚硫酸钠，搅拌后静置，直到红色褪去。

(3) 亚硫酸水溶液：取200mL自来水，加10mL 10%偏重亚硫酸钠（或偏重亚硫酸钾）水溶液和10mL 1mol/L HCl，三者于使用前混匀。

(4) 70%乙醇。

(5) 联苯胺溶液：在0.85%盐水内加入联苯胺至饱和为止，临用前加入20%体积的H_2O_2，每2mL加一滴。

(6) 0.1%钼酸铵溶液：称取0.1g钼酸铵溶于100mL 0.85%盐水中。

(7) 马铃薯块茎、洋葱根尖或洋葱鳞茎。

四、实验内容

1. 细胞中多糖的测定

(1) 把马铃薯块茎用刀片徒手切成薄片，放入50mL小烧杯中。

(2) 浸入高碘酸（约1mL）5~15min。

(3) 吸去高碘酸，加入2mL 70%乙醇浸片刻。

(4) 吸去乙醇，加入席夫试剂（2~3mL）染色15min。

(5) 吸去席夫试剂，用亚硫酸溶液洗3次，每次1min。

(6) 用蒸馏水洗片刻。

(7) 装片镜检。

2. 细胞中过氧化物酶的测定——联苯胺反应

(1) 把洋葱根尖徒手切成20~40μm厚的薄片或用镊子撕取洋葱鳞茎内表皮1小块，平铺到载玻片上。

(2) 滴一滴0.1%钼酸铵溶液，作用5min。

(3) 吸去钼酸铵溶液，滴一滴联苯胺溶液，待其出现蓝色。

(4) 吸去联苯胺溶液，用0.85%盐水洗1min。

（5）盖上盖玻片，镜检。

五、注意事项

1. 掌握徒手切成技术，获得薄而均匀的切片，以便获得好的观察效果。
2. 高碘酸处理的时间影响染色程度，染色时间不宜过长。
3. 联苯胺样品在与反应液作用时务必保证让溶液浸透样品。
4. 染色时等见样品有蓝色出现时要再等1~2min，以便能更清楚地观察。
5. 联苯胺及其盐都是有毒的致癌物质，固体及蒸气都很容易通过皮肤进入体内，引起接触性皮炎，刺激黏膜，损害肝和肾脏。实验中作为染液，配制时要在通风橱中进行，染色时用量很少，注意戴上手套，避免皮肤接触，若接触，应立即用肥皂水及清水彻底冲洗。

六、数据记录

1. 观察、绘制 PAS 反应后细胞中多糖的分布情况。
2. 绘图表示过氧化物酶的分布。
3. 简述反应的原理。

七、思考题

测定细胞中过氧化物酶时，钼酸铵的作用是什么？

参考文献

[1] 陈炳华. 普通生物学实验 [M]. 北京：科学出版社，2012.
[2] 赵丽辉，王清爽. 普通生物学实验 [M]. 北京：北京理工大学出版社，2018.
[3] 王元秀. 普通生物学实验指导 [M]. 2版. 北京：化学工业出版社，2016.
[4] 王金发. 细胞生物学实验教程 [M]. 2版. 北京：科学出版社，2011.
[5] 周波，王德良. 基础生物学实验教程 [M]. 北京：中国林业出版社，2016.

第十五章 综合实验

第一节 环境工程(科学)综合实验

一、实验目的

本课程为独立设课的综合、设计性实验教学课程,课程内容包括:水污染控制工程综合实验模块、大气污染控制综合实验模块、固体废物处理与处置综合实验模块和环境科学与工程虚拟仿真实训教学模块四个模块。实验时间共5周,5个学分。要求学生在了解实验内容和实验要求后,在老师指导下独立完成实验方案设计及实验操作等全部内容。全部实验内容以学生独立完成为主,老师指导为辅。要求做到:

(1) 理解实验内容和要求后,查阅相关参考资料,自行设计实验方案,并提交老师审阅。

(2) 独立完成包括实验组织、实验准备、实验操作、实验数据整理与结果分析、撰写实验报告等全部内容。

(3) 训练学生独立设计实验、组织实验、操作实验及撰写实验报告的能力。

(4) 训练学生综合分析问题和解决问题的能力。

(5) 培养和提高学生综合实验素养及研究创新能力,为将来进一步学习和日后的工作打下基础。

二、课程考核

本课程考核分为试卷考试和实验考核两部分,实验总成绩采用百分制,试卷考试成绩占40%,实验考核成绩占60%。实验采用实验方案设计考核、实验过程考核和实验报告评分考核相结合的方法进行考核。实验考核成绩中,实验方案设计成绩占30%,实验操作成绩占20%,实验报告成绩占50%,各部分成绩均按百分制打分。

三、实验要求

本课程是独立设课的综合、设计性实验课,主要是训练学生从实验方案设计、仪器材料准备，到实验组织、实验具体运行、实验数据整理、结果分析、实验报告撰写等系统的综合实验能力，着重培养学生综合运用知识的能力、实验组织及运行的能力，以及分析问题和解决问题的能力，鼓励学生进行实验研究、探索和创新。

要求学生充分做好课前预习，了解实验要求，做好实验方案的设计，实验中要认真、规范，实事求是地做好实验记录，科学认真地做好数据整理，写好实验报告。

水污染控制工程综合实验模块，主要进行市政污水深度处理及回用工艺设计及评价的实验内容，学生分组后，每组从 A/O 处理法、A^2/O 处理法、间歇式活性污泥处理法（SBR法）和难降解高浓有机废水综合处理系统等不同的废水处理方法中选择一种处理方法进行实验训练。大气污染控制综合实验模块主要进行齐鲁工业大学校园及周边环境空气质量监测及评价等内容的实验训练。固体废物处理与处置综合实验模块主要进行生物基吸附材料的制备及应用研究等内容的实验训练。环境科学与工程虚拟仿真实训教学模块主要进行造纸废水综合处理系统虚拟仿真实训、燃煤电厂大气污染物排放协同控制及迁移扩散 3D 虚拟仿真实训和垃圾焚烧处理厂虚拟仿真实训等内容的专业训练。

由老师提前给出要完成的实验内容和实验要求，并作出讲解和安排，老师在实验中进行指导和辅导，学生根据具体要求和安排独立完成实验内容。

实验基本要求：

（1）实验第一天全体集合，老师讲解实验内容、实验要求、时间安排和实验纪律，进行实验分组，布置实验任务，完成实验设计方案。

（2）实验操作时间为 4.5 周（含周六、周日），第 5 周整理实验数据，撰写实验报告。

（3）整个实验期间要求班长要做好考勤，同学有特殊情况必须向老师请假。若有三次缺勤则本门课程成绩判定为零分。

（4）重视实验安全，建立安全检查小组，认真做好实验期间的仪器设备、危险化学品、用水用电、实验场所等方面的安全检查。

（5）师生做好安全检查、巡查，填好实验室使用记录及安全巡查记录。

四、实验教学内容

模块一、水污染控制工程综合实验模块

1. 实验题目：市政污水深度处理及回用工艺设计及评价。

2. 实验目的：学生运用学习的专业知识优化设计废水处理方案，掌握废水综合处理的原理及工艺方法，学会对废水处理工艺、处理条件及参数、处理效果的分析和评价，优化制定处理工艺。

3. 全班分组后，从废水的 A/O 处理法、A^2/O 处理法、间歇式活性污泥处理法（SBR法）和难降解高浓有机废水综合处理系统等处理方法中选择一种实验方法进行实验。

4. 根据要求，查阅资料，写出实验设计方案（周一），交老师审阅。

5. 每个大组根据实验内容和实验时间分为几个小组，各小组做好计划和分工，安排好实验进度和时间，并将实验分工与时间安排表交老师审阅。要求每个小组的同学都要学习和掌握全部实验内容，按时完成实验准备及实验内容。

6. 要认真进行实验记录与数据处理和结论与分析。

7. 实验设计参考

（1）实验设计内容应包括：实验目标、相关的标准要求、详细的工艺方案、实验用设备及材料、实验时间及人员安排等。

（2）实验原水配制：可用生活污水与自配水混合配制（注意实验中水质保持一致）。

（3）工艺条件、参数选择及控制：原水水质、进出水流量、污泥浓度、曝气时间、静置时间等。

（4）监测指标：SV、MLSS、DO、COD、NH_3-N等。要求每天对处理水质指标进行取样测定并作好记录。

8. 遵守实验纪律，做好考勤，实验期间保证实验室的整洁卫生和安全。

模块二、大气污染控制工程综合实验

1. 实验题目：齐鲁工业大学校园及周边环境空气质量监测及评价。

2. 实验目的：学习空气质量指标、技术标准及空气质量监测点位布设等技术规范及标准要求，掌握空气中主要常规污染指标的测定原理和方法。

3. 监测的空气中主要污染指标：二氧化硫、氮氧化物、一氧化碳、臭氧、$PM_{2.5}$、PM_{10}等。

4. 全班分组（每小组4人），各小组做好计划和分工，安排好实验进度和时间，并将实验分工与时间安排表交老师审阅。要求每位同学全程参与大气综合实验所涉及的各项环节并掌握全部实验内容。

5. 实验要求

（1）查阅相关资料，准备并撰写合理且详细的监测、分析和测试实验设计方案（依据发给的"实验安排及要求"内容写，要求周一完成）。

（2）基于实验设计方案，各小组在实验老师配合下准备好实验试剂、实验设备、实验耗材等实验用品。

（3）依据空气质量监测点位布设、空气质量监测标准和规范，各小组在周一（实验第一天）自行确定好监测布点位置和数量、采样频率和采样时间，并报送老师审阅。

（4）确定齐鲁工业大学区域相关空气污染物浓度限值。

（5）基于山东省城市环境空气质量信息，确定能代表齐鲁工业大学区域空气质量信息的省控点（距离最近），统计实验采样期间在线监测获得的$PM_{2.5}$、PM_{10}、SO_2和氮氧化物的质量浓度数据。

（6）各小组应完成3~5天的数据监测，按照实验要求及内容，根据实验具体情况各自安排好实验程序和时间进度。

6. 实验过程中要做好实验记录，所获取的实验数据必须满足质量保证和质量控制。实验后要对实验报告中的"实验记录与数据处理"认真分析。

（1）开展实验采样监测数据与省控点在线数据的对比，两数据误差应在±20%以内。

（2）开展实验监测数据与空气污染物浓度限值的对比，填好实验报告中的"结论与分析"部分，最终高质量完成实验报告（依据发给的"实验安排及要求"内容写）。

7. 遵守实验纪律，做好考勤，实验期间安排好值日，保证实验室的整洁卫生和安全。

8. 实验设计参考

（1）环境空气 氮氧化物（一氧化氮和二氧化氮）的测定 盐酸萘乙二胺分光光度法（HJ 479—2009）。

（2）环境空气 二氧化硫的测定 甲醛吸收-副玫瑰苯胺分光光度法（HJ 482—2009）。

(3) 环境空气 PM$_{10}$ 和 PM$_{2.5}$ 的测定 重量法（HJ 618—2011）。

(4) 环境空气质量监测点位布设技术规范（试行）（HJ 664—2013）。

(5) 环境空气质量标准（GB 3095—2012）。

(6) 山东省生态环境保护厅官网。

模块三、固体废物处理与处置综合实验

1. 实验题目：生物基吸附材料的制备及应用研究。

2. 实验目的：熟悉生物基废物材料利用常见技术，掌握利用生物基废物热化学方法制备生物炭吸附材料的原理及其影响因素，熟悉采用吸附法吸附水体中重金属的影响因素，掌握二苯碳酰二肼分光光度法测定水体中 Cr(Ⅵ) 的原理，熟悉常见的吸附模型。

3. 实验要求

(1) 全班分组（每小组 4 人），各小组做好计划和分工，安排好实验进度和时间，由指导老师审核通过。每位同学都要掌握全部实验内容，相互协作，按时完成实验准备及实验内容。

(2) 各组根据要求，查阅相关文献，制定合理、详细的实验方案（要求 1 天内完成），各小组组长负责将本组实验方案提交给指导老师审核，审核通过后方可进行实验。

(3) 基于实验设计方案，各小组在实验老师配合下准备好实验试剂、实验设备、实验耗材等实验用品。

(4) 实验过程中要做好实验记录，对存疑数据必须进行重复实验或重复测定。实验结束后要对实验报告中的"实验记录与数据处理"认真分析并得出结论。

(5) 因实验涉及重金属、酸碱等危险化学品和高温烫伤等安全风险，实验过程要求全程规范操作，防止高温烫伤，做好危险化学化品防护，实验结束后及时清理实验台并洗手。

(6) 实验过程中采用不同粒径（或配级）的玻璃珠、沸石或鹅卵石进行缺氧封控碳化反应，反应结束后的这类材料要进行回收利用，不得随意丢弃。

(7) 吸附实验结束后的含铬废水必须存入危险废物桶内封闭暂存。

(8) 遵守实验纪律，不得无故缺勤，熟悉实验仪器、设备操作规程，确保实验安全和实验室的整洁卫生。

(9) 按要求规范并及时提交综合实验（固体废物部分）报告。

4. 实验内容

(1) 控制不同的碳化温度、保温碳化反应时间等实验条件制备生物炭，计算出产品产率。

(2) 利用傅里叶红外光谱仪对不同碳化温度下获得的生物炭进行表面官能团测定。

(3) 利用制备出的生物炭进行吸附去除重金属 Cr(Ⅵ) 的实验研究。

(4) 获取实验条件下最佳的生物炭制备条件及产品收率，生物炭吸附去除 Cr(Ⅵ) 的影响因素、最佳条件及去除率。

(5) 根据吸附实验数据和常见的吸附模型，利用有关软件分析生物炭吸附六价铬的模型。

5. 实验设计参考

(1) 生物炭吸附材料制备

实验材料：玉米秸秆、玉米芯、麦秸、树叶等生物质废物。

秸秆（或玉米芯）经水洗去除表面黏附物后，自然风干 2d，并在 70～80℃烘箱中过夜干燥，经粉碎后装于密封袋中，备用。生物炭的制备温度为300～700℃。

仪器：程序控温马弗炉或普通马弗炉。

方法：限氧控温碳化法。

(2) 生物炭吸附或去除模拟废水中的Cr(Ⅵ)实验

分析废水初始pH、生物炭使用量、Cr(Ⅵ)初始浓度、吸附剂投加量以及吸附温度对生物炭去除Cr(Ⅵ)的影响。

① 为研究初始pH值对生物炭吸附Cr(Ⅵ)的影响，设置pH值范围为2～8。

② 为研究Cr(Ⅵ)初始浓度对生物炭吸附的影响，设置初始浓度为0～100mg/L。

③ 为研究生物炭添加量对吸附Cr(Ⅵ)的影响，设置生物炭添加量为10～50g/L。

④ 为研究温度对生物炭吸附Cr(Ⅵ)的影响，设置温度范围为25～45℃。

⑤ 在上述实验结果的基础上分析生物炭对废水中Cr(Ⅵ)的吸附模型。

6. 实验提示

(1) 选取玉米芯、麦秸、树叶等某一种生物质废物，在60℃以下干燥若干小时后粉碎至2mm以下，另一种生物质废物（颗粒粒径小于2mm）在300～700℃范围得到2种生物炭（如BC300、BC500或BC400、BC600等），共3种吸附材料。

(2) 控制不同的热解温度、保温热解时间等工艺条件制备生物炭，计算生物炭产率，并对3种吸附材料即1种生物质废物（2mm没有碳化的生物质颗粒）、2种生物炭样品，进行傅里叶红外光谱测定。

(3) 利用上述3种吸附材料对模拟废水中的Cr(Ⅵ)进行吸附性能实验研究，影响Cr(Ⅵ)吸附的主要因素有溶液的初始pH值、温度、吸附剂种类和用量、初始Cr(Ⅵ)浓度[建议初始Cr(Ⅵ)浓度为0～100mg/L]。

(4) 采用Origin软件处理实验数据，并选择1～3种吸附模型分析生物炭吸附废水中Cr(Ⅵ)的控制步骤。

(5) 实验涉及的主要标准或监测方法：地下水质量标准（GB/T 14848—2017）和地表水环境质量标准（GB 3838—2002）；Cr(Ⅵ)测定方法（二苯碳酰二肼分光光度法）。傅里叶红外光谱仪器测定吸附材料的表面化学官能团。

(6) 实验安全风险提示：高温碳化炉防止烧伤和烫伤；Cr(Ⅵ)吸入可能致癌，对环境有持久危险性，废弃的含Cr废水必须暂存到贴有危险废物标志的密封筒内。实验结束后及时清洁双手。

模块四、环境科学与工程虚拟仿真实训教学模块

1. 实验目的：学生理解运用信息化教学手段进行专业实训学习的目的、意义及重要性，学习掌握运用虚拟现实技术进行专业实训学习的方法，学习和掌握本实验项目中水污染控制工程、大气污染控制工程、固体废物处理与处置等专业实验项目的虚拟仿真实训教学内容。

2. 实验内容

(1) 造纸废水综合处理系统虚拟仿真实训。

(2) 燃煤电厂大气污染物排放协同控制及迁移扩散3D虚拟仿真实训。

(3) 垃圾焚烧处理厂虚拟仿真实训。

五、撰写实验报告要求

将四个模块的实验设计方案和实验报告用 A4 纸打印后，分别装订，上交。

1. 实验设计方案要求

内容包括：

（1）实验概述：实验的意义、方法论述等。

（2）实验目的。

（3）实验原理。

（4）实验器材。

（5）实验药品与试剂。

（6）实验方法（其中要求各小组合理、详细地设计并确定处理工艺条件、参数及监测指标）。

（7）注意事项。

2. 实验报告要求

内容包括：

（1）封面（环境综合实验、专业、班级、姓名、学号、日期）。

（2）摘要（目的、意义、方法论述等）。

（3）实验原理。

（4）实验器材。

（5）试剂与配制。

（6）实验方法。

（7）实验记录与数据处理。

（8）结论与分析。

（9）注意事项。

（10）参考文献。

六、实验注意事项

1. 实验室卫生

（1）学生每天完成实验后，将实验台面及实验器皿清理干净、摆放整齐。

（2）各班安排好值日表，周一、周三值日生做一次实验室全面卫生清扫，保持实验室的安静、整洁、有序。

2. 每班成立实验安全检查小组，每天实验结束后对实验室的仪器设备、化学药品、水电、门窗等进行检查并关闭好，并填好检查记录。

3. 实验药品规范使用、规范存放，实验药品用完后及时盖好瓶盖，药匙随用随洗净，避免药品相互污染。

4. 重视实验安全事项，时刻注意仪器设备、危险化学品、水电、高压气体、粉尘使用等方面的安全问题。

5. 全部实验做完后将用过的仪器清洗干净，放回指定位置。将实验台、实验室清理干净。

注：实验前准备工作（实验教师）

① 编制实验教学要求及实验安排，提前通知相关人员。（人员：任课教师、实验教师。）

② 提前掌握实验教学内容、实验要求及实验安排。（人员：任课教师、实验教师、上课学生。）

③ 准备实验教学仪器设备及操作规程、实验试剂、实验物品、实验场所。（人员：实验教师。）

④ 检查、预运行实验教学仪器设备，检查实验试剂、实验物品、实验场所等。（人员：任课教师、实验教师。）

⑤ 检查、完善实验安全相关环节。

实验一　市政污水深度处理及回用工艺设计及评价

Ⅰ. 间歇式活性污泥法处理市政污水实验探讨

一、实验目的

间歇式活性污泥法（SBR）不仅是一种简单的运行方式，而且具有投资费用少、效率高、运行灵活、不发生污泥膨胀、沉淀分离效果好、耐冲击负荷等优点，有在小型污水处理站推广和普及的趋势。

通过本实验要达到下述目的：

1. 了解间歇式活性污泥法的运行工况及操作方式。
2. 理解活性污泥法动力学基本概念，掌握动力参数的测试方法。
3. 研究市政污水处理的工艺条件和处理效率。

二、实验原理

好氧微生物在充氧曝气条件下，可以吸附降解有机物，达到净化水质的目的。市政污水的可生化性较好，好氧微生物可以比较充分地降解其中的有机物，降低废水的COD，同时能脱除一定的氮磷。在合适的有机负荷率（F/M）、曝气量、温度、沉淀时间、停留时间等条件下，最终出水可达到规定的排放标准。

间歇式活性污泥法的运行过程包括充水、反应、沉淀、排水（排泥）及必要的停留等五个阶段。

应用莫诺特（Monod）方程式，对间歇式活性污泥法进行动力学分析，得到基质降解规律。

充水阶段
$$V\frac{\mathrm{d}s}{\mathrm{d}t} QS_0 - QS - \frac{KXS}{K_s+S}V \tag{15-1}$$

反应阶段
$$-\frac{\mathrm{d}s}{\mathrm{d}t} = \frac{KXS}{K_s+S} \tag{15-2}$$

污泥增长规律：

充水阶段
$$V\frac{dx}{dt}\left(Y\frac{KXS}{K_s+S}-K_dX\right)V+QX_i-QX \tag{15-3}$$

反应阶段
$$\frac{ds}{dt}=\frac{KXS}{K_s+S}-K_dX \tag{15-4}$$

式中，V 为反应体积，L；S_0 为进水有机污染物浓度，以 COD 或 BOD_5 表示，mg/L；S 为反应器中的有机污染物浓度，以 COD 或 BOD_5 表示，mg/L；X 为曝气池内挥发性悬浮物固体浓度（MLVSS），mg/L；K_s 为饱和常数，其数值等于污泥增长速度达到最大反应速率一半时的 BOD_5 或 COD，mg/L；K 为最大基质利用率，d^{-1}；Q 为进水流量，L/d；Y 为产率系数，mg MLVSS/mg BOD_5（或 COD）；K_d 为内源呼吸系数，d^{-1}；X_i 为充水前的污泥浓度，g/L；s 为反应底物的质量，mg，x 为细菌的质量，mg；t 为反应时间，d。

在实验室里，一般进水和排水（排泥）时间极短，故主要为反应与沉淀两个阶段。

动力学方程式（15-1）～式（15-4），理论上适用于瞬间的变化，但由于生化反应有吸附、水解、合成代谢、分解代谢等复杂阶段，瞬时的基质浓度和微生物浓度变化量不易测出，间歇式活性污泥法一般一个周期测一次基质浓度和微生物浓度。间歇进料的实验系统可以较好地模拟推流型活性污泥法，若用模拟完全混合型活性污泥法测定动力学系数，所得的结果有一定误差，从较长时间上看（大于数个周期），SBR 可近似看作完全混合式反应器，其基质降解规律与微生物增长规律分别采用式（15-5）与式（15-6）进行描述。

基质降解规律：
$$\frac{S_0-S_e}{Xt}=K'S_e \tag{15-5}$$

微生物增长规律：
$$\frac{1}{\theta_c}=a\frac{S_0-S_e}{Xt}-K_d \tag{15-6}$$

式中，S_0 为进水有机物浓度，mg/L；S_e 为出水有机物浓度，mg/L；t 为反应时间，h；θ_c 为泥龄，d；a 为污泥增长系数，无量纲；K_d 为内源呼吸系数，d^{-1}；K' 为有机物降解系数，d^{-1}；X 为反应器中微生物浓度，mg/L。

控制几组不同的进水浓度 S_0，或反应时间 t，或微生物浓度 X，可以按式（15-5）、式（15-6）求出动力学系数 K'、a、K_d，如图 15-1 和图 15-2 所示。

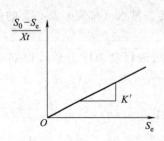

图 15-1　图解法求 K'

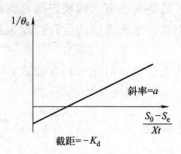

图 15-2　图解法求 a、b

建议在相同的 t 和 X 下，用式（15-5）求 K' 值时，以不同的进水浓度 S_0 求之；建议在相同的 S_0、t 和 X 用式（15-6）求 a、K_d 时，以不同的泥龄求之。

实验时要达到稳定工况都要运行相当长的一段时间，一般情况需要 10~15d，在这期间每天要测定 X、S_e 等，当各参数不再变化时，认为达到稳定工况状态，这时数据才可用于动力学参数的求算。

三、仪器和材料

（一）实验装置

实验装置由生化反应器及充氧系统组成。

（二）设备与仪器仪表

生化反应器及充氧装置 1 套，COD 或 BOD_5 仪器 1 套，烘箱 1 台，分析天平 1 台，马弗炉 1 台，台秤 1 台，坩埚 1 个，漏斗，漏斗架，1000mL 量筒，250mL 烧杯等。

（三）营养物

谷氨酸钠（淀粉），KH_2PO_4（CP），$NaHCO_3$（CP），$MgSO_4$（CP），$CaCl_2$（CP），$MnSO_4$（CP），$FeSO_4 \cdot 6H_2O$（CP）。

（四）测定 COD 及氨氮的全套试剂

(1) 自配废水成分表如表 15-1 所示。

表 15-1 自配废水成分表

成分	含量/(mg/L)
谷氨酸钠(淀粉)	500
KH_2PO_4	50
$NaHCO_3$	1000
$MgSO_4$	50
$CaCl_2$	15
$MnSO_4$	5
$FeSO_4 \cdot 6H_2O$	2

(2) 若用葡萄糖（淀粉）代替谷氨酸钠，应按 BOD_5：N=100：5 投加氯化铵，其他药品不变。

四、实验内容

1. 从活性污泥处理厂取活性良好的活性污泥，测其污泥浓度（MLSS）备用。
2. 测定反应器的容积。
3. 按反应器的容积投加活性污泥和废水，使反应器内的 MLSS 为 2000mg/L 左右。
4. 启动曝气设备进行曝气。
5. 选择反应条件和工艺参数。以间歇运行的方式，在反应器内将进水、反应、沉淀、排水四个工艺阶段作为一个反应周期，反应时间为 10~24h，沉淀时间为 0.5~3h，泥龄为 5~15d，S_0 取 300~1000mg/L，污泥浓度取 500~5000g/L。
6. 反应（曝气）完成后，按泥龄排去相应量的混合液，沉淀后，用虹吸法吸出上层清液，进行指标测定。按以上的反应周期重复操作，每个周期进行一次指标测定，直至指标稳定，作好记录。测定指标为混合液的 MLSS、污泥沉降比（SV），进水 S_0、氨氮（N）、出水 S_e、进水量、排水量。

7. 在相同的 MLSS 和反应时间 t 下，变化不同的 S_0 进行处理，测定 S_e，求 K' 及有机负荷与去除率的关系。

8. 在相同的 MLSS 和 S_0 下，变化不同的反应时间 t 进行处理，测定 S_e、氨氮含量，求 K' 及 t 与去除率的关系。

9. 在相同的 S_0 和 t 下，变化不同的 MLSS 进行处理，测定 S_e、氨氮含量，求 K' 及 X 与去除率的关系。

10. 在相同的 MLSS、S_0 和 t 下，变化不同的泥龄，测定 S_e，求 a、K_d 及有机负荷与产泥率的关系。

11. 一次实验可以从 8~11 步骤中选取一个进行，运行时间 10~15d，各小组可选不同的参数，然后各组交换实验数据，整理实验报告。

五、注意事项

1. 作图求出动力学常数 K'、a、K_d。

2. 作出有机负荷 $\dfrac{S_0 - S_e}{Xt}$ 与去除率 $\dfrac{S_0 - S_e}{S_0}$、反应时间 t 与去除率、污泥浓度与去除率的关系曲线，以及有机负荷与表现产泥率关系曲线。

六、数据记录

1. 测定数据 S_0、S_e、MLSS、MLVSS 等记录于表 15-2 中。

表 15-2　S_0、S_e、MLSS、MLVSS 等数据记录表

日期	反应时间 t/d	泥龄 θ_c/d	S_0（或 COD 或 BOD_5）/(mg/L)	S_e/(mg/L)	MLSS/(mg/L)	MLVSS/(mg/L)

2. 实验数据汇总于表 15-3 中。

表 15-3　数据汇总表

日期	θ_c/d	$(1/\theta_c)$/d^{-1}	S_0/(mg/L)	S_e/(mg/L)	t/d	X/(mg/L)	$\dfrac{S_0 - S_e}{Xt}$

七、思考题

1. 结合实验结果，说明间歇式活性污泥法的适用范围及局限。

2. S_0、S_e 分别用 COD 或 BOD_5 表示对实验结果有影响吗？为什么？

II. A²/O法处理市政污水实验探讨

一、仪器和材料

设备结构图及控制单元图见图15-3～图15-5。

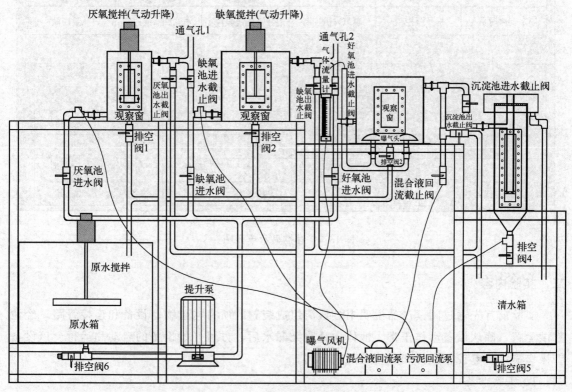

图15-3 整体设备示意图

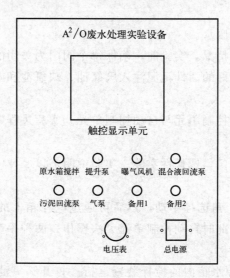

图15-4 电控箱单元图

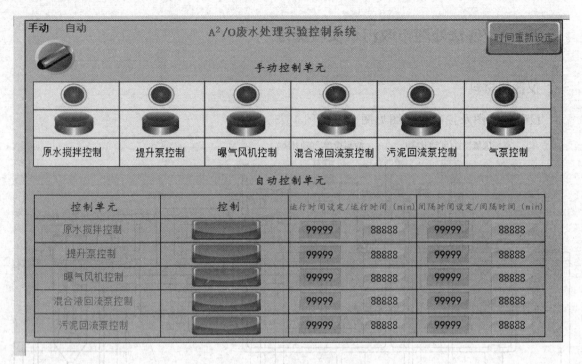

图 15-5 触控显示单元图

二、实验内容

实验前首先通过阅读产品说明书，认清组成装置的所有构建物、设备和连接管路。经清水试运行，确认设备动作正常，池体和管路无漏水后，方可开始设备的启动和运行。该设备的操作需结合电控箱控件和各管道阀门使用。

1. 实验准备

（1）设备插电，打开电控箱上的总电源开关，电压表指针指向 220V，触摸显示单元亮屏。

（2）原水箱内注入实验废水。

（3）检查各阀门的开关情况，实验前，确保每个阀门为关闭的。

（4）将实验者事前培养好的活性污泥注入厌氧池、缺氧池和好氧池内。

2. 实验过程

该实验操作可选择手动控制单元与自动控制单元。实验过程中可通过观察口进行池内的观察。

可通过选择进水开关阀门，选择性实验。实验说明书以 A^2/O 整套运行流程为例。

（1）手动控制单元

① 于彩色触摸屏的左上角选择手动，然后可通过电控箱上的按钮与触摸屏上的手动控制单元按钮进行实验操作，此时自动控制单元无法操作。两种手动按钮操作的步骤一样，现在以电控箱上的按钮操作为例。

② 按下原水箱搅拌，原水箱内的搅拌装置运行。打开厌氧池进水阀、缺氧池进水截止阀、好氧池进水截止阀、沉淀池进水截止阀。（当进行单个池体运行时，可以打开对应池体

的出水截止阀,关闭进水截止阀。)

③ 按下提升泵按钮,提升泵运行,调节泵上旋钮控制进水流量。

④ 按下曝气风机按钮(控制部分的气泵按钮无须操作),调节气体流量计,控制进入好氧池的气流量。

⑤ 开启搅拌气动控制元件,厌氧池和缺氧池内的搅拌电机运行。

⑥ 当沉淀池内上清液溢流时,打开混合液回流截止阀,按下混合液回流泵和污泥回流泵按钮,实现好氧池的混合液和沉淀池的污泥进行回流,整套实验流程完成。

⑦ 实验结束后,实验者可根据自身要求,对反应池的液体进行排放,每个池体下部配有放空阀门,方便操作。

(2) 自动控制单元

① 于彩色触摸屏的左上角选择自动,然后可通过触摸显示屏单元内的自动控制单元进行实验操作。需按照手动运行步骤中阀门的开关顺序打开各管道阀门。

② 设备启动运行前,需设定与输入各运行单元的运行时间和间隔运行时间(时间可根据实验者自行设计,于时间重新设定处进行更改,本实验操作以运行60min、间隔20min为例)。

③ 在每个控制单元对应的运行时间设定/运行时间栏处的蓝色框内输入60,间隔时间设定/间隔时间栏处的蓝色框内输入20。

④ 分别按下各控制单元的控制开关,黄色栏内的数字进行倒计时显示,实验开始。

三、注意事项

1. 实验过程中,避免直接撞击设备,在操作过程中注意安全,避免不必要的伤害。
2. 请尽量避免将机器放置在高温、阳光直射、多尘的环境中。
3. 如果长期不用,请拔掉电源插头。
4. 当发现电源线或者插头破损时,请勿使用。

Ⅲ. A/O法处理市政污水实验探讨

一、仪器和材料

设备结构图及控制单元图见图15-6~图15-8。

二、实验内容

实验前首先通过阅读产品说明书,认清组成装置的所有构建物、设备和连接管路。经清水试运行,确认设备动作正常,池体和管路无漏水时,在此基础上,方可开始设备的启动和运行。该设备的操作需结合电控箱控件和各管道阀门使用。

1. 实验准备

(1) 设备插电,打开电控箱上的总电源开关,电压表指针指向220V,触摸显示单元亮屏。

(2) 原水箱内注入实验废水。

(3) 检查各阀门的开关情况,实验前,确保每个阀门为关闭的。

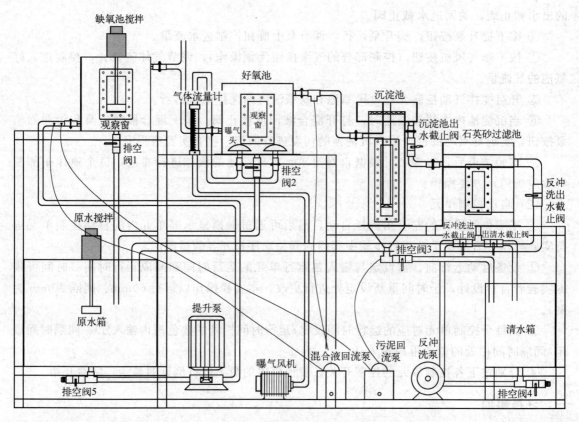

图15-6 设备整体图

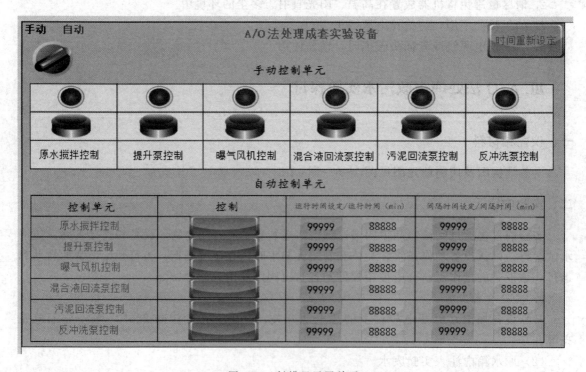

图15-7 触摸显示屏单元

(4) 将实验者事前培养好的活性污泥注入缺氧池和好氧池内。

(5) 石英砂过滤池内装入1/2石英砂（正常实验开始前，需要对石英砂进行反冲洗）。

2. 实验过程

该实验操作可选择手动控制单元与自动控制单元。实验过程中可通过观察口进行池内的观察。

(1) 手动控制单元

① 于彩色触摸屏的左上角选择手动，然后可通过电控箱上的按钮与触摸屏上的手动控制单元按钮进行实验操作，此时自动控制单元无法操作。两种手动按钮操作的步骤一样，现在以电控箱上的按钮操作为例。

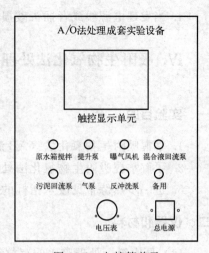

图15-8 电控箱单元

② 按下原水箱搅拌，原水箱内的搅拌运行。打开沉淀池出水截止阀。

③ 按下提升泵按钮，提升泵运行，调节泵上旋钮控制进水流量。

④ 按下曝气风机按钮（控制部分的气泵按钮无须操作），调节气体流量计，控制进入好氧池的气流量。

⑤ 开启搅拌气动控制元件，缺氧池内的搅拌电机运行。

⑥ 当沉淀池内上清液溢流时，打开混合液回流截止阀，按下混合液回流泵和污泥回流泵按钮，实现好氧池的混合液和沉淀池的污泥回流。

⑦ 打开出清水截止阀，石英砂过滤池清水排入清水箱。

⑧ 实验结束后，实验者可根据自身要求，对反应池的液体进行排放，每个池体下部配有放空阀门，方便操作。石英砂过滤池需进行反冲洗，关闭出清水截止阀和沉淀池出水截止阀，打开反冲洗出水截止阀和反冲洗进水截止阀，按下反冲洗泵，进行石英砂清洗，当上层液体干净之后，方可关闭设备。

(2) 自动控制单元

① 于彩色触摸屏的左上角选择自动，然后可于触摸显示屏单元内的自动控制单元进行实验操作，需按照手动运行步骤中阀门的开关顺序打开各管道阀门。

② 设备启动运行前，需设定与输入各运行单元的运行时间和间隔运行时间（时间可根据实验者自行设计，于时间重新设定处进行更改，本实验操作以运行60min、间隔20min为例，反冲洗设计运行时间为30min，间隔时间为60min）。

③ 在每个控制单元对应的运行时间设定/运行时间栏处的蓝色框内输入60，间隔时间设定/间隔时间栏处的蓝色框内输入20，反冲洗单元处运行时间设定/运行时间栏处的蓝色框内输入30，间隔时间设定/间隔时间栏处的蓝色框内输入60。

④ 分别按下各控制单元的控制开关，黄色栏内的数字进行倒计时显示，实验开始。

三、注意事项

1. 实验过程中，避免直接撞击设备，在操作过程中注意安全，避免不必要的伤害。
2. 请尽量避免将机器放置在高温、阳光直射、多尘的环境中。
3. 如果长期不用，请拔掉电源插头。

4. 当发现电源线或者插头破损时，请勿使用。

Ⅳ. 吸附生物氧化法处理市政污水实验探讨

一、实验目的

1. 掌握吸附生物氧化法（AB 法）工艺原理。
2. 了解掌握吸附生物氧化法处理装置的结构及其运行的主要参数。
3. 进一步熟练常见废水指标的检测方法。

二、仪器和材料

（1）原水箱。处理废水的存放箱，与其配套的有纱网、潜水泵及流量计。

（2）曝气沉砂池。利用重力沉淀原理使废水中挟带的砂粒等与废水分离的处理装置。曝气沉砂池呈矩形，池底坡度为 0.1，坡向另一侧的集砂槽。曝气装置设在集砂槽侧池壁下部。使池内废水呈旋流运动。无机颗粒之间的互相碰撞与摩擦机会增加，把表面附着的有机物磨去。同时，由于旋流产生的离心力，把相对密度较大的无机颗粒甩到外层并下沉，相对密度较轻的有机物旋至水流的中心部位随水带走。可使沉砂中的有机物含量低于 10%。由于曝气的气浮作用，废水中的油脂类物质也会浮出水面，形成浮渣而被去除。

（3）AB 法的 A 段由吸附池和中间沉淀池组成，B 段由曝气池和二沉池组成。A 段和 B 段各自拥有独立的污泥回流系统，两段完全分开，每段能够培养出各自独特的适于本段水质的微生物种类。AB 法为两段活性污泥法，A 段为吸附段，B 段为生物氧化段，通常不设初沉池，以便充分利用活性污泥的吸附作用。A 段以高负荷运行，污泥负荷大于 2.0kg BOD_5/(kg MLSS·d)，水力停留时间为 0.5h 左右，对不同进水水质，A 段可选择好氧或缺氧方式运行；B 段以低负荷运行，污泥负荷小于 0.3kg BOD_5/(kg MLSS·d)。A 段因负荷高，活性污泥微生物大多呈游离状，代谢活性强，并具有一定的吸附能力；B 段负荷较低，主要发挥微生物的生物降解作用，同时 B 段由于发生硝化与部分反硝化，活性污泥的沉降性能好，因此处理后出水水质好。AB 法优点是总的反应池容积小，投资省，能承受负荷冲击，并能保证出水水质的稳定。

（4）混凝池。各种废水都是以液体为分散介质的分散体系。根据分散相的大小，废水可分为三类：分散相粒度为 0.1~1nm 间的称为真溶液；分散相粒度在 1~100nm 间的称为胶体溶液；分散相粒度大于 100nm 称为悬浮液。其中粒度在 100nm 以上的悬浮溶液可采用自然重力沉淀或过滤处理，粒度为 0.1~1nm 的真溶液可采用吸附处理，而粒度在 1~100nm 间的部分悬浮液和胶体溶液可采用混凝处理。

混凝就是在废水中预先投加化学药剂来破坏胶体的稳定性，使废水中的胶体和细小悬浮物聚集成具有可分离性的絮凝体，再加以分离去除的过程。

将混凝剂按一定比例加入混凝池，在混凝池上安一台计量泵，按需要调节计量泵的流量，并装有机械搅拌器。

（5）逆向流斜沉淀池。在沉淀池中设斜板能够增大沉淀池的沉降面积，缩短颗粒沉降深度，改善水流状态，为颗粒沉降创造最佳条件。

三、实验内容

1. 首先检查各部分接地是否良好。
2. 将设备配套的纱网放在原水箱上,在原水箱内加入要处理的废水。
3. 将开关均拨至"ON"的位置上。(因是全自动控制,水位不达到一定高度,设备不会工作。哪个单元设备工作,控制器上的相应指示灯会亮。)
4. 将电源开关打开,此时电源指示灯亮,表示整套设备电源已接通,此时若废水到了一定水位,原水箱水泵指示灯亮,原水箱水泵开始工作,调节原水箱上流量计的流量使之达到所需的流量。
5. 随着时间的延长,按顺序单元设备的废水会逐渐加满。哪个单元的废水到了一定水位,哪个单元动力设备开始运行。
6. 用溶解氧仪测定 A 池、B 池的溶解氧量(DO),然后分别调节 A 池的曝气流量及 B 池的曝气流量。A 池 DO=0.2~1.5mg/L,B 池 DO=2.0mg/L。
7. 当 A 段污泥及 B 段污泥池达到一定水位后,污泥回流泵开始工作,分别调节回流泵流量,A 池回流比 R=50%~70%,B 池回流比 R=50%~100%。
8. 系统自动正常运行。

四、数据记录

实验数据列于表 15-4 中。

表 15-4 数据记录表

实验日期:_____年____月____日

废水来源:_____

气温:_____℃;水温:_____℃

A 段吸附池有效容积 V=____L;B 段曝气池有效容积 V=____L

混凝池有效容积=____L

进水量=_____L/d

A 段回流量=_____L/d;B 段回流量=_____L/d

A 段曝气量=_____L/h;B 段曝气量=_____L/h

项目	进水	A 段	去除率	B 段	去除率	出水	总去除率
COD_{Cr}							
NH_3-N							
浊度							
色度							
DO							
MLSS							

对实验结果进行讨论,主要对出水水质变化、回流比、两段的曝气量及有机负荷等各相关因子间关系进行讨论,得出合理的结论,提出自己对该实验的不足及存在问题等的看法。

V. 氧化沟法处理市政污水实验探讨

一、实验目的

氧化沟处理法是活性污泥法的一种变形，其曝气池呈封闭的沟渠形，所以它在水力流态上不同于传统的活性污泥法，是一种首尾相连的循环流曝气沟渠，污水在其中得到净化。最早的氧化沟渠不是由钢筋混凝土建成的，而是加以护坡处理的土沟渠，是间歇进水间歇曝气的，从这一点上来说，氧化沟最早是以序批方式处理污水的技术。

通过本实验希望达到下述目的：
1. 了解氧化沟基本的构造及运行模式。
2. 了解废水处理的调试方法。

二、实验原理

氧化沟（oxidation ditch）法污水处理的整个过程如进水、曝气、沉淀、污泥稳定和出水等全部集中在氧化沟内完成，最早的氧化沟不需另设初次沉淀池、二次沉淀池和污泥回流设备。后来处理规模和范围逐渐扩大，它通常采用延时曝气，连续进出水，所产生的微生物污泥在污水曝气净化的同时得到稳定，不需要设置初沉池和污泥消化池，处理设施大大简化。

自从 1954 年出现 Pasveer 氧化沟以来，氧化沟就是依靠其简便的处理污水方式而得到不断发展的。氧化沟应用多年，经久不衰，而且取得相当多的突破，例如 1968 年出现了 Carrousel 氧化沟，1970 年出现了 Orbal 氧化沟，20 世纪 80 年代初出现了一体化氧化沟，1993 年出现了 Carrousel2000 型氧化沟，1998 年出现了 Carrousel1000 型氧化沟，1999 年又出现了 Carrousel3000 型氧化沟等。

可以这样说，氧化沟技术发展的强势在于氧化沟的环流，这种环流，是氧化沟长久不衰的内在原因，外在原因则是其具有多功能性，污泥稳定、出水水质好和易于管理。氧化沟有别于其他活性污泥处理法的主要特征是环形池，或者说只要保持沟渠首尾相接，水流循环流动，选用特定设计参数、沟型和运行方式，就会给运行者和设计者带来极大方便，其灵活性和适应性也非常强，有进一步研究、发展和应用的广阔空间。

本实验模拟氧化沟运行，将污水及污泥加入后，及时测定出水的 COD、DO、MLVSS 等，以指导控制调节污水流量（有机负荷）、曝气量等。

三、仪器和材料

氧化沟实验设备。实验时通过搅拌叶轮慢速旋转，使塘内的水以极慢的速度流动，以此模拟稳定塘流动情况。通过调节曝气叶轮转速，使溶解氧达到合适指标。

四、实验内容

1. 取污水处理厂好氧活性污泥作为种泥加入设备中，投加量为 5~10L（最终与污水完全混合后 MLSS 达到 3000~4000mg/L）。
2. 启动进水泵进水，根据实验情况调节进水流量。

3. 每天至少测定两次（至少上、下午各一次）出水水质及相关指标。

4. 实验期间每天镜检一次。

五、数据记录

实验数据列于表 15-5 中。

表 15-5 数据记录表

项目	进水	出水	去除率
CODCr			
NH$_3$-N			
浊度			
色度			
DO			
MLSS			

对实验结果进行讨论，主要对出水水质变化、回流比、曝气量及有机负荷等各相关因子间关系进行讨论，得出合理的结论，提出自己对该实验的不足及存在问题等的看法。

Ⅵ. 高浓有机废水综合处理实验探讨

一、仪器和材料

设备结构图及控制单元图见图 15-9～图 15-11。

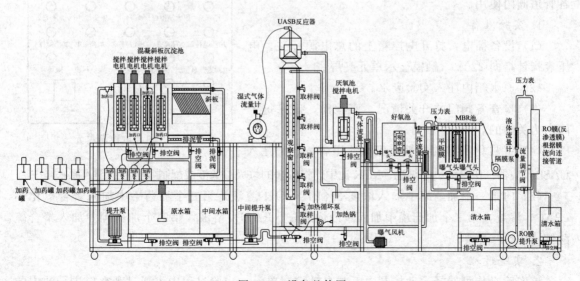

图 15-9 设备整体图

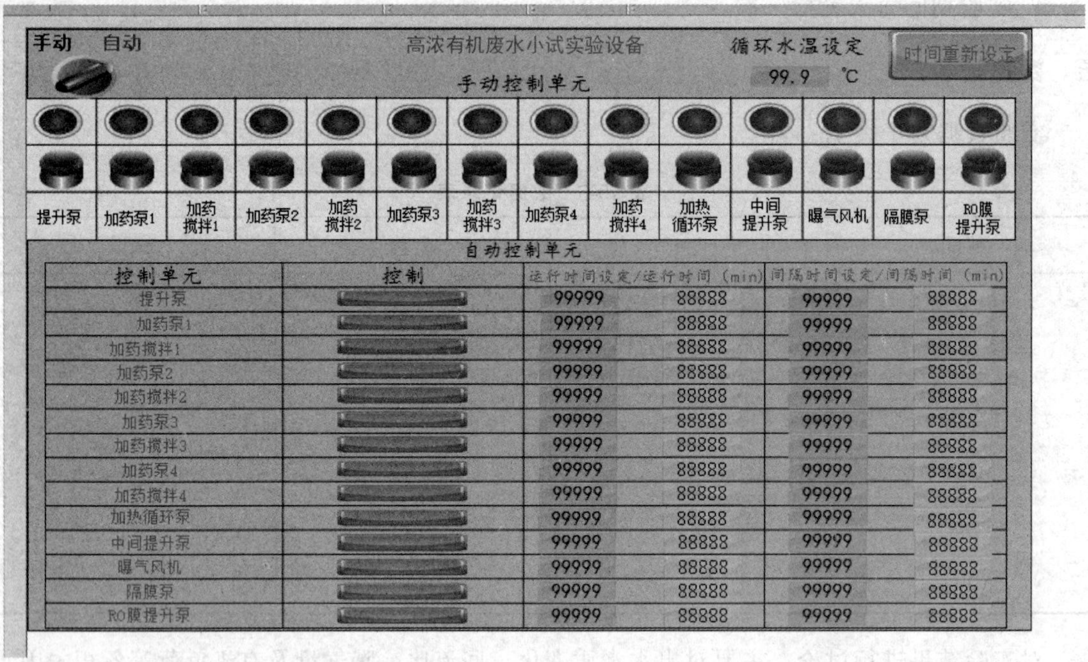

图 15-10　触摸显示屏单元

二、实验内容

实验前首先通过阅读产品说明书，认清组成装置的所有构建物、设备和连接管路。经清水试运行，确认设备动作正常，池体和管路无漏水后，方可开始设备的启动和运行。该设备的操作需结合电控箱控件和各管道阀门使用。

1. 实验准备

（1）设备插电，打开电控箱上的总电源开关，电压表指针指向 220V，触摸显示单元亮屏。

（2）原水箱内注入实验废水。

（3）检查各阀门的开关情况，实验前，确保每个阀门为关闭的。

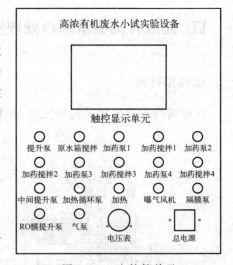

图 15-11　电控箱单元

（4）将驯化所得的活性污泥（使用者配制）注入 UASB 反应器、厌氧池、好氧池、MBR 池中。将取来的垃圾渗滤液或配制好的原水倒入原水箱中。

（5）向第一个加药罐中加入浓度 3% 的 NaOH 溶液，第二个加药罐中加入聚合氯化铝（PAC）溶液，第三个加药罐中加入聚丙烯酰胺（PAM）溶液，第四个加药罐中加入聚合硫酸铁（PFS）溶液。

2. 实验过程

该实验操作可选择手动控制单元与自动控制单元。实验过程中可通过观察口进行池内的观察。

(1) 手动控制单元

① 于彩色触摸屏的左上角选择手动，然后可通过电控箱上的按钮与触摸屏上的手动控制单元按钮进行实验操作，此时自动控制单元无法操作。两种手动按钮操作的步骤一样，现在以电控箱上的按钮操作为例。

② 按下原水箱搅拌按钮，原水箱内的搅拌装置运行。按下提升泵按钮，将原水通过提升泵打入混凝沉淀池中，此时打开加药搅拌1、2、3、4和加药泵1、2、3、4，打开混凝池搅拌1、2、3、4，调节提升泵和加药泵流量。清水从斜板沉淀池上的溢流管流到中间水箱。

③ 待中间水箱水达一半时，打开中间提升泵，将中间提升泵流量调节至与进水泵流量一致。加满自来水到加热锅中，将循环水温设置在35℃，然后打开加热循环泵，将加热锅内水打入UASB水浴层中。

④ 等到UASB出水到厌氧池中，待厌氧池溢流打开厌氧搅拌。

⑤ 水样充满好氧池时，打开曝气风机，关闭MBR池气体流量计，打开好氧池气体流量计，调节好氧池曝气量。

⑥ 等到水样淹没MBR膜，打开抽吸泵，将流量调节和提升泵一致。（若MBR膜真空表负压过大，需要曝气反冲。）

⑦ 抽吸泵将清水抽至清水池，待清水池中水超过一半时，打开RO膜提升泵。调节RO膜提升泵流量计，将水经过膜过滤压出。

⑧ 实验过程中取水样进行检测，判断运行情况。

(2) 自动控制单元

① 于彩色触摸屏的左上角选择自动，然后可通过触摸显示屏单元内的自动控制单元进行实验操作。

② 设备启动运行前，可设定与输入各运行单元的运行时间和间隔运行时间（时间可根据实验者自行设计，于时间重新设定处进行更改）。

③ 于每个控制单元对应的运行时间设定/运行时间栏处的蓝色框内输入时间（min），间隔时间设定/间隔时间栏处的蓝色框内输入时间（min）。

④ 分别按下各控制单元的控制开关，黄色栏内的数字进行倒计时显示，实验开始。

3. 循环实验之前检查事项

(1) 检查关闭所有水箱的排空阀门、空气泵的出气阀门、MBR膜空气流量计阀门。

(2) 检查进水泵、空气泵、搅拌器、抽滤泵的电源插头是否插在相应的功能插座上。

4. 实验结束

(1) 关闭功能插座上的所有开关。

(2) 拔下电源插头。

(3) 打开进水箱、反应器的所有排空阀门排水。

(4) 用自来水清洗各个容器，排空所有积水，待下次实验使用。

(5) 将前期所开阀门全部关闭。

三、注意事项

1. 实验过程中，避免直接撞击设备，在操作过程中注意安全，避免不必要的伤害。

2. 尽量避免将机器放置在高温、阳光直射、多尘的环境中。

3. 如果长期不用，请拔掉电源插头。

4. 当发现电源线或者插头破损时，请勿使用。

实验二　齐鲁工业大学校园及周边环境空气质量监测及评价

Ⅰ. 环境空气颗粒物（PM_{10} 和 $PM_{2.5}$）的采集及测定

一、实验目的

环境空气中悬浮颗粒物（如 PM_{10}、$PM_{2.5}$ 等）是一种常规的污染物，目前我国许多城市的大气首要污染物为可吸入颗粒物（PM_{10}），它们对人体健康、植被生态和能见度等都有着非常重要的直接和间接影响。因此，对这类污染物的浓度进行测定是大气环境污染研究中的一项重要的工作。

1. 通过实验让学生进一步理解大气颗粒物采样器的组成。
2. 通过实验让学生掌握重量法测定大气中悬浮物的测试原理和方法。
3. 通过采样分析，让学生了解颗粒物浓度与空气质量的相关性。

二、实验原理

抽取一定体积的空气，使之通过颗粒物采样器的切割头后至已恒重的滤膜，则环境空气中的微粒被阻留在滤膜上，根据采样前后滤膜重量之差及采气体积，即可计算不同粒径颗粒物（PM_{10} 和 $PM_{2.5}$）的质量浓度。

三、仪器和材料

（1）大流量或中流量环境空气颗粒物采样器。

（2）中流量孔口流量计：量程 70～160L/min，流量分辨率 1L/min，精度±2%。

（3）U 形管压差计：最小刻度 0.1kPa。

（4）X 射线看片机：用于检查滤膜有无缺损。

（5）打号机：用于在滤膜及滤膜袋上打号。

（6）镊子：用于夹取滤膜。

（7）滤膜：超细玻璃纤维滤膜，对 0.3μm 标准离子的截留效率不低于 99%，在气流速度为 0.45m/s 时，单张滤膜阻力不大于 3.5kPa，在同样气流速度下，抽取经高效过滤器净化的空气 5h，1cm² 滤膜失重不应大于 0.012mg。

（8）滤膜袋：用于存放采样后对折的颗粒物采样滤膜，袋面印有编号、采样日期、采样地点、采样人姓名等项栏目。

（9）滤膜保存盒：用于保存、运送滤膜，保证滤膜在采样前处于平展不受折状态。

（10）恒温恒湿箱：箱内空气温度要求在 15～30℃ 范围内连续可调，控温精度±1℃；箱内空气相对湿度应控制在 (50±5)%，恒温恒湿箱可连续工作。

（11）分析天平（万分之一）：绝对精度分度值达到 0.1mg（即 0.0001g），用于中流量采样滤膜称量。

四、实验内容

1. 采样器的流量校准

新购置或维修后的采样器在启动前，须进行流量校准。正常使用的采样器每月也要进行一次流量校准。流量校准步骤如下。

（1）计算采样器工作点的流量

采样器应工作在规定的采气流量下，该流量称为采样器的工作点。在正式采样前，应调整采样器，使其工作在正确的工作点上，按下述步骤进行：

采样器采样口的抽气速度 u 为 0.3m/s，大流量采样器的工作点流量 Q_H 为：

$$Q_H = 1.05 \text{m}^3/\text{min} \tag{15-7}$$

中流量采样器的工作点流量 Q_M（m^3/min）为：

$$Q_M = 60uA \tag{15-8}$$

式中，A 为采样器采样口截面积，m^2。

将 Q_H 和 Q_M 计算值换算成标准状态下的流量 Q_{HN}（m^3/min）和 Q_{MN}（L/min）：

$$Q_{HN} = \frac{Q_H P T_N}{T P_N} \tag{15-9}$$

$$Q_{MN} = \frac{Q_M P T_N}{T P_N} \tag{15-10}$$

$$\lg P = \lg 101.3 - \frac{h}{18400} \tag{15-11}$$

式中，T 为测试现场月平均温度，K；P_N 为标准状态下的压力，101.3kPa；T_N 为标准状态下的温度，273K；P 为测试现场平均大气压，kPa；h 为测试现场海拔高度，m。

将式（15-12）中的采样器平均抽气流量 Q_N 用 Q_{HN} 或 Q_{MN} 代入，求出修正项 Y：

$$Y = BQ_N + A \tag{15-12}$$

式中，斜率 B 和截距 A 由孔口流量计的标定部门给出。

再按式（15-13）计算孔口流量计压差值 ΔH(Pa)：

$$\Delta H = \frac{Y^2 P_N T}{P T_N} \tag{15-13}$$

（2）采样器工作点流量的校准

① 打开采样头的采样盖，按正常采样位置，放一张干净的采样滤膜，将孔口流量计的接口与采样头密封连接，孔口流量计的取压口接好压差计。

② 接通电源，开启采样器，待工作正常后，调节采样器流量，使孔口流量计压差值达到式（15-13）计算的 ΔH 值。

③ 校准流量时，要确保气路密封连接，流量校准后，如发现滤膜上粉尘的边缘轮廓不清楚或滤膜安装歪斜等情况，可能有漏气，应重新进行校准。

④ 校准合格的采样器即可用于采样，不得再改动调节器状态。

2. 悬浮颗粒物含量测试

（1）滤膜准备

① 每张滤膜均需用 X 射线看片机进行检查，不得有针孔或任何缺陷。在选中的滤膜光

滑表面的两个对角上打印编号。滤膜袋上打印同样编号备用。

② 将滤膜放在恒温恒湿箱中平衡 24h，平衡温度取 15~30℃ 中任一点，记录平衡温度与湿度。

③ 在上述平衡条件下称量滤膜，大流量采样器滤膜称量精确到 1mg，记录滤膜质量 m_0（g）。

④ 称量好的滤膜平展地放在滤膜保存盒中，采样前不得将滤膜弯曲或折叠。

(2) 安放滤膜及采样

① 打开采样头顶盖，取出滤膜夹。用清洁干布擦去采样头内及滤膜夹的灰尘。

② 将已编号并称量过的滤膜绒面向上，放在滤膜支持网上。放上滤膜夹，对正，拧紧，使不漏气。安好采样头顶盖，按照采样器使用说明，设置采样时间，即可启动采样。

③ 样品采完后，打开采样头，用镊子轻轻取下滤膜，采样面向里，将滤膜对折，放入号码相同的滤膜袋中。取滤膜时，如发现滤膜损坏，或滤膜上物质的边缘轮廓不清晰、滤膜安装歪斜（说明漏气），则本次采样作废，需重新采样。

(3) 尘膜的平衡及称量

尘膜在恒温恒湿箱中，与干净滤膜平衡条件相同的温度、湿度下，平衡 24h。在上述平衡条件下称量滤膜，大流量采样器滤膜称量精确到 1mg，中流量采样器滤膜称量精确到 0.1mg。记录下滤膜质量 m_1（g），大流量滤膜不小于 100mg，中流量采样器滤膜不小于 10mg。

(4) 计算

颗粒物含量依照式 (15-14) 进行计算：

$$\text{颗粒物含量}(\mu g/m^3) = \frac{K(m_1 - m_2)}{Q_N t} \quad (15\text{-}14)$$

式中，t 为累计采样时间，min；Q_N 为采样器平均抽气流量，即式 (15-3) 或式 (15-4) Q_{HN} 或 Q_{MN} 的计算值；K 为常数，大流量采样器 $K = 1 \times 10^6$，中流量采样器 $K = 1 \times 10^9$。

(5) 测试方法的再现性

当两台颗粒物采样器安放位置相距不大于 4m 且不少于 2m 时，同样采样并测定颗粒物含量，相对偏差不大于 15%。

五、数据记录

1. 记录和计算实验数据

(1) 记录

采样器工作点流量、月平均温度、平均大气压、孔口压差计算值、采样起始时间、采样终止时间、累计采样体积、滤膜质量等实验条件。

(2) 实验数据列于表 15-6~表 15-11 中。

表 15-6 用孔口流量计校准环境空气颗粒物（PM_{10}）采样器记录表

采样器编号	采样器工作点流量/(m³/min)	孔口流量计编号	月平均温度/K	平均大气压/Pa	孔口压差计算值/Pa	校准日期	校准人签字

表15-7 用孔口流量计校准环境空气颗粒物（PM$_{2.5}$）采样器记录表

采样器编号	采样器工作点流量/(m^3/min)	孔口流量计编号	月平均温度/K	平均大气压/Pa	孔口压差计算值/Pa	校准日期	校准人签字

表15-8 环境空气颗粒物（PM$_{10}$）现场采样记录

日期	采样器编号	滤膜编号	采样起始时间	采样终止时间	累计采样时间	测试人签字

表15-9 环境空气颗粒物（PM$_{2.5}$）现场采样记录

日期	采样器编号	滤膜编号	采样起始时间	采样终止时间	累计采样时间	测试人签字

表15-10 环境空气颗粒物（PM$_{10}$）浓度分析记录

日期	滤膜编号	累计采样时间/min	累计采样体积/m^3	滤膜质量/g			总悬浮微粒浓度/(μg/m^3)
				空膜	尘膜	差值	

表15-11 环境空气颗粒物（PM$_{2.5}$）浓度分析记录

日期	滤膜编号	采样标准状态流量/(m^3/min)	累计采样时间/min	累计采样体积/m^3	滤膜质量/g			总悬浮微粒浓度/(μg/m^3)
					空膜	尘膜	差值	

2. 分析结果

分析实验数据，解释实验结果。

六、思考题

1. 重量法测定环境空气颗粒物（PM$_{10}$和PM$_{2.5}$）质量浓度的方法原理是什么？
2. 采样后滤膜上颗粒物与四周白边之间界线应清晰，如出现界线模糊时，应如何处理？

Ⅱ. 环境空气中氮氧化物的测定（盐酸萘乙二胺分光光度法）

一、实验目的

通过实验使学生掌握盐酸萘乙二胺分光光度法测定大气中氮氧化物的原理和方法。

二、实验原理

空气中的二氧化氮被串联的第一个吸收瓶中的吸收液吸收并反应生成粉红色偶氮染料。

空气中的一氧化氮不与吸收液反应，通过氧化管时被酸性高锰酸钾溶液氧化为二氧化氮，被串联的第二个吸收瓶中的吸收液吸收并反应生成粉红色偶氮染料。生成的偶氮染料在波长 540nm 处的吸光度与二氧化氮的含量成正比。分别测定第一个和第二个吸收瓶中样品的吸光度，计算两个吸收瓶内二氧化氮和一氧化氮的质量浓度，二者之和即为氮氧化物的质量浓度（以 NO_2 计）。

三、仪器和材料

1. 仪器

（1）空气采样器：流量范围 $0\sim1.0$ L/min。采样流量为 0.4L/min 时，相对误差小于 5%。

（2）分光光度计。

（3）吸收瓶（图 15-12）：可装 10mL、25mL 或 50mL 吸收液的多孔玻板吸收瓶，液柱高度不低于 80mm。

（4）氧化瓶（图 15-13）：可装 5mL、10mL 或 50mL 酸性高锰酸钾溶液的洗气瓶，液柱高度不能低于 80mm。

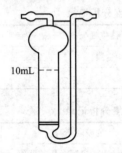
图 15-12 多孔玻板吸收瓶示意图

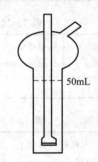
图 15-13 氧化瓶示意图

2. 材料

所有试剂均用不含亚硝酸根的重蒸馏水配制。其检验方法是所配制的吸收液对 540nm 光的吸光度不超过 0.005。

（1）冰乙酸。

（2）盐酸羟胺溶液，$\rho=0.2\sim0.5$ g/L。

（3）硫酸溶液 $[c(1/2H_2SO_4)=1\text{mol/L}]$：取 15mL 浓硫酸（$\rho_{20}=1.84$ g/mL），徐徐加到 500mL 水中，搅拌均匀，冷却备用。

（4）酸性高锰酸钾溶液 $[\rho(KMnO_4)=25\text{g/L}]$：称取 25g 高锰酸钾于 1000mL 烧杯中，加入 500mL 水，稍微加热使其全部溶解，然后加入 1mol/L 硫酸溶液 500mL，搅拌均匀，贮于棕色试剂瓶中。

（5）N-(1-萘基)乙二胺盐酸盐贮备液 $[\rho(C_{10}H_7NH(CH_2)_2NH_2\cdot2HCl)=1.00$ g/L$]$：称取 0.50g N-(1-萘基)乙二胺盐酸盐于 500mL 容量瓶中，用水溶解稀释至刻度。此溶液贮于密闭的棕色瓶中，在冰箱中冷藏，可稳定保存三个月。

（6）显色液：称取 5.0g 对氨基苯磺酸 $[NH_2C_6H_4SO_3H]$ 溶解于约 200mL $40\sim50$℃ 热水中，将溶液冷却至室温，全部移入 1000mL 容量瓶中，加入 50mL N-(1-萘基)乙二胺盐酸盐贮备液和 50mL 冰乙酸，用水稀释至刻度。此溶液贮于密闭的棕色瓶中，在 25℃

以下暗处存放可稳定三个月。若溶液呈现淡红色，应弃之重配。

（7）吸收液：使用时将显色液和水按 4∶1（体积分数）比例混合，即为吸收液。吸收液的吸光度应小于等于 0.005。

（8）亚硝酸盐标准贮备液 $[\rho(NO_2^-)=250\mu g/mL]$：准确称取 0.3750g 亚硝酸钠（$NaNO_2$，优级纯，使用前在 105℃±5℃ 干燥恒重）溶于水，移入 1000mL 容量瓶中，用水稀释至标线。此溶液贮于密闭棕色瓶中于暗处存放，可稳定保存三个月。

（9）亚硝酸盐标准工作液 $[\rho(NO_2^-)=2.5\mu g/mL]$：准确吸取亚硝酸盐标准储备液 1.00mL 于 100mL 容量瓶中，用水稀释至标线。临用现配。

四、实验内容

1. 标准曲线的绘制

取 6 支 10mL 具塞比色管，按表 15-12 制备亚硝酸盐标准溶液系列。根据表 15-12 分别移取相应体积的亚硝酸钠标准工作液，加水至 2.00mL，加入显色液 8.00mL。

表 15-12　亚硝酸盐标准溶液系列

管号	0	1	2	3	4	5
标准工作液/mL	0.00	0.40	0.80	1.20	1.60	2.00
水/mL	2.00	1.60	1.20	0.80	0.40	0.00
显色液/mL	8.00	8.00	8.00	8.00	8.00	8.00
NO_2^- 质量浓度/($\mu g/mL$)	0.00	0.10	0.20	0.30	0.40	0.50

各管混匀，于暗处放置 20min（室温低于 20℃时放置 40min 以上），用 10mm 比色皿，在波长 540nm 处，以水为参比测量吸光度，扣除 0 号管的吸光度以后，对应 NO_2^- 的质量浓度（$\mu g/mL$），用最小二乘法计算标准曲线的回归方程。

标准曲线斜率控制在 0.960～0.978，截距控制在 0.000～0.005 之间（以 5mL 体积绘制标准曲线时，标准曲线斜率控制在 0.180～0.195，截距控制在 ±0.003 之间）。

2. 空白实验

（1）实验室空白实验

取实验室内未经采样的空白吸收液，用 10mm 比色皿，在波长 540nm 处，以水为参比测定吸光度。实验室空白吸光度 A_0 在显色规定条件下波动范围不超过 ±15%。

（2）现场空白

同（1）测定吸光度。将现场空白和实验室空白的测量结果相对照，若现场空白与实验室空白相差过大，查找原因，重新采样。

3. 样品测定

采样后放置 20min，室温 20℃以下时放置 40min 以上，用水将采样瓶中吸收液的体积补充至标线，混匀。用 10mm 比色皿，在波长 540nm 处，以水为参比测量吸光度，同时测定空白样品的吸光度。

若样品的吸光度超过标准曲线的上限，应用实验室空白试液稀释，再测定其吸光度。但稀释倍数不得大于 6。

五、注意事项

1. 吸收液应避光，且不能长时间暴露在空气中，以防止光照使吸收液显色或吸收空气中的氮氧化物而使试剂空白值增高。

2. 亚硝酸钠（固体）应密封保存，防止空气及湿气侵入。部分氧化硝酸钠或呈粉末状的试剂都不能用直接法配制标准溶液。若无颗粒亚硝酸钠试剂，可用高锰酸钾滴定法标定出亚硝酸钠溶液的准确浓度后，再稀释为含 5.0μg/mL 亚硝酸根的标准溶液。

3. 测定 NO_2 标准气体的精密度和准确度时，5 个实验室测定质量浓度范围在 $0.056\sim0.480\text{mg/m}^3$ 的 NO_2 标准气体，重复性相对标准偏差小于 10%，相对误差小于 8%。

4. 测定 NO 标准气体的精密度和准确度时，测定质量浓度范围在 $0.057\sim0.396\text{mg/m}^3$ 的 NO 标准气体，重复性相对标准偏差小于 10%，相对误差小于 10%。

5. 绘制标准曲线，向各管中加亚硝酸标准使用溶液时，都应以均匀、缓慢的速度加入。

六、数据记录

1. 采样记录

实验数据列于表 15-13。

表 15-13 数据记录表

采样日期：_____；采样地点：_____；天气状况：_____；采样者姓名：_____

监测项目	仪器型号	样品编号	气温/℃	气压/kPa	采样时间/min	采样流量/(L/min)	累积实况体积/L	累积参比体积/L

2. 结果表示

(1) 空气中二氧化氮质量浓度 ρ_{NO_2}（mg/m^3）按式（15-15）计算

$$\rho_{NO_2}=\frac{(A_1-A_0-a)VD}{bfV_0} \tag{15-15}$$

(2) 空气中一氧化氮质量浓度

ρ_{NO}（mg/m^3）以二氧化氮（NO_2）计，按式（15-16）计算：

$$\rho_{NO}=\frac{(A_2-A_0-a)VD}{bfV_0 K} \tag{15-16}$$

ρ'_{NO}（mg/m^3）以一氧化氮（NO）计，按式（15-17）计算：

$$\rho'_{NO}=\frac{\rho_{NO}\times 30}{46} \tag{15-17}$$

(3) 空气中氮氧化物的质量浓度 ρ_{NO_x}（mg/m^3）以二氧化氮（NO_2）计，按式（15-18）计算

$$\rho_{NO_x}=\rho_{NO_2}+\rho_{NO} \tag{15-18}$$

式中，A_1、A_2 分别为串联的第一个和第二个吸收瓶中样品的吸光度；A_0 为实验室空白的吸光度；b 为标准曲线的斜率；a 为标准曲线的截距；V 为采样用吸收液体积，mL；

V_0 为换算为参比状态（101.325kPa、298.15K）下的采样体积，L；K 为 NO⟶NO_2 氧化系数，0.68；D 为样品的稀释倍数；f 为 Saltzman 实验系数，0.88（当空气中二氧化氮质量浓度高于 0.72mg/m^3 时，f 取值 0.77）。

七、思考题

1. 空气中的二氧化氮被吸收液吸收并反应生成粉红色偶氮染料，生成的偶氮染料在波长为多少时吸光度与二氧化氮的含量成正比？
2. 显色液如果呈现淡红色，应如何处理？

Ⅲ. 环境空气中二氧化硫的测定（甲醛吸收-副玫瑰苯胺分光光度法）

一、实验目的

通过实验使学生掌握甲醛吸收-副玫瑰苯胺分光光度法测定大气中二氧化硫的原理和方法。

二、实验原理

二氧化硫被甲醛缓冲溶液吸收后，生成稳定的羟甲基磺酸加成化合物，在样品溶液中加入氢氧化钠使加成化合物分解，释放出的二氧化硫与副玫瑰苯胺、甲醛作用，生成紫红色化合物，用分光光度计在波长 577nm 处测量吸光度。

三、仪器和材料

1. 仪器

(1) 分光光度计。

(2) 多孔玻板吸收管：10mL 多孔玻板吸收管，用于短时间采样；50mL 多孔玻板吸收管，用于 24h 连续采样。

(3) 恒温水浴：0~40℃，控制精度为±1℃。

(4) 具塞比色管：10mL。用过的比色管应及时用盐酸-乙醇清洗液浸洗，否则红色难以洗净。

(5) 空气采样器：用于短时间采样的普通空气采样器，流量范围为 0.1~1L/min，应具有保温装置。用于 24h 连续采样的采样器应具备有恒温、恒流、计时、自动控制开关的功能，流量范围为 0.1~0.5L/min。

(6) 一般实验室常用仪器。

2. 材料

除非另有说明，分析时均使用符合国家标准的分析纯试剂，实验用水为新制备的蒸馏水或同等纯度的水。

(1) 碘酸钾（KIO_3）：优级纯，经 110℃干燥 2h。

(2) 氢氧化钠溶液 [c(NaOH)=1.5mol/L]：称取 6.0gNaOH，溶于 100mL 水中。

(3) 环己二胺四乙酸二钠溶液 [c(CDTA-2Na)=0.05mol/L]：称取 1.82g 反式-1,2-环己二胺四乙酸（CDTA），加入氢氧化钠溶液 6.5mL，用水稀释至 100mL。

(4) 甲醛缓冲吸收贮备液：吸取 36%~38% 的甲醛溶液 5.5mL、CDTA-2Na 溶液

20.00mL，称取 2.04g 邻苯二甲酸氢钾，溶于少量水中，将三种溶液合并，再用水稀释至 100mL，贮于冰箱可保存 1 年。

（5）甲醛缓冲吸收液：用水将甲醛缓冲吸收贮备液稀释 100 倍。临用时现配。

（6）氨磺酸钠溶液 $[\rho(NaH_2NSO_3)=6.0g/L]$：称取 0.60g 氨磺酸置于 100mL 烧杯中，加入 4.0mL 氢氧化钠溶液，用水搅拌至完全溶解后稀释至 100mL，摇匀。此溶液密封可保存 10 天。

（7）碘贮备液 $[c(1/2I_2)=0.10mol/L]$：称取 12.7g 碘（I_2）于烧杯中，加入 40g 碘化钾和 25mL 水，搅拌至完全溶解，用水稀释至 1000mL，贮存于棕色细口瓶中。

（8）碘溶液 $[c(1/2I_2)=0.010mol/L]$：量取碘贮备液 50mL，用水稀释至 500mL，贮于棕色细口瓶中。

（9）淀粉溶液 $[\rho(淀粉)=5.0g/L]$：称取 0.5g 可溶性淀粉于 150mL 烧杯中，用少量水调成糊状，慢慢倒入 100mL 沸水，继续煮沸至溶液澄清，冷却后贮于试剂瓶中。

（10）碘酸钾基准溶液 $[c(1/6KIO_3)=0.1000mol/L]$：准确称取 3.5667g 碘酸钾溶于水，移入 1000mL 容量瓶中，用水稀至标线，摇匀。

（11）盐酸溶液 $[c(HCl)=1.2mol/L]$：量取 100mL 浓盐酸，加到 900mL 水中。

（12）硫代硫酸钠标准贮备液 $[c(Na_2S_2O_3)=0.10mol/L]$：称取 25.0g 硫代硫酸钠（$Na_2S_2O_3 \cdot 5H_2O$），溶于 1000mL 新煮沸但已冷却的水中，加入 0.2g 无水碳酸钠，贮于棕色细口瓶中，放置一周后备用。如溶液呈现浑浊，必须过滤。

标定方法：吸取三份 20.00mL 碘酸钾基准溶液分别置于 250mL 碘量瓶中，加 70mL 新煮沸但已冷却的水，加 1g 碘化钾，振摇至完全溶解后，加 10mL 盐酸溶液，立即盖好瓶塞，摇匀。于暗处放置 5min 后，用硫代硫酸钠标准溶液滴定溶液至浅黄色，加 2mL 淀粉溶液，继续滴定至蓝色刚好褪去即为终点。硫代硫酸钠标准溶液的浓度按式（15-19）计算：

$$c_1 = \frac{0.1000 \times V_{KIO_3}}{V} \tag{15-19}$$

式中，c_1 为硫代硫酸钠标准溶液的浓度，mol/L；V 为滴定所消耗硫代硫酸钠标准溶液的体积，mL。

（13）硫代硫酸钠标准溶液 $[c(Na_2S_2O_3) \approx 0.01000mol/L]$：取 50.0mL 硫代硫酸钠贮备液置于 500mL 容量瓶中，用新煮沸但已冷却的水稀释至标线，摇匀。

（14）乙二胺四乙酸二钠盐（EDTA-2Na）溶液 $[\rho(EDTA-2Na)=0.50g/L]$：称取 0.25g 乙二胺四乙酸二钠盐（$C_{10}H_{14}N_2O_8Na_2 \cdot 2H_2O$）溶于 500mL 新煮沸但已冷却的水中。临用时现配。

（15）亚硫酸钠溶液 $[\rho(Na_2SO_3)=1g/L]$：称取 0.2g 亚硫酸钠（Na_2SO_3），溶于 200mL EDTA-2Na 溶液中，缓缓摇匀以防充氧，使其溶解。放置 2~3h 后标定。此溶液每毫升相当于 320~400μg 二氧化硫。

标定方法：

① 取 6 个 250mL 碘量瓶（A_1、A_2、A_3、B_1、B_2、B_3），在 A_1、A_2、A_3 内各加入 25mL 乙二胺四乙酸二钠盐溶液，在 B_1、B_2、B_3 内加入 25.00mL 亚硫酸钠溶液，分别加入 50.0mL 碘溶液和 1.00mL 冰乙酸，盖好瓶盖，摇匀。

② 立即吸取 2.00mL 亚硫酸钠溶液加到一个已装有 40~50mL 甲醛吸收液的 100mL 容量瓶中，并用甲醛吸收液稀释至标线，摇匀。此溶液即为二氧化硫标准贮备溶液，在 4~

5℃下冷藏，可稳定 6 个月。

③ A_1、A_2、A_3、B_1、B_2、B_3 六个瓶子于暗处放置 5min 后，用硫代硫酸钠溶液滴定至浅黄色，加 5mL 淀粉溶液，继续滴定至蓝色刚刚消失。平行滴定所用硫代硫酸钠溶液的体积之差应不大于 0.05mL。

二氧化硫标准贮备溶液的质量浓度由式（15-20）计算：

$$\rho(SO_2) = \frac{(\overline{V_0} - \overline{V}) \times c_2 \times 32.02 \text{g/mol} \times 10^3}{25.00 \text{mL}} \times \frac{2.00}{100} \quad (15\text{-}20)$$

式中，$\rho(SO_2)$ 为二氧化硫标准贮备溶液的质量浓度，μg/mL；$\overline{V_0}$ 为空白滴定所用硫代硫酸钠溶液的体积，mL；$\overline{V}$ 为样品滴定所用硫代硫酸钠溶液的体积，mL；c_2 为硫代硫酸钠溶液的浓度，mol/L。

（16）二氧化硫标准溶液 [$\rho(SO_2)$=1.00μg/mL]：用甲醛吸收液将二氧化硫标准贮备溶液稀释成每毫升含 1.0μg 二氧化硫的标准溶液。此溶液用于绘制标准曲线，在 4～5℃下冷藏，可稳定 1 个月。

（17）盐酸副玫瑰苯胺（pararosaniline，简称 PRA，即副品红或对品红）贮备液 [ρ(PRA)=2.0g/L]：其纯度应达到副玫瑰苯胺提纯及检验方法的质量要求。

（18）盐酸副玫瑰苯胺溶液 [ρ(PRA)=0.50g/L]：吸取 25.00mL 副玫瑰苯胺贮备液于 100mL 容量瓶中，加 30mL 85%的浓磷酸、12mL 浓盐酸，用水稀释至标线，摇匀，放置过夜后使用。避光密封保存。

（19）盐酸-乙醇清洗液：由三份（1＋4）盐酸和一份 95%乙醇混合配制而成，用于清洗比色管和比色皿。

四、实验内容

（一）干扰和消除

本实验的主要干扰物为氮氧化物、臭氧及某些重金属元素。采样后放置一段时间可使臭氧自行分解；加入氨磺酸钠溶液可消除氮氧化物的干扰；吸收液中加入磷酸及环己二胺四乙酸二钠盐可以消除或减少某些金属离子的干扰。10mL 样品溶液中含有 50μg 钙、镁、铁、镍、镉、铜等金属离子及 5μg 二价锰离子时，对本方法测定不产生干扰。当 10mL 样品溶液中含有 10μg 二价锰离子时，可使样品的吸光度降低 27%。

（二）样品采集与保存

1. 短时间采样

采用内装 10mL 吸收液的多孔玻板吸收管，以 0.5L/min 的流量采气 45～60min。吸收液温度保持在 23～29℃的范围。

2. 24h 连续采样

用内装 50mL 吸收液的多孔玻板吸收瓶，以 0.2L/min 的流量连续采样 24h。吸收液温度保持在 23～29℃的范围。

3. 现场空白

将装有吸收液的采样管带到采样现场，除了不采气之外，其他环境条件与样品相同。

注意：样品采集、运输和贮存过程中应避免阳光照射。放置在室（亭）内的 24h 连续采样器，进气口应连接符合要求的空气质量集中采样管路系统，以减少二氧化硫进入吸收瓶前的损失。

（三）测定步骤

1. 标准曲线的绘制

取 16 支 10mL 具塞比色管，分 A、B 两组，每组 7 支，分别对应编号。A 组按表 15-14 配制校准系列。

表 15-14 二氧化硫校准系列

管号	0	1	2	3	4	5	6
二氧化硫标准溶液(1.00μg/mL)/mL	0	0.50	1.00	2.00	5.00	8.00	10.00
甲醛缓冲吸收液/mL	10.00	9.50	9.00	8.00	5.00	2.00	0
二氧化硫含量/μg	0	0.50	1.00	2.00	5.00	8.00	10.00

在 A 组各管中分别加入 0.5mL 氨磺酸钠溶液和 0.5mL 氢氧化钠溶液，混匀。

在 B 组各管中分别加入 1.00mL PRA 溶液。

将 A 组各管的溶液迅速地全部倒入对应编号并盛有 PRA 溶液的 B 管中，立即加塞混匀后放入恒温水浴装置中显色。在波长 577nm 处，用 10mm 比色皿，以水为参比测量吸光度。以空白校正后各管的吸光度为纵坐标，以二氧化硫的含量（μg）为横坐标，用最小二乘法建立校准曲线的回归方程。显色温度与室温之差不应超过 3℃。根据季节和环境条件按表 15-15 选择合适的显色温度与显色时间。

表 15-15 显色温度与显色时间

显色温度/℃	10	15	20	25	30
显色时间/min	40	25	20	15	5
稳定时间/min	35	25	20	15	10
试剂空白吸光度 A_0	0.030	0.035	0.040	0.050	0.060

2. 样品测定

（1）样品溶液中如有浑浊物，则应离心分离除去。

（2）样品放置 20min，以使臭氧分解。

（3）短时间采集的样品：将吸收管中的样品溶液移入 10mL 比色管中，用少量甲醛吸收液洗涤吸收管，洗液并入比色管中并稀释至标线。加入 0.5mL 氨磺酸钠溶液，混匀，放置 10min 以除去氮氧化物的干扰。以下步骤同校准曲线的绘制。

（4）连续 24h 采集的样品：将吸收瓶中样品移入 50mL 容量瓶（或比色管）中，用少量甲醛吸收液洗涤吸收瓶后再倒入容量瓶（或比色管）中，并用吸收液稀释至标线。吸取适当体积的试样（视浓度高低而决定取 2~10mL）于 10mL 比色管中，再用吸收液稀释至标线，加入 0.5mL 氨磺酸钠溶液，混匀，放置 10min 以除去氮氧化物的干扰，以下步骤同校准曲线的绘制。

五、注意事项

1. 多孔玻板吸收管的阻力为 (6.0±0.6)kPa，2/3 玻板面积发泡均匀，边缘无气泡逸出。

2. 采样时吸收液的温度在 23~29℃时，吸收效率为 100%。10~15℃时，吸收效率偏低 5%。高于 33℃或低于 9℃时，吸收效率偏低 10%。

3. 每批样品至少测定两个现场空白，即将装有吸收液的采样管带到采样现场，除了不采气之外，其他环境条件与样品相同。

4. 当空气中二氧化硫浓度高于测定上限时,可以适当减少采样体积或者减少试料的体积。

5. 如果样品溶液的吸光度超过标准曲线的上限,可用试剂空白液稀释,在数分钟内再测定吸光度,但稀释倍数不要大于6。

6. 显色温度低,显色慢,稳定时间长。显色温度高,显色快,稳定时间短。操作人员必须了解显色温度、显色时间和稳定时间的关系,严格控制反应条件。

7. 测定样品时的温度与绘制校准曲线时的温度之差不应超过2℃。

8. 在给定条件下校准曲线斜率应为 0.042 ± 0.004,测定样品时的试剂空白吸光度 A_0 和绘制标准曲线时的 A_0 波动范围不超过 $\pm15\%$。

9. 六价铬能使紫红色络合物褪色,产生负干扰,故应避免用硫酸-铬酸洗液洗涤玻璃器皿。若已用硫酸-铬酸洗液洗涤过,则需用盐酸溶液(1+1)浸洗,再用水充分洗涤。

六、数据记录

空气中二氧化硫的质量浓度,按式(15-21)计算:

$$\rho(SO_2)=\frac{(A-A_0-a)}{bV_s}\times\frac{V_t}{V_a} \tag{15-21}$$

式中,$\rho(SO_2)$ 为空气中二氧化硫的质量浓度,mg/m^3;A 为样品溶液的吸光度;A_0 为试剂空白溶液的吸光度;b 为标准曲线的斜率;a 为标准曲线的截距(一般要求小于0.005);V_t 为样品溶液的总体积,mL;V_a 为测定时所取试样的体积,mL;V_s 为换算成标准状态下(101.325kPa、273K)的采样体积,L。

计算结果应准确到小数点后第三位。

七、思考题

1. 实际工况下的气体体积如何换算成参比状态下(101.325kPa、298.15K)的采样体积?

2. 环境空气中二氧化硫用甲醛吸收-副玫瑰苯胺分光光度法测定,该方法的主要干扰物是什么?如何消除?

实验三 生物基吸附材料的制备及应用研究

Ⅰ. 生物基吸附材料的制备与表面化学测定实验

一、实验目的

生物基废物是人类利用生物质的过程中产生的废物,按照来源不同可分为城市生物基废物(餐厨垃圾、粪便、城镇污泥)、工业生物基废物(高浓度有机废水、有机质残渣)、农作物废物（秸秆）和养殖废物（畜禽粪便）等。由于产生量巨大，生物基废物是必须进行妥善处理的环境污染源。然而，从循环经济的视角来看，它是重要的可再生资源和能源。合理高效地将生物基废物资源化不仅能够充分利用生物质生产可再生清洁能源，而且能够获得新型生态环境材料和新能源材料，从而实现废物高附加值利用，符合可持续发展的理念。

二、实验原理

碳化是指在缺氧条件下将有机物加热分解，使其大部分转化为碳的过程，该过程会伴随液体和气体的产生。本实验中采用程序升温炉在鹅卵石和玻璃珠（或沸石）相互覆盖（隔绝空气）条件下对常见的生物基废物进行热解碳化处理并获得生物炭，随后将一定粒度的生物基废物颗粒及其衍生的生物炭作为吸附剂进行表面化学测定，为后续吸附实验奠定基础。

三、仪器和材料

1. 仪器

高速粉碎机，电子天平，振动筛，恒温干燥箱，程序升温炉，坩埚或陶瓷杯，数显pH计，不同粒度的沸石（或玻璃珠）和鹅卵石，傅里叶红外光谱仪。

2. 材料

秸秆、麦秸、园林绿化废物（如枯枝落叶）或其他生物基废物（作为碳化对象），溴化钾（分析纯），无水乙醇（测定样品的红外光谱使用）。

四、实验内容

1. 预处理

以某种生物基废物为原料，水洗数次后去除表面黏附物和灰尘并风干后，于70～80℃烘箱中过夜干燥，粉碎。

2. 吸附剂制备

取适量粉碎后的颗粒生物基废物放置于坩埚中，表面覆盖大小不一的鹅卵石和玻璃珠（沸石）（覆盖层厚度约5cm）隔绝空气，然后将它们分别置于设定温度为300℃、500℃和700℃的程序控温马弗炉中。升温速率为5℃/min，从室温开始加热至设定温度后热解反应2～4h，完成碳化任务，并冷却至30～60℃取出生物炭并用蒸馏水洗涤至中性后于70～80℃过夜烘干，称重，计算收率。

3. 吸附剂红外光谱表征

采用溴化钾压片法，取约2mg待测样品充分研磨，然后与100～200mg干燥的溴化钾（KBr）粉末充分混合，并再次研磨10～15min后转入模具中使之分布均匀，压制成透明薄膜片，扫描红外光谱。测定波数范围为4000～400cm^{-1}。

五、注意事项

1. 按规范操作程序升温炉，注意用电及操作安全（避免高温烫伤）。
2. 玻璃珠（沸石）与鹅卵石之间的粒径分布要合理，确保无氧或缺氧热解氛围。

六、数据记录

实验数据列于表15-16中。

表 15-16 数据记录表

热解温度/℃	碳化时间/h	原料初重 m_1/g	碳化后重 m_2/g	吸附剂收率/%
室温				
300				
500				
700				

对结果进行分析和讨论：

(1) 生物炭产率 $=(m_2/m_1)\times 100\%$。

(2) 吸附剂的傅里叶红外光谱表征结果。

(3) 碳化温度对吸附剂产品的收率和表面官能团的影响。

Ⅱ. 生物基吸附剂去除水中 Cr (Ⅵ) 实验

一、实验目的

了解工业废水处理流程，掌握各单元操作的实验原理；熟悉去除水中铬的影响因素及其相互关系；掌握相关的水质参数的测定方法。

二、实验原理

1. 还原沉淀法

将还原剂加入 pH 为 2～4 的废水中，将废水中的 Cr(Ⅵ) 还原为 Cr(Ⅲ) 或在 pH=8～9 的废水中，加入 NaOH、Ca(OH)$_2$ 等碱性物质，Cr(Ⅲ) 将生成 Cr(OH)$_3$ 沉淀，再进行过滤，即可去除废水中的铬离子。还原沉淀法根据还原剂种类可分为以下两种：①药剂还原法（如二氧化硫、亚硫酸氢钠），这些还原剂将 Cr(Ⅵ) 还原为 Cr(Ⅲ)；②铁氧体法，处理含铬废水的基本原理就是使废水中的 $Cr_2O_7^{2-}$ 或 CrO_4^{2-} 在酸性条下与过量还原剂 $FeSO_2$ 作用，生成 Cr(Ⅲ) 和 Fe(Ⅲ)，其反应式为式 (15-22) 和式 (15-23)。

$$Cr_2O_7^{2-}+6Fe^{2+}+14H^+ =\!\!=\!\!= 2Cr^{3+}+6Fe^{3+}+7H_2O \quad (15\text{-}22)$$

$$HCrO_4^-+3Fe^{2+}+7H^+ =\!\!=\!\!= Cr^{3+}+3Fe^{3+}+4H_2O \quad (15\text{-}23)$$

加入适量碱液，调节溶液 pH 值，并适当控制温度，加入少量 H_2O_2 后，可将溶液中过量的 Fe(Ⅲ) 部分氧化为 Fe(Ⅱ) 得到比例适宜的 Cr(Ⅲ)、Fe(Ⅱ) 和 Fe(Ⅲ) 的氢氧化物沉淀，见式 (15-24)～式 (15-26)。

$$Cr^{3+}+3OH^- =\!\!=\!\!= Cr(OH)_3 \downarrow \quad (15\text{-}24)$$

$$Fe^{2+}+2OH^- =\!\!=\!\!= Fe(OH)_2 \downarrow \quad (15\text{-}25)$$

$$Fe^{3+}+3OH^- =\!\!=\!\!= Fe(OH)_3 \downarrow \quad (15\text{-}26)$$

当 Fe(OH)$_2$ 和 Fe(OH)$_3$ 沉淀量比例约为 1:2 时，能产生 $Fe_3O_4 \cdot xH_2O$ 磁性氧化物（铁氧体），标记为 $FeFe_2O_4 \cdot xH_2O$，其中部分 Fe(Ⅲ) 可被 Cr(Ⅲ) 取代，使 Cr(Ⅲ) 成为铁氧体的组成部分而沉淀下来，沉淀物经脱水等处理后，可以得到组成符合铁氧体组成的复合物。该法具有成本低、操作便捷、沉渣量少而稳定等优点。此外，含铬铁氧体是一种磁性材料，可用于电子工业领域，实现了废物资源化利用和保护环境的目的。

2. 电解还原法

该法是把直流电通到盛有含铬废水的开式电解槽中,分别用铁板和钢板作为阴极和阳极。阳极析出的 Fe(Ⅱ) 能将 Cr(Ⅵ) 还原为 Cr(Ⅲ),阴极析出的 H_2,也能将一定量的 Cr(Ⅵ) 还原为 Cr(Ⅲ)。在电解过程中,产生 H_2 的同时耗费了大量的 H^+,使得溶液 pH 值增加,生成 $Fe(OH)_3$ 和 $Cr(OH)_3$ 等沉淀,以去除废水中的 Cr。但该方法费用高,在工业应用中缺乏竞争力。其中铁屑和铁粉也可利用其絮凝性,对含铬废水的进行还原处理,反应式见 (15-27) 和式 (15-28)。

$$Fe \longrightarrow Fe^{2+} + 2e^- \tag{15-27}$$

$$Cr_2O_7^{2-} + 6e^- + 14H^+ \longrightarrow 2Cr^{3+} + 7H_2O \tag{15-28}$$

3. 吸附法

废水处理中,吸附法主要用于废水中的微量污染物,达到深度净化的目的。本实验选用上一个实验制备的生物基吸材料去除水中铬,但因其吸附能力有限只适合处理含铬量低的废水。

由于含 Cr(Ⅵ) 废水的 pH 值不同,生物基吸附剂在处理含 Cr(Ⅵ) 废水时,同时具有吸附作用和还原作用。当 pH=2~6.5 时,Cr(Ⅵ) 被吸附。当 pH<2 时,Cr(Ⅵ) 被生物基吸附剂还原为 Cr(Ⅲ)。如式 (15-29) 所示。

$$3C + 2Cr_2O_7^{2-} + 16H^+ \longrightarrow 3CO_2\uparrow + 4Cr^{3+} + 8H_2O \tag{15-29}$$

三、仪器和材料

1. 仪器

250mL 碘量瓶,摇床(振荡器),真空抽滤装置,高速离心机(离心管),微膜针式过滤器,分光光度计,比色皿(1cm),50mL 具塞比色管,量筒,移液管,容量瓶等。

2. 材料

(1) 前一个实验制备的 3 种吸附剂(生物基颗粒、2 种不同温度下制取的生物碳)。

(2) Cr(Ⅵ) 测定试剂:丙酮、(1+1) 硫酸、(1+1) 磷酸、0.2%(质量浓度)氢氧化钠溶液、4%(质量浓度)高锰酸钾溶液。

(3) 铬标准贮备液:称取于 120℃ 干燥 2h 的重铬酸钾(优级纯)0.2829g,用水溶解,移入 1000mL 容量瓶中,用水稀释至标线,摇匀。每毫升贮备液含 0.100mgCr(Ⅵ)。

(4) 铬标准使用液:吸取 5.00mL 铬贮备液于 500mL 容量瓶中,用水稀释至标线,摇匀。每毫升标准使用液含 $1.00\mu g$ Cr(Ⅵ)。使用时当天配制。

(5) 二苯碳酰二肼溶液:称取二苯碳酰二肼(简称 DPC,$C_{13}H_{14}N_{40}$)0.2g 溶于 50mL 丙酮中,加水稀释至 100mL,摇匀,贮于棕色瓶内,置于冰箱中保存。颜色变深后不能再用。

四、实验内容

1. 标准曲线的绘制

取 8 支 50mL 比色管,依次加入 0mL、0.20mL、1.00mL、2.00mL、4.00mL、6.00mL、8.00mL 和 10.00mL 铬标准使用液,用水稀释至标线,加入 1+1 硫酸 0.5mL 和 1+1 磷酸 0.5mL,摇匀。加入 2mL 显色剂溶液,摇匀。5~10min 后,于 540nm 波长处,用 1cm 比色皿,以水为参比,测定吸光度并作空白校正。以吸光度为纵坐标,相应 Cr(Ⅵ)

含量为横坐标绘出标准曲线。

2. 初始 pH 对 Cr(Ⅵ) 去除效果的影响

取数个 250mL 的锥形瓶，依次加入 10mg/L 的 Cr(Ⅵ) 溶液 100mL，用硫酸或氢氧化钠溶液调 Cr(Ⅵ) 溶液的初始 pH 值分别为 2.0、3.0、4.0、5.0、6.0、7.0、8.0。然后分别加入 2g 吸附剂（即吸附剂浓度为 10~20g/L），在摇床温度为 25~30℃、转速约 100r/min 的振荡器中分别低速振荡 4~8h 后，将悬浮液离心分离（针式微膜过滤），取上清液在可见分光光度计上测定溶液的吸光度 A［转化为 Cr(Ⅵ) 浓度］，并计算 Cr(Ⅵ) 去除率。

3. Cr(Ⅵ) 初始浓度对 Cr(Ⅵ) 去除效果的影响

取数个 250mL 的锥形瓶中分别加入 100mL 的 5mg/L、10mg/L、15mg/L、20mg/L Cr(Ⅵ) 溶液，另做一组空白实验［调 Cr(Ⅵ) 溶液 pH 为 2］，再分别加入 2g 吸附剂，对应吸附剂添加量（浓度）为 20g/L，在摇床温度为 25~30℃、转速约 100r/min 的振荡器中分别低速振荡 4~8h 后，将悬浮液离心分离（针式微膜过滤），取上清液在可见分光光度计上测定溶液的吸光度 A［转化为 Cr(Ⅵ) 浓度］，并计算 Cr(Ⅵ) 去除率。

4. 吸附剂投加量对 Cr(Ⅵ) 去除率的影响

取数个 250mL 的锥形瓶分别加入 100mL 的 10mg/L Cr(Ⅵ) 溶液，然后分别加入 1g、2g、3g、4g 和 5g 吸附剂，并调节 pH 为 2。在摇床温度为 25~30℃、转速约 100r/min 的振荡器中分别低速振荡 4~8h 后，将悬浮液离心分离（针式微膜过滤），取上清液在可见分光光度计上测定溶液的吸光度 A［转化为 Cr(Ⅵ) 浓度］计算 Cr(Ⅵ) 去除率。

5. 吸附温度对 Cr(Ⅵ) 去除率的影响

取数个 250mL 的锥形瓶中分别加入 100mL 的 10mg/L Cr(Ⅵ) 溶液，分别加入 2g 吸附剂，并调节 pH 为 2。在摇床温度为 25℃、35℃、45℃，转速约 100r/min 的振荡器中分别低速振荡 4~8h 后，将悬浮液离心分离（针式微膜过滤），取上清液在可见分光光度计上测定溶液的吸光度 A［转化为 Cr(Ⅵ) 浓度］，并计算 Cr(Ⅵ) 去除率。此外，根据吸附平衡数据建立 Langmuir 和 Freundlich 等模型。

6. 水样的测定

取适量［含 Cr(Ⅵ)<50μg］无色透明或经预处理的水样于 50mL 比色管中，用水稀释至标线，测定方法同标准溶液。进行空白校正后根据所测吸光度从标准曲线上查得 Cr(Ⅵ) 含量［或采用吸光度值代入标准曲线方程获得 Cr(Ⅵ) 量］。则水样中 Cr(Ⅵ) 浓度可以通过式（15-30）计算获得。

$$Cr(Ⅵ)(mg/L) = \frac{m}{V} \tag{15-30}$$

式中，m 为从标准曲线（或曲线方程）上获得的 Cr(Ⅵ) 量，μg；V 为水样的体积，mL。

注：当使用二苯碳酰二肼比色法测定铬时，可直接比色测定六价铬，如果先将三价铬氧化成六价铬后再测定就可以测得水中的总铬。在酸性溶液中，六价铬离子与二苯碳酰二肼反应，生成紫红色化合物，其最大吸收波长为 540mm，吸光度与浓度的关系符合比尔定律。如果测定总铬，需先用高锰酸钾将水样中的三价铬氧化为六价铬，再用本法测定。

五、注意事项

1. 用于测定铬的玻璃器皿，不能用重铬酸钾洗液洗涤，可用硝酸、硫酸混合液或洗涤剂洗涤，洗涤后冲洗干净。玻璃器皿内壁要求光滑，防止Cr(Ⅵ)被吸附。

2. Cr(Ⅵ)与显色剂的显色反应一般控制酸度在0.05~0.3mol/L范围，以0.2mol/L时显色最好。显色前，水样应调至中性。显色温度和放置时间对显色有影响，在15℃时，5~15min颜色即可稳定。

3. 铬标准溶液有两种浓度，其中每毫升含5.00μg Cr(Ⅵ)的标准溶液适用于铬含量高水样的测定，测定时使用显色剂和10mm比色皿。

六、数据记录

1. 标准曲线

填写标准曲线数据表（表15-17），并绘制标准曲线图。

表15-17 标准曲线数据表

Cr(Ⅵ)含量/μg	0	0.2	1.0	2.0	4.0	6.0	8.0	10.0
吸光度								

2. 影响Cr(Ⅵ)去除的各因素

根据实验数据利用Origin软件绘图（或模型拟合）分析初始pH、初始Cr(Ⅵ)浓度、吸附剂添加剂量和吸附温度等因素对生物基吸附剂去除水中Cr(Ⅵ)效率的影响及其机理。此外，利用动态吸附平衡的数据和相关模型（如Langmuir和Freundlich）进行非线性拟合并讨论。

3. 分析与讨论

吸附温度、初始pH、初始Cr(Ⅵ)浓度、吸附剂类型及其投加量等因素对水中Cr(Ⅵ)去除实验结果表明哪种吸附剂在何种条件下对水中Cr(Ⅵ)去除效率最高，何种吸附剂次之，何种吸附剂效果最差？它们除去水中Cr(Ⅵ)的主要机理是什么？模型分析结果说明什么？

实验四 虚拟仿真实训实验

Ⅰ. 造纸废水综合处理系统虚拟仿真实训

一、造纸废水处理工艺流程简介

1. 工艺流程

本项目应采用厌氧-好氧相结合的方法对废水进行处理。

（1）IC反应器，即内循环厌氧反应器，由2层UASB反应器串联而成。其由上下两个反应室组成。在处理高浓度有机废水时，其进水负荷可提高至35~50kg COD/(m^3·d)。与UASB反应器相比，在获得相同处理速率的条件下，IC反应器具有更高的进水容积负荷率和污泥负荷率，IC反应器的平均升流速度可达处理同类废水UASB反应器的20倍左右。

IC反应器全自动运行，可无人值守；处理高纤维含量污水不堵塞，不积累，抗冲击能力强，抗毒性强；碱耗少，运行成本更低；比同类产品占地少30%～50%，处理能力是同类产品的2倍；双层模块，无漏气跑泥风险；运行稳定，抗冲击能力强；可靠性高，无须日常检修；去除效率比同类产品高5%～10%，启动速度快。

造纸废水属于高浓度有机废水，进水负荷高，综合以上特点，IC反应器厌氧工艺与UASB工艺相比，更适宜作为本工程的厌氧处理工艺。

（2）对于造纸废水中溶解态有机物可采用"水解酸化-接触氧化"法进行处理。废水经水解酸化后，BOD_5/COD升高，废水的可生化性提高，使难降解有机物得到较大部分的处理。生物接触氧化法兼有生物滤池和活性污泥法的特点，容积负荷高，水力停留时间短，运行效果稳定可靠，污泥产生量小，运行管理比较方便。

射流曝气是利用射流泵的吸气作用代替空气压缩机，向原水中加注空气的曝气方式。其优点是搅动混合能力强，氧传递效率高，活性污泥沉降性能好。鼓风式射流曝气需要有鼓风机与泵，吸气式射流曝气可省去鼓风机。目前，国内已有采用射流曝气法处理城市污水和印染废水的装置。通过分析比较可以看出，本工程应采用射流曝气法作为好氧处理工艺。

因此本工程宜采用IC厌氧反应器射流曝气工艺作为废水处理的第二阶段常规处理工艺。

（3）废水中绝大部分污染物在常规处理阶段去除，但常规处理难以使处理后的废水达到二级排放标准，因此应对常规处理后的废水进行深度处理。

芬顿试剂具有较强的氧化能力，其氧化电位仅次于氟，高达2.80V，另外，羟基自由基具有很高的电负性或亲电性，其电子亲和能力达569.3kJ，具有很强的加成反应特性，因而芬顿试剂可无选择氧化水中的大多数有机物，特别适用于生物难降解或一般化学氧化难以奏效的有机废水的氧化处理，在印染废水、含油废水、含酚废水、焦化废水、含硝基苯废水、二苯胺废水等废水处理中有很广泛的应用。

活性砂过滤器过滤连续运行，无须停机反冲洗，效率高；无须反冲洗水泵、风机，无须冲洗水箱及阀门等；集混凝沉淀及过滤于一体，大大简化了工艺流程并减少了占地空间；运行及维护费用低；对于高SS含量的废水不需要预处理（进水SS可达150mg/L）。与常规砂过滤工艺相比，可节省30%～40%的化学药剂；可节省70%的设备空间；深层过滤，滤床深度2000mm，滤床压头损失小，只有0.5m；采用单一均质滤料，无须级配层；滤料被连续清洗，过滤效果好，无初滤液问题；出水水质稳定；易于改扩建。因此综合芬顿试剂及活性砂过滤器优点，对于造纸废水深度处理采用芬顿-活性砂过滤器处理工艺。

根据污染物组分及其控制特点，确定其工艺流程，如图15-14所示。

2. 工艺说明

（1）格栅

去除废水中的悬浮物、漂浮物，并能保护后续的水泵及管路。

（2）集水井

正常情况下，厂区来水一般都是靠重力流到污水站，这样污水管的标高一般都比较低，因此，集水井的作用其实就是提升泵的吸水井。

（3）斜筛

造纸废水中含大量的细小纸浆纤维，不能被格栅截留也难于通过沉淀去除，它们会缠住水泵叶轮，堵塞填料。如果不对纸浆纤维进行回收，将会有大量的纸浆进入废水处理系统

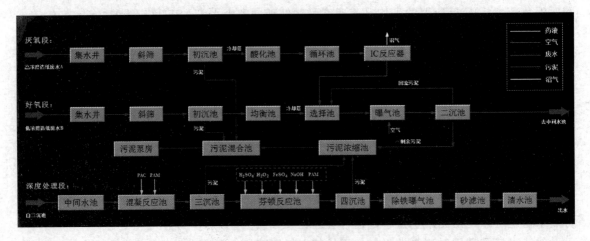

图 15-14　工艺流程图

中,严重影响废水处理系统的处理效果,同时也会造成纸浆浪费。这种呈悬浮状的细纤维可通过筛网或捞毛机去除,筛网的去除效果,相当于初次沉淀池的作用。筛网或捞毛机可有效地去除和回收废水中的羊毛、棉以及化学纤维杂质,具有简单、高效、不加化学药剂、运行费低、占地面积小及维修方便等优点。

斜筛用来回收大纤维物质,在造纸废水处理中,是去除悬浮物的重要设施,减轻后续处理设施的处理负荷。截留的纤维经收集后可回用生产。

(4) 初沉池

生活污水中一般含有一些悬浮物、浮油和泥沙,为了避免后续设备受到损害,或者这些悬浮物在池中堆积,因此需要设置一个初沉池将这些悬浮物最大可能地去除。

(5) 水解酸化池

水解酸化能将难降解有机物分解成易降解有机物,将大分子有机物降解成小分子有机物,而微生物对有机物摄取时只有溶解性的小分子物质才可直接进入细胞内,而不溶性大分子物质首先要通过胞外酶的分解才得以进入微生物体内代谢。因此,水解酸化的产物为微生物摄取有机物提供了有利条件,水解酸化可大大提高废水的可生化性,改善后续生化处理的条件。

(6) 循环池

调节废水水质和水量,为后续生化处理系统提供稳定、连续的废水。

(7) IC 厌氧反应器

IC 厌氧反应器是一种高效的多级内循环反应器,是第三代厌氧反应器的典型代表。与前两代厌氧器相比,它具有占地面积少、容积负荷量高、布水均匀、抗冲击能力强、性能更稳定、操作更简单的多种优势。

(8) 均衡池

调节废水水质和水量,为后续生化处理系统提供稳定、连续的废水。

(9) 选择池

调节均衡池和 IC 反应器水质和水量,为后续生化处理系统提供稳定、连续的废水。

(10) 曝气池

曝气池是利用活性污泥法进行污水处理的构筑物。池内提供一定污水停留时间,满足好氧微生物所需要的氧量以及污水与活性污泥充分接触的混合条件。曝气池主要由池体、曝气系统和进出水口三个部分组成。池体一般用钢筋混凝土筑成，平面形状有长方形、方形和圆形等。

主要分为推流式、完全混合式和二池结合型三大类。曝气设备的选用及其布置必须和池型及水力要求相配合。本设计采用射流曝气池。

(11) 二沉池

二沉池即二次沉淀池（secondary settlingtank）。二沉池是活性污泥系统的重要组成部分，其作用主要是使污泥分离，使混合液澄清、浓缩和回流活性污泥。其工作效果能够直接影响活性污泥系统的出水水质和回流污泥浓度。大中型污水处理厂多采用机械吸泥的圆形辐流式沉淀池，中型也有采用多斗平流沉淀池的，小型多采用竖流式。沉淀使泥水之间有清晰的界面，絮凝体结合整体共同下沉。活性污泥质轻，易被水带走，容易产生二次流和异重流的现象，使实际的过水断面远远小于设计的过水断面。

沉淀池常按池内水流方向不同分为平流式沉淀池、竖流式沉淀池和辐流式沉淀池三种。本设计中二沉池采用中心进水、周边出水的圆形辐流式沉淀池。

(12) 中间水池

调节来自二沉池的水质和水量，为后续处理系统提供稳定、连续的废水。

(13) 混凝反应池

① 在反应池内投加 PAC 混凝剂，在水溶液中水解后产生矾花，能有效吸附废水中的颗粒物及油类，形成较大矾花，以便后续去除。

② 在反应池内投加 PAM 絮凝剂，利用聚丙烯酰胺的酰胺基使被吸附的粒子间形成"桥联"，产生絮团，而加速微粒子的下沉，从而达到去除的目的。

(14) 三沉池

上一级絮凝反应后的絮凝体在此进行沉淀，处理后的水进入下一单元，污泥则用泵抽至污泥浓缩池。

(15) 芬顿反应池

来自三沉池的污水首先调节 pH 值至 3～4，然后投加芬顿试剂（Fe^{2+} 与 H_2O_2 按摩尔比 0.35 投加），将废水中难以降解的污染物氧化降解，再投加 NaOH 溶液调节 pH 至 7～9，最后投加絮凝剂 PAM 并进行充分反应，使废水中铁泥絮凝。根据出水情况，进入除铁曝气池，进行除铁处理。

(16) 四沉池

芬顿絮凝反应后的絮凝体在此进行沉淀，处理后的水进入下一单元，污泥则用泵抽至污泥浓缩池。

(17) 砂滤池

污水经前处理工序重力流入（如果出水压头不够，可加泵提升）活性砂过滤系统。在废水进入活性砂过滤器之前的管道中投加适量的絮凝剂，使污水中的悬浮物及胶体颗粒在絮凝剂的吸附、包裹、架桥作用下，形成较大的絮状颗粒，然后污水进入活性砂过滤池，通过活性砂过滤器进行过滤处理。

活性砂过滤器是一种集混凝、澄清及过滤为一体的连续过滤设备，通过滤层的截留作用，去除水中的悬浮物及其他颗粒杂质。其利用升流式流动床过滤原理，通过滤砂在过滤器中的循环流动，使过滤与洗砂同时进行，实现过滤器 24h 连续自动运行，避免了停机反冲洗工序，从而提高了过滤效果，简化了管理程序。

活性砂过滤器是一种技术先进的过滤器，目前已广泛应用于饮用水、工业用水、污水深度处理及中水回用处理等领域。过滤出水经消毒后即可达到出水水质标准，出水可临时储存于清水池中排放或回用。

(18) 中水回用清水池

起缓冲、储存水量作用，把生物处理的中段水回用到生产车间用于生产，达到节约清水的目的。

(19) 空气压缩机

空气压缩机选用螺杆式空气压缩机。供气系统包括空气压缩机、储气罐、前置精密过滤器、冷干机、后置精密过滤器和气控柜。

(20) 过滤器

过滤空气，防止管道堵塞腐蚀。

(21) 冷干机

冷干机是冷冻式干燥机的简称，属于气动系统中的气源处理元件。利用冷媒与压缩空气进行热交换，把压缩空气冷却至 $2 \sim 10 ℃$ 的范围，以除去压缩空气中的水分（水蒸气成分）。

3. 工艺参数

(1) 废水量

本项目为 $60000 m^3/d$ 中水回用工程，其中高浓度造纸有机污水采用厌氧处理系统，为 $20000 m^3/d$，另外低浓度造纸有机污水 $40000 m^3/d$ 经简单过滤沉淀处理后与厌氧处理系统后的污水一起进入好氧处理系统-深度处理系统处理，共计 $60000 m^3/d$。

(2) 进水浓度

根据生产工艺及相关资料，设计厌氧处理系统高浓度造纸有机污水进水浓度，如表 15-18 所示。

表 15-18 高浓度造纸有机污水进水浓度

污染因子	污染物浓度/(mg/L)	污染因子	污染物浓度/(mg/L)
COD_{Cr}	4000	氨氮	40
BOD_5	1000	总磷(TP)	5
SS	2000		

设计低浓度造纸有机污水浓度，如表 15-19 所示。

表 15-19 低浓度造纸有机污水进水浓度

污染因子	污染物浓度/(mg/L)	污染因子	污染物浓度/(mg/L)
COD_{Cr}	2400	氨氮	30
BOD_5	720	TP	2
SS	2000		

(3) 排放标准

结合造纸厂实际情况，经厌氧＋好氧处理后，二沉池出口污水排放标准执行当地水务有限公司污水接纳协议标准，应符合当地环境部门的要求。主要污染物及排放限量如表 15-20 所示。

表 15-20　二沉池出口污水主要污染物及排放限量

污染因子	污染物浓度/(mg/L)	污染因子	污染物浓度/(mg/L)
COD_{Cr}	<300	氨氮	<20
BOD_5	<84	TP	<1
SS	<94		

废水经深度处理（芬顿反应-砂滤）后，达到企业内部生产回用标准。主要污染物及排放限量如表 15-21 所示。

表 15-21　深度处理污水主要污染物及排放限量

污染因子	污染物浓度/(mg/L)	污染因子	污染物浓度/(mg/L)
COD_{Cr}	<60	氨氮	<8
BOD_5	<20	TP	<1
SS	<10		

二、废水处理构筑物及设备一览表

构筑物、设备一览表如表 15-22 和表 15-23 所示。

表 15-22　构筑物一览表

序号	位号	名称	序号	位号	名称
1	V101	集水井	20	V1001	混凝反应池 A
2	X101	斜筛 A	21	V1101	三沉池 A
3	V201	初沉池 A	22	V1102	三沉池 B
4	V202	初沉池 B	23	V1201	Fenton 反应池 A
5	V203	初沉池 C	24	V1202	Fenton 反应池 B
6	V301	厌氧酸化池	25	V1301	四沉池 A
7	V401	循环池	26	V1302	四沉池 B
8	T101	IC 厌氧塔	27	V1303	除铁曝气池
9	V102	集水井	28	V1401	砂滤池
10	X102	斜筛 B	29	V1402	砂滤池
11	V501	均衡池	30	V1501	回用清水池
12	V601	选择池	31	V1701	PAC 储罐
13	V701	曝气池 A	32	V1702	NaOH 储罐
14	V702	曝气池 B	33	V1703	H_2SO_4 储罐
15	V703	曝气池 C	34	V1704	PAM 储罐
16	V704	曝气池 D	35	V1705	H_2O_2 储罐
17	V801	二沉池 A	36	V1706	$FeSO_4$ 储罐
18	V802	二沉池 B	37	V1601	污泥浓缩池
19	V901	中间水池	38	V1602	污泥混合池

表 15-23　设备一览表

序号	位号	名称	序号	位号	名称
1	G101	格栅	3	M201	初沉池 A 刮泥机
2	P101A/B	1 号提升泵	4	P302	循环泵

续表

序号	位号	名称	序号	位号	名称
5	P301A/B	3号提升泵	44	M1001B	机械搅拌机
6	P401A/B	4号提升泵	45	M1001C	机械搅拌机
7	G102	格栅	46	M1001D	机械搅拌机
8	G103	格栅	47	M1101	刮泥机
9	P102A/B	2号提升泵	48	M1102	刮泥机
10	D102	带式压滤机	49	M1201A	机械搅拌机
11	M202	刮泥机	50	M1201B	机械搅拌机
12	M203	刮泥机	51	M1201C	机械搅拌机
13	P501	循环泵	52	M1201D	机械搅拌机
14	P701A/B	提升泵	53	M1201E	机械搅拌机
15	P702A/B	提升泵	54	M1201F	机械搅拌机
16	P703A/B	提升泵	55	M1201G	机械搅拌机
17	P704A/B	提升泵	56	M1201H	机械搅拌机
18	1#P701	射流泵	57	M1202A	机械搅拌机
19	2#P701	射流泵	58	M1202B	机械搅拌机
20	3#P701	射流泵	59	M1202C	机械搅拌机
21	4#P701	射流泵	60	M1202D	机械搅拌机
22	1#P702	射流泵	61	M1202E	机械搅拌机
23	2#P702	射流泵	62	M1202F	机械搅拌机
24	3#P702	射流泵	63	M1202G	机械搅拌机
25	4#P702	射流泵	64	M1202H	机械搅拌机
26	1#P703	射流泵	65	M1301	刮泥机
27	2#P703	射流泵	66	M1302	刮泥机
28	3#P703	射流泵	67	P1501A/B/C	回用泵
29	4#P703	射流泵	68	M1601	刮泥机
30	1#P704	射流泵	69	P1601A/B	污泥泵
31	2#P704	射流泵	70	P1602A/B	污泥泵
32	3#P704	射流泵	71	P201A/B/C	污泥泵
33	4#P704	射流泵	72	P803A/B/C	污泥泵
34	C701	鼓风机	73	P1101A/B/C	污泥泵
35	C702	鼓风机	74	P1301A/B/C	污泥泵
36	C703	鼓风机	75	W101	离心脱水机
37	C704	鼓风机	76	W102	离心脱水机
38	M801	刮泥机	77	W103	离心脱水机
39	M802	刮泥机	78	W104	离心脱水机
40	P801A/B	回流泵	79	K101	空压机
41	P802A/B	回流泵	80	K102	空压机
42	P1001A/B	提升泵	81	K103	空压机
43	M1001A	机械搅拌机	82	L101	冷干机

三、废水处理仪表列表

废水处理仪表如表15-24所示。

表 15-24　废水处理仪表

仪表位号	名称	单位	量程	正常值
FI101	厌氧段高浓度污水进水量	m^3/h	0~1666.7	833.3
LIV101	集水井 A 液位	%	0~100	50
LIV201A	初沉池 A 液位	%	0~100	100
LIV201B	初沉池 A 泥位	%	0~100	50
LIV301	酸化池液位	%	0~100	50
LIV401	循环池液位	%	0~100	50
LIT101	IC 塔液位	%	0~100	100
FI102	好氧段低浓度污水进水量	m^3/h	0~3333.3	1666.7
LIV102	集水井 B 液位	%	0~100	50
LIV202A	初沉池 B 液位	%	0~100	100
LIV202B	初沉池 B 泥位	%	0~100	50
LIV203A	初沉池 C 液位	%	0~100	100
LIV203B	初沉池 C 泥位	%	0~100	50
LIV501	均衡池液位	%	0~100	100
LIV601	选择池液位	%	0~100	50
LIV701	曝气池 A 液位	%	0~100	100
LIV702	曝气池 B 液位	%	0~100	100
LIV703	曝气池 C 液位	%	0~100	100
LIV704	曝气池 D 液位	%	0~100	100
LIV801A	二沉池 A 液位	%	0~100	100
LIV801B	二沉池 A 泥位	%	0~100	50
LIV802A	二沉池 B 液位	%	0~100	100
LIV802B	二沉池 B 泥位	%	0~100	50
LIV901	中间水池液位	%	0~100	50
FI1001	混凝反应池 A 进水量	m^3/h	0~3333.3	1666.7
LIV1101A	三沉池 A 液位	%	0~100	100
LIV1101B	三沉池 A 泥位	%	0~100	50
LIV1102A	三沉池 B 液位	%	0~100	100
LIV1102B	三沉池 B 泥位	%	0~100	50
AI1201A	芬顿反应池 V1201A pH 值	无	0~14	4
AI1202A	芬顿反应池 V1202A pH 值	无	0~14	4
AI1201E	芬顿反应池 V1201E pH 值	无	0~14	9
AI1202E	芬顿反应池 V1202E pH 值	无	0~14	9
LIV1301A	四沉池 A 液位	%	0~100	100
LIV1301B	四沉池 A 泥位	%	0~100	50
LIV1302A	四沉池 B 液位	%	0~100	100
LIV1302B	四沉池 B 泥位	%	0~100	50
LIV1303	除铁曝气池液位	%	0~100	100
LIV1501	清水池液位	%	0~100	50
FI1501	清水池出水量	m^3/h	0~2500	1250

续表

仪表位号	名称	单位	量程	正常值
FI1502	出水井出水量	m³/h	0～2500	1250
FIV1701A	混凝反应池 A PAC 加药量	L/h	0～500	250
FIV1701B	砂滤池 A PAC 加药量	L/h	0～500	250
FIV1701C	砂滤池 B PAC 加药量	L/h	0～500	250
FIV1702A	芬顿反应池 A NaOH 加药量	L/h	0～833.4	416.7
FIV1702B	芬顿反应池 B NaOH 加药量	L/h	0～833.4	416.7
FIV1703A	芬顿反应池 A H_2SO_4 加药量	L/h	0～10000	5000
FIV1703B	芬顿反应池 B H_2SO_4 加药量	L/h	0～10000	5000
FIV1704A	混凝反应池 A PAM 加药量	L/h	0～625	312.5
FIV1704B	芬顿反应池 A PAM 加药量	L/h	0～625	312.5
FIV1704C	芬顿反应池 B PAM 加药量	L/h	0～625	312.5
FIV1705A	芬顿反应池 A H_2O_2 加药量	L/h	0～4640	2320
FIV1705B	芬顿反应池 B H_2O_2 加药量	L/h	0～4640	2320
FIV1706A	芬顿反应池 A $FeSO_4$ 加药量	L/h	0～8640	4320
FIV1706B	芬顿反应池 B $FeSO_4$ 加药量	L/h	0～8640	4320

四、废水处理现场阀列表

废水处理现场阀如表 15-25 所示。

表 15-25　废水处理现场阀

位号	阀门名称	位号	阀门名称
V01V201	初沉池 A 排泥阀	V01C704	鼓风机 C704 调节阀
V02P302	循环泵 P302 调节阀	V01V801	二沉池 A 排泥阀
V02P501	循环泵 P501 调节阀	V01V802	二沉池 B 排泥阀
V01V202	初沉池 B 排泥阀	V01V1101	三沉池 A 排泥阀
V01V203	初沉池 C 排泥阀	V01V1102	三沉池 B 排泥阀
V02P801	污泥回流泵 P801 调节阀	V01V1301	四沉池 A 排泥阀
V02P802	污泥回流泵 P802 调节阀	V01V1302	四沉池 B 排泥阀
V01C701	鼓风机 C701 调节阀	V01V1501	超越管道外排阀
V01C702	鼓风机 C702 调节阀	V02V1501	清水池回用阀
V01C703	鼓风机 C703 调节阀		

五、操作规程

项目如表 15-26 所示。

表 15-26　项目

序号	项目名称	项目描述
1	正常开车	基本项目
2	COD 超标(IC 塔 T101 参数调节)	基本项目
3	BOD_5 超标(曝气池 V701 参数调节)	基本项目

续表

序号	项目名称	项目描述
4	SS 超标（三沉池 V1101 参数调节）	基本项目
5	NH_3-N 超标（回流比调节）	基本项目
6	混凝反应池加药量调节	基本项目
7	芬顿池 pH 调节	基本项目
8	正常调节	基本项目

1. 正常开车

说明：按照合理的顺序启动及调节造纸废水工艺所涉及的各个设备（例如泵、阀门等），使工艺正常运行。

(1) 厌氧段

① 打开厌氧段高浓度污水进水总阀 V01G101，调节开度至 50%；

② 启动机械格栅 G101；

③ 打开提升泵 P101A 前阀 V01P101A；

④ 当集水井 V101 液位≥50%时，启动提升泵 P101A；

⑤ 打开提升泵后阀 V02P101A；

⑥ 当厌氧酸化池 V301 液位≥20%时，启动冷却塔循环泵 P302；

⑦ 酸化池温度控制：打开阀门 V02P302，调节阀门开度为 65%，调节温度至 37℃；

⑧ 打开提升泵 P301A 前阀 V01P301A；

⑨ 当厌氧酸化池 V301 液位≥50%时，启动提升泵 P301A；

⑩ 打开提升泵 P301A 后阀 V02P301A；

⑪ 打开提升泵 P401A 前阀 V01P401A；

⑫ 当循环池 V401 液位≥50%时，启动提升泵 P401A；

⑬ 打开提升泵 P401A 后阀 V02P401A。

(2) 好氧段

① 打开好氧段低浓度污水进水总阀 V01G102，调节开度至 50%；

② 启动机械格栅 G102；

③ 启动机械格栅 G103；

④ 打开提升泵 P102A 前阀 V01P102A；

⑤ 当集水井 V102 液位≥50%时，启动提升泵 P102A；

⑥ 打开提升泵 P102A 后阀 V02P102A；

⑦ 启动带式压滤机 D102；

⑧ 当均衡池 V501 液位≥20%时，启动循环池冷却塔循环泵 P501；

⑨ 均衡池出口温度控制：打开阀门 V02P501，调节阀门开度为 65%，调节温度至 37℃；

⑩ 当选择池 V601 液位≥50%时，启动曝气池提升泵 P701A；

⑪ 当选择池 V601 液位≥50%时，依次启动曝气池提升泵 P702A；

⑫ 当选择池 V601 液位≥50%时，依次启动曝气池提升泵 P703A；

⑬ 当选择池 V601 液位≥50%时，依次启动曝气池提升泵 P704A；

⑭ 调节曝气量，当曝气池 V701 液位≥50%时，启动曝气池 V701 鼓风机 C701；

⑮ 打开阀门 V01C701，调节 V01C701 阀门开度 50%；
⑯ 当曝气池 V701 液位≥50%时，启动曝气池 V701 射流泵（1#射流泵）；
⑰ 当曝气池 V701 液位≥50%时，依次启动曝气池 V701 射流泵（2#射流泵）；
⑱ 当曝气池 V701 液位≥50%时，依次启动曝气池 V701 射流泵（3#射流泵）；
⑲ 当曝气池 V701 液位≥50%时，依次启动曝气池 V701 射流泵（4#射流泵）；
⑳ 当曝气池 V702 液位≥50%时，启动曝气池 V702 鼓风机 C702；
㉑ 打开阀门 V01C702，调节 V01C702 阀门开度 50%；
㉒ 当曝气池 V702 液位≥50%时，启动曝气池 V702 射流泵（1#射流泵）；
㉓ 当曝气池 V702 液位≥50%时，依次启动曝气池 V702 射流泵（2#射流泵）；
㉔ 当曝气池 V702 液位≥50%时，依次启动曝气池 V702 射流泵（3#射流泵）；
㉕ 当曝气池 V702 液位≥50%时，依次启动曝气池 V702 射流泵（4#射流泵）；
㉖ 当曝气池 V703 液位≥50%时，启动曝气池 V703 鼓风机 C703；
㉗ 打开阀门 V01C703，调节 V01C703 阀门开度 50%；
㉘ 当曝气池 V703 液位≥50%时，启动曝气池 V703 射流泵（1#射流泵）；
㉙ 当曝气池 V703 液位≥50%时，依次启动曝气池 V703 射流泵（2#射流泵）；
㉚ 当曝气池 V703 液位≥50%时，依次启动曝气池 V703 射流泵（3#射流泵）；
㉛ 当曝气池 V703 液位≥50%时，依次启动曝气池 V703 射流泵（4#射流泵）；
㉜ 当曝气池 V704 液位≥50%时，启动曝气池 V704 鼓风机 C704；
㉝ 打开阀门 V01C704，调节 V01C704 阀门开度 50%；
㉞ 当曝气池 V704 液位≥50%时，启动曝气池 V704 射流泵（1#射流泵）；
㉟ 当曝气池 V704 液位≥50%时，依次启动曝气池 V704 射流泵（2#射流泵）；
㊱ 当曝气池 V704 液位≥50%时，依次启动曝气池 V704 射流泵（3#射流泵）；
㊲ 当曝气池 V704 液位≥50%时，依次启动曝气池 V704 射流泵（4#射流泵）；
㊳ 当二沉池 V801 液位≥50%，二沉池 V802 液位≥50%时，启动污泥回流泵 P801A；
㊴ 当二沉池 V801 液位≥50%，二沉池 V802 液位≥50%时，依次启动污泥回流泵 P802A；
㊵ 打开阀门 V01P801，调节 V01P801 阀门开度为 25%；
㊶ 打开阀门 V01P802，调节 V01P802 阀门开度为 25%。

(3) 混凝反应工段
① 当中间水池 V901 液位≥50%时，启动提升泵 P1001A；
② 打开 PAC 加药阀 V01V1701，调节阀门开度为 50%；
③ 打开 PAM 加药阀 V01V1704，调节阀门开度为 50%；
④ 启动混凝反应池 V1001 机械搅拌机 M1001A；
⑤ 启动混凝反应池 V1001 机械搅拌机 M1001B；
⑥ 启动混凝反应池 V1001 机械搅拌机 M1001C；
⑦ 启动混凝反应池 V1001 机械搅拌机 M1001D。

(4) 芬顿反应工段
① 打开 H_2SO_4 加药阀 V01V1703，调节阀门开度为 50%，调节 pH 值为 4；
② 打开 H_2O_2 加药阀 V01V1705，调节阀门开度为 50%；
③ 打开 $FeSO_4$ 加药阀 V01V1706，调节阀门开度为 50%；

④ 启动芬顿反应池 V1201 机械搅拌机 M1201A；

⑤ 启动芬顿反应池 V1201 机械搅拌机 M1201B；

⑥ 启动芬顿反应池 V1201 机械搅拌机 M1201C；

⑦ 启动芬顿反应池 V1201 机械搅拌机 M1201D；

⑧ 打开 NaOH 加药阀 V01V1702，调节阀门开度为 50%，调节 pH 值为 9；

⑨ 启动芬顿反应池 V1201 机械搅拌机 M1201E；

⑩ 启动芬顿反应池 V1201 机械搅拌机 M1201F；

⑪ 启动芬顿反应池 V1201 机械搅拌机 M1201G；

⑫ 打开 PAM 加药阀 V02V1704，调节阀门开度为 50%；

⑬ 启动芬顿反应池 V1201 机械搅拌机 M1201H；

⑭ 打开 H_2SO_4 加药阀 V02V1703，调节阀门开度为 50%，调节 pH 值为 4；

⑮ 打开 H_2O_2 加药阀 V02V1705，调节阀门开度为 50%；

⑯ 打开 $FeSO_4$ 加药阀 V02V1706，调节阀门开度为 50%；

⑰ 启动芬顿反应池 V1202 机械搅拌机 M1202A；

⑱ 启动芬顿反应池 V1202 机械搅拌机 M1202B；

⑲ 启动芬顿反应池 V1202 机械搅拌机 M1202C；

⑳ 启动芬顿反应池 V1202 机械搅拌机 M1202D；

㉑ 打开 NaOH 加药阀 V02V1702，调节阀门开度为 50%，调节 pH 值为 9；

㉒ 启动芬顿反应池 V1202 机械搅拌机 M1202E；

㉓ 启动芬顿反应池 V1202 机械搅拌机 M1202F；

㉔ 启动芬顿反应池 V1202 机械搅拌机 M1202G；

㉕ 打开 PAM 加药阀 V03V1704，调节阀门开度为 50%；

㉖ 启动芬顿反应池 V1202 机械搅拌机 M1202H。

(5) 砂滤工段

① 当 V1401A 液位>0 时，打开 PAC 加药阀 V02V1701，调节开度为 50%；

② 当 V1402G 液位>0 时，打开 PAC 加药阀 V03V1701，调节开度为 50%；

③ 启动冷干机 L101；

④ 启动空压机 A K101；

⑤ 启动空压机 B K102；

⑥ 启动空压机 C K103；

⑦ 打开阀门 V02V1501，调节开度为 50%；

⑧ 打开阀门 V01V1501，调节开度为 50%。

2. COD 超标（IC 塔 T101 参数调节）

说明：通过综合调节 IC 塔参数，使出水 COD 指标在正常范围内。

① 设置 IC 塔高径比或塔高，调节 IC 塔合适停留时间（>0.35h）；

② 设置循环泵（P302）阀门开度，调节 IC 塔合适温度（37~40℃）；

③ 设置 IC 塔 pH 值，调节 IC 塔合适 pH（6.8~7.2）；

④ 设置 IC 塔挥发性脂肪酸（VFA）值，调节 IC 塔合适 VFA（300~360mg/L）；

⑤ 设置 IC 塔容积负荷值，调节 IC 塔合适容积负荷[25~30COD/(m^3·d)]；

⑥ 设置 IC 塔碳氮比值，调节 IC 塔合适碳氮比（25~30）；

⑦ 出水指标 COD≤60mg/L。

3. BOD_5 超标（曝气池 V701 参数调节）

说明：通过综合调节曝气池 V701 参数，使出水 BOD_5 指标在正常范围内。

① 设置曝气池（V701）直径或高度，调节合适停留时间（>30h）；
② 改变回流泵电磁阀（V01P801 或 V01P802）开度，调节合适回流比（R>40）；
③ 设置曝气池（V701）pH 值，调节合适的 pH（6.8～7.2）；
④ 设置曝气池（V701）温度值，调节合适的温度（30～35℃）；
⑤ 调节曝气池（V701）鼓风机阀门 V01C701，调节合适溶解氧量（1.5～2.5mg/L）；
⑥ 出水指标 BOD_5≤20mg/L。

4. SS 超标（三沉池 V1101 参数调节）

说明：通过综合调节三沉池 V1101 参数，使出水 SS 指标在正常范围内。

① 设置三沉池 A（V1101）直径或有效深度，调节合适停留时间（>7h）；
② 设置三沉池 A（V1101）表面负荷值，调节合适表面负荷 [<1.0m^3/(m^2·h)]；
③ 出水指标 SS≤10mg/L。

5. NH_3-N 超标（回流比调节）

说明：通过综合调节回流量（回流比），使出水 NH_3-N 指标在正常范围内。

① 改变回流污泥阀门（V01P801 或 V01P802）开度，调节合适的污泥回流量（FI601）（FI601≥1250m^3/h）；
② 出水指标 NH_3-N≤8mg/L。

6. 混凝反应池加药量调节

说明：通过综合调节混凝反应池加药量，使出水指标 SS 在正常范围内。

① 改变 PAC 调节阀 V01V1701 阀门开度，调节 PAC 加药量（FIV1701A≥200L/h）；
② 改变 PAM 调节阀 V01V1704 阀门开度，调节 PAM 加药量（FIV1704A≥300L/h）；
③ 改变混凝反应池加药量，调节出水指标 SS≤10mg/L。

7. 芬顿池 pH 调节

说明：通过调节 H_2SO_4 加药量，使出水各项指标均在正常范围内。

① 改变 H_2SO_4 加药阀（V01V1703）开度，调节 pH 值至 4（pH=4）；
② 改变 H_2SO_4 加药阀（V02V1703）开度，调节 pH 值至 4（pH=4）；
③ 出水 COD 指标≤60mg/L。

8. 正常调节

说明：通过综合控制使出水各项指标均在正常范围内。

① 通过综合调节各参数或阀门使出水指标 COD<60mg/L；
② 通过综合调节各参数或阀门使出水指标 BOD_5<20mg/L；
③ 通过综合调节各参数或阀门使出水指标 SS<10mg/L；
④ 通过综合调节各参数或阀门使出水指标 NH_3-N<8mg/L；
⑤ 通过综合调节各参数或阀门使出水指标 TP<0.8mg/L。

六、DCS 画面

DCS 画面即总貌图与废水工艺处理如图 15-15～图 15-24 所示。

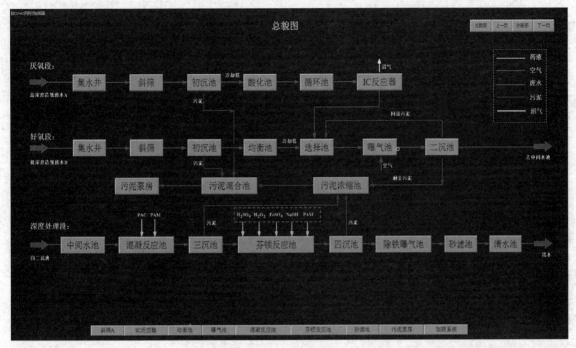

图 15-15 总貌图

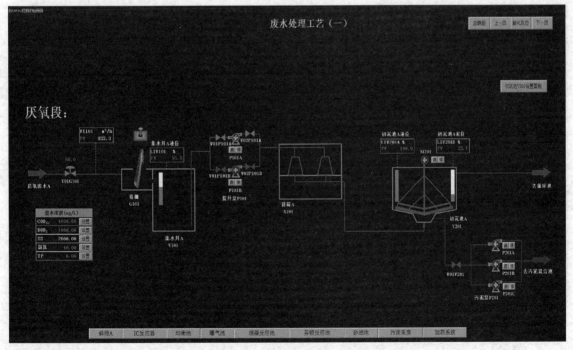

图 15-16 废水处理工艺（一）

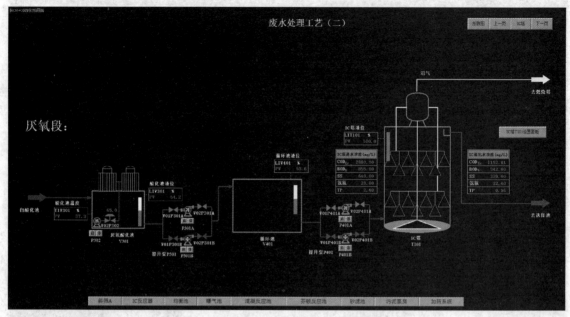

图 15-17 废水处理工艺（二）

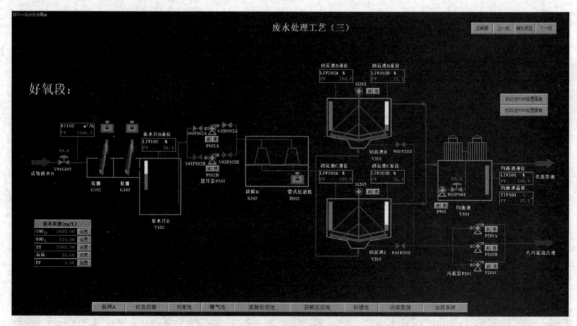

图 15-18 废水处理工艺（三）

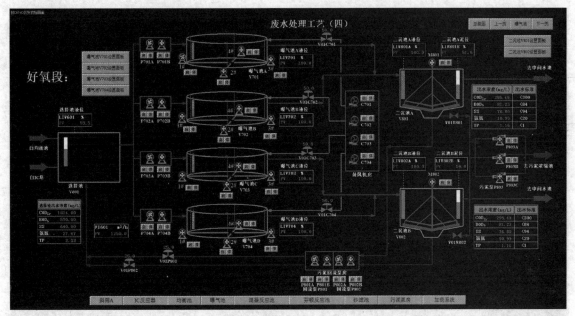

图 15-19　废水处理工艺（四）

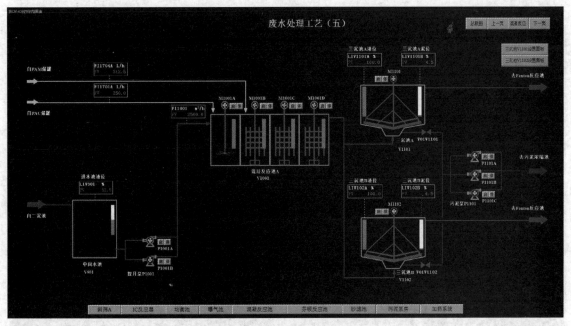

图 15-20　废水处理工艺（五）

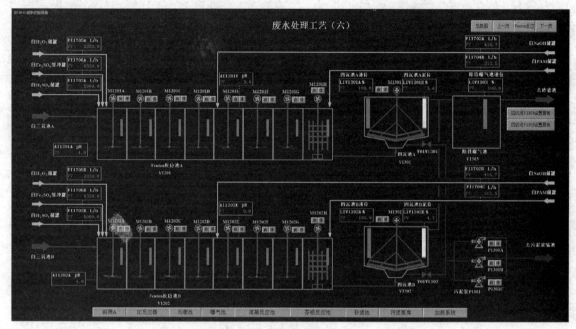

图 15-21 废水处理工艺（六）

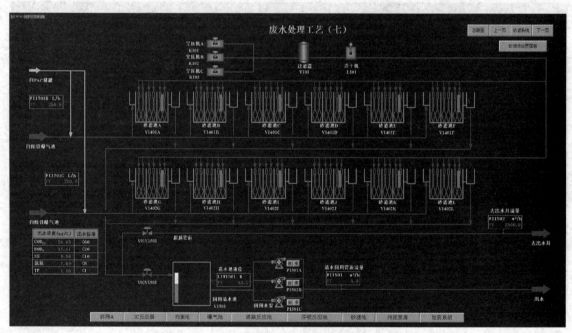

图 15-22 废水处理工艺（七）

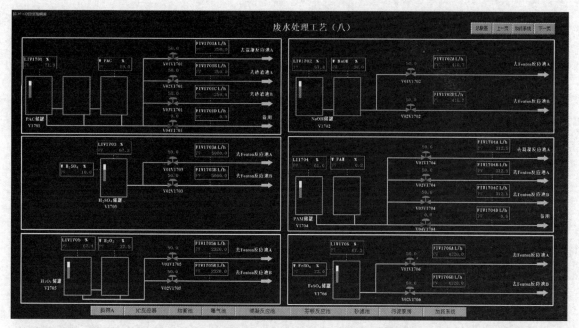

图 15-23 废水处理工艺（八）

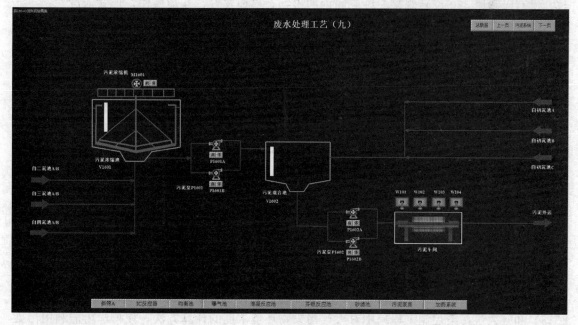

图 15-24 废水处理工艺（九）

Ⅱ. 燃煤电厂大气污染物排放协同控制及迁移扩散 3D 虚拟仿真实训

一、软件简介

1. 概述

本软件旨在为本科院校环境相关专业的学生提供一个三维的、高仿真度的、高交互操作的、全程参与式的、可提供实时信息反馈与操作指导的虚拟模拟操作平台，使学生通过在本平台上的操作练习，进一步熟悉专业基础知识，了解环境类处理工厂环境，培训基本动手能力，为进行实际实习和工作奠定良好基础。

本平台采用虚拟现实技术，依据工厂实际布局搭建模型，按实际生产过程完成交互，完整再现了烟气处理操作过程及物料转化效果。3D操作画面具有很强的环境真实感、操作灵活性和独立自主性，学生可查看到各个部分的处理设备和运行原理，解决了实际操作过程中的某些盲点，特别有利于调动学生动脑思考，培养学生的动手能力，同时也增强了学习的趣味性。

该平台为学生提供了一个自主发挥的平台，也为生产"互动式"预习、"翻转课堂"等新型教育方式转化到环境实习中来提供了一个新思路、新方法及新手段，必将对促进本科环境学科实训教育教学的改革与发展起到积极的促进作用。

2. 软件特色

本软件的特色主要有以下几个方面。

（1）虚拟现实技术

利用电脑模拟产生一个三维空间的虚拟世界，构建高度仿真的虚拟处理环境和处理对象，提供使用者关于视觉、听觉、触觉等感官的模拟，让使用者如同身临其境一般，可以及时、没有限制地360°旋转观察三维空间内的事物，界面友好，互动操作，形式活泼。

（2）自主学习内容丰富

知识点讲解，包含基础知识介绍、软件工艺讲解、操作过程中的注意事项和工艺讲解视频等。

（3）工艺流程展示

以3D形式展示典型烟气处理的真实生产工艺过程，全面仿真模拟氨区操作、SCR脱硝过程、静电除尘过程、湿法脱硫操作、湿式静电除尘操作、石膏脱水工艺等，以及配套的工艺原理。学员可以在仿真工厂环境中漫游，学习典型烟气处理工艺的工厂设计要求，在环境中可以实现360°旋转。将工艺流程制作成多个工序，实现工厂仿真模拟功能，以文字形式展示工艺知识点，对工艺流程进行理论学习。

（4）设备工作原理展示

以文字、动画和特效形式模拟典型烟气处理中脱硫、脱硝、静电除尘、湿式静电除尘设备的工作原理和实际运行过程，直观形象地展现其内外部形态机构及工作原理。

（5）污染物排放迁移扩散模拟

软件设置相应的虚拟仿真模块，参照《环境影响评价技术导则　大气环境》（HJ 2.2—2018）和《大气污染控制工程》中对大气污染物环境浓度的计算方法，使得学生能利用污染物排放率、烟气抬升、风向、风速等相关参数，计算距烟囱4000m内，每间隔500m，大气污染物地面轴线浓度的分布情况。能以虚拟仿真的形式表现烟囱排放的大气污染物向下方向扩散的规律。

二、工艺介绍

1. 燃煤电厂烟气处理工艺总括

燃煤电厂在运行中燃烧大量的煤炭，煤中的有害成分因此被释放出来，并形成污染物，污染物随烟气排入大气，烟气内的污染物有氮氧化物、粉尘、二氧化硫、二氧化碳、重金属等，这些污染物对生产过程、生态环境和人类健康有害。环保法规要求对排入大气的主要污染物，如氮氧化物、粉尘、二氧化硫进行控制并脱除。

本工艺主要采取 SCR 脱硝＋静电除尘＋湿法脱硫＋湿式静电除尘相组合的烟气处理方法，主要设备包括 SCR 脱硝反应器、静电除尘器、脱硫吸收塔、湿式电除尘装置和附属的氨储存、蒸发、缓冲、氨气/空气混合系统以及石膏旋流、石膏脱水系统等。

2. 工艺处理核心

工艺流程如图 15-25 所示。

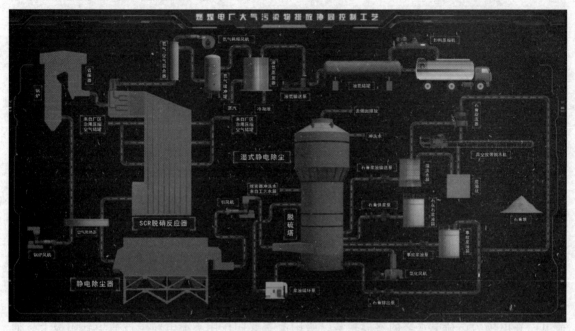

图 15-25　工艺流程图

助燃空气经过空气预热器加热后进入焚烧锅炉，焚烧产生的烟气经过省煤器换热后进去 SCR 脱硝反应器脱除氮氧化物。

SCR 脱硝反应器以氨气为还原剂。反应所需要的氨气，以氨水的形式通过槽罐车运输到电厂氨区，存储于液氨储罐内，待脱硝反应进行时，经过液氨蒸发器与蒸汽换热，蒸发后的氨气暂存于氨气缓冲罐内，经过氨气/空气混合后被稀释到 5％含量后喷入 SCR 脱硝反应器内，在反应器内经过催化剂催化将烟气中的氮氧化物还原为氮气，SCR 脱硝反应器对于氮氧化物的脱除效率可以达到 85％以上。

通过蒸汽吹灰的方式，清除催化剂及 SCR 反应器内堆积的灰尘，减少灰尘对脱硝效率的影响。

脱硝后的烟气经空气预器换热，降温至 100℃左右后进入静电除尘器，静电除尘器电场的电流和电压分别可达到 1.5A 和 72kV，含尘烟气在通过高压电场时被电离，使尘粒荷电，并在电场力的作用下使尘粒沉积在集尘极上，将尘粒从含尘气体中分离，除尘效率能达到 88％以上。被吸附的灰尘粒子经过振打、收集后排出。

脱硫吸收塔内的石灰石浆液通过石灰石供浆泵输送入塔，通过浆液循环泵的作用，与引风机增压后的烟气在吸收塔内接触反应，吸收烟气中的 SO_2，生成亚硫酸钙，而后在吸收塔浆池内，经过氧化空气的氧化作用，生成石膏（$CaSO_4 \cdot 2H_2O$）浆液。湿法脱硫处理可去除烟气中 95% 以上的含硫组分，处理完毕后的烟气，经除雾器除去烟气中所携带的水滴和石膏颗粒后，达到排放标准。吸收塔除雾器应进行定期冲洗，以保证除雾器对水分和固体颗粒的去除效果。

吸收 SO_2，经氧化后生成的石膏浆液，通过石膏排出泵排出吸收塔，进入石膏脱水系统。石膏脱水系统包括石膏旋流器和真空皮带脱水机两级脱水装置。石膏旋流器作为一级脱水系统，其分离后，底流的含固量能达到 45%~50%。溢流液进入溢流水箱，溢流液的固含量为 1%~3%，且颗粒细小，可作为晶种由石膏浆液泵输送回吸收塔，促进脱硫石膏颗粒的快速生长。

旋流器底流浆液进入真空皮带脱水机，真空皮带脱水机将预脱水的石膏浆液进一步脱水成湿度小于 10% 的石膏。脱水后的石膏落入石膏库储存，分离出来的滤液储存于水坑中，最终由石膏浆液输送泵打回到吸收塔内。

脱硫系统故障或者紧急停机时，吸收塔内的浆液可通过石膏排出泵排至事故浆液箱，当脱硫系统可正常运行时，再通过事故浆液泵打回吸收塔。

脱硫塔出口的烟气，进入湿式电除尘器。湿式电除尘器是一种用来处理含微量粉尘和微颗粒的新除尘设备，主要用来除去含湿气体中的尘、酸雾、水滴、气溶胶、臭味、$PM_{2.5}$ 等有害物质，是治理大气粉尘污染的理想设备。由于湿式静电除尘器存在，在保证入口浓度低于 $18mg/m^3$（标准状况）条件下，使得烟气排放出口粉尘浓度低于 $5mg/m^3$，达到超低排放标准。

湿式电除尘器和与干式电除尘器的收尘原理相同，都是靠高压电晕放电使得粉尘荷电，荷电后的粉尘在电场力的作用下到达集尘板/管。阴极线针刺（芒刺）电极在高压电源的作用下形成强大的电晕电场使气体电离，烟气中的粉尘、雾滴粒子等经过电场时，获得电子而荷电，在电场力、荷电水雾的碰撞拦截、吸附凝聚共同作用下荷电粒子被捕集到阳极上。通过分区通电，顶部喷淋系统间歇运行对阴极、阳极进行补充冲洗清理，冲洗周期约为 1 次/d，实际运行可根据锅炉负荷优化冲洗周期。冲洗水压力为 $>0.25MPa$，每次每电场冲洗 3~5min。冲洗水流入吸收塔浆液池中作为吸收塔补水。

三、软件操作说明

1. 软件启动

完成安装后就可以运行虚拟仿真软件了，双击桌面快捷方式，在弹出的启动窗口中选择"燃煤电厂大气污染物排放协同控制及迁移扩散虚拟仿真实训教学软件"，培训项目列表显示"项目启动"，选择项目，点击"启动"按钮。软件启动界面见图 15-26。

2. 软件操作

启动软件后，出现仿真软件加载页面，软件加载完成后进入仿真实验操作界面，在该界面可实现虚拟仿真软件的所有操作。软件主界面见图 15-27。

（1）功能介绍

角度控制：W 为前，S 为后，A 为左，D 为右，鼠标右键为视角旋转。

视角高度：Q 为抬高视角，E 为降低视角。

当鼠标放在某位置时指针变为手型表示可对该部分进行操作。

图 15-26　软件启动界面

图 15-27　软件主界面

(2) 界面介绍

进入界面后,界面右下角为菜单功能条(图 15-28),右上方为工具条(图 15-29),左边为在线监测系统(图 15-30),右侧为地图导航和设备工段介绍按钮(图 15-31)。

图 15-28　菜单功能条

图 15-29　工具条

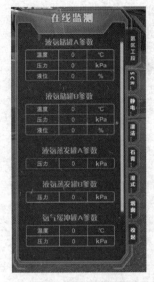

图 15-30 在线监测系统

图 15-31 地图导航和设备工段介绍按钮

工艺：介绍典型烟气处理工艺、SCR 脱硝设备、湿法脱硫设备、静电除尘设备的运行过程等。

知识点：介绍软件所采用工艺的主要设备的操作原理和注意事项。

设置：设置软件操作环境，见图 15-32。

微课：学生课外拓展的理论知识。

其工具条图标说明如表 15-27 所示。

图 15-32 系统设置图

表 15-27 工具条图标说明

图标	说明	图标	说明	图标	说明	图标	说明
	运行选中项目		暂停当前运行项目		状态说明		保存快门
	停止当前运行项目		恢复暂停项目		参数监控		模型速率

操作指导：对学生进行相应操作提示。

地图图标：显示人物目前位置，可以通过左下角＋号、右下角－号调节比例。

设备工段介绍：点击相应模块，触发包括设备介绍、设备动画运动等在内的展示功能。

(3) 模式介绍

本仿真软件为学生提供了两个板块的内容进行学习，分别是认识操作和生产操作。生产操作是在学生通过认知操作对工艺已经了解的基础上进行的，保证学生在生产的时候已经掌握了充足的理论操作技能。

认知操作：该模式针对的对象为初学者。学生通过设备工段介绍模块触发学习相应的知识点、动画和特效，掌握设备的运行过程及现象原理。

生产操作：学生使用认知操作后，可通过生产操作学习掌握设备的操作过程和污染物去除影响因素的调节，加深对操作过程及影响因素的理解。

（4）工艺卡片

各工艺单元设备（阀门）如表15-28～表15-32所示。

表15-28 SCR脱硝工艺单元设备

序号	名称	序号	名称
1	卸料压缩机	6	氨气/空气混合器
2	液氨储罐	7	SCR脱硝反应器
3	液氨输送泵	8	氨气稀释风机
4	液氨蒸发罐	9	空气预热器
5	液氨缓冲罐	10	蒸汽吹灰系统

表15-29 SCR脱硝工艺单元阀门

序号	名称	序号	名称
1	卸料压缩机A前阀	15	液氨蒸发罐A入口阀
2	卸料压缩机A后阀	16	液氨蒸发罐B入口阀
3	卸料压缩机B前阀	17	液氨储罐A回流阀
4	卸料压缩机B后阀	18	液氨储罐B回流阀
5	液氨储罐A进口阀1	19	液氨蒸发罐A入口阀
6	液氨储罐A进口阀2	20	液氨蒸发罐A出口阀
7	液氨储罐B进口阀1	21	液氨蒸发罐B入口阀
8	液氨储罐B进口阀2	22	液氨蒸发罐B出口阀
9	液氨储罐A出口阀	23	氨气/空气混合器入口阀
10	液氨储罐B出口阀	24	氨气/空气混合器出口阀
11	液氨输送泵A进口阀	25	蒸汽吹灰入口阀1～8
12	液氨输送泵A出口阀	26	氨稀释风机A出口阀
13	液氨输送泵B进口阀	27	氨稀释风机B出口阀
14	液氨输送泵B出口阀	28	SCR烟气出口阀

表15-30 静电除尘工艺单元设备

序号	名称	序号	名称
1	静电除尘器	3	引风机B
2	引风机A		

表15-31 静电除尘工艺单元阀门

序号	名称	序号	名称
1	SCR烟气入口阀	8	电厂七区放灰阀
2	电厂一区放灰阀	9	电厂八区放灰阀
3	电厂二区放灰阀	10	引风机A入口阀
4	电厂三区放灰阀	11	引风机B入口阀
5	电厂四区放灰阀	12	引风机A出口阀
6	电厂五区放灰阀	13	引风机B出口阀
7	电厂六区放灰阀		

表15-32 湿法脱硫工艺单元设备

序号	名称	序号	名称
1	脱硫吸收塔	4	石灰石供浆泵A/B
2	浆液循环泵A/B/C	5	氧化风机A/B
3	石灰石浆液箱	6	石膏排出泵A/B

续表

序号	名称	序号	名称
7	石膏旋流器 A/B	10	事故浆液箱
8	真空皮带脱水机	11	石灰石粉仓
9	石膏浆液输送泵 A/B	12	气力输送泵 A/B

3. 操作流程

一用一备泵只开启其中一个。

(1) 系统运行前准备，锅炉运行

① 打开锅炉风机 A 出口阀 V01P201A。

② 打开锅炉风机 B 出口阀 V01P201B（备用）。

③ 打开 SCR 脱硝塔烟气入口阀 V01T101。

④ 打开 SCR 脱硝塔烟气出口阀 V02T101。

⑤ 打开静电除尘器烟气入口阀 V01T201。

⑥ 开启引风机 A 入口阀 V01P301A。

⑦ 开启引风机 A 出口阀 V02P301A。

⑧ 开启引风机 B 入口阀 V01P301B（备用）。

⑨ 开启引风机 B 出口阀 V02P301B（备用）。

⑩ 开启脱硫烟气出口阀 V02T301。

⑪ 选定燃烧煤种褐煤/烟煤/无烟煤。

⑫ 开启锅炉风机 A P201A 开关。

⑬ 开启锅炉风机 B P201B 开关（备用）。

⑭ 开启引风机 A P301A 开关。

⑮ 开启引风机 B P301B 开关（备用）。

(2) 氨区工段启动

① 开启卸料压缩机 A 入口阀 V01P101A。

② 开启卸料压缩机 A 出口阀 V02P101A。

③ 开启卸料压缩机 A P101A 开关。

④ 开启卸料压缩机 B 入口阀 V01P101B（备用）。

⑤ 开启卸料压缩机 B 出口阀 V02P101B（备用）

⑥ 开启料压缩机 B P101B 开关（备用）。

⑦ 开启液氨储罐 A 入口阀 V01V101A。

⑧ 待液氨储罐 A V101A 液位达到 60% 以上时，开启液氨储罐 A 出口阀 V02V101A。

⑨ 开启液氨储罐 B 入口阀 V01V101B（备用）。

⑩ 待液氨储罐 B V101B 液位达到 60% 以上时，开启液氨储罐 B 出口阀 V02V101B（备用）。

⑪ 开启液氨输送泵 A 入口阀 V01P102A。

⑫ 开启液氨输送泵 A 出口阀 V02P102A。

⑬ 开启液氨输送泵 A P102A 开关。

⑭ 开启液氨输送泵 B 入口阀 V01P102B（备用）。

⑮ 开启液氨输送泵 B 出口阀 V02P102B（备用）。

⑯ 开启液氨输送泵 B P102B 开关（备用）。

⑰ 开启液氨蒸发罐 A 入口阀 V01R101A。

⑱ 待液氨蒸发罐 A R101A 的压力达到 500kPa 时，开启氨气缓冲罐 A 入口阀 V01V102A。

⑲ 开启液氨蒸发罐 B 入口阀 V01R101B（备用）。

⑳ 待液氨蒸发罐 B R101B 的压力达到 500kPa 时，开启氨气缓冲罐 B 入口阀 V01V102B（备用）。

(3) SCR 脱硝工段启动

① 开启氨气稀释风机 A 出口阀 V01P103A。

② 开启氨气稀释风机 A P103A。

③ 开启氨气稀释风机 B 出口阀 V01P103B（备用）。

④ 开启氨气稀释风机 B P103B（备用）。

⑤ 调节氨气缓冲罐 A 出口阀 V02V102A 开度，至出口流量为 315m^3/h（褐煤，开度约为 31.5%），或 550m^3/h（烟煤，开度约为 55%），或 825m^3/h（无烟煤，开度约为 82.5%），保证氨气浓度占混合气体的 1/20。

⑥ 调节氨气缓冲罐 B 出口阀 V02V102B 开度，至出口流量为 315m^3/h（褐煤，开度约为 31.5%），或 550m^3/h（烟煤，开度约为 55%），或 825m^3/h（无烟煤，开度约为 82.5%），保证氨气浓度占混合气体的 1/20（备用）。

⑦ 打开氨气/空气混合器出口阀 V01R102。

⑧ 开启催化剂层 1。

⑨ 开启催化剂层 2。

⑩ 开启催化剂层 3。

(4) 静电除尘工段启动

① 静电除尘工段面板中，设置除尘器电场电压为 72kV。

② 静电除尘工段面板中开启电除尘器供电开关 M201。

③ 静电除尘工段面板中开启电厂一区除灰电机开关 M211。

④ 静电除尘工段面板中开启电厂二区除灰电机开关 M212。

⑤ 静电除尘工段面板中开启电厂三区除灰电机开关 M213。

⑥ 静电除尘工段面板中开启电厂四区除灰电机开关 M214。

⑦ 静电除尘工段面板中开启电厂五区除灰电机开关 M215。

⑧ 静电除尘工段面板中开启电厂六区除灰电机开关 M216。

⑨ 静电除尘工段面板中开启电厂七区除灰电机开关 M217。

⑩ 静电除尘工段面板中开启电厂八区除灰电机开关 M218。

(5) 脱硫工段（制浆系统）

① 开启石灰石浆液箱搅拌器开关。

② 开始石灰石粉仓进料阀 V01V107。

③ 开启石灰石浆液箱进料阀 V03V107A。

④ 开启石灰石浆液箱工艺水进水阀 V01V106。

⑤ 开启气力输送泵 A P801A。

⑥ 调节石灰石粉仓出料阀 V02V107A 开度至 50%，确保石灰石浆液密度稳定在

$1120kg/m^3$。

⑦ 开启石灰石浆液箱进料阀 V03V107B（备用）。

⑧ 开启气力输送泵 B P801B（备用）。

⑨ 调节石灰石粉仓出料阀 V02V107B 开度至 50%，确保石灰石浆液密度稳定在 $1120kg/m^3$（备用）。

(6) 脱硫工段（吸收塔进浆）

① 开启吸收塔浆液搅拌器开关。

② 开启石灰石供浆泵 A 前阀 V01P501A。

③ 开启石灰石供浆泵 A 后阀 V02P501A。

④ 开启石灰石供浆泵 A P501A。

⑤ 待吸收塔浆池液位 L301 达到满位时，关闭石灰石供浆泵 A P501A。

⑥ 关闭石灰石供浆泵 A 前阀 V01P501A。

⑦ 关闭石灰石供浆泵 A 后阀 V02P501A。

⑧ 开启石灰石供浆泵 B 前阀 V01P501B（备用）。

⑨ 开启石灰石供浆泵 B 后阀 V02P501B（备用）。

⑩ 开启石灰石供浆泵 B P501B（备用）。

⑪ 待吸收塔浆池液位 L301 达到满位时，关闭石灰石供浆泵 B P501B（备用）。

⑫ 关闭石灰石供浆泵 B 前阀 V01P501B（备用）。

⑬ 关闭石灰石供浆泵 B 后阀 V02P501B（备用）。

(7) 脱硫工段启动

① 开启浆液循环泵 A 入口阀 V01P401A。

② 开启浆液循环泵 A P401A。

③ 调节浆液循环泵 A 出口阀 V02P401A，至循环泵出口浓度为 $10000m^3/h$（褐煤，阀门开度 100%），或 $8100m^3/h$（烟煤，阀门开度 81%），或 $7400m^3/h$（无烟煤，阀门开度 74%）。

④ 开启浆液循环泵 B 入口阀 V01P401B。

⑤ 开启浆液循环泵 B P401B。

⑥ 调节浆液循环泵 B 出口阀 V02P401B，至循环泵出口浓度为 $10000m^3/h$（褐煤，阀门开度 100%），或 $8100m^3/h$（烟煤，阀门开度 81%），或 $7400m^3/h$（无烟煤，阀门开度 74%）。

⑦ 开启循环浆液泵 C 入口阀 V01P401C。

⑧ 开启循环浆液泵 C P401C。

⑨ 调节循环浆液泵 C 出口阀 V02P401C，至循环泵出口浓度为 $10000m^3/h$（褐煤，阀门开度 100%），或 $8100m^3/h$（烟煤，阀门开度 81%），或 $7400m^3/h$（无烟煤，阀门开度 74%）。

⑩ 启动氧化风机 A P601A。

⑪ 调节氧化风机 A 出口阀 V01P601A 的开度至风机的出气量约为 $15000m^3/h$（阀门开度约为 75%）。

⑫ 启动氧化风机 B P601B（备用）。

⑬ 调节氧化风机 B 出口阀 V01P601B 的开度至风机的出气量约为 $15000m^3/h$（阀门开

度约为75%，备用）。

(8) 石膏脱水工段启动

① 待石膏浆液大于 1200kg/m³（pH 值 6～8）时，开启石膏排出泵 A 入口阀 V01P701A。

② 开启石膏排出泵 A 出口阀 V02P701A。

③ 开启石膏排出泵 A P701A。

④ 待石膏浆液大于 1150kg/m³（pH 值 6～8）时，开启石膏排出泵 B 入口阀 V01P701B（备用）。

⑤ 开启石膏排出泵 B 出口阀 V02P701B（备用）。

⑥ 开启石膏排出泵 B P701B（备用）。

⑦ 开启石膏旋流器支路阀 V04P701。

⑧ 开启石膏旋流器 A 入口阀 V01F101A。

⑨ 开启石膏旋流器 A 底流出口阀 V01F101B。

⑩ 开启石膏旋流器 A 溢流出口阀 V01F101C。

⑪ 开启石膏旋流器 B 入口阀 V02F101A（备用）。

⑫ 开启石膏旋流器 B 底流出口阀 V02F101B（备用）。

⑬ 开启石膏旋流器 B 溢流出口阀 V02F101C（备用）。

⑭ 开启真空皮带脱水机。

⑮ 开启废液坑搅拌器开关。

⑯ 待废液坑 V104 液位 L104 达到 80% 以上，开启废液坑输送泵。

⑰ 待溢流水箱 V103 液位 L103 达到 80% 以上，开启石膏浆液输送泵 A 入口阀 V01P702A。

⑱ 开启石膏浆液输送泵 A 出口阀 V02P702A。

⑲ 开启石膏浆液输送泵 A P702A。

⑳ 待溢流水箱 V103 液位 L103 达到 80% 以上，开启石膏浆液输送泵 B 入口阀 V01P702B（备用）。

㉑ 开启石膏浆液输送泵 B 出口阀 V02P702B（备用）。

㉒ 开启石膏浆液输送泵 B P702B（备用）。

(9) 湿式静电除尘工段启动

① 湿式静电除尘工段面板中，设置除尘器电场电压为 72kV。

② 湿式静电除尘工段面板中开启电除尘器供电开关 M301。

③ 湿式静电除尘工段面板中开启电场一区供电开关 M311。

④ 湿式静电除尘工段面板中开启电场二区供电开关 M312。

⑤ 湿式静电除尘工段面板中开启电场三区供电开关 M313。

⑥ 湿式静电除尘工段面板中开启电场四区供电开关 M314。

(10) 大气污染物扩散模拟

下面是学生需要计算或者查表的参数，其中需要查表的参数可参照扩散参数表查找，然后输入。

① 烟囱出口平均风速 u (m/s)。

② 稳定度参数 m 对应值。

③ 当地大气压（Pa）。
④ 环境温度 T_a（K）。
⑤ 烟囱抬升高度 ΔH（m）。
⑥ 烟囱有效高度 H（m）。
⑦ 太阳高度角 h_0（°）。

4．事故处理

（1）吸收塔搅拌器异常检修

事故现象：搅拌器停止工作。

事故原因：搅拌器电机异常或者液面卡住而停止工作，需要脱硫停工检修。

处理方法：

关闭循环浆液泵 A P401A。

关闭循环浆液泵 A 入口阀 V01P401A。

关闭循环浆液泵 A 出口阀 V02P401A。

关闭循环浆液泵 B P401B。

关闭循环浆液泵 B 入口阀 V01P401B。

关闭循环浆液泵 B 出口阀 V02P401B。

关闭循环浆液泵 C P401C。

关闭循环浆液泵 C 入口阀 V01P401C。

关闭循环浆液泵 C 出口阀 V02P401C。

关闭氧化风机 A P601A。

关闭氧化风机 A 出口阀 V01P601A。

关闭氧化风机 B P601B（备用）。

关闭氧化风机 B 出口阀 V01P601B（备用）。

关闭石膏旋流器支路阀 V04P701。

打开事故浆液箱支路阀 V03P701。

开启事故浆液箱搅拌器开关。

（2）烟气污染物排放浓度超标应对调整

事故现象：污染物排放浓度超标。

事故原因：氨气供应量不足，增大氨气缓冲罐出口阀门开度。

石灰石供应不足，开启未开启的循环泵，并调节流量。

静电除尘电压不足，电场数量不足，修改电压至正常值。

处理方法：

检查各监测界面，确定超标污染物种类，并在 10min 之内解决相关事故。

检查发现 NO_x 污染物排放浓度超标，请检查相应参数进行调节，确保 NO_x 排放浓度不超过排放标准 50mg/m³。

检查发现粉尘污染物排放浓度超标，请检查相应参数进行调节，确保烟气出口粉尘排放浓度不超过排放标准 5mg/m³。

检查发现 SO_2 污染物排放浓度超标，请检查相应参数进行调节，确保烟气出口 SO_2 排放浓度不超过排放标准 35mg/m³。

(3) SCR 吹灰装置启动

开启脱硝吹灰器总阀 V10T101。
开启脱硝吹灰器阀门 V11T101。
开启脱硝吹灰器阀门 V12T101。
开启脱硝吹灰器阀门 V13T101。
开启脱硝吹灰器总阀 V20T101。
开启脱硝吹灰器阀门 V21T101。
开启脱硝吹灰器阀门 V22T101。
开启脱硝吹灰器阀门 V23T101。

(4) 静电除尘器灰斗排灰

电厂一区灰斗灰量超过 65% 时，开启阀门 V11T201。
电厂二区灰斗灰量超过 65% 时，开启阀门 V12T201。
电厂三区灰斗灰量超过 65% 时，开启阀门 V13T201。
电厂四区灰斗灰量超过 65% 时，开启阀门 V14T201。
电厂五区灰斗灰量超过 65% 时，开启阀门 V15T201。
电厂六区灰斗灰量超过 65% 时，开启阀门 V16T201。
电厂七区灰斗灰量超过 65% 时，开启阀门 V17T201。
电厂八区灰斗灰量超过 65% 时，开启阀门 V18T201。
电厂一区灰斗灰量低于 5% 时，关闭阀门 V11T201。
电厂二区灰斗灰量低于 5% 时，关闭阀门 V12T201。
电厂三区灰斗灰量低于 5% 时，关闭阀门 V13T201。
电厂四区灰斗灰量低于 5% 时，关闭阀门 V14T201。
电厂五区灰斗灰量低于 5% 时，关闭阀门 V15T201。
电厂六区灰斗灰量低于 5% 时，关闭阀门 V16T201。
电厂七区灰斗灰量低于 5% 时，关闭阀门 V17T201。
电厂八区灰斗灰量低于 5% 时，关闭阀门 V18T201。

(5) 湿式静电除尘极板冲洗

关闭湿式静电除尘电场一区供电开关 M311。
开启电厂一区冲洗水阀 V01T302。
关闭电厂一区冲洗水阀 V01T302。
开启湿式静电除尘电场一区供电开关 M311。
关闭湿式静电除尘电场二区供电开关 M312。
开启电厂二区冲洗水阀 V02T302。
关闭电厂二区冲洗水阀 V02T302。
开启湿式静电除尘电场二区供电开关 M312。
关闭湿式静电除尘电场三区供电开关 M313。
开启电厂三区冲洗水阀 V03T302。
关闭电厂三区冲洗水阀 V03T302。
开启湿式静电除尘电场三区供电开关 M313。
关闭湿式静电除尘电场四区供电开关 M314。
开启电厂四区冲洗水阀 V04T302。

关闭电厂四区冲洗水阀 V04T302。

开启湿式静电除尘电场四区供电开关 M314。

四、注意事项

1. 软件运行注意事项及常见问题

（1）软件运行注意事项

修改学生机的站号、教师站 IP 地址等信息。

鼠标右键点击屏幕右下角托盘区图标，在弹出菜单中选择"显示主界面"（如图 15-33 所示）。

① 在该界面中可修改教师站 IP 和本机站号，如图 15-34 所示。

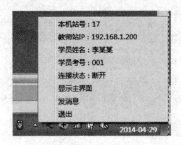
图 15-33　弹出菜单

图 15-34　修改教师站 IP 和本机站号

② 也可在注册表中，修改上列信息，操作界面如下。

StationNo：本机站号

StudentID：学号

StudentName：学员姓名

TeacherIP：教师站 IP

（2）容易被杀毒软件阻止的程序

① ModelMange.exe。

② StaClient.exe。

③ ScoreRun.exe。

④ Vgserver.exe。

⑤ Gus.exe。

⑥ ConApp.dll。

⑦ TeachingLab.exe。

⑧ MA.exe。

2. 安装过程中的常见问题

控件注册失败见图 15-35。

出现以上现象时，按如下步骤解决：

点击"开始/所有程序/附件"，右键选择"命令提示符"以管理员身份运行。

弹出如图 15-36 所示界面。

在图 15-36 所示界面中输入"cd C:\OBETRAIN \ Project \ TeachingLab"然后回车，再输入"regsvr32 Vplat.ocx"然后回车（注意 C:\OBETRAIN 为实际安装路径）。

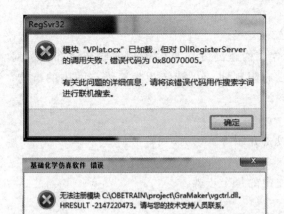
图 15-35 控件注册失败图

图 15-36 弹出界面

如果注册成功，则弹出如图 15-37 所示对话框。

在命令提示符界面中输入 "cd C:\OBETRAIN \ Project \ GraMaker" 然后回车，再输入 "regsvr32 vgctrl.dll" 然后回车（注意 C:\OBETRAIN 为实际安装路径）。

如果注册成功，则弹出如图 15-38 所示对话框。

图 15-37 弹出对话框 1

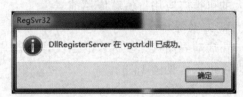
图 15-38 弹出对话框 2

Ⅲ. 垃圾焚烧处理厂虚拟仿真实训

一、软件介绍

本软件旨在为本科院校环境相关专业的学生提供一个三维的、高仿真度的、高交互操作的、全程参与式的、可提供实时信息反馈与操作指导的、虚拟的垃圾焚烧分析模拟操作平台，使学生通过在平台上的操作练习，进一步熟悉专业基础知识，了解环境实验室实际实验环境，培训基本动手能力，为进行实际实验奠定良好基础。

本平台采用虚拟现实技术，依据垃圾焚烧厂实际布局搭建模型，按实际生产过程完成交互，完整再现了垃圾焚烧的操作过程及各种反应现象发生的实际效果。每个实验操作配有实验简介、操作手册等。3D 操作画面具有很强的环境真实感、操作灵活性和独立自主性，特别有利于调动学生动脑思考，培养学生的动手能力，同时也增强了学习的趣味性。

该平台为学生提供了一个自主发挥的平台，也为实验"互动式"预习、"翻转课堂"等新型教育方式转化到环境实验中来提供了一个新思路、新方法及新手段，必将对促进本科环境实验教育教学的改革与发展起到积极的促进作用。

本软件的特色主要有以下几个方面。

（1）虚拟现实技术

利用电脑模拟产生一个三维空间的虚拟世界，构建高度仿真的虚拟实验环境和实验对象，让使用者如同身临其境一般，可以及时、没有限制地 360°旋转观察三维空间内的事物，界面友好，互动操作，形式活泼。

（2）自主学习内容丰富

知识点讲解，包含工作原理、运行形式、设备介绍等。

（3）智能操作指导

有具体的操作流程，系统能够模拟实验操作中的每个步骤。

（4）评分系统

系统给出操作提示，操作模式下评分采用扣分制，操作错误时扣分。

（5）实用性强，具有较大的可推广应用价值和应用前景

本套软件由计算机程序设计人员、虚拟现实技术人员、具有实际经验的一线工程技术人员、专业教师合作完成，贴近实际，过程规范，特别适合环境实验教学使用，具有较大的可推广应用价值和应用前景。

1. 启动界面

在启动界面选择要进入的工况，点击启动即可进入，见图 15-39。

2. 登录界面

软件登录界面见图 15-40。

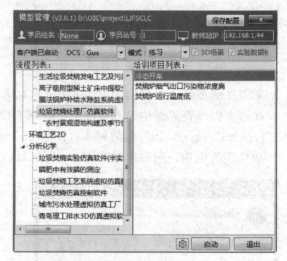

图 15-39　软件启动界面

图 15-40　软件登录界面

3. 主界面

软件主界面见图 15-41。

软件启动后进入主界面，主界面包括 DCS 系统、评分系统、知识点系统、微课系统、设置和思考题系统。

图 15-41　软件主界面

4. 操作方法

（1）人物和视角

① 人物控制方式是：W 为向前、A 为向左、S 为向后、D 为向右。

② 视角控制方式是点住鼠标右键拖动，视角会跟随旋转。

③ 键盘按 Q 键可进入飞行模式，飞行模式的操作方式是 W、A、S、D 分别控制摄像机的前、左、后、右，按住鼠标右键拖动控制摄像机视角。

④ Ctrl 按键切换行走和奔跑方式。

（2）阀门和设备

① 点击控制柜上设备对应的运行按钮，可以运行相关功能，见图 15-42。

图 15-42　控制柜界面

② DCS 界面上的设备开关控制设备的运行状态（图 15-43）。

5. 辅助功能

① 小地图：查看当前人物所处位置。

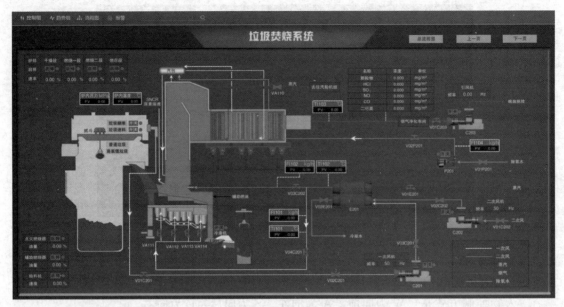

图 15-43 DCS 控制柜界面

② 全景地图：点击"全景"按钮进入全景地图界面，其中包括全景地图、图标显示、NPC＋设备列表、关键字搜索，见图 15-44。

图标显示：选择显示方式为默认、角色、设备、玩家。

NPC＋设备列表：实现控制点传送功能，选择其中的控制点即可传送至控制点附近。

关键字搜索：输入控制点，点击搜索，选择即将操作的控制点，即可传送至控制点附近。

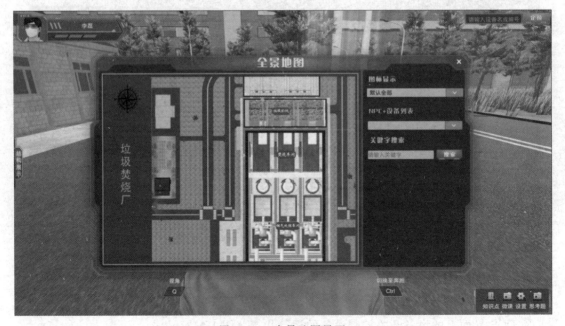

图 15-44 全景地图界面

③ 传送功能：当角色经过传送点时可以快速将角色传送到指定位置。

6. 工艺说明

本系统模拟 1200t/d 的垃圾焚烧处理过程，配有 3 台 400t/d 焚烧炉，年运行时间不少于 8000h。工艺采用成熟、可靠、先进的机械炉排型焚烧炉，4.1MPa/400℃ 蒸汽参数的余热锅炉。烟气净化系统采用"炉内喷尿素（SNCR）＋机械旋转喷雾塔＋干法消石灰喷射＋活性炭喷射＋袋式除尘器＋湿式洗涤塔＋烟气再加热（GGH）"处理工艺。工艺流程总图见图 15-45。

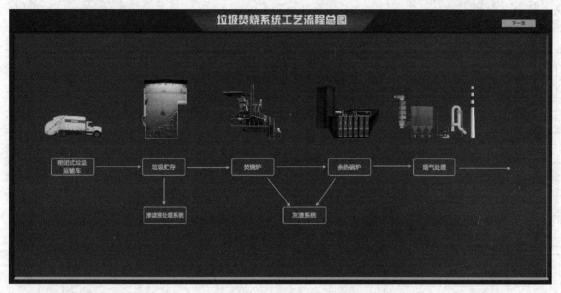

图 15-45　烟气净化系统处理工艺流程总图

7. 设计参数

设计垃圾处理量约 1200t/d。飞灰在厂内经稳定和固化处理后运输至生活垃圾卫生填埋场，按照《生活垃圾填埋场污染物控制标准》GB 16889—2008 的要求进行填埋；炉渣运到生活垃圾卫生填埋场进行填埋。垃圾渗滤液及生活污水统一收集，送至配套渗滤液处理站集中处理后优先回用，达到《城市污水再生利用 工业用水水质》GB/T 19923—2005 中的工业用水水质标准可用于循环冷却水补水；烟气排放标准满足欧盟 2010 烟气净化标准。烟气排放标准如表 15-33 所示。

表 15-33　烟气排放标准

序号	污染物名称	单位	国标 GB 18485—2014		欧盟工业排放指令 2010/75/EC		美国 EPA 标准	
			日平均	小时平均	日均值	半小时 100%/97%[①]	日均值	小时平均
1	烟尘	mg/m³	20	30	10	30/10	15	—
2	HCl	mg/m³	50	60	10	60/10	29	—
3	HF	mg/m³	—	—	1	4/2	—	—
4	SO_x	mg/m³	80	100	50	200/50	59	—
5	NO_x	mg/m³	250	300	200	400/200	220	—
6	CO	mg/m³	80	100	50	100/50	—	—
7	TOC	mg/m³	—	—	10	20/10	—	—

续表

序号	污染物名称	单位	国标 GB 18485—2014		欧盟工业排放指令 2010/75/EC		美国 EPA 标准	
			日平均	小时平均	日均值	半小时 100%/97%[①]	日均值	小时平均
			测定均值					
8	Hg	mg/m³		0.05	0.05		0.038	—
9	Cd	mg/m³		—				
	Cd+Tl			0.1	0.05		0.008	—
10	Pb	mg/m³						
	Pb+Cr 等其他重金属			1.0	0.5			
11	二噁英类	ngTEQ/m³		0.1	0.1		0.2	

注：污染物浓度为标准状况下。

① 100%：如果标准规定某种排放的浓度必须100%符合半小时均值标准，这意味着在所有的半小时时间段内，污染物的浓度必须始终低于规定的标准值。97%：如果标准规定某种排放物的浓度必须97%符合半小时均值标准，这意味着允许在3%的时间内（即一年中大约有26h，如果按8760h计算），排放物的浓度可以超过标准值。但在97%的时间内必须符合标准值。

二、工艺设备介绍

1. 生活垃圾处理

生活垃圾处理专指日常生活或者为日常生活提供服务的活动所产生的固体废物以及法律法规所规定的视为生活垃圾的固体废物的处理，包括生活垃圾的源头减量、清扫、分类收集、储存、运输、处理、处置及相关管理活动。

国际上比较成熟的城市生活垃圾处理方法主要有卫生填埋法、垃圾堆肥法和垃圾焚烧法三种。

（1）卫生填埋法

卫生填埋按填埋废弃物层内部微生物环境分为厌氧性填埋、好氧性填埋、准好氧填埋，其共同特点是将垃圾倒入具有一定地形特征的场地中，经过一定时间的生物化学反应，垃圾降解、稳定，最终填埋场地可再利用。这是一种比较古老而又广泛被采用的垃圾处理方法。

（2）垃圾堆肥法

堆肥是利用微生物促进垃圾中可降解有机物转化为稳定腐殖质的生化过程。

垃圾堆肥法按分解作用原理可分为好氧和厌氧两种，多数采用高温好氧法；按堆积方法可分为露天堆肥和机械堆肥两种。好氧堆肥一般在露天进行，其占地面积较大，成肥时间，冬季需一个月，夏季约半个月。

（3）垃圾焚烧法

生活垃圾焚烧处理是以燃烧方式将废弃物中的有机质转化为无害的二氧化碳、水蒸气及惰性残渣的处理过程。通过焚烧使垃圾的化学能充分释放，然后在余热回收系统中将其转化为蒸汽的热能，最后可通过供热或发电产生经济效益。烟气净化后排出，少量剩余残渣排出填埋或作其他用途。

(4) 工艺比较

卫生填埋、垃圾堆肥、垃圾焚烧工艺比较如表 15-34 所示。

表 15-34 三种工艺比较

内容	卫生填埋	垃圾堆肥	垃圾焚烧
操作安全性	较好,注意防火	好	好
技术可靠性	可靠	可靠,国内有相当的经验	可靠
占地面积	大	中等	小
选址	较困难,要考虑地形、地质条件,防止地表水、地下水污染,一般远离市区,运输距离较远	较易,仅需避开居民密集区,气味影响半径小于 200m,运输距离适中	易,可靠近市区建设,运输距离较近
适用条件	无机物>60% 含水量<30% 密度>0.5t/d	从无害化角度,垃圾中可生物降解有机物≥10%,从肥效出发应>40%	垃圾低位热值>5000kJ/kg 时不需要添加辅助燃料
最终处理	无	非堆肥物需作填埋处理,为初始量的 20%~25%	仅残渣需作填埋处理,为初始量的 10%
产品市场	可回收沼气发电	建立稳定的堆肥市场较困难	能产生热能或电能
建设投资	较低	适中	较高
资源回收	无现场分选回收实例,但有潜在可能	前处理工序可回收部分原料,但取决于可利用物的比例	前处理工序可回收部分原料,但取决于垃圾中可利用物的比例
地表水污染	有可能,但可采取措施减少可能性	在非堆肥物填埋时与卫生填埋相仿	在处理厂区无,在炉灰填埋时,其对地表水污染的可能性比填埋小
地下水污染	有可能,虽可采取防渗措施,但仍然可能发生渗漏	重金属等可能随堆肥制品污染地下水	灰渣中没有有机质等污染物,填埋时采取固化等措施可防止污染
大气污染	有,但可用覆盖压实等措施控制	有轻微气味,污染指标可能性不大	可以控制,但二噁英等微量剧毒物需采取措施控制
土壤污染	限于填埋场区	需控制堆肥制品中重金属含量	无

2. 生活垃圾焚烧发电工艺

生活垃圾焚烧发电工艺如图 15-46 所示,主要由进料系统、焚烧系统、余热利用系统、烟气净化系统、汽轮机发电系统、飞灰稳定化系统、渗滤液处理系统等组成。

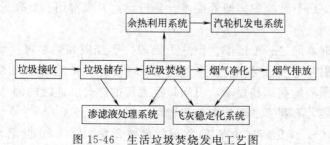

图 15-46 生活垃圾焚烧发电工艺图

3. 进料系统

生活垃圾焚烧的进料系统包括垃圾接收系统和储存系统。

(1) 垃圾接收系统

垃圾接收系统主要包括：垃圾运输、垃圾称重和垃圾卸料。

垃圾运输：垃圾在厂外由密闭式的垃圾专用车运至厂内，在进厂时经过称重和自动计量后，经高架路到垃圾卸料区，将垃圾卸至垃圾坑内，卸车后出厂。

垃圾称重：所有进出厂的垃圾车都必须经过地磅称重计量，并记录各车的满载重量及空车重量。

垃圾卸料：垃圾卸车大厅采用高位、封闭设计，高位卸车方式不仅增加地表以上垃圾仓有效容积，减少垃圾仓土建投资费用，同时可以在卸车平台下布置垃圾渗滤液收集系统。进厂垃圾运输车在汽车衡自动称重后，通过高架车道进入卸车大厅，再通过垃圾卸料密封门，将垃圾卸入垃圾储坑。内部设有多个卸料门，不卸料时关闭，防止臭气进入卸料大厅，垃圾运输车到达时打开，将垃圾卸入垃圾贮坑。

(2) 垃圾储存系统

垃圾储存系统主要包括垃圾储坑、渗滤液收集系统和垃圾上料系统。

垃圾储坑：储存垃圾，贮坑内垃圾应满足全厂 5 天的处理量，在正常情况下，原生垃圾应在垃圾贮坑内存放 5 天左右，以便充分混合、发酵、除水，提高垃圾热值。贮坑内部空气时刻保持负压状态，防止垃圾产生臭气进入卸料大厅。

渗滤液收集系统：本系统是为了收集垃圾坑产生的渗滤液，由垃圾坑格栅、污水收集槽、渗滤液臭气排风机组成。污水收集槽内的垃圾渗滤液由渗滤液泵抽出后，送至厂内渗滤液处理站处理后达标排放。

垃圾上料系统：垃圾仓顶设有橘瓣式垃圾抓斗起重机。对垃圾进行混合、倒堆、搬运、搅拌、上料等任务，在垃圾卸料门上分别设垃圾抓斗起重机控制室及通廊，操作人员在控制室里对抓斗吊车的运行进行控制。垃圾抓斗起重机配有称重装置，可将垃圾装入量传送给吊车控制室进行记录。

4. 焚烧系统

(1) 焚烧方式

目前国内外应用较多、技术比较成熟的生活垃圾焚烧方式主要有机械炉排炉法（固定床）、流化床焚烧炉法（循环流化床）、热解焚烧炉法（热解或气化的气体燃烧）、回转窑式焚烧炉法等四类。

(2) 炉型介绍

① 机械炉排炉。机械炉排炉采用层状燃烧技术，具有对垃圾的预处理要求不高、对垃圾热值适应范围广、运行及维护简便等优点，是目前世界最常用、处理量最大的城市生活垃圾焚烧炉。

垃圾在炉排上通常经过三个区段：预热干燥段、燃烧段和燃尽段。垃圾在炉排上着火，热量来自上方的辐射和烟气的对流，以及垃圾层的内部。炉排上已着火的垃圾通过炉排的特殊作用，使垃圾层强烈地翻动和搅动，引起垃圾底部的燃烧。连续的翻动和搅动，也使垃圾层松动，透气性加强，有利于垃圾的燃烧和燃尽。

② 流化床焚烧炉。流化床技术在 70 年前便已被开发，但在 20 世纪 90 年代后期，由于烟气排放标准的提高和技术自身的不足，在生活垃圾焚烧上的应用有限。但该炉型多用于日处理垃圾 500t 以下规模的垃圾处理项目，且存在一定争议，有待进一步完善。

流化床焚烧炉的焚烧机理与燃煤流化床相似，利用床料的大热容量来保证垃圾的着火燃尽，床料一般加热至 600℃ 左右，再投入垃圾，保持床层温度在 850℃。流化床焚烧炉可以对任何垃圾进行焚烧处理，燃烧十分彻底。但对垃圾有破碎预处理要求，容易发生故障。另外，国内大部分流化床均需加煤才能焚烧。

③ 热解焚烧炉。解焚烧是指在缺氧或非氧化气氛中以一定的温度（500～600℃）分解有机物，有机物发生热裂解过程，变成热分解气体（可燃混合气体），再将热分解气体引入燃烧室内燃烧，从而分解有机污染物，余热用于发电、供热。

④ 回转窑焚烧炉。回转窑焚烧炉的燃烧机理与水泥工业的回转窑相类似，主要由一倾斜的钢制圆筒组成，筒体内壁采用耐火材料砌筑，也可采用管式水冷壁，用以保护滚筒。垃圾由入口进入筒体，并随筒体的旋转边翻转边向前运动，垃圾的干燥、着火、燃烧、燃尽过程均在筒体内完成。并可根据筒体转速的改变调节垃圾在窑内的停留时间。回转窑常用于成分复杂、有毒有害的工业废物和医疗垃圾的燃烧，在生活垃圾焚烧中应用较少。

（3）炉型比较

炉型比较如表 15-35 所示。

表 15-35　炉型比较

项目	机械炉排炉	流化床焚烧炉	热解焚烧炉	回转窑焚烧炉
炉床及炉体特点	机械运动炉排，炉排面积较大	床层面积和炉膛体积较小	多为立式固定炉排，分两个燃烧室	无炉排，靠炉体的转动带动垃圾焚烧移动
垃圾预处理	不需要	需要	热值较低时需要	不需要
设备占地面积	中	小	中	中
灰渣热灼减率	易达标	原生垃圾在连续助燃下可达标	原生垃圾不易达标	原生垃圾不易达标
垃圾炉内停留时间	较长	较短	最长	长
过量空气系数	大	中	小	大
最大处理量	1200t/d	500t/d	200t/d	500t/d
燃烧空气供给	易根据工况调节	较易调节	不易调节	不易调节
对垃圾含水量的适应性	可通过调整干燥段适应不同湿度垃圾	炉温易随垃圾含水量的变化而波动，一般需添加辅助燃料	可通过调节垃圾在炉内的停留时间来适应垃圾湿度	可通过调节滚筒转速来适应垃圾湿度
对垃圾不匀称性的适应性	可通过炉排拨动垃圾翻转，使其均匀化	较重垃圾迅速到底部，不易燃烧完全	难以实现炉内垃圾的翻动，因此大块垃圾难以燃尽	空气供应不易分段调节，因此大块垃圾不易燃尽
烟气中含尘量	较低	高	较低	高
燃烧介质	不用载体	需用石英砂	不用载体	不用载体
燃烧工况控制	较易	不易	不易	不易
运行费用	低	低	较高	较高
烟气处理	较易	较难	较易	较易
维修工作量	较少	较多	较少	较少
运行业绩	最多	中	少	生活垃圾很少，工业垃圾较多
综合评价	对垃圾的适应性强，故障少，处理性能和环保性能好，成本较低	需前处理且故障率较高，国内一般加煤才能焚烧，环保达标	没有熔融焚烧炉的热解炉，炉渣不可燃尽，热灼减率高，环保不易达标	要求垃圾热值较高（2500kcal[①]/kg以上），运行成本较高
对本工程的适应性	合适	不合适	不合适	不合适

① 1kcal=4.1868kJ。

(4) 机械炉排炉

① 给料系统。给料系统是用垃圾抓斗起重机将垃圾投入料斗并将垃圾连续不断地、安全地输送到炉排上的系统。该系统主要由垃圾料斗、溜管、连接用膨胀节、料斗盖兼架桥破解装置、推料器、料位探测器和冷却系统组成。

在焚烧能力充分的情况下，料斗的容量为1h以上的处理量。考虑垃圾料斗和溜管可能发生架桥现象，为使供料保持顺畅，可以通过设置在料斗咽喉部的架桥破解装置破除架桥。推料器在液压缸的推动下重复做往返运动，连续稳定地向炉排供料。

料斗的垃圾料位由超声波式料位仪监测，低低位、低位和高位警报传送到垃圾抓斗起重机及DCS。低位警报是为了防止气密性遭到破坏，高位警报是为了减少架桥现象发生的可能性。

② 炉排系统。炉排系统将推料器送来的垃圾在炉排上一边燃烧一边送往炉渣料斗。为了使垃圾充分燃烧，运送速度由自动燃烧控制系统控制。系统包括炉排、液压驱动装置、渣斗和落渣管以及炉膛组成。

炉排：垃圾通过炉排的运动向前推进，运动的炉排来回往复运动，当两个炉排背向移动时，垃圾在这一点掉落翻转并使燃烧的颗粒落下。炉排分为干燥段、燃烧段、燃尽段。

干燥段：在干燥段上接收来自前拱强烈热辐射加热、燃烧火焰对流加热和烟气热辐射加热，再加上炉排风控吹出来的200℃左右的一次风烘烤，将垃圾加热到200~300℃，一次风量约占15%。

燃烧段：干燥段来的垃圾机械接受炉拱辐射、火焰对流和烟气辐射三种加热方式，垃圾中的可燃挥发分析出，并升温至450~751℃，垃圾开始着火燃烧，热解后析出的挥发分进入上部区域与氧气充分混合，进行强烈燃烧并迅速将挥发分燃尽。一次风量约占75%。

燃尽段：燃烧后的垃圾中残余炭在高温环境下继续燃烧直至燃尽。一次风量约占15%。

③ 点火辅助燃烧系统。每台焚烧炉配有1台点火燃烧器和1台辅助燃烧器，在刚启动燃烧炉时将焚烧炉从冷态升温至850℃，也可在垃圾热值较低时提升炉膛温度。

④ 空气助燃系统。该系统主要提供垃圾干燥的风量和风温；提供垃圾充分燃烧和燃尽的空气量；促使炉膛内烟气的扰动；冷却炉排，避免炉排过热变形等。助燃空气系统主要由一次风机、二次风机、滤网、空气预热器构成。

一次风系统：一次风系统是向焚烧炉内提供一次风，并根据垃圾的热值，使一次风预热到要求的温度。

二次风系统：二次风系统是为了使可燃性气体完全燃烧，调节炉内温度以及控制锅炉出口的氧含量而向炉内供应空气的设备。

空气预热器：为了能使低热值垃圾更好地燃烧，燃烧空气必须经过加热器加热后，才能送入焚烧炉。进入焚烧炉炉膛的燃烧空气保持在稳定的温度。这个温度需要通过调节加热蒸汽的流量或送风量来维持。

⑤ 炉渣处理系统。炉渣处理系统是为了把从燃尽炉排排出的炉渣和炉排下部漏渣及锅炉飞灰输送机运来的锅炉飞灰运送到炉渣坑，并运出厂外。主要由炉排漏渣输送机、炉排漏渣挡板、落渣管及溜管、排渣机组成。

⑥ 自动控制系统。为了控制、运行、监视焚烧炉的燃烧，设置自动燃烧控制（ACC）

系统及与 ACC 相关的炉排液压系统、燃烧系统控制柜。通过通信读取 DCS 自动燃烧控制程序的演算结果，控制炉排液压系统。

5. 余热利用系统

(1) 余热锅炉

余热锅炉为单体式的自然循环式水管锅炉，由蒸汽汽包、下降管、集箱、膜式水冷壁、过热器、省煤器组成。锅炉汽包水经布置在锅炉水冷壁外侧的下降管引入底部的集箱，在吸收烟气热量的同时流经锅炉水冷壁和蒸发管，回到汽包。过热器入口烟气温度不高于 650℃，过热器将蒸汽加热到 400℃。垃圾焚烧产生的烟气经余热锅炉排出，排出温度为 180～190℃。

蒸汽在汽包内实现汽水分离。一部分的饱和蒸汽用于蒸汽式空预器的高压蒸汽源，剩余部分导入过热器产生过热蒸汽。锅炉给水进入汽包之前，在省煤器中吸收烟气余热。省煤器设置在锅炉的水平部分，其受热管为悬吊式结构。通过过热器喷水减温装置调节各过热器出口温度。

(2) 类型

余热锅炉有两种布置形式，分别为立式和卧式。立式相比于卧式的问题有：

① 受热面管束为水平布置，易于使飞灰靠重力沉积在管束上；

② 清灰困难，采用一般的清灰装置易造成清灰不彻底和损伤管束；

③ 受热面检修维护吊装不方便；

④ 弯管处易磨损减薄，易爆管；

⑤ 保证 8000h/a 稳定运行的可靠性逊于卧式锅炉。

(3) 汽轮机发电系统

利用蒸汽热能做功的热能动力装置。其基本组成部分有汽轮机本体、凝汽器、循环水泵、凝结水泵、给水加热装置以及这些部件之间的管道和附件。来自余热锅炉的蒸汽驱动汽轮机组发出电能。

(4) 膜式水冷壁

膜式水冷壁是指用扁钢和管子拼排焊成的气密管屏所组成的水冷壁。膜式水冷壁能够保证炉膛具有良好的严密性，对负压锅炉可以显著降低炉膛的漏风系数，改善炉内的燃烧工况。它能使有效辐射受热面积增加，从而节约钢耗。

膜式水冷壁优点：

① 膜式水冷壁对炉墙的保护作用最为彻底，故炉墙只需用保温材料，而不用耐火材料，炉墙厚度、重量都大为减少，简化了炉墙结构，减轻了锅炉总重量。

② 膜式水冷壁气密性好，能适应正压燃烧对锅炉的要求，不易结渣，漏风少，减少排烟热损失，提高锅炉热效率。

③ 可由制造厂焊成组件出厂，安装快速方便。

④ 使用膜式壁结构的锅炉，维修方便简洁，锅炉的使用寿命可以大大提高。

缺点：

① 制作工艺复杂。

② 管屏热应力的分布比较复杂。

(5) 灰斗

在锅炉、烟道和水平烟道下部设置灰斗，运出锅炉飞灰。灰斗拥有足够的倾角以避免发生架桥现象。同时，内部衬有耐火材料。为使灰斗的外表温度达到50℃以下，需进行必要的保温。考虑到维护等的需要，设置必要的人孔。

6. 烟气净化系统

(1) 总工艺

工程采用"炉内喷尿素（SNCR）＋机械旋转喷雾塔＋干法消石灰喷射＋活性炭喷射＋袋式除尘器＋湿式洗涤塔＋烟气再加热（GGH）"的净化工艺，烟气污染物排放标准低于欧盟焚烧污染物排放标准。

(2) 流程介绍

余热锅炉出口的烟气温度为180～190℃，通过烟道进入旋转喷雾反应塔的上部，烟气在进入旋转喷雾反应塔后，与由高速旋转喷雾器喷入的$Ca(OH)_2$浆液进行充分混合，烟气中的SO_x、HCl等酸性气体与$Ca(OH)_2$进行中和反应后被去除，同时，烟气温度被进一步降低到160℃，然后进入袋式除尘器。在袋式除尘器和反应塔之间的烟道上设有消石灰喷射装置和活性炭喷射装置，喷射出来的消石灰粉末与烟气中的酸性气体发生中和反应。在烟道中的活性炭喷射装置则喷射出大量的粉末活性炭，可高效吸附烟气中的重金属类和二噁英类物质。由于袋式除尘器的滤袋纤维表面附有一层从烟气中捕捉下来的未反应的$Ca(OH)_2$粉末、消石灰粉末以及活性炭粉末，还可进一步去除烟气中的酸性气体、二噁英与重金属。经袋式除尘器排出的烟气，经过引风机送入湿式洗涤塔，进一步去除酸性气体污染物，最后经过烟气在加热系统送入烟囱排放。

(3) 二噁英去除

垃圾焚烧炉工艺中保证炉膛温度高于850℃，并持续时间2s以上，二噁英类物质在该温度下有足够的时间发生分解反应，可有效控制二噁英类物质的产生量。此外，在尾部烟道设置活性炭喷射装置，用以吸附焚烧中产生的二噁英类物质。

去除二噁英类物质的控制措施：

① 使垃圾充分燃烧；

② 控制烟气在炉膛内的停留时间和温度；

③ 减少烟气在200～400℃温度区域的滞留时间。

(4) SNCR系统（选择性非还原催化反应系统）

由于不采用催化剂，脱硝还原反应要求的温度比较高，将还原剂（氨或尿素）喷入烟气，可将NO_x还原生成氮气和水。

采用NH_3作为还原剂，在温度为900～1100℃的范围内，还原NO_x的化学反应方程式如式（15-31）～式（15-33）所示。

$$4NH_3 + 4NO + O_2 \longrightarrow 4N_2 + 6H_2O \tag{15-31}$$

$$4NH_3 + 2NO + 2O_2 \longrightarrow 3N_2 + 6H_2O \tag{15-32}$$

$$8NH_3 + 6NO_2 \longrightarrow 7N_2 + 12H_2O \tag{15-33}$$

而采用尿素作为还原剂还原NO_x的主要化学反应方程式如式（15-34）～式（15-36）所示。

$$CO(NH_2)_2 \longrightarrow 2NH_2 + CO \qquad (15\text{-}34)$$
$$NH_2 + NO \longrightarrow N_2 + H_2O \qquad (15\text{-}35)$$
$$CO + NO \longrightarrow N_2 + CO_2 \qquad (15\text{-}36)$$

(5) 重金属控制和减排

由于重金属及其化合物本身物理化学特性的不同，在焚烧过程中一些低熔点、低沸点的重金属（如汞和镉）会挥发至烟气中，并有可能随烟气一起排放至大气中。当温度降低时，重金属混合物的挥发率将剧烈地降低，相应的排放也将随之减少。

实践证明，活性炭不仅可吸附二噁英类物质，还可以有效吸附重金属及其化合物。焚烧后产生的高温烟气，经余热锅炉冷却后，再通过活性炭喷射装置，其出口温度进一步降低，加之在烟气处理装置中的吸附剂具有较大的比表面积，再配备高效的袋式除尘器就可以有效地清除烟气中的重金属。

(6) 粉尘颗粒物脱除

目前，最常用的粉尘颗粒物脱除设备为静电除尘器和布袋除尘器。

静电除尘器：静电除尘器内含一系列交错组合的负电极及集尘板。带有粒状污染物的烟气沿水平方向通过收尘区段，其中粒状物受电场感应而带负电，由于电场引力的影响，被渐渐移动至集尘板而被收集。采用振打方式在集尘板上产生震动以震落吸附在集尘板上的粒状物，落入底部的灰斗内。振打频率可视操作状况而调整，以维持良好的收尘效率。由于在振打过程中可能使附着于集尘板上的粒状物再次被气体带起，除尘器通常采用多段除尘方式，以提高除尘效率。

布袋式除尘器：布袋式除尘器可去除粒状污染物及重金属。布袋式除尘器之前通常搭配干式或半干式洗涤塔来清除酸气，同时也要求烟温降至150℃左右；若未经降温，一般滤布将无法承受锅炉出口烟气温度（通常为200～260℃）。湿式洗涤塔不能作为布袋式除尘器上游设备，因为高湿度之饱和烟气将造成粒状污染物使滤布堵塞，气体无法通过滤布。布袋式除尘器同时兼有二次酸气清除的功能，上游的酸气清除设备部分未反应的碱性药剂浆附着在布袋上，在烟气通过时再次和酸气反应。

布袋式除尘器最大的缺点是布袋材质脆弱，对烟气高温、化学腐蚀、堵塞及破裂等问题甚为敏感。

两种除尘器比较如表15-36所示。

表 15-36　两种除尘器比较

项目		布袋除尘器	静电除尘器
最适合粉尘浓度/(mg/m³)		10～25	30～50
收尘效率/%	<1μ	>90	约20
	1～10μ	>99	>95
	>10μ	>99	>99
风速/(m/s)		<0.02	<1
压力损失/Pa		约1000	200～300
耐热性		一般耐热性较差，高温时需要选择适当的滤布	耐热性较佳，一般可达350℃，特殊设计可达500℃
对烟气化学成分变化的适应性		好	差

续表

项目	布袋除尘器	静电除尘器
脱除二噁英	较好	差,存在二噁英再合成现象
耐酸碱性	可选择适当的滤布	好
动力费用	略高	略低
设备费	基本相同	基本相同
操作维护费	较高	较低
使用年限	30年(滤袋3~5年)	30年

三、培训内容

1. 正常开车

（1）焚烧炉进料系统

焚烧炉进料系统见图15-47。

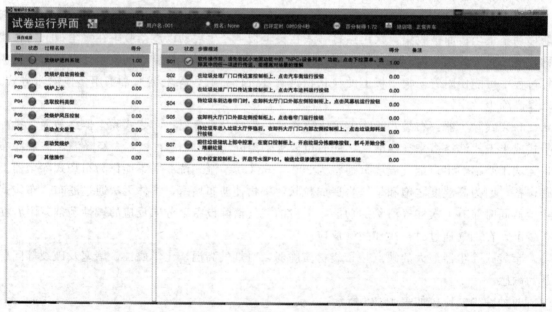

图15-47 焚烧炉进料系统

① 软件操作前，请先尝试小地图功能中的"NPC＋设备列表"功能，点击下拉菜单，选择其中的任一项进行传送，能提高对场景的理解。

② 在垃圾处理厂门口传达室控制柜上，点击汽车衡运行按钮。

③ 在垃圾处理厂门口传达室控制柜上，点击汽车进料运行按钮。

④ 待垃圾车到达卷帘门时，在卸料大厅门口外部左侧控制柜上，点击风幕机运行按钮。

⑤ 在卸料大厅门口外部左侧控制柜上，点击卷帘门运行按钮。

⑥ 待垃圾车进入垃圾大厅停稳后，在卸料大厅门口内部左侧控制柜上，点击垃圾卸料运行按钮。

⑦ 前往垃圾储坑上部中控室，在窗口控制柜上，开启垃圾分拣翻堆按钮，抓斗开始分拣、堆翻垃圾。

⑧ 在中控室控制柜上，开启污水泵 P101，输送垃圾渗滤液至渗滤液处理系统。

(2) 焚烧炉启动前检查

焚烧炉启动前检查系统图见图 15-48。

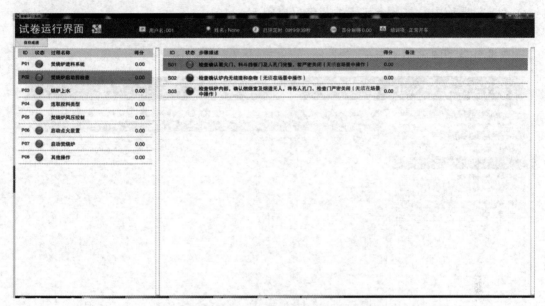

图 15-48　焚烧炉启动前检查系统

① 检查确认看火门、料斗挡板门及人孔门完整，能严密关闭（无须在场景中操作）。

② 检查确认炉内无结渣和杂物（无须在场景中操作）。

③ 检查锅炉内部，确认燃烧室及烟道无人，将各人孔门、检查门严密关闭（无须在场景中操作）。

(3) 锅炉上水

锅炉上水系统图见图 15-49。

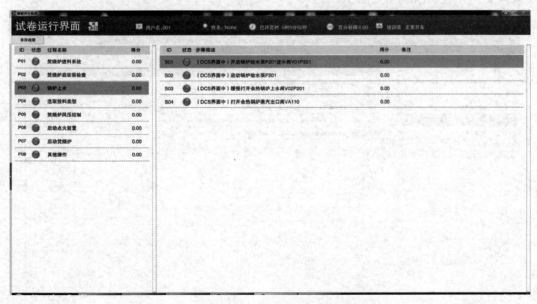

图 15-49　锅炉上水系统

① (DCS 界面中) 开启锅炉给水泵 P201 进水阀 V01P201。
② (DCS 界面中) 启动锅炉给水泵 P201。
③ (DCS 界面中) 缓慢打开余热锅炉上水阀 V02P201 至 50% 开度，向锅炉进水。
④ (DCS 界面中) 打开余热锅炉蒸汽出口阀 VA110。

(4) 选取投料类型

选取投料类型图见图 15-50。

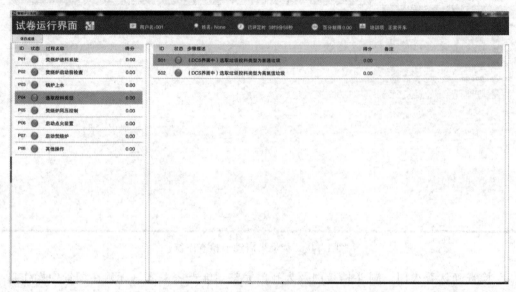

图 15-50　选取投料类型

① (DCS 界面中) 选取垃圾投料类型为普通垃圾。
② (DCS 界面中) 选取垃圾投料类型为高氯值垃圾。

(5) 焚烧炉风压控制

焚烧炉风压控制系统图见图 15-51。

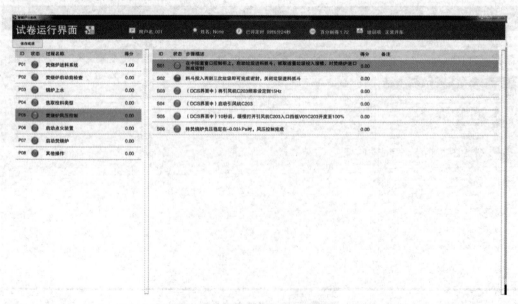

图 15-51　焚烧炉风压控制系统

① 在中控室窗口控制柜上，启动垃圾进料抓斗，抓取适量垃圾投入溜槽，对焚烧炉进口形成密封。

② 料斗投入两到三次垃圾即可完成密封，关闭垃圾进料抓斗。

③（DCS 界面中）将引风机 C203 频率设定到 15Hz。

④（DCS 界面中）启动引风机 C203。

⑤（DCS 界面中）10s 后，缓慢打开引风机 C203 入口挡板 V01C203 开度至 100%。

⑥ 待焚烧炉负压稳定在 −0.03kPa 时，风压控制完成。

（6）启动点火装置

启动点火装置图见图 15-52。

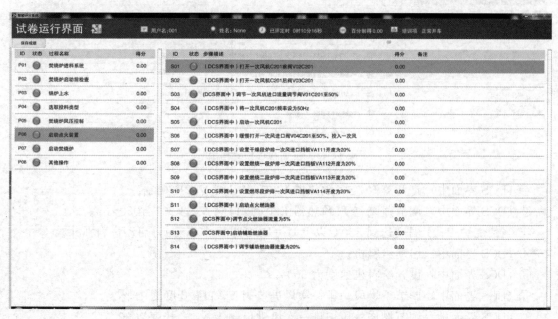

图 15-52　启动点火装置图

①（DCS 界面中）打开一次风机 C201 前阀 V02C201。

②（DCS 界面中）打开一次风机 C201 后阀 V03C201。

③（DCS 界面中）调节一次风机进口流量调节阀 V01C201 至 50%。

④（DCS 界面中）将一次风机 C201 频率设为 50Hz。

⑤（DCS 界面中）启动一次风机 C201。

⑥（DCS 界面中）缓慢打开一次风进口阀 V04C201 至 50%，投入一次风。

⑦（DCS 界面中）设置干燥段炉排一次风进口挡板 VA111 开度为 20%。

⑧（DCS 界面中）设置燃烧一段炉排一次风进口挡板 VA112 开度为 20%。

⑨（DCS 界面中）设置燃烧二段炉排一次风进口挡板 VA113 开度为 20%。

⑩（DCS 界面中）设置燃尽段炉排一次风进口挡板 VA114 开度为 20%。

⑪（DCS 界面中）启动点火燃油器。

⑫（DCS 界面中）调节点火燃油器流量为 5%。

⑬（DCS 界面中）启动辅助燃油器。

⑭（DCS 界面中）调节辅助燃油器流量为 20%。

(7) 启动焚烧炉

启动焚烧炉系统图见图 15-53。

图 15-53 启动焚烧炉系统图

① (DCS 界面中) 打开蒸汽-空气预热器 E201 出口阀 V02E201。
② (DCS 界面中) 调节蒸汽-空气预热器 E201 进口阀 V01E201 至 50%。
③ 当焚烧炉 R101 温度达到 850℃以上时 (DCS 界面中查看),启动进料抓斗。
④ (DCS 界面中) 启动给料机。
⑤ (DCS 界面中) 设置给料机速度为 50%。
⑥ (DCS 界面中) 调节干燥段炉排一次风进口阀 VA111 开度为 15%。
⑦ (DCS 界面中) 调节燃烧一段炉排一次风进口阀 VA112 开度为 30%。
⑧ (DCS 界面中) 调节燃烧二段炉排一次风进口阀 VA113 开度为 45%。
⑨ (DCS 界面中) 调节燃尽段炉排一次风进口阀 VA114 开度为 10%。
⑩ (DCS 界面中) 启动干燥段炉排。
⑪ (DCS 界面中) 启动焚烧一段炉排。
⑫ (DCS 界面中) 启动焚烧二段炉排。
⑬ (DCS 界面中) 启动燃尽段炉排。
⑭ (DCS 界面中) 调节干燥段炉排速度为 30%。
⑮ (DCS 界面中) 调节焚烧一段炉排速度为 40%。
⑯ (DCS 界面中) 调节焚烧二段炉排速度为 50%。
⑰ (DCS 界面中) 调节燃尽段炉排速度为 10%。
⑱ (DCS 界面中) 打开二次风机 C202 进口阀 V01C202。
⑲ (DCS 界面中) 打开二次风机 C202 出口阀 V02C202。
⑳ (DCS 界面中) 设置二次风机 C202 频率为 50Hz。
㉑ (DCS 界面中) 启动二次风机 C202。
㉒ (DCS 界面中) 调节二次风进口阀 V03C202 开度至 50%,投入二次风。

㉓（DCS 界面中）当焚烧炉膛温度达到 850℃后，将多燃烧器油量关至 0%。
㉔（DCS 界面中）停止点火燃烧器。
㉕ 随着燃烧的加强，主汽温度、压力提高，蒸发量增加，压力上升至额定值后，锅炉已具备并炉运行的条件。

（8）其他操作
① （DCS 界面中）启动冷渣机 L201。
② 在 DCS 界面中观察烟气各污染物浓度，在 3D 场景中查看焚烧炉、机械旋转喷雾塔、布袋除尘器的设备内部运行情况。

2. 运行炉膛温度低

（1）提升炉膛温度

提升炉膛温度运行图见图 15-54。

图 15-54　提升炉膛温度运行图

① 仔细查看当前运行状态下各系统的运行情况。
②（DCS 界面中）打开辅助燃油器。
③（DCS 界面）提高辅助燃烧器油量到合适大小（建议在 50% 以上），尽快提升炉膛温度。
④（DCS 界面中）降低给料机速度，使垃圾尽量充分燃烧（建议降低到 30% 以下）。
⑤（DCS 界面中）待炉内温度上升至 1000℃ 左右时，关闭辅助燃油器。
⑥（DCS 界面）将辅助燃油器油量调至 0%。

（2）各系统运行状态参考

系统运行状态参考图见图 15-55。
①（数值参考）干燥段炉排一次风进口阀 VA111 开度为 15%。
②（数值参考）燃烧一段炉排一次风进口阀 VA112 开度为 30%。
③（数值参考）燃烧二段炉排一次风进口阀 VA113 开度为 45%。

图 15-55　系统运行状态参考图

④（数值参考）燃尽段炉排一次风进口阀 VA114 开度为 10%。
⑤（数值参考）干燥段炉排运行速度为 30%。
⑥（数值参考）燃烧一段炉排运行速度为 40%。
⑦（数值参考）燃烧二段炉排运行速度为 50%。
⑧（数值参考）燃尽段炉排运行速度为 10%。
⑨（数值参考）二次风入口阀开度为 50%。

3. 烟气出口污染物浓度过高

烟气出口污染物浓度过高系统运行状态图见图 15-56。

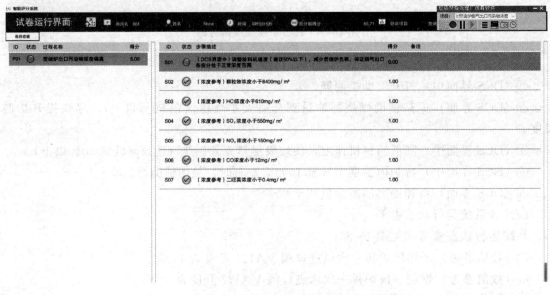

图 15-56　烟气出口污染物浓度过高系统运行状态图

①（DCS 界面中）调整给料机速度（建议 50% 以下），减少焚烧炉负荷，保证烟气出口各组分处于正常浓度范围。
②（浓度参考）颗粒物浓度小于 $8400mg/m^3$。
③（浓度参考）HCl 浓度小于 $610mg/m^3$。
④（浓度参考）SO_x 浓度小于 $550mg/m^3$。
⑤（浓度参考）NO_x 浓度小于 $150mg/m^3$。
⑥（浓度参考）CO 浓度小于 $12mg/m^3$。
⑦（浓度参考）二噁英浓度小于 $0.4mg/m^3$。

第二节 环境生态工程综合实验

实验一 超累积植物修复重金属污染土壤

一、实验目的

1. 学习重金属超累积植物的实验室培养方法。
2. 熟悉土壤与植物体内重金属含量测定样品前处理方法。
3. 掌握用原子吸收法测定重金属含量。

二、实验原理

植物修复是指将某种特定的植物种在重金属污染的土壤中，而该种植物对土壤中的有毒重金属元素有特殊的吸收和吸附能力，将植物收获并进行妥善处理，如灰化回收后即可将该种重金属移出土体，达到重金属污染治理与生态修复的目的。利用植物修复方法治理土壤重金属污染的主要机制有三个方面。一是利用植物根际微环境下特殊的生态条件改变土壤中重金属存在的形态，使其固定。二是通过氧化-还原或沉淀等生态化学过程，降低重金属在土壤中的迁移性，从而降低生物的可吸收利用率。三是利用植物本身特有的利用污染物、转化污染物、积累重金属的能力，通常主要指超累积植物或超富集植物。土壤中的重金属进入植物体虽可经生物转化过程成为代谢产物排出体外，但大部分污染物质与蛋白质或多肽等物质具有较高的亲和性而长期存留在植物的组织或器官中，在一定的时期内不断积累增多而形成富集甚至超富集现象，故将超富集植物重复种植，通过收获植物就能使土壤中的重金属浓度降到可接受的水平。

针对某种或某些重金属的特征，筛选合适的重金属忍耐型或超累积植物对提高植物修复的效率有着极其重要的现实意义。所谓重金属忍耐型植物是指土壤中虽然具有很高的重金属毒性但仍然能正常生长、定居乃至繁殖后代的植物。它对重金属的忍耐程度可以通过测定植物的生长或活力指标来进行评价。超累积植物，又称超富集植物，长期生长在重金属含量较高的土壤上，是经过不断的生物进化而形成的，或者是通过遗传工程或基因工程培育、诱导而成的能超量吸收重金属并将其不断运送、转移到地上部分，在地上部分能够累积普通植物10倍以上某种重金属的植物。超累积植物的界定需要满足以下三个主要条件：一是植物叶片或地上部分富集 Cd 达到 100mg/kg，Co、Cu、Ni、Pb、As 达到 1000mg/kg，Mn、Zn 达到 10g/kg 以上；二是满足植物地上部分的重金属含量应高于根部的条件；三是能够忍耐较高浓度重金属的毒害。

镉（Cd）是广泛存在于环境介质中毒性最强的重金属元素之一，且比其他植物非必需元素具有更强的从土壤介质向植物体迁移的能力。土壤中 Cd 含量过高会严重毒害植物，改变植物的膜透性，破坏植物的呼吸代谢、酶代谢、遗传效应等，主要表现为植株矮小、褪绿、生长缓慢等。因此，对土壤 Cd 污染的修复是生态环境保护研究的难点。

龙葵（*Solanum nigrum* L.），俗名黑天天，茄科茄属植物，一年生草本。龙葵在我国各地均有分布，多生在荒地、路边、农田地头。龙葵是以农田杂草为研究对象筛选出来的 Cd 超富集植物，通过矿区和污灌区采样分析其地上部分富集系数＞1.0，转移系数＞1.0，具有超富集植物的主要特征。研究发现，龙葵具有 Cd 超累积的特性，在环境治理中可以利用龙葵的超量富集作用去除污染土壤中超标的重金属 Cd。Cd 在龙葵体内的含量分布呈现为叶片＞茎＞根＞籽实。

三、仪器和材料

1. 仪器

研钵（杵），原子吸收分光光度计，电子天平，微波消解仪，0.45μm 滤膜，锥形瓶，比色管，移液枪，花盆等。

2. 材料

龙葵种子，农田表层土壤（0～20cm），氯化镉，硝酸，高氯酸。

四、实验内容

1. 土壤样品处理

供试土壤风干后过 2mm 筛，保存于自封袋中。配制两个浓度梯度的 Cd^{2+} 储备液，采用梯度混合法充分混匀，使土壤中 Cd^{2+} 浓度达到 10mg/kg 和 100mg/kg，然后于室温下平衡 14d。

2. 植物种植

龙葵种子先在 3% 的 H_2O_2 中进行表面灭菌，再在 2.8mmol/L $Ca(NO_3)_2$ 溶液中浸泡 4h，之后放于铺有湿滤纸的培养皿中于 22～27℃下发芽。发芽 4～6d 后将大小均一的幼苗移植到花盆中（每盆 4 棵，装有 650g 土壤，体积为 0.9L，花盆底部密封），放置于温室中培养，白天 27℃下光照 14h，夜间 22℃光照 10h。每天浇水，保持土壤含水率在 30%，每个染毒浓度设置 3 盆平行样，不定期更换盆的位置。空白对照组用未进行重金属染毒的空白土壤种植。

所有植物样品在培养 14d 后收集。植物的根与茎叶分开进行收集，用蒸馏水冲洗后在烘干前先在 105℃下杀青 5min，然后在 70℃下烘至恒重。烘干后的植物样品粉碎备用。

3. 土壤样品前处理

取 0.1g 风干后过 100 目筛的土壤样品，加入 3mL HNO_3-$HClO_4$（体积比 3∶1）溶液

于微波消解仪中消化完全，消化溶液通过 0.45μm 膜过滤并用水稀释至 25mL 留待测定。

4. 植物样品前处理

冷冻干燥后的样品，用研钵和研杵进行研磨并过 100 目筛备用。取 0.1g 样品置于 100mL 锥形瓶中，加入 5mL HNO_3-$HClO_4$（体积比 3∶1）混酸，在电热板上消解至 1mL 左右。停止消解，待冷却后去离子水冲洗消解容器，过 0.45μm 水系膜后在 25mL 比色管中定容待测。

5. 重金属含量测定

用原子吸收分光光度法（AAS）测量土壤和植物样品中重金属含量。

6. 质量保证和统计分析

通过向空白植物样品中加入一定浓度（例如 0.5mg/kg、1mg/kg、5mg/kg）Cd^{2+} 标准品以测定 Cd^{2+} 回收率。植物和土壤样品的方法检出限（MDL）以样品全流程空白连续 10 次测定值的 3 倍标准偏差所相当的浓度表示。

五、数据记录

1. 实验中数据记录表如表 15-37～表 15-40 所示。

表 15-37 植物样品生物量记录

Cd^{2+} 浓度 /(mg/kg)	湿重/g			干重/g		
	组1	组2	组3	组1	组2	组3
0(对照)						
10						
100						

表 15-38 植物和土壤样品中 Cd^{2+} 回收率和方法检出限 MDL

样品	回收率/%	MDL/(μg/kg)
植物		
土壤		

表 15-39 土壤样品中 Cd^{2+} 浓度

Cd^{2+} 浓度 /(mg/kg)	修复前/(mg/kg)			修复后/(mg/kg)		
	组1	组2	组3	组1	组2	组3
0(对照)						
10						
100						

表 15-40 植物样品中 Cd^{2+} 浓度

Cd^{2+} 浓度 /(mg/kg)	组1/(mg/kg)		组2/(mg/kg)		组3/(mg/kg)		平均值 /(mg/kg)
	根	茎叶	根	茎叶	根	茎叶	
0(对照)							
10							
100							

植物根富集因子（RCF）被定义为植物根中重金属的浓度与土壤中重金属的浓度的比值，用来表示重金属在植物根中的富集能力的大小。由式（15-37）计算求得

$$\text{RCF} = \frac{c_{\text{根}}}{c_{\text{s}}} \tag{15-37}$$

式中，$c_{\text{根}}$ 为植物根中重金属浓度，mg/kg；c_{s} 为土壤中重金属浓度，mg/kg。

植物茎富集因子（SCF）被定义为植物茎中重金属的浓度与土壤中重金属的浓度的比值，用来表示重金属在植物茎中的富集能力的大小。由式（15-38）计算求得：

$$\text{SCF} = \frac{c_{\text{茎}}}{c_{\text{s}}} \tag{15-38}$$

式中，$c_{\text{茎}}$ 为植物茎叶中重金属浓度，mg/kg；c_{s} 为土壤中重金属浓度，mg/kg。

传输因子（TF）用来描述污染物从根向茎叶的传输能力，计算公式如式（15-39）所示：

$$\text{TF} = \frac{c_{\text{茎}}}{c_{\text{根}}} \tag{15-39}$$

式中，$c_{\text{茎}}$ 为植物茎叶中重金属浓度，mg/kg；$c_{\text{根}}$ 为植物根中重金属浓度，mg/kg。

土壤中重金属去除率（R），由式（15-40）计算求得：

$$R = \frac{c_1 - c_2}{c_1} \times 100\% \tag{15-40}$$

式中，c_1 为初始土壤中重金属浓度，mg/kg；c_2 为植物修复 14d 后土壤中重金属浓度，mg/kg。

2. 实验结果整理

（1）根据土壤与植物各组织部位中重金属的含量，分别计算根富集因子（RCF）、传输因子（TF），分析龙葵对重金属镉的富集及根-茎叶的迁移能力。

（2）根据龙葵种植前后土壤中重金属镉含量的变化，计算土壤中重金属镉的去除率（R），分析龙葵对土壤重金属镉污染的修复效果。

六、思考题

1. 影响龙葵根从土壤中吸收富集重金属镉的因素有哪些？
2. 查阅文献说明龙葵不同的生长周期对重金属镉的富集能力的差别。

实验二　稻壳活性炭制备及对染料废水的吸附

一、实验目的

1. 了解我国生物基固体废物的现状以及生物基废物碳化技术。
2. 了解染料废水的特点和危害及常用的处理方法。
3. 了解监测染料废水中亚甲基蓝含量的意义，掌握分光光度法测定亚甲基蓝的基本原理和方法。

二、实验原理

生物基废物是人类利用生物质的过程中产生的废弃物,按照来源不同可分为城市生物基废物(餐厨垃圾、粪便、城镇污泥)、工业生物基废物(高浓度有机废水、有机残渣)、农作物废物(秸秆)和养殖废物(畜禽粪便)等。由于产生量巨大,生物基废物是必须进行妥善处理的环境污染源。然而,从循环经济的视角来看,它是重要的可再生资源和能源。合理高效地将生物基废物资源化不仅能够充分利用生物质能这一可再生清洁能源,而且能够获得新型生态环境材料和新能源材料,从而实现废物高附加值利用,符合可持续发展的理念。

高温碳化处理是一种处理生物基废物常用的资源化方式。碳化是指固体或有机物在隔绝空气条件下加热分解的反应过程或加热固体物质来制取液体或气体(通常会变为固体)产物的一种方式。生物基废物经碳化处理后形成生物炭,吸附能力强,不仅可以用于还田以固定土壤中的组分,在减少营养物质流失同时固定土壤中的有害物质,如重金属等;而且能够用于污水处理过程,为污水中污染物的去除提供一种较好的吸附剂。本实验中采用程序升温炉对稻壳进行碳化处理,并对产生的固体(生物炭)进行收集并测定分析其组分。

亚甲基蓝(methylene blue)是一种典型的阳离子染料,属于水溶性的偶氮染料,溶于水后可以形成季铵盐离子基团,是棉和丝绸等染色中常用的染色材料之一,此外亚甲基蓝也可用于化学指示剂和药物等方面。亚甲基蓝水溶液色度高,对环境污染严重,其毒性虽然较低,但当人体摄入一定剂量的亚甲基蓝可能会出现头疼、恶心、神志不清等症状。

目前测定亚甲基蓝含量的方法主要有电位滴定法、分光光度法、高效液相色谱法等。本吸附实验将制备好的稻壳活性炭试样与一定量的亚甲基蓝溶液混合作用后过滤,滤液用分光光度计在波长 665nm 下测定其吸光度,根据亚甲基蓝标准曲线算出溶液中亚甲基蓝的浓度,从而求出亚甲基蓝的吸附值。

三、仪器和材料

1. 仪器

高速粉碎机,电子天平,筛子,烘箱,程序升温炉,坩埚,恒温振荡器,分光光度计,锥形瓶,针式微膜,比色皿,具塞比色管,移液管,容量瓶,试剂瓶,称量纸等。

2. 试剂

(1) 稻壳。

(2) 亚甲基蓝溶液(50mg/L):由于亚甲基蓝在干燥过程中性质发生变化,应在未干燥情况下使用,故需在 (105±0.5)℃下干燥 4h 后,测定其水分。

亚甲基蓝未干燥品的取用量按式 (15-41) 计算:

$$m_1 = \frac{m}{P(1-E)} \tag{15-41}$$

式中,m_1 为未干燥的亚甲基蓝的质量,g;E 为水分含量,%;m 为干燥品需要量,g;P 为亚甲基蓝的纯度,%。

按式 (15-41) 计算与 50mg 亚甲基蓝干燥品相当的未干燥品的量,将称取的亚甲基蓝溶于温度为 (60±10)℃的缓冲溶液中,待全部溶解后,冷却到室温过滤于 1000mL 容量瓶内,分次用缓冲溶液洗涤滤渣,再用缓冲溶液稀释至标线。

(3) 缓冲溶液：称取 3.6g 磷酸二氢钾、14.3g 磷酸氢二钠溶于 1000mL 水中，此缓冲溶液 pH 值约为 7。

四、实验内容

1. 生物质炭制备

(1) 材料预处理

以稻壳为原料，水洗数次后去除表面黏附物和灰尘并风干后，于 60℃烘箱中烘至恒重，粉碎。

(2) 生物炭制备

取部分稻壳于坩埚中，表面覆盖大小不一的鹅卵石后，分别置于 300℃、500℃、700℃ 的程序控温马弗炉中碳化 2h，升温速率为 5℃/min。经冷却至室温后取出，用蒸馏水洗涤至中性后放入烘箱中于 60℃下烘干至恒重，取出备用，计算产率。

数据记录于表 15-41 中。

表 15-41 数据记录表

温度/℃	碳化时间/h	物料初重 m_1/g	碳化后重 m_2/g	生物炭产率/%
300				
500				
700				

生物炭产率由式（15-42）计算求得：

$$生物炭产率(\%)=\frac{m_2}{m_1}\times 100\% \tag{15-42}$$

(3) 理化分析

进行不同温度下得到的生物炭的理化性质分析，如生物炭的傅里叶红外光谱分析。

2. 亚甲基蓝的吸附实验

(1) 初始 pH 对亚甲基蓝去除效果的影响

取数个 250mL 的锥形瓶，依次加入 50mg/L 的亚甲基蓝溶液 200mL，用稀盐酸或氢氧化钠溶液调亚甲基蓝溶液的初始 pH 值分别为 2.0、3.0、4.0、5.0、6.0、7.0、8.0、9.0、10.0、12.0。然后分别加入 2g 生物炭，在摇床温度为 25℃、转速约 100r/min 的振荡器中分别低速振荡 12h 后，将悬浮液离心分离（针式微膜过滤），取上清液在可见分光光度计上测定溶液的吸光度 A，并计算去除率。

(2) 亚甲基蓝初始浓度对去除效果的影响

在数个 250mL 的锥形瓶中分别加入 200mL 的 50mg/L、100mg/L、150mg/L、200mg/L、300mg/L、400mg/L 亚甲基蓝溶液，再分别加入 2g 生物炭，在摇床温度为 25℃、转速约 100r/min 的振荡器中分别低速振荡 12h 后，将悬浮液离心分离（针式微膜过滤），取上清液在可见分光光度计上测定溶液的吸光度 A，并计算去除率。

(3) 生物炭投加量对亚甲基蓝去除率的影响

在数个 250mL 的锥形瓶中分别加入 200mL 的 50mg/L 亚甲基蓝溶液，分别加入 0.5g、1g、2g、3g、4g、5g 生物炭。在摇床温度为 25℃、转速约 100r/min 的振荡器中分别低速振荡 12h 后，将悬浮液离心分离（针式微膜过滤），取上清液在可见分光光度计上测定溶液

的吸光度 A，并计算去除率。

（4）吸附温度对亚甲基蓝去除率的影响

在数个 250mL 的锥形瓶中分别加入 200mL 的 50mg/L 亚甲基蓝溶液，分别加入 2g 生物炭。在摇床温度为 25℃、30℃、35℃、40℃、45℃、50℃，转速约 100r/min 的振荡器中分别低速振荡 12h 后，将悬浮液离心分离（针式微膜过滤），取上清液在可见分光光度计上测定溶液的吸光度 A，并计算去除率，同时建立 Langmuir、Freundlich 等模型。

3. 亚甲基蓝测定

（1）标准曲线的绘制

取数支 50mL 比色管，用浓度为 50mg/L 的亚甲基蓝标准溶液准确配制 1.0mg/L、1.5mg/L、2.0mg/L、2.5mg/L、3.0mg/L、3.5mg/L 的亚甲基蓝溶液，以水为参比，在波长 665nm，光径为 1cm 下测定吸光度，绘出标准曲线。

（2）水样的测定

取适量上述实验方案中过滤后的水样于 50mL 比色管中，测定方法同标准溶液。进行空白校正后根据所测吸光度从标准曲线上查得亚甲基蓝含量。

五、注意事项

1. 程序升温炉一定要按照规定要求进行操作，注意用电及操作安全。
2. 用于测定亚甲基蓝的玻璃器皿，可用硝酸、硫酸混合液或洗涤剂洗涤，洗涤后冲洗干净。玻璃器皿内壁要求光滑，防止亚甲基蓝被吸附。
3. 实验完成后将所用到的各种仪器设备、器皿等清洗干净。

六、数据记录

按式（15-43）计算亚甲基蓝的浓度：

$$亚甲基蓝浓度(mg/L) = \frac{M}{V} \tag{15-43}$$

式中，M 为从标准曲线上查得的亚甲基蓝含量，mg；V 为水样的体积，L。

实验三　人工湿地及其耦合电化学水净化处理技术

一、实验目的

1. 学习人工湿地处理污水的原理。
2. 了解与人工湿地相关的其他新型工艺，学习人工湿地的基本搭建方法。
3. 通过实验过程，了解污水处理效果的影响因素，加深对人工湿地法处理废水的认识。

二、实验原理

人工湿地是由人工建造和控制运行的与沼泽地类似的地面，将污水、污泥有控制地投到经人工建造的湿地上，污水与污泥在沿一定方向流动的过程中，主要利用土壤、人工介质、植物、微生物的物理、化学、生物三重协同作用，对污水、污泥进行处理。其作用机理包括吸附、滞留、过滤、氧化还原、沉淀、微生物分解、转化、植物遮蔽、残留物积累、蒸腾水分和养分吸收及各类动物的作用。

主要过程包括：

（1）悬浮固体（SS）的去除，主要靠物理沉淀、过滤作用。

（2）生化需氧量（BOD）的去除，主要靠微生物吸附和代谢作用，代谢产物为无害的稳定物质。

（3）N、P的去除，主要利用生物脱氮及植物吸收方法，植物每年将N、P吸收、合成后移出人工湿地系统。

（4）有害微生物的去除，植物根系分泌物对大肠杆菌和病原体有灭活作用。

按照污水流动的方式，可将人工湿地分为表面流人工湿地、水平潜流人工湿地和垂直潜流人工湿地。其中，表面流人工湿地指污水在基质层表面以上，从池体进水端水平流向出水端的人工湿地。表面流人工湿地主要通过构建好氧生态环境来降解水体污染，并利用植物根系、茎表组织等器官的吸收作用来去除部分富营养物质，沉淀部分絮状物以达到净化水质的目的。表面流人工湿地的表面水力负荷为$<0.1 m^3/(m^2 \cdot d)$，实际操作时，具体的水力负荷还应根据水质情况考虑。

人工湿地污水处理系统的组成部分包括植物、微生物及基质。植物通常采用高等维管束植物，宜选用耐污能力强、根系发达、去污效果好、抗冻和抗病虫害、容易管理的植物，并保证生态安全。植物种植密度可根据植物种类与工程的要求调整，挺水植物的种植密度宜为$9\sim25$株$/m^2$，浮水植物和沉水植物的种植密度宜为$3\sim9$株$/m^2$。微生物指植物根系周围的区系微生物、基质表面生物膜及周边的微生物，包括细菌、原生动物、次生动物、浮游植物、浮游动物等。基质指提供人工湿地植物与微生物生长并对污染物起过滤、吸收作用的填充材料，包括土壤砂、砾石、石灰石、页岩、塑料、陶瓷等。

人工湿地法处理成本低，在集中式污水处理和开放水体的污染治理上都有应用。除了常规的人工湿地，将人工湿地与其他工艺结合，还可以实现其他功能。在污染物的资源与能源化研究上，利用污水中的能量进行生物发电是十余年来的研究热点之一。该方法通过构建一个生物电化学系统，在阴阳极之间保持一定的电位差。阳极区域的产电微生物在厌氧条件下分解水中的有机物，将产生的电子传递到阳极上，配合发生还原反应的阴极，在外电路得到持续的电流，由此实现污水中的化学能到电能的直接转化。将人工湿地与生物电化学体系耦合在一起，经过合理设计，使人工湿地的填料作为生物电化学系统的阴极发生作用，即可在阳极消耗有机物的同时，在阴阳极之间产生一个微电场，带电的污染物颗粒和细菌就有可能在微电场的作用下产生移动和累积轨迹的变化，影响污水的处理过程。

三、仪器和材料

人工湿地定制装置，pH计，溶氧仪，电导率仪，取样瓶（聚乙烯瓶），消化瓶，消化罐，滴定管，碘量瓶，分光光度计，自动移液器，比色皿，容量瓶，比色管，洗瓶等。

四、实验内容

1. 将人工湿地装置置于自然光照和温度条件下。植物先在实验条件下驯化1周，选取生长旺盛、大小一致的植株进行种植。沉水植物苦草，种植面积为$1m^2$，种植密度为9株/m^2。挺水植物狐尾藻种植面积为$0.5m^2$，种植物密度为15株/m^2。末端装置的两个电极之间连接1个1000Ω的外电阻。

2. 取校园景观河水，分别测定 pH、DO、电导率、COD_{Cr}、NH_4-N、TP。pH 的测定采用 pH 计；DO 的测定采用 DO 仪；电导率的测定使用电导率仪，COD_{Cr}、NH_4-N、TP 的测定均使用国标方法。将河水加入装置中，河水体积为$0.5m^3$，定期补充蒸发水量以保证体积恒定。

3. 在停留时间为 0d、7d、15d 时取样放在冰箱冷藏保存，统一测试 COD_{Cr}、NH_4-N、TP 水质指标。每个指标每次每个装置取两个样品，作为平行双样。现场测定 pH、DO、电导率。每次取样时使用万用表测量装置两电极之间的电压。

五、数据记录

将所得到的数据记录于表 15-42 中。

表 15-42 测量数据记录表

参数	0d	7d	15d
pH			
DO/(mg/L)			
电导率/(μS/cm)			
电压/V			
COD_{Cr}/(mg/L)			
NH_4-N/(mg/L)			
TP/(mg/L)			

六、思考题

1. 结合实验数据，停留时间对于污染物去除率的影响规律是什么？

2. 人工湿地的基本构型分几种？在实际应用过程中和其他污水处理工艺相比，其优缺点分别是什么？

3. 产电过程的电压变化是怎样的，可能与什么因素相关？

参考文献

[1] 朱瑞卫，万小琼，崔理华. 环境生态工程 [M]. 北京：化学工业出版社，2017.
[2] 柳丽芬. 环境生态工程实验 [M]. 北京：科学出版社，2021.
[3] 国家环境保护总局. 水和废水监测分析方法 [M]. 4 版. 北京：中国环境科学出版社，2002.
[4] 罗守刚. 生物质基重金属吸附材料的制备与应用 [M]. 北京：科学出版社，2021.
[5] 杨百忍. 环境工程学实验 [M]. 北京：化学工业出版社，2022.
[6] 高廷耀，顾国维，周琪. 水污染控制工程 [M]. 北京：高等教育出版社，2015.
[7] 中华人民共和国环境保护部. HJ 828—2017 水质 化学需氧量的测定 重铬酸盐法 [S]. 北京：中国环境出版社，2017.
[8] 许宁，闵敏. 大气污染控制工程实验 [M]. 北京：化学工业出版社，2018.
[9] 陆建刚，陈敏东，张慧. 大气污染控制工程实验 [M]. 2 版. 北京：化学工业出版社，2016.
[10] 中华人民共和国环境保护部. HJ 618—2011 环境空气中PM_{10}和$PM_{2.5}$的测定 重量法 [S]. 北京：中国环境科

学出版社，2011.
[11] 中华人民共和国环境保护部. HJ 479—2009 环境空气 氮氧化物（一氧化氮和二氧化氮）的测定 盐酸萘乙二胺分光光度法 [S]. 北京：中国环境科学出版社，2009.
[12] 中华人民共和国环境保护部. HJ482—2009 环境空气 二氧化硫的测定 甲醛吸收-副玫瑰苯胺分光光度法 [S]. 北京：中国环境科学出版社，2009.
[13] 中华人民共和国生态环境部. HJ1130—2020 环境空气质量数值预报技术规范 [S]. 北京：中国环境出版社，2020.
[14] 中华人民共和国环境保护部. HJ633—2012 环境空气质量指数（AQI）技术规定（试行）[S]. 北京：中国环境科学出版社，2012.
[15] 中华人民共和国环境保护部. GB 3095—2012 环境空气质量标准 [S]. 北京：中国环境科学出版社，2012.
[16] 郝吉明，段雷. 大气污染控制工程实验 [M]. 北京：高等教育出版社，2004.

第十六章 开放创新实验

实验一 二氧化钛-石墨烯复合体系光催化性能的研究

二氧化钛（TiO_2）是常用的半导体光催化材料，具有性质稳定、应用广泛、催化性能良好等优势，被广泛应用在光催化降解污染物、表面自清洁技术等领域中。但是，TiO_2 自身存在光生载流子易复合、催化过程中量子产率低等缺陷，使其在光催化降解污染物领域的应用遇到了瓶颈。具有异质结构的半导体光催化体系可以有效地改善光生载流子的分离，两种不同材料之间形成的电场有利于光生电子在界面间的迁移，从而抑制了电子-空穴对的复合。本项目将 TiO_2 与石墨烯复合，通过对比其复合体系的光催化性能，寻找最优结构，有效提高催化体系的催化性能。该项目旨在通过制备复合 TiO_2 光催化体系，调整其光催化性能，为半导体光催化体系的构建提供新思路。

一、实验目的

1. 了解纳米 TiO_2 的性质及应用。
2. 掌握溶胶-凝胶法制备纳米 TiO_2 的原理和方法。
3. 掌握纳米 TiO_2 光催化降解模拟废水性能的测定及评价方法。
4. 掌握实验数据的处理方法，拟合降解反应的动力学方程，计算反应速率常数。
5. 学习高温煅烧炉、紫外-可见分光光度计等仪器的使用。
6. 培养自主设计及完成实验的能力，提高学生综合运用所学知识解决实际问题的能力。

二、实验原理

当催化剂受到光激发后，生成的电子和空穴发生有效分离并且与电子给体或者受体发生相互作用，光催化反应才是有效的。所以，光生电子和空穴的分离程度决定着催化剂的光催化能力。一般认为，体系的光生载流子的迁移程度及效率与半导体的导带及价带位置及吸附基团的氧化还原电位有关。故 TiO_2 的晶体结构、表面形貌以及共催化剂体系等都影响着光生载流子的迁移速率。

具有异质结构的半导体光催化体系可以有效地提高光生载流子的分离，两种不同材料之间形成的电场有利于光生电子在界面间的迁移,从而抑制了电子-空穴对的复合。近年来,人们设计合成了低维度的异质结光催化体系,可以实现光生载流子的有效分离。

碳材料由于独特的结构及性能,近年来在光催化领域得到广泛的研究。目前,关于TiO_2与碳材料的组装异质结光催化剂的研究集中在活性炭、富勒烯、碳纳米管以及石墨烯等材料上。石墨烯具有高载流子迁移率[$200000cm^2/(V \cdot s)$]、高机械强度、高比表面积(约$2630m^2/g$)等性质。其独特的二维结构和电子耦合作用,有利于半导体材料在其表面生长,不仅可以为光催化剂提供良好的二维基底,还是一个良好的电子回路,为催化体系带来优良的导电性能及氧化还原特性。目前,有研究指出,TiO_2/石墨烯异质结复合材料,表现出优异的光电性能。

然而,这种异质结构目前在光催化上的应用还不够广泛。而且,TiO_2表面形貌的改变既可以改变体系内部光生载流子的迁移速率,又可以改变其比表面积,所以对光催化性能是有调控作用的,但是,形貌的不同对体系光催化性能改变的研究也不十分透彻。理解纳米材料不同的形貌尺寸对于光催化降解污染物的影响,可以指导构建新型光催化体系,提高体系在降解实际废水方面应用的潜质。

三、仪器和材料

1. 仪器:电子天平,紫外-可见分光光度计,磁力加热搅拌器,雷磁 pHS-3C pH 计,恒温磁力搅拌器,烘箱,马弗炉,紫外光灯,1000mL 容量瓶,250mL 锥形瓶,500mL 烧杯,移液管,量筒,滴管,玻璃棒,$0.22\mu m$ 水系滤膜若干。

2. 材料:二氧化钛(Degussa P25 型),硝酸钠,高锰酸钾,石墨粉,罗丹明 B (100mg/L),浓硫酸。

四、实验内容

1. 石墨烯氧化物(GO)的制备

石墨烯氧化物采用改进的 Hummers 方法制得。将 23mL 浓硫酸倒入烧杯中,并在冰水浴中搅拌,同时加入 1g 石墨粉和 1g $NaNO_3$。之后在上述容器中缓慢加入 3g $KMnO_4$。将得到的溶液超声 5h 以形成一层厚重的墨绿色悬浊液。向其中缓缓加入 46mL 超纯水并搅拌 10min,随后向混合溶液中加入 140mL 水和 10mL H_2O_2(30%)。过滤分离后用 5% HCl 溶液和超纯水清洗多次,以去除杂质。冷冻干燥后得到所需石墨烯氧化物粉体。称取一定量的石墨烯氧化物粉末长时间超声分散在正丁醇或者超纯水中,制得实验所需石墨烯氧化物溶液。

2. TiO_2(P25)/石墨烯复合光催化剂的制备

TiO_2(P25)/石墨烯复合光催化剂采用水热法合成。分别取 1.5mL、2mL、4mL 1g/L GO 溶液以及 0.3g TiO_2(P25)、60mL 水超声并搅拌均匀后转移至 100mL 衬底为聚四氟乙烯的水热反应釜中,150℃恒温 6h。待反应溶液冷却后,离心分离并用高纯水清洗多次,冷冻干燥制得固体粉末。

3. 罗丹明 B 溶液的配制

称取 0.1g 罗丹明 B,在烧杯中完全溶解后转移到 1L 容量瓶中定容,得到 100mg/L 罗丹明 B 贮备液。然后取 100mL 转移到 1L 容量瓶中定容,将溶液超声均匀后作为光催化降解有机物备用,此时的罗丹明 B 浓度为 10mg/L。

4. 标准曲线的绘制

分别测定浓度为 0mg/L、2mg/L、4mg/L、6mg/L、8mg/L、10mg/L 的罗丹明 B 溶液，在 554nm 下的吸光度，并拟合，绘制标准曲线。

5. 光催化实验步骤

将 0.1g 光催化剂加入 100mL 10mg/L 罗丹明 B 溶液，超声使催化剂分散均匀，之后在暗处搅拌 30min，使混悬溶液达到吸附平衡。之后，将其转移到 300W 紫外光源下照射，每隔 10min 抽取 5mL 溶液过滤后在 554nm 处测量吸光度，进而通过吸光度与浓度之间的关系计算降解率。

6. pH 对光催化效率的影响

通过使用一定量的 NaOH 和 HCl 溶液调节降解罗丹明 B 溶液的 pH 值分别为 3、5、7、9，找到降解效率最佳的 pH 值。

五、注意事项

1. 玻璃仪器须干燥后使用。
2. 注意使用紫外-可见分光光度计时，需要预热 30min。

六、思考题

1. 如何确定二氧化钛与石墨烯的最佳复合比例？
2. 基于上述实验内容，如何进一步提高二氧化钛的光催化活性及稳定性？

实验二　氮饥饿下微藻油脂积累的研究

生物柴油是很有前途的化石燃料的替代品，而微藻是一种极具发展潜力的生物柴油生产原料。当微藻细胞处在应激条件下时，它们会以储存脂质的形式积累大量的油脂，其中氮饥饿已被证明是提高微藻油脂含量的有效方法。通过考察氮饥饿下微藻的生长和产油特性，可获得微藻细胞高效产油的调控策略，这将为利用微藻高效生产生物能源提供理论支撑。

一、实验目的

1. 掌握小球藻和四尾栅藻生长曲线的测定方法和油脂的测定方法。
2. 学习使用紫外-可见分光光度计、离心机、干燥箱、冷冻干燥机、超声破碎仪、氮吹仪。

二、实验原理

紫外-可见分光光度法是在 190~800nm 波长范围内测定物质的吸光度，用于鉴别、杂质检查和定量测定的方法。微藻叶绿素在紫外-可见分光光度计下在波长 680nm 处的吸收值最大，可以通过测定每日光密度值（OD_{680}）来反映小球藻和四尾栅藻的生长情况。

脂类可分为中性脂（如甘油三酯和甘油二酯）和极性脂（如糖脂和磷脂），微藻中的油脂主要是中性脂，以甘油三酯的形式存在。有机溶剂提取法是使用较普遍的微藻油脂含量测定方法，其中本实验采用的是氯仿甲醇法测定干燥藻粉内的油脂，原理是两相溶液经离心后分层，上层为水相，含有水溶性物质，下层为有机相，含有脂类物质，下层溶液经干燥后采用重量法计算油脂含量，根据油脂含量来分析两种微藻的油脂积累特性。

三、仪器和材料

1. 仪器：紫外-可见分光光度计，立式压力蒸汽灭菌器，离心机，生化培养箱，电子分析天平，超声波细胞粉碎机，电热鼓风干燥箱，冷冻干燥机，锥形瓶（1000mL），离心管（50mL），分液漏斗，玻璃试管（10mL）。

2. 材料：$CaCl_2 \cdot 2H_2O$，$NaNO_3$，K_2HPO_4，$MgSO_4 \cdot 7H_2O$，EDTA-2Na，柠檬酸，柠檬酸铁铵，Na_2CO_3，$MnCl_2 \cdot 4H_2O$，$ZnSO_4 \cdot 7H_2O$，$Na_2MoO_4 \cdot 2H_2O$，H_3BO_3，$CuSO_4 \cdot 5H_2O$，$Co(NO_3)_2 \cdot 6H_2O$，硫酸，抗坏血酸，过硫酸钾，钼酸铵，酒石酸锑钾，磷酸二氢钾，氢氧化钠，盐酸，硝酸钾，甲醇，氯仿，氯化钠。

四、实验内容

1. 微藻的预培养

微藻培养液采用 BG-11 培养基，按表 16-1 进行配制。将药品放入烧杯中进行溶解，再转移至 1L 容量瓶中定容，摇匀，并调节 pH 至 7 左右，然后将配制好的培养液分装到培养瓶或 1L 的锥形瓶中，用滤膜封口，并将分装后的培养瓶或 1L 的锥形瓶放入高温蒸汽灭菌锅中进行灭菌。接种时，藻液与灭菌后的培养液按照 1:3 的体积比例接种，并放置于光照培养箱中进行分批培养，培养温度 (24±1)℃，光暗比 12h:12h，光照度 3000～4000lx，培养过程中每天测量各个锥形瓶中藻类的吸光度。

表 16-1 BG-11 培养基配方

化学成分	浓度/(mg/L)	化学成分	浓度/(mg/L)
$NaNO_3$	1500	Na_2CO_3	20
K_2HPO_4	40	$MnCl_2 \cdot 4H_2O$	1.86
$MgSO_4 \cdot 7H_2O$	75	$ZnSO_4 \cdot 7H_2O$	0.22
$CaCl_2 \cdot 2H_2O$	36	$Na_2MoO_4 \cdot 2H_2O$	0.39
柠檬酸	6	H_3BO_3	2.86
柠檬酸铁铵	6	$CuSO_4 \cdot 5H_2O$	0.08
EDTA-2Na	1	$Co(NO_3)_2 \cdot 6H_2O$	0.05

2. 微藻的接种

将待接种的藻液（初始 OD_{680} 约 0.5）于 4℃、4000r/min 的条件下离心 10min，然后弃去上清液，离心浓缩后的藻泥用灭菌后的 BG-11（不含氮磷）培养液重悬至 100mL，并将藻液移入 1L 锥形瓶中，用纱布和滤膜封口。

3. NP 和 N_0P 组培养液的配制及微藻的接种

实验设置小球藻 NP 组和小球藻 N_0P 组，四尾栅藻 NP 组和四尾栅藻 N_0P 组[氮磷所用药品及用量如表 16-2 所示，培养液其他成分与 BG-11（去除氮磷）培养液相同]，每组设置三个平行样,共 12 个锥形瓶,每个锥形瓶中加 700mL 不同氮浓度的培养液,配好后在 121℃下灭菌 30min 后,将离心好的微藻接种到装有不同氮浓度的培养液中。

接种时,全程操作应在超净台内进行。接种完毕后,将锥形瓶放置于光照培养箱内进行培养,培养温度(24±1)℃,光暗比 12h∶12h,光照度 3000~4000lx。

表 16-2 NP 组和 N_0P 组中的药品浓度　　　　　　　　　　单位:mg/L

项目	NP 组	N_0P 组	项目	NP 组	N_0P 组
总氮(TN)	240	0	$NaNO_3$	1458	0
总磷(TP)	35	35	K_2HPO_4	197	197

4. 指标的测定

(1) 藻细胞密度——光密度(OD_{680})的测定

每天测定微藻光密度(OD_{680})值,直至微藻进入稳定期,光密度值通过紫外-可见分光光度计进行测定。首先将藻液摇匀,用双光束紫外-可见分光光度计测量藻液的光密度值(波长 680nm),每瓶藻液测定 3 次,最后取平均值。

(2) 微藻油脂含量的测定

先将 1g 藻粉转移到 5mL 氯仿与甲醇体积比为 2∶1 的混合液中并超声破碎 10min,然后以 4000r/min 的转速在 12℃下离心 10min 后,将上清液收集于分液漏斗中并向其中以 1∶5 的体积比添加 0.9% 的氯化钠溶液,接着剧烈摇晃混合液后静置 15min 使其分层。测量下层含有油脂的有机相的体积,并将 5mL 低相溶液转移到称重、清洁后的 10mL 玻璃试管中,然后在氮吹仪下干燥有机溶剂并对干燥后盛有低相油脂的试管称重。

油脂含量由式(16-1)求得:

$$LW = \frac{(m_2 - m_0) \times V}{5 \times m_1} \tag{16-1}$$

式中,LW 为基于干重的油脂含量,g/g;m_1 为藻粉干重,g;m_0 为 10mL 玻璃试管干重,g;m_2 为带有油脂的 10mL 玻璃管干重,g;5 为低相溶液体积,mL;V 为低相油脂的体积,mL。

五、数据记录

1. 以时间为横坐标,以每天测得的光密度值为纵坐标,绘制两类藻类在 NP 组和 N_0P 组下的生长曲线,并插入误差棒,分析两株藻在不同氮磷情况下的生长特性。

2. 根据收获的微藻藻粉测得最后一天两类微藻在 NP 组和 N_0P 组下的油脂含量并列出表格,分析两株藻在氮缺乏下的油脂积累情况。

六、思考题

1. 两类微藻在 NP 组和 N_0P 组下的油脂含量分别有什么不同?

2. 在相同氮含量条件下不同藻株积累的油脂含量有什么不同?

3. 为了提高微藻的油脂积累,你对本实验中两株藻的选择和氮含量的设置有什么建议?

实验三 济南市长清区大气挥发性有机物的污染特征分析实验

随着城市化和工业化进程的加快，以臭氧（O_3）和 $PM_{2.5}$ 复合污染为特征的大气污染问题日益突出。挥发性有机物（VOCs）是 O_3 和细颗粒物生成的重要前体物。开展 VOCs 的测量及其污染特征分析，可以为精准高效的大气污染治理策略的制定提供理论依据。

一、实验目的

1. 了解大气中 VOCs 的组分及其在线监测技术。
2. 掌握大气环境挥发性有机物在线监测系统的仪器原理。
3. 熟悉大气环境挥发性有机物在线监测系统的操作流程和使用方法。
4. 掌握 GC-MS/FID 的数据处理方法。
5. 熟悉 VOCs 污染特征的分析方法。

二、实验原理

该实验采用 TH-300B 大气环境挥发性有机物在线监测系统对大气中的 VOCs 进行分析检测，该设备包括大气预浓缩系统和 GC-MS/FID 两部分，其主要原理如图 16-1 所示。

TH-300B 一次完整的工作循环包括样品采集、冷冻捕集、加热解吸、GC-FID/MS 分析、加热反吹净化等五个步骤，一个测试周期通常为 1h。

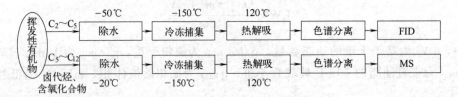

图 16-1 TH-300B 样品检测流程图

（1）大气预浓缩系统

样气在进样口分成两路，一路进入 FID 气路，在 −50℃下冷凝除水后，通过 CO_2 吸附管除去二氧化碳，在 −150℃下用 PLOT 毛细管柱捕集 $C_2 \sim C_5$ 碳氢化合物；另一路进入 MS 气路，在 −20℃下冷凝除水后，在 −150℃下用经钝化处理的空毛细管柱捕集 $C_5 \sim C_{12}$ 碳氢化合物、卤代烃和含氧化合物。采样结束后，捕集管快速升温至 120℃，热脱附 VOCs，然后由氦气分别将热脱附的 VOCs 带入两个色谱柱进行分离，$C_2 \sim C_5$ 碳氢化合物由 FID 检测器进行定性定量分析，$C_5 \sim C_{12}$ 碳氢化合物、卤代烃和含氧化合物由 MS 进行定性定量分析。热脱附完成后，除水管快速升温到 105℃，捕集管温度为 120℃，用高纯氮气反吹毛细管捕集柱和除水管，去除气路中残留的干扰物和水分，为下一次采样做好准备。

（2）GC-FID/MS 检测系统

由图 16-1 可知，经热解析后，样气中的待测组分在载气带动下进入色谱柱（固定相），由于各组分性质和结构的不同，与色谱柱中的固定相相互作用存在差异，在同一推动力（载气）作用下，不同组分在固定相中的移动速率不同，使组分按先后不同的时间次序从固定相中流出，分别进入 GC-FID 检测器和质谱（MS）检测器。进入 GC-FID 检测器的组分经燃烧裂解产生自由基 CH·，在火焰区与空气中的激发态原子氧（或分子氧）发生反应，化学电离产生的正负离子在极化电压作用下形成的微电场分别向相反极性的电极运动而形成微电流，由收集极对微电流进行收集、输出，经高阻放大后获得可测量的压电信号，记录并计算信号形成的峰面积，从而得到与组分浓度成正比的色谱图，经标定后对组分进行定量，按出峰的保留时间对其进行定性。

进入质谱仪的组分，在电磁场作用下，经碰撞诱导产生碎片，通过对离子信号的积分，进行定量分析，根据出峰次序进行定性分析。

三、仪器和材料

TH-300B 大气环境挥发性有机物在线监测系统，聚四氟乙烯滤膜，纯净水，硅胶，活性炭，除 CO_2 管，高纯氦，高纯氮，泵油，气相色谱柱，灯丝，聚四氟乙烯管，各种型号的两通、三通，分子筛，石墨垫圈等。

四、实验内容

1. VOCs 在线监测实验

调用实验室已经建立的分析测试方法，在齐鲁工业大学校园内实时进行大气环境样品的采集与测试，获得不少于两天的 VOCs 的原始数据。仪器的具体操作步骤详见 TH-300B 大气环境挥发性有机物在线监测系统操作手册。

2. VOCs 数据分析

对 VOCs 的在线观测数据进行处理及分析，获取济南市长清区 VOCs 的浓度水平以及组成特征。具体步骤如下：

（1）定量方法的建立

将混合标气稀释成不同浓度级别分别置于采样罐中；利用在线 GC-MS/FID 系统中"标气进样"这一模式将同一浓度的混合标气重复进样 3~4 次并进行仪器分析；将标准气体的检测结果分别进行每个物种的识别以及积分处理；以各目标化合物的响应（积分得到的色谱图中的峰面积）为纵坐标，对应的标气浓度为横坐标作图，线性回归便可得到标定工作曲线（标准曲线）。

（2）VOCs 物种的定量分析

将环境样品的检测结果分别进行每个物种的识别以及积分处理，获得每个物种在不同时刻的峰面积。在标准曲线上查得各物种在不同时刻的浓度。

（3）对济南市长清区 VOCs 的污染特征进行分析

对各个 VOCs 物种的浓度进行平均，获得不同 VOCs 物种的浓度水平；对各个 VOCs 物种作时间序列图，分析不同时刻 VOCs 物种浓度不同的原因；将 VOCs 分类为烷烃、烯烃、炔烃、芳香烃以及卤代烃等，分析不同类别 VOCs 对总 VOCs 浓度的贡献。

五、注意事项

1. 仪器运行中请经常检查各气体流量是否稳定，观察仪器信号基线是否正常，观察仪器参数显示值与设定值是否相符。

2. 确保序列中有足够的"连续采样个数"保证系统连续运行。当所设置的"连续采样个数"全部运行完毕时，请及时添加，否则系统会停止工作。

3. 定期检查氢空一体机的水位、硅胶和活性炭，以保证氢空一体机正常运行。

4. 注意气源安全使用规定，定期检查钢瓶的剩余压力，保证有足够的气体供给。当钢瓶压力小于等于 2MPa 时建议更换钢瓶。

5. 如果仪器出现故障，请马上停止运行，并及时组织仪器的维修工作。

六、数据记录

1. VOCs 物种的定量

将环境样品分别进行每个物种的识别以及积分处理，获得每个物种在不同时刻的峰面积。在标准曲线上查得各物种在不同时刻的浓度。

2. 浓度特征分析

对定量得到的大气中 VOCs 物种浓度进行平均，将各物种浓度加和，得到总 VOCs 的平均浓度，查阅文献资料，将该 VOCs 浓度与济南市其他地区的 VOCs 浓度进行分析比较。识别出对 VOCs 贡献最高的十个物种，并参照文献进行画图分析。

3. 典型物种的日变化分析

选取几个典型的 VOCs 物种（例如苯、乙烯、乙烷等）作日变化特征图（图 16-2），并分析不同时刻 VOCs 物种浓度不同的原因。

4. 不同类别 VOCs 对总 VOCs 浓度的贡献

将 VOCs 分类为烷烃、烯烃、炔烃、芳香烃等，分析不同类别 VOCs 对总 VOCs 浓度的贡献（图 16-3）。

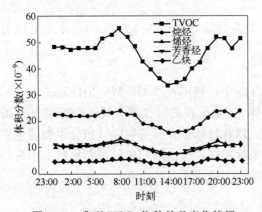

图 16-2 典型 VOCs 物种的日变化特征

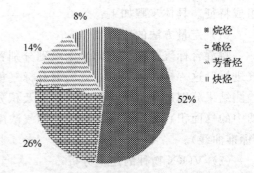

图 16-3 不同类别 VOCs 对 VOCs 总浓度的贡献

5. 筛选基于 O_3 和 $PM_{2.5}$ 协同控制的济南市长清区 VOCs 关键组分（附加题）

分析济南市长清区各 VOCs 组分对臭氧生成潜势（OFP）的贡献，分析济南市长清区各 VOCs 组分对二次有机气溶胶生成潜势（SOAp）的贡献，基于上述结果查找济南市长清区 VOCs 控制的关键组分。

七、思考题

1. 根据实验的观测结果，结合文献，分析济南市长清区大气中 VOCs 浓度在济南市不同地区所处的水平。

2. 如何基于所测数据，筛选出基于 O_3 和 $PM_{2.5}$ 协同控制的 VOCs 关键组分？

实验四　大肠杆菌感受态细胞的制备及重组DNA分子转化宿主细胞

目的基因和载体DNA在体外重组后，必须重新引入活细胞才能进行增殖，外源DNA引入寄主细胞的过程一般称为转化。在正常生长条件下，大多数细菌并不发生转化作用。

经典的方法是Mandel和Higa提出的用冰预冷的$CaCl_2$溶液处理细菌然后短暂加热后，用λ噬菌体DNA转染细菌，大约每微克超螺旋质粒DNA可以得到$10^5 \sim 10^6$转化菌落，后来通过用二甲基亚砜（DMSO）、还原剂和氯化六氨合高钴处理细菌，转化效率可以提高100～10000倍。在这种化学方法中低温和Ca^{2+}的主要作用是破坏细胞膜上的脂质阵列，细菌在处于0℃、$CaCl_2$低渗溶液中，细胞胀大为球形，转化混合物中的DNA形成抗脱氧核糖核酸酶（DNase）的羟基磷酸钙复合物黏附于细胞表面，经42℃热休克促使细胞吸收外源DNA。在丰富培养基上生长1h后球状细胞复原并分裂增殖。重组子中的基因在被转化的细菌中得到表达，在选择性培养基平板上即可筛选所需要的转化子，同时在此基础上通过方法改进，如联合其他二价金属离子、DMSO、还原剂可以提高转化效率。

一、实验目的

1. 掌握大肠杆菌感受态细胞的制备方法和原理。
2. 掌握外源质粒DNA转化大肠杆菌感受态细胞的操作方法。
3. 学习大肠杆菌转化子抗生素筛选和蓝白斑筛选的原理和方法。

二、实验原理

1. $CaCl_2$转化法原理

许多细菌（如大肠杆菌）不能摄取有功能活性的DNA，但可以通过人工的方法导入DNA，用$CaCl_2$处理受体菌（本实验用 E. coli DH5α 作为受体菌），可诱导短暂的"感受态"，使之具有摄取外源DNA的能力，从而能摄取不同来源的DNA。DNA与Ca^{2+}结合亦可形成对DNase有抗性的复合物结合在细菌表面，经过短暂的42℃热激可促进细菌摄取DNA-Ca^{2+}复合物，提高转化效率。然而即使在最佳条件下，也只能将部分质粒DNA导入受体菌。为鉴定这些转化子，需利用质粒的筛选标记。这些标记赋予细菌新的表型，使转化成功的细菌很容易被筛选出来。如pUCl8质粒带有氨苄青霉素抗性基因（ampicillin resistance gene），以其转化的 E. coli DH5α 就能够在含氨苄青霉素的选择培养基上生长，未转化的受体菌则不能在这种选择培养基上生长。

2. 转化子蓝白斑筛选原理

质粒DNA带有一个大肠杆菌的β-半乳糖苷酶基因，可编码β-半乳糖苷酶N端序列。在这个基因编码区中插入了一个多克隆位点（MCS），可插入外源DNA片段。当质粒转入可编码β-半乳糖苷酶C端部分序列的宿主细胞，质粒和宿主细胞中的基因互补（即α-互补），在诱导剂异丙基-β-D-硫代半乳糖苷（IPTG）的作用下，可合成完整的具有酶学活性

的 β-半乳糖苷酶。X-gal 是 β-半乳糖苷酶的作用底物，在 β-半乳糖苷酶的作用下 X-gal 被切割成半乳糖和深蓝色的物质 5-溴-4-靛蓝，有色物质可使所在的菌落呈现蓝色。当外源 DNA 插入质粒的多克隆位点后，导致 β-半乳糖苷酶 N 端序列无法正常合成，因而带有重组质粒的细菌形成白色菌落。

三、仪器和材料

1. 仪器：恒温摇床，生化培养箱，水浴锅，超净工作台，分光光度计，全自动灭菌锅，台式离心机，电转化仪，微量移液器，离心管，Epperdorf 管。

2. 材料：大肠杆菌单菌落，pUC18 质粒，LB 液体和固体培养基，$CaCl_2$ 溶液（0.1mol/L），10%甘油，氨苄青霉素溶液（100mg/mL，使用终浓度 100μg/mL），IPTG（50mg/mL），X-gal［20mg/mL，用二甲基甲酰胺（DMF）溶解，避光保存］。

四、实验内容

1. 接种一个大肠杆菌的单菌落于 5mL LB 培养液中，于 220r/min 摇床中 37℃ 培养过夜。

2. 取 100μL 培养液转接于 5mL 的 LB 培养液中，再加入 5mL 培养液，于 37℃ 摇床（220r/min）培养至 $OD_{600}=0.4\sim0.5$。

3. 将培养液转至 1.5mL 预冷无菌的 Eppendorf 管中，于冰上放置 20min，然后于 4℃ 下，3000r/min 离心 5min，弃上清液。

4. 细胞沉淀用 750μL 冰冷的 $CaCl_2$ 溶液重悬，于冰上放置 30min，4℃、3000r/min 离心 5min，弃上清液。

5. 用 100μL 冰冷的 $CaCl_2$ 溶液重悬各管细胞，长期保存需要立即冻存于 −70℃。

6. 转化感受态细胞

（1）取 10μL 连接产物与 100μL 感受态 DH5α 混匀，用 10ng 已知质粒 pUC18 和无菌水同时作正对照和负对照，方法如上。

（2）冰浴 30min，42℃ 热激 60～90s，再加入 400μL LB 液体培养基，置于 37℃ 振荡培养 45min。

7. 筛选重组转化子

（1）蓝白斑筛选法

直接涂板：取 IPTG 溶液 10μL、X-gal 溶液 20μL 滴在培养基上，同时滴加 50～100μL 无菌水或无菌 LB 培养液，用涂布棒涂抹均匀，放至表面无水后涂布菌液。

预制板：倒板时，在温度降至 50℃ 后每 100mL LB 中加入 250μL 的 IPTG 溶液和 500μL 的 X-gal 溶液，混匀后倒平板，涂布菌液。

（2）抗生素筛选法

培养液涂布含氨苄青霉素抗性的 LB 平板，37℃ 倒置培养过夜。

五、注意事项

1. 感受态细胞转化频率的高低与菌体的生长状况联系紧密，对数生长期的菌体制备的感受态细胞，相对而言，转化频率较高。

2. $CaCl_2$ 转化时热激时间与温度很重要，一般温度为 42℃，时间不能超过 120s。

3. 转化对细胞来说是一个破损过程，热激后进行预培养有利于转化频率的提高。

六、数据记录

利用式（16-2）计算质粒转化率：

$$\text{质粒转化率} = \text{转化子的个数} / \text{质粒 DNA 的量} \qquad (16\text{-}2)$$

七、思考题

1. $CaCl_2$ 转化法的原理是什么？
2. 转化子蓝白斑筛选的原理是什么？

实验五 微生物 DNA 的提取以及琼脂糖凝胶电泳

伴随分子生物学技术的发展和生态学自身的发展要求，分子生物学技术越来越多地被引入生态学的研究中，应用分子生物学能够为种群、进化、分类、生物保护等问题提供技术支撑。

随着分子生物学方法的不断发展和改进，微生物在生态系统中的作用被更好地挖掘出来，利用微生物在分子水平上研究生态现象，分析环境微生物的多样性、微生物的生物地理学及微生物对气候变化的响应等，阐明生态现象的分子机制已成为发展趋势。

目前针对环境生态工程专业的学生开展分子生物学实验，有助于帮助学生掌握一定的分子生物学技术，可以为精准高效地理解分子生物学在生态学中的应用奠定基础。

一、实验目的

1. 学习并掌握 DNA 的粗提取方法。
2. 学习琼脂糖凝胶电泳分离 DNA 的原理和方法。
3. 检测基因组 DNA 提取的结果。
4. 通过本实验培养实验操作能力和观察能力。

二、实验原理

核酸是生命体最基本的物质之一，具有重要的生物学功能，核酸提取是分子生物学实验中最基本的步骤之一，其质量将直接影响后续的结果及分析。DNA 是一个环形的大分子，真核生物的 DNA 是以染色体的形式存在于细胞核内。不同种属的生物，以及不同形式的细胞（如菌类、植物组织、动物组织）基因组提取的方法是不同的，但其基本原则是类似的，即既要将 DNA 与蛋白质、脂类和糖类等分离，又要保持 DNA 分子的完整。核酸提取的一般过程为：细胞破碎、DNA 提取、DNA 纯化。综合国内外文献，微生物基因组 DNA 提取方法，大致可以分为以下几类。

（1）SDA 法（酚-氯仿法）

首先用十二烷基硫酸钠（SDS）溶解破坏细胞膜蛋白和细胞内蛋白，并沉淀蛋白质，然后用蛋白酶 K 水解消化蛋白质，特别是与 DNA 结合的组蛋白，使 DNA 得以释放，再用有机溶剂去除蛋白质和其他细胞组分，最后用乙醇沉淀核酸。

(2) 加热煮沸法

通过加热煮沸使菌体破裂、蛋白热变性沉淀并释放 DNA。

(3) Chelex-l00 抽提法

离子螯合剂 Chelex-100 悬液在 100℃碱性环境（pH 10～11）下，可导致细胞膜破裂、DNA 变性和释放，同时能通过结合金属离子，防止所提取 DNA 的降解。

(4) CTAB 法

十六烷基三甲基溴化铵（CTAB）作为一种阳离子去污剂，可溶解细胞膜，与核酸形成复合物，可使核酸沉淀出来。通过离心将 CTAB-核酸复合物与糖类、蛋白质等分离开来。随后将复合物溶于高盐溶液中，再加乙醇使核酸沉淀，而 CTAB 溶于乙醇，从而除去CTAB。

(5) 改良 DNA 抽提方法

即几种提取方法的结合或条件的优化，有改进溶菌酶法、SDS-NaOH 法、SDS-酶裂解法、SDS-CTAB 法、SDS-PVP 法和 Chelex-l00 煮沸法等。

(6) DNA 试剂盒法

利用新型硅基材料 Hi-bind 的可逆结合特点，联合迷你柱旋转分离技术，将细菌 DNA 结合到柱子上，再用无菌去离子水洗 DNA。主要有离心柱法、真空泵法等，也有报道采用自动化操作提取细菌基因组 DNA。

三、仪器和材料

1. 仪器：微量移液器，低温离心机，水浴锅，Eppendorf 管，恒温摇床，水平电泳槽，凝胶成像系统。

2. 材料：LB 液体培养基，TE 缓冲液，10%SDS，蛋白酶 K，5mol/L NaCl，CTAB-NaCl 溶液，酚-氯仿-异戊醇，异丙醇，70%乙醇，TAE 缓冲液、琼脂糖、上样缓冲液，培养至对数期的细菌溶液（以大肠杆菌 DH5α 菌液为例）。

四、实验内容

1. DNA 的提取

本实验以大肠杆菌为材料，采用 SDS-NaCl 法提取 DNA。

(1) 将 10mL 过夜培养的大肠杆菌 DH5α 装入 15mL 离心管中，4000r/min 离心 15min，弃上清液。

(2) 加入 560μL TE 缓冲液，将菌体重悬后转移至 1.5mL 离心管中。

(3) 加入 30μL 100g/L SDS 溶液和 30μL 2mg/mL 蛋白酶 K 溶液，混匀后，37℃水浴放置 30min。

(4) 加入 100μL 5mol/L NaCl 溶液，充分混匀。

(5) 加入 80μL 50g/L CTAB-0.5mol/L NaCl 溶液，混匀后，65℃水浴 10min。

(6) 加入 600μL 酚-氯仿-异戊醇，上下颠倒混匀后，12000r/min 离心 5min，将上清液吸入新离心管中。

(7) 加入预冷的异丙醇，上下颠倒混匀后，-20℃沉淀 30min。

(8) 12000r/min 离心 10min，弃上清液。
(9) 加入 1mL 75% 乙醇溶液，充分混匀。
(10) 12000r/min 离心 10min，弃上清液。
(11) 加入 20μL TE 缓冲液，混匀后，即为 DNA 溶液。

2. DNA 电泳检测

(1) 制备 1% 琼脂糖凝胶：称取 0.2g 琼脂糖，加入 20mL TAE 缓冲液，在微波炉中加热，反复加热、振荡 2~3 次，使琼脂糖充分融化。待凝胶冷却至 60℃左右，倒入插入梳子的凝胶板中（避免产生气泡），让凝胶自然凝固。

(2) 取凝胶：待凝胶凝固后，小心拔出梳子，避免前后左右摇晃，以免破坏胶面及加样孔，小心将凝胶和胶床放入电泳槽中，加样孔靠近阴极的一端。

(3) 上样电泳：将 20μL DNA 样品溶液和 5μL 上样缓冲液混匀后，上样，100V 稳压电泳检查，根据指示剂迁移的位置，判断是否中止电泳，切断电源后，再取出凝胶。

(4) 照胶、拍照：将凝胶放入凝胶成像仪暗室内，使用凝胶成像系统照胶并拍照。

五、注意事项

1. 仪器使用过程中需要对其进行日常维护，以达到确保检测数据准确可靠的目的。

2. 核酸提取时，为增加细胞的裂解度和核蛋白复合体破碎体，在操作中常常要用到溶菌酶和蛋白酶 K。在确保没有核酸水解酶存在的前提下，酶反应时间越长越好。

3. 电泳时最好使用新的电泳缓冲液，避免影响电泳和回收效果，如下一步实验要求较高，请尽量使用 TAE 电泳缓冲液。

4. DNA 容易发生降解，长期保存时，应置于 -20℃ 或 -80℃，并且避免反复冻融。

六、思考题

1. 用酚-氯仿抽提基因组 DNA 时，通常要在酚-氯仿中加少许异戊醇，为什么？
2. 用乙醇沉淀 DNA 时，为什么加入单价的阳离子？

参考文献

[1] Huang L P, Wu B, Yu G, et al. Graphene: Learning from carbon nanotubes [J]. Journal of Materials Chemistry, 2011, 21 (4): 919-929.

[2] Tai Y Y, Wu J C S, Yu W Y, et al. Photocatalytic water splitting of improved strontium titanate for simultaneous separation of H_2 in a twin photoreactor [J]. Applied Catalysis B: Environmental, 2023, 324: 122183.

[3] 戴树桂，宋文华，李彤，等. 偶氮染料结构与其生物降解性关系研究进展 [J]. 环境科学进展，1996, 4 (6): 1-9.

[4] 肖玲，王义安，林华，等. 不锈钢纤维毡改性材料的制备及在微生物燃料电池中的应用 [J]. 环境工程学报，2023, 17 (1): 288-298.

[5] Zhao H, Song W, Zhang S J, et al. Interfacial regulation of freestanding TiO_2/C composite nanofibers for fast sodium storage [J]. Chemical Engineering Science, 2023, 267: 118339.

[6] Liang Y. Producing liquid transportation fuels from heterotrophic microalgae [J]. Applied Energy, 2013, 104: 860-868.

[7] Chen Y H, Walker T H. Biomass and lipid production of heterotrophic microalgae *Chlorella protothecoides* by using biodiesel-derived crude glycerol [J]. Biotechnology Letters, 2011, 33: 1973-1983.

[8] Yu Z, Pei H, Jiang L, et al. Phytohormone addition coupled with nitrogen depletion almost tripled the lipid productivities in two algae [J]. Bioresource Technology, 2018, 247: 904-914.

[9] Folch J, Lees M, Stanley G H S. A simple method for the isolation and purification of total lipids from animal tissues [J]. Journal of Biological Chemistry, 1957, 226: 497-509.

[10] Song M, Pei H, Hu W, et al. Evaluation of the potential of 10 microalgal strains for biodiesel production [J]. Bioresource Technology, 2013, 141: 245-251.

[11] 刘毅, 俞颖, 宋锴, 等. 德州市冬季大气挥发性有机物污染特征及其对臭氧和二次有机气溶胶生成的贡献 [J]. 南京信息工程大学学报（自然科学版）, 2020, 12 (6): 665-675.

[12] 张瑞旭, 刘焕武, 邓顺熙, 等. 宝鸡市秋冬季大气 VOCs 浓度特征及其 O_3 和 SOA 生成潜势 [J]. 中国环境科学, 2020, 40 (3): 983-996.

[13] 王振, 李春玉, 余益军, 等. 2019 年夏季常州市挥发性有机物污染特征分析 [J]. 环境监控与预警, 2021, 13 (2): 55-59.

[14] 牛月圆, 刘倬诚, 李如梅, 等. 阳泉市区夏季挥发性有机物污染特征、来源解析及其环境影响 [J]. 环境科学, 2020, 41 (7): 3066-3075.

[15] Mandel M, Higa A. Calium-dependent bacteriophge DNA infection [J]. Molecular Biology, 1970, 53 (1): 159-162.

[16] 李路怡, 易建华. 大肠杆菌最佳感受态细胞制备的探讨 [J]. 生命科学研究, 1998, 2 (3): 44-50.

[17] Tang C, He Z, Liu H, et al. Application of magnetic nanoparticles in nucleic acid detection [J]. Journal of Nanobiotechnology, 2020, 18 (1): 1-19.

[18] Zhou J Z, Bruns M A, Tiedje J M. DNA recovery from soils of diverse composition [J]. Applied and Environmental Microbiology, 1996, 62 (2): 316-322.

[19] Tapia-Tussell R, Lappe P, MLloa M, et al. A rapid and simple method for DNA extraction from yeasts and fungi isolated from Agave fourcroydes [J]. MolecuLar Biotechnology, 2006, 33 (1): 67-70.

[20] Watanabe M, Lee K, Goto K, et al. Rapid and effective DNA extraction method with bead grinding for a large amount of fungal DNA [J]. Journal of Food Protection, 2010, 73 (6): 1077-1084.

[21] 高秋月, 景奉香, 李海燕, 等. 基于磁珠的细菌基因组 DNA 快速提取方法 [J]. 安徽农业科学, 2010, 38 (21): 11071-11074.

[22] 许朋, 郑春辉, 孙智勇, 等. 磁珠法快速提取基因组 DNA 的实验研究 [J]. 生物信息学, 2018, 16 (3): 190-195.

[23] 陶兴玲, 雷琼, 马立安. 一种快速提取土壤微生物 DNA 的方法 [J]. 长江大学学报（自科版）, 2018, 15 (2): 54-58.

[24] Zhang X, Wang L, Shou L. Modified CTAB method for extracting genomic DNA from wheat leaf [J]. Agricultural Science & Technology, 2013, 14 (7): 946-949.

附 录

附录1 环境质量标准及排放标准

附录1-1 地表水环境质量标准（GB 3838—2002）

表1 地表水环境质量标准基本项目标准限值　　　　　单位：mg/L

序号	项目	标准值				
		Ⅰ类	Ⅱ类	Ⅲ类	Ⅳ类	Ⅴ类
1	水温	人为造成的环境水温变化应限制在： 周平均最大温升≤1℃ 周平均最大温降≤2℃				
2	pH值	6～9				
3	溶解氧≥	饱和率90% （或7.5）	6	5	3	2
4	高锰酸盐指数≤	2	4	6	10	15
5	化学需氧量(COD)≤	15	15	20	30	40
6	五日生化需氧量(BOD_5)≤	3	3	4	6	10
7	氨氮(NH_3-N)≤	0.15	0.5	1.0	1.5	2.0
8	总磷(以P计)≤	0.02 （湖、库0.01）	0.1 （湖、库0.025）	0.2 （湖、库0.05）	0.3 （湖、库0.1）	0.4 （湖、库0.2）
9	总氮(湖、库，以N计)≤	0.2	0.5	1.0	1.5	2.0
10	铜≤	0.01	1.0	1.0	1.0	1.0
11	锌≤	0.05	1.0	1.0	2.0	2.0
12	氟化物(以F^-计)≤	1.0	1.0	1.0	1.5	1.5
13	硒≤	0.01	0.01	0.01	0.02	0.02
14	砷≤	0.05	0.05	0.05	0.1	0.1
15	汞≤	0.00005	0.00005	0.0001	0.001	0.001
16	镉≤	0.001	0.005	0.005	0.005	0.01

续表

序号	项目	标准值				
		Ⅰ类	Ⅱ类	Ⅲ类	Ⅳ类	Ⅴ类
17	铬(六价)≤	0.01	0.05	0.05	0.05	0.1
18	铅≤	0.01	0.01	0.05	0.05	0.1
19	氰化物≤	0.005	0.05	0.2	0.2	0.2
20	挥发酚≤	0.002	0.002	0.005	0.01	0.1
21	石油类≤	0.05	0.05	0.05	0.5	1.0
22	阴离子表面活性剂≤	0.2	0.2	0.2	0.3	0.3
23	硫化物≤	0.05	0.1	0.2	0.5	1.0
24	粪大肠菌群≤	200(个/L)	2000(个/L)	10000(个/L)	20000(个/L)	40000(个/L)

附录 1-2 污水综合排放标准（GB 8978—1996）

表 1 第一类污染物最高允许排放浓度   单位：mg/L

序号	污染物	最高允许排放浓度	序号	污染物	最高允许排放浓度
1	总汞	0.05	8	总镍	1.0
2	烷基汞	不得检出	9	苯并[a]芘	0.00003
3	总镉	0.1	10	总铍	0.005
4	总铬	1.5	11	总银	0.5
5	六价铬	0.5	12	总α放射性	1(Bq/L)
6	总砷	0.5	13	总β放射性	10(Bq/L)
7	总铅	1.0			

表 2 第二类污染物最高允许排放浓度（1998 年 1 月 1 日后建立的单位）单位：mg/L

序号	污染物	适用范围	一级标准	二级标准	三级标准
1	pH	一切排污单位	6~9	6~9	6~9
2	色度(稀释倍数)	一切排污单位	50	80	—
3	悬浮物(SS)	采矿、选矿、选煤工业	70	300	
		脉金选矿	70	400	
		边远地区砂金选矿	70	800	
		城镇二级污水处理厂	20	30	
		其他排污单位	70	150	400
4	五日生化需氧量(BOD$_5$)	甘蔗制糖、苎麻脱胶、湿法纤维板、染料、洗毛工业	20	60	600
		甜菜制糖、酒精、味精、皮革、化纤浆粕工业	20	100	600
		城镇二级污水处理厂	20	30	—
		其他排污单位	20	30	300
5	化学需氧量(COD)	甜菜制糖、合成脂肪酸、湿法纤维板、染料、洗毛、有机磷农药工业	100	200	1000

续表

序号	污染物	适用范围	一级标准	二级标准	三级标准
5	化学需氧量(COD)	味精、酒精、医药原料药、生物制药、苎麻脱胶、皮革、化纤浆粕工业	100	300	1000
		石油化工工业(包括石油炼制)	60	120	500
		城镇二级污水处理厂	60	120	—
		其他排污单位	100	150	500
6	石油类	一切排污单位	5	10	20
7	动植物油	一切排污单位	10	15	100
8	挥发酚	一切排污单位	0.5	0.5	2.0
9	总氰化合物	一切排污单位	0.5	0.5	1.0
10	硫化物	一切排污单位	1.0	1.0	1.0
11	氨氮	医药原料药、染料、石油化工工业	15	50	—
		其他排污单位	15	25	—
12	氟化物	黄磷工业	10	15	20
		低氟地区(水体含氟量<0.5mg/L)	10	20	30
		其他排污单位	10	10	20
13	磷酸盐(以P计)	一切排污单位	0.5	1.0	—
14	甲醛	一切排污单位	1.0	2.0	5.0
15	苯胺类	一切排污单位	1.0	2.0	5.0
16	硝基苯类	一切排污单位	2.0	3.0	5.0
17	阴离子表面活性剂(LAS)	一切排污单位	5.0	10	20
18	总铜	一切排污单位	0.5	1.0	2.0
19	总锌	一切排污单位	2.0	5.0	5.0
20	总锰	合成脂肪酸工业	2.0	5.0	5.0
		其他排污单位	2.0	2.0	5.0
21	彩色显影剂	电影洗片	1.0	2.0	3.0
22	显影剂及氧化物总量	电影洗片	3.0	3.0	6.0
23	元素磷	一切排污单位	0.1	0.1	0.3
24	有机磷农药(以P计)	一切排污单位	不得检出	0.5	0.5
25	乐果	一切排污单位	不得检出	1.0	2.0
26	对硫磷	一切排污单位	不得检出	1.0	2.0
27	甲基对硫磷	一切排污单位	不得检出	1.0	2.0
28	马拉硫磷	一切排污单位	不得检出	5.0	10
29	五氯酚及五氯酚钠(以五氯酚计)	一切排污单位	5.0	8.0	10

续表

序号	污染物	适用范围	一级标准	二级标准	三级标准
30	可吸附有机卤化物（AOX）（以Cl计）	一切排污单位	1.0	5.0	8.0
31	三氯甲烷	一切排污单位	0.3	0.6	1.0
32	四氯化碳	一切排污单位	0.03	0.06	0.5
33	三氯乙烯	一切排污单位	0.3	0.6	1.0
34	四氯乙烯	一切排污单位	0.1	0.2	1.0
35	苯	一切排污单位	0.1	0.2	0.5
36	甲苯	一切排污单位	0.1	0.2	0.5
37	乙苯	一切排污单位	0.4	0.6	1.0
38	邻二甲苯	一切排污单位	0.4	0.6	1.0
39	对二甲苯	一切排污单位	0.4	0.6	1.0
40	间二甲苯	一切排污单位	0.4	0.6	1.0
41	氯苯	一切排污单位	0.2	0.4	1.0
42	邻二氯苯	一切排污单位	0.4	0.6	1.0
43	对二氯苯	一切排污单位	0.4	0.6	1.0
44	对硝基氯苯	一切排污单位	0.5	1.0	5.0
45	2,4-二硝基氯苯	一切排污单位	0.5	1.0	5.0
46	苯酚	一切排污单位	0.3	0.4	1.0
47	间甲酚	一切排污单位	0.1	0.2	0.5
48	2,4-二氯酚	一切排污单位	0.6	0.8	1.0
49	2,4,6-三氯酚	一切排污单位	0.6	0.8	1.0
50	邻苯二甲酸二丁酯	一切排污单位	0.2	0.4	2.0
51	邻苯二甲酸二辛酯	一切排污单位	0.3	0.6	2.0
52	丙烯腈	一切排污单位	2.0	5.0	5.0
53	总硒	一切排污单位	0.1	0.2	0.5
54	粪大肠菌群数	医院[①]、兽医院及医疗机构含病原体污水	500(个/L)	1000(个/L)	5000(个/L)
		传染病、结核病医院污水	100(个/L)	500(个/L)	1000(个/L)
55	总余氯（采用氯化消毒的医院污水）	医院[①]、兽医院及医疗机构含病原体污水	<0.5[②]	≥3(接触时间≥1h)	>2(接触时间≥1h)
		传染病、结核病医院污水	<0.5[②]	≥6.5(接触时间≥1.5h)	>5(接触时间≥1.5h)
56	总有机碳（TOC）	合成脂肪酸工业	20	40	—
		苎麻脱胶工业	20	60	—
		其他排污单位	20	30	—

① 指50个床位以上的医院。
② 加氯消毒后须进行脱氯处理，达到本标准。

附录 1-3 环境空气质量标准（GB 3095—2012）

表 1 环境空气污染物基本项目浓度限值

序号	污染物项目	平均时间	浓度限值 一级	浓度限值 二级	单位
1	二氧化硫（SO_2）	年平均	20	60	$\mu g/m^3$
		24h 平均	50	150	
		1h 平均	150	500	
2	二氧化氮（NO_2）	年平均	40	40	
		24h 平均	80	80	
		1h 平均	200	200	
3	一氧化碳（CO）	24h 平均	4	4	mg/m^3
		1h 平均	10	10	
4	臭氧（O_3）	日最大 8h 平均	100	160	$\mu g/m^3$
		1h 平均	160	200	
5	颗粒物（粒径小于等于 10μm）	年平均	40	70	
		24h 平均	50	150	
6	颗粒物（粒径小于等于 2.5μm）	年平均	15	35	
		24h 平均	35	75	

表 2 环境空气污染物其他项目浓度限值

序号	污染物项目	平均时间	浓度限值 一级	浓度限值 二级	单位
1	总悬浮颗粒物（TSP）	年平均	80	200	$\mu g/m^3$
		24h 平均	120	300	
2	氮氧化物（NO_x）	年平均	50	50	
		24h 平均	100	100	
		1h 平均	250	250	
3	铅（Pb）	年平均	0.5	0.5	
		季平均	1	1	
4	苯并[a]芘（BaP）	年平均	0.001	0.001	
		24h 平均	0.0025	0.0025	

附录 1-4 大气污染物综合排放标准（GB 16297—1996）

表 1 新污染源大气污染物排放限值

序号	污染物	最高允许排放浓度/ (mg/m^3)	最高允许排放速率/(kg/h) 排气筒高度/m	二级	三级	无组织排放监控浓度限值 监控点	浓度/(mg/m^3)
1	二氧化硫	960（硫、二氧化硫、硫酸和其他含硫化合物生产）	15	2.6	3.5	周界外浓度最高点[①]	0.40
			20	4.3	6.6		
			30	15	22		
			40	25	38		
		550（硫、二氧化硫、硫酸和其他含硫化合物使用）	50	39	58		
			60	55	83		
			70	77	120		
			80	110	160		
			90	130	200		
			100	170	270		
2	氮氧化物	1400（硝酸、氮肥和火炸药生产）	15	0.77	1.2	周界外浓度最高点	0.12
			20	1.3	2.0		
			30	4.4	6.6		
			40	7.5	11		
		240（硝酸使用和其他）	50	12	18		
			60	16	25		
			70	23	35		
			80	31	47		
			90	40	61		
			100	52	78		
3	颗粒物	18（炭黑尘、染料尘）	15	0.15	0.74	周界外浓度最高点	肉眼不可见
			20	0.85	1.3		
			30	3.4	5.0		
			40	5.8	8.5		
		60[②]（玻璃棉尘、石英粉尘、矿渣棉尘）	15	1.9	2.6	周界外浓度最高点	1.0
			20	3.1	4.5		
			30	12	18		
			40	21	31		
		120（其他）	15	3.5	5.0	周界外浓度最高点	1.0
			20	5.9	8.5		
			30	23	34		
			40	39	59		
			50	60	94		
			60	85	130		
4	氯化氢	100	15	0.26	0.39	周界外浓度最高点	0.20
			20	0.43	0.65		
			30	1.4	2.2		
			40	2.6	3.8		
			50	3.8	5.9		
			60	5.4	8.3		
			70	7.7	12		
			80	10	16		

续表

序号	污染物	最高允许排放浓度/ (mg/m^3)	最高允许排放速率/(kg/h)			无组织排放监控浓度限值	
			排气筒高度/m	二级	三级	监控点	浓度/(mg/m^3)
5	铬酸雾	0.070	15	0.008	0.012	周界外浓度最高点	0.0060
			20	0.013	0.020		
			30	0.043	0.066		
			40	0.076	0.12		
			50	0.12	0.18		
			60	0.16	0.25		
6	硫酸雾	430（火炸药厂） 45（其他）	15	1.5	2.4	周界外浓度最高点	1.2
			20	2.6	3.9		
			30	8.8	13		
			40	15	23		
			50	23	35		
			60	33	50		
			70	46	70		
			80	63	95		
7	氟化物	90（普钙工业） 9.0（其他）	15	0.10	0.15	周界外浓度最高点	20 $(\mu g/m^3)$
			20	0.17	0.26		
			30	0.59	0.88		
			40	1.0	1.5		
			50	1.5	2.3		
			60	2.2	3.3		
			70	3.1	4.7		
			80	4.2	6.3		
8	氯气[3]	65	25	0.52	0.78	周界外浓度最高点	0.40
			30	0.87	1.3		
			40	2.9	4.4		
			50	5.0	7.6		
			60	7.7	12		
			70	11	17		
			80	15	23		
9	铅及其化合物	0.70	15	0.004	0.006	周界外浓度最高点	0.0060
			20	0.006	0.009		
			30	0.027	0.041		
			40	0.047	0.071		
			50	0.072	0.11		
			60	0.10	0.15		
			70	0.15	0.22		
			80	0.20	0.30		
			90	0.26	0.40		
			100	0.33	0.51		
10	汞及其化合物	0.012	15	1.5×10^{-3}	2.4×10^{-3}	周界外浓度最高点	0.0012
			20	2.6×10^{-3}	3.9×10^{-3}		
			30	7.8×10^{-3}	13×10^{-3}		
			40	15×10^{-3}	23×10^{-3}		
			50	23×10^{-3}	35×10^{-3}		
			60	33×10^{-3}	50×10^{-3}		

续表

序号	污染物	最高允许排放浓度/(mg/m³)	最高允许排放速率/(kg/h)			无组织排放监控浓度限值	
			排气筒高度/m	二级	三级	监控点	浓度/(mg/m³)
11	镉及其化合物	0.85	15	0.050	0.080	周界外浓度最高点	0.040
			20	0.090	0.13		
			30	0.29	0.44		
			40	0.50	0.77		
			50	0.77	1.2		
			60	1.1	1.7		
			70	1.5	2.3		
			80	2.1	3.2		
12	铍及其化合物	0.012	15	1.1×10^{-3}	1.7×10^{-3}	周界外浓度最高点	0.0008
			20	1.8×10^{-3}	2.8×10^{-3}		
			30	6.2×10^{-3}	9.4×10^{-3}		
			40	11×10^{-3}	16×10^{-3}		
			50	16×10^{-3}	25×10^{-3}		
			60	23×10^{-3}	35×10^{-3}		
			70	33×10^{-3}	50×10^{-3}		
			80	44×10^{-3}	67×10^{-3}		
13	镍及其化合物	4.3	15	0.15	0.24	周界外浓度最高点	0.040
			20	0.26	0.34		
			30	0.88	1.3		
			40	1.5	2.3		
			50	2.3	3.5		
			60	3.3	5.0		
			70	4.6	7.0		
			80	6.3	10		
14	锡及其化合物	8.5	15	0.31	0.47	周界外浓度最高点	0.24
			20	0.52	0.79		
			30	1.8	2.7		
			40	3.0	4.6		
			50	4.6	7.0		
			60	6.6	10		
			70	9.3	14		
			80	13	19		
15	苯	12	15	0.50	0.80	周界外浓度最高点	0.40
			20	0.90	1.3		
			30	2.9	4.4		
			40	5.6	7.6		
16	甲苯	40	15	3.1	4.7	周界外浓度最高点	2.4
			20	5.2	7.9		
			30	18	27		
			40	30	46		
17	二甲苯	70	15	1.0	1.5	周界外浓度最高点	1.2
			20	1.7	2.6		
			30	5.9	8.8		
			40	10	15		

续表

序号	污染物	最高允许排放浓度/ (mg/m³)	最高允许排放速率/(kg/h)			无组织排放监控浓度限值	
			排气筒高度/m	二级	三级	监控点	浓度/(mg/m³)
18	酚类	100	15 20 30 40 50 60	0.10 0.17 0.58 1.0 1.5 2.2	0.15 0.26 0.88 1.5 2.3 3.3	周界外浓度最高点	0.080
19	甲醛	25	15 20 30 40 50 60	0.26 0.43 1.4 2.6 3.8 5.4	0.39 0.65 2.2 3.8 5.9 8.3	周界外浓度最高点	0.20
20	乙醛	125	15 20 30 40 50 60	0.050 0.090 0.29 0.50 0.77 1.1	0.080 0.13 0.44 0.77 1.2 1.6	周界外浓度最高点	0.040
21	丙烯腈	22	15 20 30 40 50 60	0.77 1.3 4.4 7.5 12 16	1.2 2.0 6.6 11 18 25	周界外浓度最高点	0.60
22	丙烯醛	16	15 20 30 40 50 60	0.52 0.87 2.9 5.0 7.7 11	0.78 1.3 4.4 7.6 12 17	周界外浓度最高点	0.40
23	氰化氢[④]	1.9	25 30 40 50 60 70 80	0.15 0.26 0.88 1.5 2.3 3.3 4.6	0.24 0.39 1.3 2.3 3.5 5.0 7.0	周界外浓度最高点	0.024
24	甲醇	190	15 20 30 40 50 60	5.1 8.6 29 50 77 100	7.8 13 44 70 120 170	周界外浓度最高点	12

续表

序号	污染物	最高允许排放浓度/(mg/m³)	最高允许排放速率/(kg/h)			无组织排放监控浓度限值	
			排气筒高度/m	二级	三级	监控点	浓度/(mg/m³)
25	苯胺类	20	15	0.52	0.78	周界外浓度最高点	0.40
			20	0.87	1.3		
			30	2.9	4.4		
			40	5.0	7.6		
			50	7.7	12		
			60	11	17		
26	氯苯类	60	15	0.52	0.78	周界外浓度最高点	0.40
			20	0.87	1.3		
			30	2.5	3.8		
			40	4.3	6.5		
			50	6.6	9.9		
			60	9.3	14		
			70	13	20		
			80	18	27		
			90	23	35		
			100	29	44		
27	硝基苯类	16	15	0.050	0.080	周界外浓度最高点	0.040
			20	0.090	0.13		
			30	0.29	0.44		
			40	0.50	0.77		
			50	0.77	1.2		
			60	1.1	1.7		
28	氯乙烯	36	15	0.77	1.2	周界外浓度最高点	0.60
			20	1.3	2.0		
			30	4.4	6.6		
			40	7.5	11		
			50	12	18		
			60	16	25		
29	苯并[a]芘	0.30×10^{-3}（沥青及碳素制品生产和加工）	15	0.050×10^{-3}	0.080×10^{-3}	周界外浓度最高点	0.008 ($\mu g/m^3$)
			20	0.085×10^{-3}	0.13×10^{-3}		
			30	0.29×10^{-3}	0.43×10^{-3}		
			40	0.50×10^{-3}	0.76×10^{-3}		
			50	0.77×10^{-3}	1.2×10^{-3}		
			60	1.1×10^{-3}	1.7×10^{-3}		
30	光气[5]	3.0	25	0.10	0.15	周界外浓度最高点	0.080
			30	0.17	0.26		
			40	0.59	0.88		
			50	1.0	1.5		
31	沥青烟	140（吹制沥青） 40（溶炼、浸涂） 75（建筑搅拌）	15	0.18	0.27	生产设备不得有明显的无组织排放存在	
			20	0.30	0.45		
			30	1.3	2.0		
			40	2.3	3.5		
			50	3.6	5.4		
			60	5.6	7.5		
			70	7.4	11		
			80	10	15		

续表

序号	污染物	最高允许排放浓度/(mg/m³)	最高允许排放速率/(kg/h)			无组织排放监控浓度限值	
			排气筒高度/m	二级	三级	监控点	浓度/(mg/m³)
32	石棉尘	1根纤维/cm³ 或 10mg/m³	15 20 30 40 50	0.55 0.93 3.6 6.2 9.4	0.83 1.4 5.4 9.3 14	生产设备不得有明显的无组织排放存在	
33	非甲烷总烃	120（使用溶剂汽油或其他混合烃类物质）	15 20 30 40	10 17 53 100	16 27 83 150	周界外浓度最高点	4.0

① 周界外浓度最高点一般应设置于无组织排放源下风向的单位周界外10mm范围内，若预计无组织排放的最大落地浓度点越出10m范围，可将监控点移至该预计浓度最高点。
② 均指含游离二氧化硅超过10%的各种尘。
③ 排放氯气的排气筒不得低于25m。
④ 排放氰化氢的排气筒不得低于25m。
⑤ 排放光气的排气筒不得低于25m。

附录1-5 声环境质量标准（GB 3096—2008）

表1 环境噪声限值　　　　　　　　　　　　　　　　　　　单位：dB（A）

声环境功能区类别	时段		声环境功能区类别		时段	
	昼间	夜间			昼间	夜间
0类	50	40	3类		65	55
1类	55	45	4类	4a类	70	55
2类	60	50		4b类	70	60

按区域的使用功能特点和环境质量要求，声环境功能区分为以下五种类型。
0类声环境功能区：康复疗养区等特别需要安静的区域。
1类声环境功能区：以居民住宅、医疗卫生、文化教育、科研设计、行政办公为主要功能，需要保持安静的区域。
2类声环境功能区：以商业金融、集市贸易为主要功能，或者居住、商业、工业混杂，需要维护住宅安静的区域。
3类声环境功能区：以工业生产、仓储物流为主要功能，需要防止工业噪声对周围环境产生严重影响的区域。
4类声环境功能区：交通干线两侧一定距离之内，需要防止交通噪声对周围环境产生严重影响的区域，包括4a类和4b类两种类型。4a类为高速公路、一级公路、二级公路、城市快速路、城市主干路、城市次干路、城市轨道交通（地面段）、内河航道两侧区域；4b类为铁路干线两侧区域。

附录 1-6 工业企业厂界环境噪声排放标准（GB 12348—2008）

表 1 工业企业厂界环境噪声排放限值　　　　　　　　　单位：dB（A）

厂界外声环境功能区类别	时段		厂界外声环境功能区类别	时段	
	昼间	夜间		昼间	夜间
0	50	40	3	65	55
1	55	45	4	70	55
2	60	50			

夜间频发噪声的最大声级超过限值的幅度不得高于 10dB（A）。

夜间偶发噪声的最大声级超过限值的幅度不得高于 15dB（A）。

工业企业若位于未划分声环境功能区的区域，当厂界外有噪声敏感建筑物时，由当地县级以上人民政府参照 GB 3096—2008 和 GB/T 15190—2014 的规定确定厂界外区域的声环境质量要求，并执行相应的厂界环境噪声排放限值。

当厂界与噪声敏感建筑物距离小于 1m 时，厂界环境噪声应在噪声敏感建筑物的室内测量，并将上表中相应的限值减 10dB（A）作为评价依据，其中噪声敏感建筑物是指医院、学校、机关、科研单位、住宅等需要保持安静的建筑物。

附录 2 教学用染色液的配制

一、普通染色液

1. 吕氏（Loeffler）亚甲基蓝染色液

溶液 A：亚甲基蓝 95％乙醇饱和液 30mL。

溶液 B：KOH 0.01g、蒸馏水 100mL。

分别配制溶液 A 和 B，配好后混合即可。

2. 齐氏（Ziehl）石炭酸品红染色液

溶液 A：碱性品红（basic fuchsin）0.3g（或 1g）、95％乙醇 10mL。

溶液 B：石炭酸 5g、蒸馏水 95mL。

将碱性品红在研钵中研磨后，逐渐加入 95％乙醇，继续研磨使之溶解，配成溶液 A。将石炭酸溶解于水中配成溶液 B。将溶液 A 和溶液 B 混合即成石炭酸品红染色液。使用时将混合液稀释 5~10 倍，稀释液易变质失效，一次不宜多配。

二、革兰氏（Gram）染色液

1. 草酸铵结晶紫染色液

溶液 A：结晶紫（crystal）2g、95％乙醇 20mL。

溶液 B：草酸铵（ammonium oxalate）0.8g、蒸馏水 80mL。

溶液 A 和溶液 B 混合后便成为草酸铵结晶紫染色液。

2. 鲁哥（Lugol）氏碘液

碘 1g、碘化钾 2g、蒸馏水 300mL。

先将碘化钾溶于少量蒸馏水，再将碘溶解在碘化钾溶液中，然后加入其余的水即成。

3. 番红复染液

番红 2.5g，95％乙醇 100mL，取 20mL 番红乙醇溶液与 80mL 蒸馏水混匀成番红稀释液。

三、芽孢染色液

1. 孔雀绿染色液：孔雀绿（malachachite green）7.6g、蒸馏水 100mL。
2. 番红水溶液：番红 0.5g、蒸馏水 100mL。

四、荚膜染色液

1. 石炭酸品红：配法同普通染色液 2。
2. 黑色素水溶液：黑色素 5g、蒸馏水 100mL、福尔马林（40％甲醛）0.5mL，将黑色素在蒸馏水中煮沸 5min，然后加入福尔马林作防腐剂。

五、鞭毛染色液（方法一）

溶液 A：钾明矾（potassium alum）饱和水溶液 20mL、20％（体积分数）单宁酸（tannic acid）10mL、95％（体积分数）乙醇 15mL、碱性乙醇饱和液 3mL、蒸馏水 100mL，将上述各液混合。静置 1 天后使用，可保存一星期。

溶液 B：亚甲基蓝 0.1g、硼砂钠 1g、蒸馏水 100mL。

附注：染色液配制后必须用滤纸过滤。

六、鞭毛染色液（方法二）

溶液 A：单宁酸（即鞣酸）5g、甲醛（体积分数 15％）2mL、$FeCl_3$ 1.5g、NaOH（质量浓度 108g/L）1mL、蒸馏水 100mL。

配好后当日使用，次日效果差，第三日不可使用。

溶液 B：$AgNO_3$ 2g、蒸馏水 100mL。

待 $AgNO_3$ 溶解后，取出 10mL 备用，向其余的 90mL $AgNO_3$ 溶液中滴入浓 NH_4OH，形成很浓厚的悬浮液，再继续滴加 NH_4OH，直到新形成的沉淀又刚重新溶解为止。再将备用的 10mL $AgNO_3$ 慢慢滴入，则出现薄雾，轻轻摇动后薄雾状沉淀又消失，再滴入 $AgNO_3$ 直到摇动后仍呈现轻微而稳定的薄雾状沉淀为止，如果雾不重，此染剂可使用一周。如果雾重则银盐沉淀出，不宜使用。

七、乳酸石炭酸棉蓝染色液

石炭酸 10g、蒸馏水 10mL、乳酸（相对密度 1.21）10mL、甘油 20mL、棉蓝（cotton blue）0.02g。

将石炭酸加在蒸馏水中加热，直到溶解后加入乳酸和甘油，最后加入棉蓝使之溶解即成。

八、聚 β-羟基丁酸染色液

1. 质量浓度为 3g/L 的苏丹黑

苏丹黑 B 0.3g、体积分数 70% 乙醇 100mL 混合后用力振荡，放置过夜备用，用前最好过滤。

2. 褪色剂：二甲苯。

3. 复染液：50g/L 番红水溶液。

九、异染颗粒染色液

甲液：体积分数 95% 乙醇 2mL、甲苯胺蓝（toluidineblue）0.15g、冰醋酸 1mL、孔雀绿 0.2g、蒸馏水 100mL，先将染料溶于乙醇中，向染料液加入事先混合的冰醋酸和水，放置 24h 后过滤备用。

乙液：碘 2g，碘化钾 3g，蒸馏水。

附录3 教学常用染色方法

一、简单染色法

见第二章实验三。

二、革兰氏染色法

见第二章实验三。

三、芽孢染色法

1. 取有芽孢的杆菌（例如枯草芽孢杆菌）制成涂片，干燥，固定。

2. 在涂片上滴加质量浓度为 76g/L 的孔雀绿水溶液，然后把片子放在火焰上方加热。在加热过程中，勿使染料干掉，需不断地向涂片上添加孔雀绿溶液。使载玻片上出现蒸气约 10min，取下载玻片使冷却，水洗。

3. 用番红染液复染 1min，水洗。

4. 吸干，镜检，芽孢呈绿色，细胞呈红色。

四、荚膜染色法（黑汁背景染色法）

荚膜对染料的亲和力低，常用背景染色（衬托）法。用有色的背景来衬托出无色的荚膜。染色时不能用加热固定。不能用水冲洗，方法如下：

1. 取少许有荚膜的细菌与一滴石炭酸品红在玻片上混合均匀，制成涂片。

2. 在空气中干燥。

3. 滴一滴墨汁于载玻片的一端，取另一块边缘光滑的载玻片将墨汁从一端刮至另一端，使整个涂片涂上一薄层墨汁，在室内自然晾干。

4. 镜检，菌体呈红色，背景黑色。

五、鞭毛染色法

1. 在染色前将菌种连续移植 2~3 次，16~24h 移植一次，染鞭毛的菌种也要培养 16~24h。

2. 染色步骤

① 同在一片光滑无伤痕的、无油脂的载玻片的一端滴一滴蒸馏水，用接种环在斜面上挑取少许菌在载玻片上的水滴中轻蘸几下，将玻片稍微倾斜，菌液随水滴缓慢流到另一端，然后平放在空气中自然晾干。

② 涂片干燥后，滴加溶液 A［染色液用附录 2 中鞭毛染色液（方法二）］染 3~5min，用蒸馏水冲洗，将残水沥干或用溶液 B 冲去残水后，加溶液 B 染 30~60s，并在酒精灯上稍加热，使其稍冒蒸气而染液不干，然后用蒸馏水冲洗。镜检时应多找几个视野，因有时只在部分涂片上染出鞭毛，菌体为深褐色，鞭毛不褐色。

六、聚 β-羟基丁酸（类脂料、脂肪球）染色

1. 按常规制成涂片，用苏丹黑染 10min。
2. 用水冲去染液，用滤纸将残水吸干。
3. 用二甲苯冲洗涂片至无色素洗脱。
4. 用质量浓度为 5g/L 的番红复染 1~2min。
5. 水洗、吸干、镜检。聚 β-羟基丁酸颗粒呈蓝黑色，菌体呈红色。

七、异染颗粒染色

1. 按常规制涂片，用异染颗粒染液（见附录 2 中九）的甲液染 5min。
2. 倾去甲液，用乙液冲去甲液，并染 1min。
3. 水洗、吸干、镜检。异染颗粒呈黑色，其他部分呈暗绿或浅绿色。

附录 4　教学常用培养基的配制

1. 牛肉膏蛋白胨培养基（培养细菌用）

牛肉膏 5g，蛋白胨 10g，氯化钠 5g，蒸馏水 1000mL。

以上为液体培养基配方。配制固体培养基时，在该配方的基础上加 15~20g 琼脂即可。

用 10% 盐酸或 10% 的氢氧化钠调节 pH 为 7.0~7.2，121℃ 灭菌 20min。

2. 马铃薯-葡萄糖培养基（PDA，培养真菌）

马铃薯（去皮）200g，葡萄糖 20g，琼脂 15~20g，自来水 1000mL，自然 pH。

将马铃薯洗净去皮切成小块，加水 1000mL 煮烂（煮沸 20~30min，能被玻璃棒戳破即

可），用四层纱布过滤，滤液加葡萄糖和琼脂，继续加热搅拌，稍冷却后再补足水分至 1000mL，分装，加塞，包扎，112℃灭菌 35min。

3. 马丁氏培养基（分离真菌）

葡萄糖 10g，蛋白胨 5g，KH_2PO_4 1g，$MgSO_4 \cdot 7H_2O$ 0.5g，琼脂 15～20g，1/3000 孟加拉红 100mL，蒸馏水 800mL，自然 pH。

112℃灭菌 35min。

临用前，以无菌操作每 100mL 培养基中加 1% 链霉素液 0.3mL，使其终浓度为 30μg/mL。

4. 高氏 1 号液体培养基（培养放线菌用）

可溶性淀粉 20g，KNO_3 1g，KH_2PO_4 0.5g，$MgSO_4 \cdot 7H_2O$ 0.5g，NaCl 0.5g，$FeSO_4 \cdot 7H_2O$ 0.01g，琼脂 20g，pH＝7.2～7.4。

配制时，先用少量冷水将淀粉调成糊状，再倒入少于所需水量的沸水中，在火上加热，边搅拌边依次逐一溶化其他成分，溶化后，补足水分至 1000mL，调节 pH，121℃灭菌 20min。

5. 乳糖蛋白胨液体培养基

蛋白胨 10g，牛肉膏 3g，NaCl 5g，蒸馏水 1000mL，1.6% 溴甲酚紫乙醇溶液 1mL，pH 为 7.2～7.4。

分装试管，每管 10mL，112℃灭菌 35min。

6. 三倍浓缩乳糖蛋白胨液体培养基

蛋白胨 30g，牛肉膏 9g，NaCl 15g，蒸馏水 1000mL，1.6% 溴甲酚紫乙醇溶液 3mL，pH 为 7.2～7.4。

分装试管，每管 5mL，112℃灭菌 35min。

7. 伊红亚甲基蓝固体培养基（EMB 培养基）

蛋白胨 10g，乳糖 10g，KH_2PO_4 2g，琼脂 25g，2% 伊红 Y（曙红）水溶液 20mL，0.5% 亚甲基蓝水溶液 13mL，pH 7.4。

先将蛋白胨、乳糖、KH_2PO_4 和琼脂混匀溶解后，调节 pH 为 7.4，加塞包扎待灭菌。伊红 Y（曙红）水溶液、亚甲基蓝水溶液单独分装。112℃灭菌 35min。灭菌后，在无菌操作条件下充分混匀。

8. 氨氧化细菌培养基

$(NH_4)_2SO_4$ 2.0g，KH_2PO_4 0.75g，NaH_2PO_4 0.25g，$MnSO_4 \cdot 4H_2O$ 0.01g，$MgSO_4 \cdot 7H_2O$ 0.03g，$CaCO_3$ 5.0g，蒸馏水 1000mL，pH 为 7.2。

121℃灭菌 20min。

9. 亚硝酸盐氧化细菌培养基

$NaNO_2$ 1.0g，KH_2PO_4 0.75g，NaH_2PO_4 0.25g，$MnSO_4 \cdot 4H_2O$ 0.01g，$MgSO_4 \cdot 7H_2O$ 0.03g，Na_2CO_3 1.0g，$CaCO_3$ 5.0g，蒸馏水 1000mL，pH 为 7.2。

121℃灭菌 20min。

10. 麦芽汁培养基

① 麦芽汁固体培养基

麦芽汁 150mL，琼脂 3g，pH 自然（约 6.4），121℃灭菌 20min。

② 麦芽汁液体培养基

麦芽汁 70mL，pH 自然（约 6.4），121℃灭菌 20min。

11. 麦氏（Meclary）培养基

葡萄糖 0.1g，KCl 0.18g，酵母膏 0.25g，乙酸钠 0.82g，琼脂 1.5g，蒸馏水 100mL。112℃湿热灭菌 35min。

12. EC 液体培养基

胰胨 20g，乳糖 5g，胆盐三号 1.5g，K_2HPO_4 4g，KH_2PO_4 1.5g，氯化钾 5g，蒸馏水 1000mL，pH 为 6.9。分装于倒置有德汉氏小套管的试管中，每管 5mL，112℃灭菌 35min。

附录 5　教学常用基础化学知识

表 1　常用酸碱试剂的浓度和密度

项目	名称					
	浓 HCl	浓 HNO_3	浓 H_2SO_4	浓 H_3PO_4	浓 HAc	浓氨水
浓度(近似)/(mol/L)	12.2	15.7	18	15	17	15
相对密度	1.19	1.42	1.84	1.7	1.05	0.90

表 2　常用酸碱指示剂

指示剂	变色 pH 范围	颜色变化	配制方法
0.1%百里酚蓝	1.2～2.8	红～黄	0.1g 百里酚蓝溶于 20mL 乙醇中，加水至 1000mL
0.1%甲基橙	3.1～4.4	红～黄	0.1g 甲基橙溶于 100mL 热水中
0.1%溴酚蓝	3.0～1.6	黄～紫蓝	0.1g 溴酚蓝溶于 20mL 乙醇中，加水至 100mL
0.1%溴甲酚绿	4.0～5.4	黄～蓝	0.1g 溴甲酚绿溶于 20mL 乙醇中，加水至 100mL
0.1%甲基红	4.8～6.2	红～黄	0.1g 甲基红溶于 60mL 乙醇中，加水至 100mL
0.1%溴百里酚蓝	6.0～7.6	黄～蓝	0.1g 溴百里酚蓝溶于 20mL 乙醇中，加水至 100mL
0.1%中性红	6.8～8.0	红～黄	0.1g 中性红溶于 60mL 乙醇中，加水至 100mL
0.2%酚酞	8.0～9.6	无～红	0.2g 酚酞溶于 90mL 乙醇中，加水至 100mL
0.1%百里酚蓝	8.0～9.6	黄～蓝	0.1g 百里酚蓝溶于 20mL 乙醇中，加水至 100mL
0.1 百里酚酞	9.4～10.6	无～蓝	0.1g 百里酚酞溶于 90mL 乙醇中，加水至 100mL
0.1%茜素黄 R	10.1～12.1	黄～紫	0.1g 茜素黄溶于 100mL 水中

表 3　酸碱混合指示剂

指示剂溶液的组成	变色时 pH 值	颜色		备注
		酸色	碱色	
一份 0.1%甲基黄乙醇溶液 一份 0.1%亚甲基蓝乙醇溶液	3.25	蓝紫	绿	pH=3.2 蓝紫色 pH=3.4 绿色
一份 0.1%甲基橙水溶液 一份 0.25%靛蓝二磺酸水溶液	4.1	紫	黄绿	

续表

指示剂溶液的组成	变色时 pH 值	颜色 酸色	颜色 碱色	备注
一份 0.1%溴甲酚绿钠盐水溶液 一份 0.2%甲基橙水溶液	4.3	橙	蓝绿	pH=3.5 黄色 pH=4.05 绿色 pH=4.3 浅绿色
三份 0.1%溴甲酚绿乙醇溶液 一份 0.2%甲基红乙醇溶液	5.1	酒红	绿	
一份 0.1%溴甲酚绿内盐水溶液 一份 0.1%氯酚钠盐水溶液	6.1	黄绿	蓝紫	pH=5.4 蓝绿色 pH=5.8 蓝色 pH=6.0 蓝带紫 pH=6.2 蓝紫色
一份 0.1%中性红乙醇溶液 一份 0.1 亚甲基蓝乙醇溶液	7.0	蓝紫	绿	pH=7.0 紫蓝
一份 0.1%甲酚红钠盐水溶液 三份 0.1%百里酚蓝钠盐水溶液	8.3	黄	紫	pH=8.2 玫瑰红 pH=8.4 清晰的紫色
一份 0.1%百里酚蓝 50%乙醇溶液 三份 0.1%酚酞 50%乙醇溶液	9.0	黄	紫	从黄到绿,再到紫
两份 0.1%酚酞乙醇溶液 一份 0.1%百里酚酞乙醇溶液	9.9	无	紫	pH=9.6 玫瑰红 pH=10 紫红
两份 0.1%百里酚酞乙醇溶液 一份 0.1%茜素黄R乙醇溶液	10.2	黄	紫	

表 4　常用缓冲溶液的配制

pH 值	配 制 方 法
0	1mol/L HCl 溶液[①]
1	0.1mol/L HCl 溶液
2	0.01mol/L HCl 溶液
3.6	NaAc·3H_2O 8g,溶于适量水中,加 6mol/L HAc 溶液 134mL,稀释至 500mL
4.0	将 60mL 冰醋酸和 16g 无水醋酸钠溶于 100mL 水中,稀释至 500mL
4.5	将 30mL 冰醋酸和 30g 无水醋酸钠溶于 100mL 水中,稀释至 500mL
5.0	将 30mL 冰醋酸和 60g 无水醋酸钠溶于 100ml 水中,稀释至 500mL
5.4	将 40g 六亚甲基四胺溶于 90mL 水中,加入 20mL 6mol/L HCl 溶液
5.7	100gNaAc·3H_2O 溶于适量水中,加 6mol/L HAc 溶液 13mL,稀释至 50mL
7.0	NH_4Ac 77g 溶于适量水中,稀释至 500mL
7.5	NH_4Cl 60g 溶于适量水中,加浓氨水 1.4mL,稀释至 500mL
8.0	NH_4Cl 50g 溶于适量水中,加浓氨水 3.5mL,稀释至 500mL
8.5	NH_4Cl 40g 溶于适量水中,加浓氨水 8.8mL,稀释至 500mL
9.0	NH_4Cl 35g 溶于适量水中,加浓氨水 8.8mL,稀释至 500mL
9.5	NH_4Cl 30g 溶于适量水中,加浓氨水 24mL,稀释至 500mL
10	NH_4Cl 27g 溶于适量水中,加浓氨水 175mL,稀释至 500mL
11	NH_4Cl 3g 溶于适量水中,加浓氨水 207mL,稀释至 500mL
12	0.01mol/L NaOH 溶液[②]
13	1mol/L NaOH 溶液

① 不能有 Cl^- 存在时,可用硝酸。
② 不能有 Na^+ 存在时,用 KOH 溶液。

表 5　沉淀及金属指示剂

名称	颜色		配制方法
	游离子	化合物	
铬酸钾	黄	砖红	5%水溶液
硫酸铁铵,40%	无色	血红	$NH_4Fe(SO_4)_2 \cdot 12H_2O$ 饱和水溶液,加数滴浓 H_2SO_4
荧光黄,0.5%	绿色荧光	玫瑰红	0.50g 荧光黄溶于乙醇,并用乙醇稀释至 10mL
铬黑 T	蓝	酒红	(1)0.2g 铬黑 T 溶于 15mL 三乙醇胺及 5mL 甲醇中 (2)1g 铬黑 T 与 100gNaCl 研细、混匀(1:1000)
钙指示剂	蓝	红	0.5g 钙指示剂与 100gNaCl 研细、混匀
二甲酚橙,0.5%	黄	红	0.5g 二甲酚橙溶于 100mL 去离子交换水中
K-B 指示剂	蓝	红	0.5g 酸性铬蓝 K 加 1.25g 萘酚绿 B,再加 25g K_2SO_4 研细,混匀
PAN 指示剂,0.2%	黄	红	0.2g PAN 溶于 100mL 乙醇中
邻苯二酚紫,0.1%	紫	蓝	0.1g 邻苯二酚紫溶于 100mL 去离子交换水

表 6　氧化还原法指示剂

名称	变色电位 φ/V	颜色		配制方法
		氧化态	还原态	
二苯胺,1%	0.76	紫	无色	1g 二苯胺在搅拌下溶于 100mL 浓硫酸和 100mL 浓磷酸,贮于棕色瓶中
二苯胺磺酸钠,0.5%	0.35	紫	无色	0.5g 二苯胺磺酸钠溶于 100mL 水中,必要时过滤
邻菲罗啉硫酸亚铁,0.5%	1.06	红	淡蓝	0.5g $FeSO_4 \cdot 7H_2O$ 溶于 1100mL 水中,加 2 滴硫酸,加 0.5g 邻菲罗啉
邻苯氨基苯甲酸,0.2%	1.08	红	无色	0.2g 邻苯氨基苯甲酸加热溶解在 100mL 0.2% Na_2CO_3 溶液中,必要时过滤
淀粉,0.2%				0.2% Na_2CO_3 溶液中,必要时过滤 2g 可溶性淀粉,加少许水调成浆状,在搅拌下注入 100mL 沸水中,微沸 2min,放置,取上层溶液使用(维持稳定,可在研磨淀粉时加入 10mg HgI_2)

表 7　常见离子和化合物的颜色

离子及化合物	颜色	离子及化合物	颜色
Ag_2O	褐色	AgI	黄色
$AgCl$	白色	Ag_2S	黑色
Ag_2CO_3	白色	Ag_2SO_4	白色
Ag_3PO_4	黄色	$Al(OH)_3$	白色
Ag_2CrO_4	砖红色	$BaSO_4$	白色
$Ag_2C_2O_4$	白色	$BaSO_3$	白色
$AgCN$	白色	BaS_2O_3	白色
$AgSCN$	白色	$BaCO_3$	白色
$Ag_2S_2O_3$	白色	$Ba_3(PO_4)_2$	白色
$Ag_3[Fe(CN)_6]$	橙色	$BaCrO_4$	黄色
$Ag_4[Fe(CN)_6]$	白色	BaC_2O_4	白色
$AgBr$	淡黄色	$CoCl_2 \cdot 2H_2O$	紫红色

续表

离子及化合物	颜色	离子及化合物	颜色
$CoCl_2 \cdot 6H_2O$	粉红色	HgO	红黄色
CoS	黑色	Hg_2Cl_2	白黄色
$CoSO_3 \cdot 7H_2O$	红色	Hg_2I_2	黄色
$CoSiO_3$	紫色	Hg_2SO_4	白色
$K_3[CO(NO_2)_6]$	黄色	I_2	紫色
$K_2Na[CO(NO_2)_6]$	黑色	I_3^-（碘水）	棕黄色
$(NH_4)_2Na[CO(NO_2)_6]$	黄色	PbI_2	黄色
CdO	棕灰色	PbS	黑色
$Cd(OH)_2$	白色	$PbSO_4$	白色
$CdCO_3$	白色	$PbCO_3$	白色
CdS	黄色	$PbCrO_4$	黄色
$[Cr(H_2O)_6]^{2+}$	天蓝色	PbC_2O_4	白色
$[Cr(H_2O)_6]^{3+}$	蓝紫色	$PbMoO_4$	黄色
CrO^{2-}	绿色	Sb_2O_3	白色
CrO_4^{2-}	黄色	Sb_2O_5	淡黄色
CrO_7^{2-}	橙色	$Sb(OH)_3$	白色
Cr_2O_3	绿色	$SbOCl$	白色
CrO_3	橙红色	SbI_3	黄色
$Cr(OH)_3$	灰绿色	$Na[Sb(OH)_6]$	白色
$CrCl_3 \cdot 6H_2O$	绿色	$Sn(OH)Cl$	白色
$Cr_2(SO_4)_3 \cdot 6H_2O$	绿色	SnS	棕色
$Cr_2(SO_4)_3$	桃红色	SnS_2	黄色
$Cr_2(SO_4)_3 \cdot 18H_2O$	紫色	$Sn(OH)_4$	白色
$FeCl_3 \cdot 6H_2O$	黄棕色	$BiOCl$	白色
FeS	黑色	BiI_3	白色
Fe_2S_3	黑色	Bi_2S_3	黑色
$[Fe(NO)]SO_4$	深棕色	Bi_2O_3	黄色
$(NH_4)_2Fe(SO_4)_2 \cdot 6H_2O$	蓝绿色	$Bi(OH)_3$	黄色
$(NH_4)_2Fe(SO_4)_2 \cdot 12H_2O$	浅紫色	$BiO(OH)$	灰黄色
$FeCO_3$	白色	$Bi(OH)CO_3$	白色
$FePO_4$	浅黄色	$NaBiO_3$	黄棕色
$Fe_2(SiO_3)_3$	棕红色	CaO	白色
FeC_2O_4	淡黄色	$Ca(OH)_2$	白色
$Fe_3[Fe(CN)_6]_2$	蓝色	$CaSO_4$	白色
$Fe_4[Fe(CN)_6]_2$	蓝色	$CaCO_3$	白色

续表

离子及化合物	颜色	离子及化合物	颜色
$Ca_3(PO_4)_2$	白色	MnO_4^{2-}	绿色
$CaHPO_4$	白色	MnO_4^-	紫红色
$CaSO_3$	白色	MnO_2	棕色
$[Co(H_2O)_6]^{2+}$	粉红色	$Mn(OH)_2$	白色
$[Co(SCN)_4]^{2+}$	蓝色	MnS	肉色
CoO	灰绿色	$MnSiO_3$	肉色
Co_2O_2	黑色	$MgNH_4PO_4$	白色
$Co(OH)_2$	粉红色	$MgCO_3$	白色
$Co(OH)Cl$	蓝色	$Mg(OH)_2$	白色
$Co(OH)_2$	褐棕色	$[Ni(NH_3)_6]^{2+}$	亮绿色
$[Cu(H_2O_4)]^{2+}$	蓝色	NiO	暗绿色
$[CuCl_2]^-$	白色	$Ni(OH)_2$	淡绿色
$(CuCl_4)^{2-}$	黄色	$Ni(OH)_3$	黑色
$[CuI_2]^-$	黄色	NiS	黑色
CuO	黑色	$NiSiO_3$	翠绿色
Cu_2O	暗红色	$Ni(Cn)_2$	浅绿色
$Cu(OH)_2$	淡蓝色	PbO_2	棕褐色
$Cu(OH)$	黄色	Pb_3O_4	红色
$CuCl$	白色	$Pb(OH)_2$	白色
CuI	白色	$PbCl_2$	白色
CuS	黑色	$PbBr_2$	白色
$CuSO_4 \cdot 5H_2O$	蓝色	ZnO	白色
$Cu_2(OH)_2SO_4$	浅蓝色	$Zn(OH)_2$	白色
$Cu_2(OH)_2SO_3$	蓝色	ZnS	白色
$Cu_2[Fe(CN)_6]$	红棕色	$Zn_2(OH)_2CO_3$	白色
$Cu(SCN)_2$	黑绿色	ZnC_2O_4	白色
$[Fe(H_2O)_6]^{2+}$	浅绿色	$ZnSiO_3$	白色
$[Fe(H_2O)_6]^{3+}$	淡紫色	$Zn_2[Fe(CN)_6]_5$	白色
$[Fe(CN)6]^{4-}$	黄色	$Zn_3[Fe(CN)_6]_2$	黄褐色
$[Fe(CN)_6]^{3-}$	红棕色	$NaAc \cdot Zn(Ac)_2 \cdot 3CuO_2(Ac)_2 \cdot 9H_2O$	黄色
FeO	黑色	$Na_2[Fe(CN)_5NO] \cdot 2H_2O$	红色
Fe_2O_3	砖红色	$(NH_4)_3PO_4 \cdot 12MoO_3 \cdot 6H_2O$	黄色
$Fe(OH)_2$	白色	$[Ti(H_2O)_6]$	紫色
$Fe(OH)_3$	红棕色	$TiCl_3 \cdot 6H_2O$	紫或绿
$[Mn(H_2O)_6]^{2+}$	浅红色		

表 8 一些物质或基团的摩尔质量

物质或基团	摩尔质量/(g/mol)	物质或基团	摩尔质量/(g/mol)
$AgNO_3$	169.87	Al	26.98
$Al_2(SO_4)_3$	342.15	Al_2O_3	101.96
BaO	153.34	Ba	137.3
$BaCl_2 \cdot 2H_2O$	244.28	$BaSO_4$	233.4
$BaCO_3$	197.35	Bi	208.98
CaC_2O_4	128.10	Ca	40.08
$CaCO_3$	100.09	CaO	56.08
CuO	79.54	Cu	63.55
$CuSO_4 \cdot 5H_2O$	249.68	CH_3COOH	60.05
$C_4H_3O_6$（酒石酸）	150.09	Fe	55.85
$FeSO_4 \cdot 7H_2O$	278.02	Fe_2O_3	159.69
H_3BO_2	61.83	HCl	36.46
$KBrO_3$	167.01	KIO_3	214.00
$K_2W_2O_7$	294.19	$KMnO_4$	158.04
$KHC_8H_4O_4$	204.23	MgO	40.31
$MgNH_4PO_4$	137.33	NaCl	58.44
Na_2S	78.04	Na_2CO_3	106.0
$Na_2B_4O_7 \cdot 10H_2O$	381.37	Na_2SO_4	142.04
Na_2SO_3	126.04	$Na_2C_2O_4$	134.0
Na_2SiF_6（EDTA 二钠盐）	188.06	NaBr	102.90
NaI	149.39	NaCN	49.01
Na_2O	61.98	$Na_2S_2O_3$	158.11
NaOH	40.01	NH_4Cl	53.49
$Na_2S_2O_3 \cdot 5H_2O$	248.18	$NH_3 \cdot H_2O$	35.05
NH_3	17.03	$(NH_4)_2SO_4$	132.14
$(NH_4)Fe(SO_4)_2 \cdot 12H_2O$	132.14	P_2O_5	141.95
$PbCrO_4$	323.19	Pb	207.2
PbO_2	239.19	SO_3	80.06
SO_2	64.06	SO_4^{2-}	96.06
S	32.06	SiO_2	60.08
$SnCl_2$	189.60	甲醛	30.03
$C_2O_4^{2-}$	83.02	邻苯二甲酸氢钾	204.2
$K_3[Fe(C_2O_4)_3] \cdot 3H_2O$	491.26		